KB144982

3판

영양판정

3판

영양판정

김화영·강명희·양은주·이현숙 지음

NUTRITIONAL ASSESSMENT

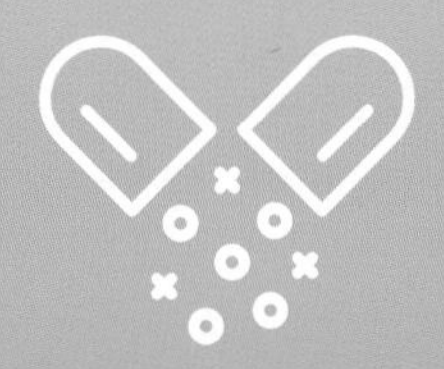

교문사

3판을 내면서

영양판정 초판을 내놓은 지 벌써 7년이 지났다. 4차 산업혁명으로 빅데이터, 인공지능 등이 대두되면서 사회 환경이 급변하고 있으며, 각종 정보들이 쏟아져 나오고 있다. 이에 최신 정보와 정확한 지식을 전달해야 된다는 생각과 함께, 여러 교수님의 조언을 참고로 하여 초판과 2판의 미흡한 부분을 보완하고 최근 자료로 수정하여 3판을 내게 되었다.

3판에는 2020년에 제·개정된 한국인 영양소 섭취기준을 반영하였으며, 최근에 개발된 웹 및 모바일 버전의 영양분석 프로그램도 소개하였다. 또한 국민의 건강 및 영양상태, 체위, 질병유병률 등의 자료도 최근의 통계청 자료와 기준, 국민건강영양조사자료 등을 반영하여 수정·보완하였다.

질병의 예방과 관리를 위해서 맞춤영양이 중요하게 인식되면서 영양상태 판정 방법에 대한 전문적 지식과 훈련의 중요성이 강조되고 있다. 이 책이 영양학 전공자나 현장에서 일하고 있는 보건의료인에게 정확한 영양판정 방법을 제시하고 적용할 수 있는 실질적인 지침서가 되기를 바란다.

그동안 이 책을 교재로 사용하면서 보내주신 많은 분들의 조언에 감사드리며, 앞으로도 많은 고견 부탁드린다. 정확한 이론뿐만 아니라 현장에서 실제적으로 이용될 수 있는 교재가 될 수 있도록 여러 분야 전문가의 의견을 반영하여 지속적으로 보완할 것을 다짐하면서, 이 책이 출판될 수 있도록 도움을 주신 여러 선생님들과 교문사 식구들에게도 감사의 뜻을 전한다.

2021년 2월

저자 일동

머리말

삶의 질을 높이고 행복한 삶을 영위하기 위해서는 건강이 가장 중요한 요인이며, 건강을 유지하기 위해 영양은 필수 요건이다. 현대의 중요한 질환인 만성퇴행성 질환은 치료보다 예방이 중요하며, 예방은 올바른 식생활 및 영양관리를 통하여 이루어진다. 따라서 건강과 영양과의 관계는 현대 영양학의 중요한 관심분야이다.

최근 질환 예방 측면에서 영양학의 비중이 커지면서 건강과 영양문제는 각 개인에 맞게 조절되어야 한다는 점이 강조되고 있다. 이를 위해서는 개인의 영양상태를 파악하는 일이 무엇보다 중요하며, 효과적으로 영양상태를 판정하는 방법에 대한 훈련과 요구가 증가하고 있다. 즉, 개인의 영양상태를 정확하게 판정하여 영양불량이거나 영양불량의 가능성이 있는 사람, 혹은 질환의 위험성이 있는 사람을 가려내어 적절한 영양관리를 통해 질환을 예방 또는 치료할 수 있다. 그러므로 각 개인의 영양상태를 정확하고 신속하게 판정하는 방법이 중요하게 부각되고 있다. 이에 본 저자들은 대학에서 영양판정을 강의한 경험과 이에 대한 연구를 바탕으로 이 책을 집필하게 되었다.

이 책은 모두 10장으로 구성하였다. 제1장은 영양판정의 개념과 함께 영양판정에 필요한 통계를 포함시켜 영양판정을 위해 수집한 자료를 처리할 때 도움이 되게 하였다. 제2장~제7장은 영양판정의 기본 방법인 식사조사, 신체계측조사, 생화학 및 임상조사로 나누어 각 조사방법의 원리와 적용범위, 활용과 해석을 다루었으며, 각 상황별로 적용할 수 있는 영양판정 방법을 설명함으로써 현장에서 활용하도록 하였다. 제8장은 여러 연령층에 적용할 수 있도록 연령에 따른 영양판정을 다루었고,

제9장은 환자의 영양판정을, 제10장은 만성퇴행성 질환 예방을 위한 영양판정의 부분을 별도로 다루었다. 깊이 다뤄야 할 내용이나 중간에 짚고 넘어가야 할 부분에 대해서는 '더 알아봅시다'를 통해 별도로 다루었다. 또 각 장마다 마지막 부분에 '함께 풀어봅시다'를 수록하여 본문에서 공부한 내용을 실제로 연습하거나 실습해 볼 수 있도록 하였다.

또한 이 책을 영양판정 방법의 원리뿐 아니라 활용범위까지 폭 넓게 다루고 있다. 각 판정방법에 있어 장점과 제한점을 설명함으로써 실제 적용의 한계를 이해하도록 하였으며, 현장에서 응용할 수 있도록 가급적 우리나라의 현황과 자료를 많이 인용하고 소개하려고 노력하였다.

이 책은 대학에서 영양학을 전공하는 학생들의 교과서로 사용하도록 집필하였으나 병원, 학교, 보건소, 사회복지시설, 어린이급식관리지원센터, 단체급식소 등 현장에서 일하고 있는 영양사들과 의료보건 전문인들도 참고할 수 있을 것이다. 막상 책을 끝내고 나니 여러 가지로 미흡한 점이 많음을 느낀다. 이 책이 앞으로 개정될 때마다 보완되도록 아낌없는 조언을 부탁한다.

끝으로 이 책이 나오기까지 많은 도움을 주신 각 대학의 학부와 대학원생들, 자료를 제공하여 주신 여러 선생님과 교문사 임직원 여러분께 감사의 뜻을 전한다.

2013. 9

저자 일동

차례
CONTENTS

3판을 내면서 5 | 머리말 6

CHAPTER 1 영양판정의 개념

1 영양판정의 개념 12 | **2** 영양판정 체계 13 | **3** 영양판정 방법 15 | **4** 영양불량의 종류 18
5 영양판정 계획과 결과 해석 20 | **6** 영양판정에 필요한 통계 24

CHAPTER 2 식사섭취조사 방법

1 식사섭취조사 목적 41 | **2** 식사섭취조사 방법 42 | **3** 식사섭취조사 방법의 선택 59

CHAPTER 3 식사섭취조사 자료 분석도구

1 식품성분표 74 | **2** 영양섭취기준 77 | **3** 영양소 섭취량 분석도구 85

CHAPTER 4 식사평가 및 응용

1 영양상태 평가 96 | **2** 국민건강영양조사 113

CHAPTER 5 신체계측조사

1 신체계측조사 개요 131 | **2** 성장 측정 132 | **3** 신체조성 측정 143

CHAPTER 6 생화학적 조사

1 생화학적 영양판정 개요 178 | **2** 영양소별 생화학적 조사방법 185 | **3** 혈액화학 검사 지표 221

CHAPTER 7 임상조사

1 임상조사의 장단점 228 | **2** 임상조사에 필요한 자료 229 | **3** 영양상태 임상평가표 232
4 임상징후 조사 235 | **5** 영양불량의 진단 238

CHAPTER 8 연령에 따른 영양판정

1 임신부와 태아의 영양상태 판정 247 | **2** 유아와 아동의 영양상태 판정 253
3 청소년의 영양상태 판정 258 | **4** 성인의 영양상태 판정 260 | **5** 노인의 영양상태 판정 262

CHAPTER 9 환자의 영양판정

1 환자의 영양판정에 필요한 자료 276 | **2** 환자의 영양판정 기준 및 척도 284
3 환자의 영양판정 단계 286 | **4** 환자의 질환별 영양판정 방법 294

CHAPTER 10 만성질환 예방을 위한 영양판정

1 심혈관계 질환 302 | **2** 고혈압 311 | **3** 당뇨병 314 | **4** 골다공증 318 | **5** 대사증후군 322
6 만성질환의 위험요인 324

부록 328 | 찾아보기 374

CHAPTER

1 영양판정의 개념

1 영양판정의 개념
2 영양판정 체계
3 영양판정 방법
4 영양불량의 종류
5 영양판정 계획과 결과 해석
6 영양판정에 필요한 통계

*
영양판정이란 개인이나 집단의 식사섭취 실태나 영양과 관련된 지표 측정값을 해석하여 영양상태를 평가하는 과정을 말한다. 현대 질병의 주종을 이루는 만성퇴행성 질병은 치료가 어렵고 대부분의 경우 완치가 되지 않지만 위험인자를 조절하여 예방하거나 발병을 지연시키는 것이 가능하다. 그러므로 개인이나 집단의 영양상태를 평가하고 질병을 예방하기 위한 영양교육이나 영양상담은 현대의 건강관리에서 매우 중요하다.

CHAPTER 1

Introduction to Nutritional Assessment

영양판정의 개념

1. 영양판정의 개념

영양판정의 의의

영양판정nutritional assessment이란 개인이나 집단의 식사섭취 실태나 영양과 관련된 지표 측정값을 해석하여 영양상태를 평가하는 과정을 말한다. 현대 질병의 주종을 이루는 만성퇴행성 질병은 치료가 어렵고 대부분의 경우 완치가 되지 않지만 위험인자를 조절하여 예방하거나 발병을 지연시키는 것이 가능하다. 그러므로 개인이나 집단의 영양상태를 평가하고 질병을 예방하기 위한 영양교육이나 영양상담은 현대의 건강관리에서 매우 중요하다. 정확한 영양판정을 통하여 영양문제나 건강문제를 가진 사람을 선별하고, 그들을 위한 중재 프로그램intervention program을 계획하여 적당한 영양치료를 행함으로써 질병을 예방하고 건강을 유지하도록 할 수 있다.

영양판정의 목적 및 활용

영양판정의 궁극적인 목적은 영양상태를 향상시켜 건강증진을 도모하는 것이다. 영양판정의 목표를 구체적으로 살펴보면, 첫째, 영양상태를 파악하여 영양문제를 찾아내고 영양적으로 위험에 처한 사람을 선별한다. 둘째, 영양문제 해결을 위한 영양중재 프로그램의 기초자료로 사용할 수 있다.

또한 영양판정 결과는 여러 영역에서 활용될 수 있다. 첫째, 영양판정은 국가단위로 국민의 영양상태 파악 및 영양정책과 건강사업 수립의 중요한 근거자료가 된다. 둘째, 지역사회 영양사업의 계획, 실행 및 효과평가에 활용될 수 있다. 셋째, 입원환자의 영양관리에 이용되어 환자의 질병치료와 회복에 도움을 줄 수 있다. 넷째, 식사와 질병과의 관련성을 규명하여 식사지침을 제공하고, 질병 예방에 이용할 수 있다.

2. 영양판정 체계

영양조사

영양조사nutritional surveys는 인구집단의 식사섭취를 조사하여 영양상태를 파악하는 과정이다. 주로 횡단적cross-sectional 조사로 이루어지며, 한 집단의 전체적인 영양상태를 조사하여 만성적 영양문제를 발견하고, 영양불량에 취약한 집단을 파악할 때 유용한 방법이다. 횡단적으로 이루어지기 때문에 영양불량의 원인 파악은 어려우나 영양문제가 어느 정도 존재하는지 범위 파악은 가능하다.

영양감시·감독

영양감시·감독nutrition surveillance은 특정 집단의 영양상태를 종단적으로 일정 기간 계속해서 조사, 분석함으로써 영양불량의 원인을 알아내는 것이다. 영양조사와 다른 점은 일회성 조사가 아니고 일정 기간을 두고 연속적으로 조사하여 문제의 원인 규명 및 중재 방안을 모색하는 것이다.

영양선별·검색

영양선별·검색nutrition screening은 영양조사 결과에 의해 중재가 필요한 대상을 가리는 작업을 말한다. 영양문제와 관련된 특징을 조사하거나 영양상태를 간략하게 평가하여 위험요인을 내포한 사람을 가려내는 단계이며, 영양선별을 위해서는 판단기준cut-off point이 필요하다. 이러한 선별과정은 개인이 대상이 될 수도 있고 한 집단이 대상이 될 수도 있다.

영양중재

영양중재nutrition intervention는 영양검색 결과로 선별된 중재 대상에게 영양치료를 함으로써 영양상태 향상을 도모하는 과정이다. 영양중재는 식사상담으로 이루어질 수도 있고, 보충제나 강화식품의 사용 등을 권할 수도 있다. 이러한 판단은 영양판정 후에 적절하게 이루어져야 한다.

3. 영양판정 방법

영양판정 방법의 종류

영양상태를 판정하는 방법은 식사섭취조사, 신체계측조사, 생화학적 조사, 임상조사 등 크게 4가지로 구분한다. 영양결핍 진행 정도에 따라 적용하는 방법이 달라지기 때문에 결핍 단계에 적합한 판정법을 사용해야 하며, 한 가지 방법보다는 여러 방법을 함께 이용하면 더 효과적으로 영양상태를 판정할 수 있다.

(1) 식사섭취조사

식사섭취조사dietary method는 대상자가 섭취한 식사내용을 조사하여 식사 섭취량을 영양소 섭취량으로 환산한 후 기준치와 비교·평가함으로써 섭취한 식사내용이 적합한가를 판정하는 방법이다. 식사섭취조사 방법으로는 24시간 회상법, 식품섭취빈도 조사법, 식사기록법, 식사력 조사법 등이 있으며, 각각의 방법에는 장단점이 있기 때문에 사용 목적에 적합한 방법을 선택해야 한다.

(2) 생화학적 조사

생화학적 조사biochemical method는 혈액이나 소변, 조직 등의 영양소나 영양소 대사물의 농도, 특정 영양소에 의존하는 효소 농도, 면역기능 등을 분석하여 기준치와 비교, 영양상태를 평가하는 방법이다. 식사섭취 부족이나 흡수, 이용 결함으로 인한 체내 영양소 부족은 조직이나 체액의 영양소 농도에 변화를 초래하고, 이러한 영양소에 의존하고 있는 효소나 호르몬의 양에도 변화를 초래하여 궁극적으로는 체기능의 저하를 초래한다. 생화학적 조사방법은 다른 영양판정 방법에 비해 비교적 객관적이고 정량적인 조사방법이다.

(3) 신체계측조사

신체계측조사anthropometric method는 체위 및 체구성성분을 측정하고 여러 신체 지수를 산출하여 기준치와 비교·평가하여 영양상태를 판정하는 방법이다. 식사 및 영양소 섭취는 성장 속도, 키, 몸무게, 체지방 함량 등 체위에 영향을 미치므로 체위를 측정하여 분석하면 영양소 섭취 상태를 평가할 수 있다. 영양 섭취 결과가 체위에 영향을 미치기 위해서는 상당한 시간이 필요하기 때문에 신체계측조사 결과는 과거 오랜 기간의 영양상태를 나타낸다는 장점이 있으나, 체위의 변화는 비교적 영양불량 상태가 심한 경우에 드러나므로 예민도는 낮은 방법이다.

(4) 임상조사

임상조사clinical method는 영양상태 변화에 의해 나타나는 임상 징후를 시각적으로 판별하여 영양상태를 판정하는 방법이다. 영양소 부족은 궁극적으로 겉으로 나타나는 결핍 증세를 유발하기 때문에 신체 징후를 조사함으로써 영양소 섭취 상태를 평가할 수 있다. 그러나 이러한 증세는 특이성이 낮고 영양결핍이 상당히 진전된 경우에 발현하므로, 임상조사 결과만으로 영양상태를 판정하기는 어렵기 때문에 다른 영양판정 방법과 함께 이용하여 영양상태를 판정하는 것이 효과적이다.

(5) 기타 환경생태 조사

영양상태를 조사하는 경우에 직접적인 영양상태뿐만 아니라 영양상태에 영향을 주는 여러 요인과 정보를 함께 조사하는 것이 필요하다. 즉, 사회경제적 상태, 건강상태, 문화적 전통이나 배경은 식사 섭취에 큰 영향을 미친다. 따라서 최근에는 환경생태 조사도 포함하는 추세이며, 이러한 요인들을 조사목적에 따라 선택하여 영양상태 평가에 유용하게 사용할 수 있다(표 1-1).

표 1-1
영양상태에 영향을 미치는 요인

요인	세부내용
사회경제적 상태	수입, 직업, 교육, 종교, 문화적 배경, 생활수준
건강위생 상태	가족병력, 질병원인, 사망원인, 운동량, 예방접종, 위생, 상하수도
인구구조 자료	성별, 결혼상태, 출생순위, 출산율, 가족관계
식행동 자료	식습관, 식행동, 금기식품food belief, 시장, 분배, 저장, 조리시설, 수유방법

영양불량 단계에 따른 영양판정 방법

영양결핍이나 영양불량은 여러 단계를 거쳐 점진적으로 악화되기 때문에 영양판정의 방법에 따라 영양불량 상태를 판별할 수 있는 단계가 달라진다. 영양소 섭취량이 부족하면 처음에는 영양소의 체내 저장량이 감소하고, 이러한 상태가 지속되면 체액의 영양소 농도가 저하되며, 영양소에 의존하는 체내 기능과 효소 수준이 감소한다. 영양불량 상태가 개선되지 않으면 결국은 체기능의 변화를 초래하고 임상적 결핍증과 체형 및 구조의 변화나 성장 지연 등의 극심한 결핍상태를 보인다. 이러한 각각의 단계를 판별하기 위해서는 각 단계에 적절한 영양상태 평가방법을 이용해야 한다(표 1-2). 영양판정 방법들은 각각의 장점과 제한점을 가지고 있으며, 영양불량을 판정하는 정도에도 차이가 많으므로 목적과 상대에 따라 적합한 방법을 선택해야 한다.

표 1-2
영양결핍단계와 판정방법

단계	결핍단계	판정방법
1	식품 섭취량 감소	식사섭취조사
2	조직 내 저장량 감소	생화학적 조사
3	체액 내 농도 감소	생화학적 조사
4	조직 내 효소와 기능 감소	생화학적 조사
5	체기능 저하	생화학적 조사/임상조사
6	임상적 증세 발현	임상조사
7	체형과 체위 변화	신체계측조사

4. 영양불량의 종류

영양불량malnutrition의 종류는 영양공급의 정도와 기간, 발생원인 등에 의해 다음과 같이 분류한다.

Jelliffe의 영양불량 분류

Jelliffe는 영양불량을 영양공급 정도와 기간에 따라 다음의 4가지로 분류하였다.

(1) 영양부족 undernutrition

장기간에 걸쳐 여러 가지 영양소를 제대로 공급받지 못했거나 체내에서 이용하지 못하여 발생하는 영양불량을 말한다.

(2) 영양과잉 overnutrition

장기간 영양소가 과잉으로 공급되어 나타나는 영양불량이다.

(3) **영양소 결핍증** specific nutrient deficiency

특정 영양소의 공급 부족 및 체내 이용률 감소로 인해 발생하는 영양불량이다.

(4) **영양불균형** nutritional imbalance

신체가 요구하는 영양소 요구량과 식품섭취를 통해 공급되는 영양소의 양과 질의 공급량이 균형을 이루지 못해 발생하는 영양불량을 이른다.

일차적 또는 이차적 영양불량

영양불량의 원인을 영양공급과 생리적 원인에 따라 분류한다.

(1) **일차적 영양불량** primary malnutrition

식사를 통한 영양소 공급이 질적·양적으로 신체의 요구량을 충족하지 못하여 발생하는 영양불량이다.

(2) **이차적 영양불량** secondary malnutrition

질병, 임신, 수유, 음주, 흡연, 약물 복용 등에 의해 이차적으로 발생하는 영양불량으로, 직접적인 원인이 제거되거나 영양소를 충분히 보충하여야 영양불량을 치료할 수 있다.

5. 영양판정 계획과 결과 해석

영양판정 계획 시 고려할 점

영양판정을 계획할 때는 영양판정의 목적 설정과 이에 부합하는 대상자 선정이 매우 중요하며, 목적과 대상자에게 적합한 방법을 골라야 한다. 영양판정을 위한 조사방법을 선택할 때는 판정방법의 타당성, 예민성, 정확성 및 신뢰성, 특이성 등을 고려해야 한다.

(1) 타당도

타당도validity란 사용하고자 하는 영양판정 지표나 방법이 조사하고자 하는 영양소 혹은 영양상태를 얼마나 적절하게 평가하고 있는가를 나타내는 것이다. 예를 들어, 칼슘의 섭취 상태를 측정하는 지표로서 혈청 칼슘 농도 측정은 타당도가 높은 방법이라고 할 수 없다. 왜냐하면 칼슘의 섭취가 부족하면 뼈로부터 칼슘의 재흡수resorption를 통하여 혈청의 칼슘 수준이 일정하게 유지되기 때문이다. 단백질 영양상태를 판정하려고 할 때 비만도를 측정한다면 이는 타당한 방법이라고 할 수 없다.

(2) 예민도

예민도sensitivity란 영양상태의 평가지표가 영양상태의 변화를 얼마나 민감하게 반영하는가를 나타내는 것이다. 조사내용이나 지표에 따라 영양결핍의 초기 단계에서 문제를 알아낼 수 있는 방법도 있고, 영양불량 상태가 상당히 진전된 후에야 판별할 수 있는 방법도 있다. 영양불량의 초기단계에서 부족증을 감지할 수 있는 방법은 예민도가 크다고 말한다. 일반적으로 생화학적 방법은 예민도가 큰 방법이고 임상적 방법은 예민도가 낮은 방법이라고 할 수 있다.

(3) 특이성

특이성specificity은 측정한 결과가 어떤 영양소의 문제인가를 알려주는 정도이다. 신체계측조사 결과로 성장이 지연되었다면 이것이 어떤 영양소의 문제인지 분명히 말하기 어렵다. 왜냐하면 성장에 영향을 미치는 영양소는 상당히 많기 때문이다. 그러나 낮은 혈청 단백질 수준은 단백질 영양의 문제임을 암시하므로 특이성이 큰 지표라고 하겠다. 일반적으로 생화학적 조사는 특이성이 큰 방법인 반면, 신체계측조사나 임상조사 결과는 한 가지 영양소가 부족한 결과라기보다는 여러 가지 결과가 합쳐져 발현되는 경우가 많아 특이성이 낮은 방법이다.

(4) 재현성, 신뢰도

재현성reproducibility 또는 신뢰도reliability는 같은 방법으로 두 번 이상 반복되는 측정에서 얼마나 비슷한 값을 내는가를 나타내는 것이다. 동일한 시료를 동일한 방법으로 측정할 때마다 다른 값을 낸다면 그것은 재현성이 큰 방법이라고 할 수 없다. 재현성이란 방법 자체의 타당성을 말하는 것일 뿐 재현성이 높은 방법이라고 해서 반드시 측정하고자 하는 변수의 참값을 측정했다는 뜻은 아니다.

신뢰도는 흔히 변이계수coefficient Variation, CV(표준편차/평균×100)로 나타낸다.

(5) 정확도

정확도accuracy는 조사방법이 얼마나 정확하게 참값을 측정하는가를 나타낸다. 그러므로 어떤 방법은 신뢰도는 높으나 정확하지 않을 수 있다. 이것은 방법이 내포하고 있는 오차에 기인한다(그림 1-1).

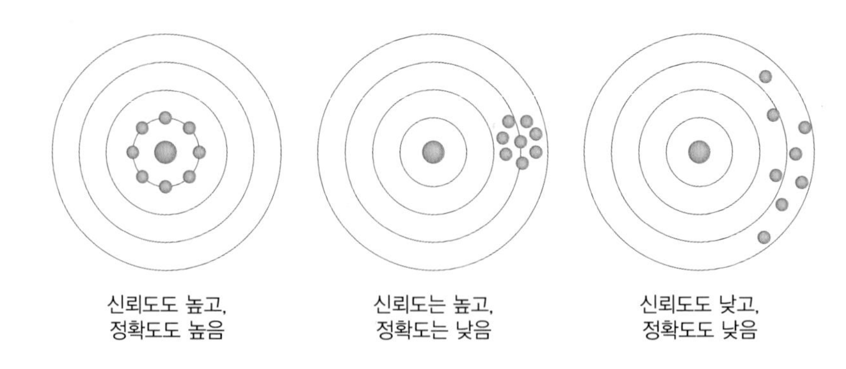

그림 1-1
신뢰도와 정확도

(6) 측정오차

측정오차measurement errors에는 무작위 오차random measurement errors와 구조적 오차systematic measurement errors가 있다.

무작위오차는 방법이나 기자재의 부적합성으로 인해 반복되는 측정치 사이에 오차가 발생하는 것으로 측정치 간의 신뢰도와 상관이 있는 개념이다. 무작위 오차는 같은 조사자 내에 내재하는 오차within- or intra-examiner error와 여러 조사자 사이에 존재하는 오차between- or inter-examiner error로 나눌 수 있다. 전자는 같은 측정자를 반복 측정했을 때 생기는 오차이고, 후자는 측정자가 바뀜에 따라 생기는 오차이다. 이러한 무작위 오차는 반복 측정 횟수를 늘리거나 측정절차의 표준화와 측정자의 훈련 등을 통하여 감소시킬 수 있다.

구조적 오차는 방법이나 기구가 원래 내포하고 있는 오차로써 모든 측정에서 같은 정도로 발생할 수 있는 오차이다. 예를 들어, 잘못 조율된 저울은 항상 체중을 잘못 측정한다. 또는 사회적 관념에 따라 사람들이 에너지나 술의 소비를 적게 보고하는 경향이 있는데, 이러한 것은 모두 구조적 오차에 속한다. 이러한 오차는 방법의 정확도를 떨어뜨리지만 신뢰도에는 영향을 미치지 않는다.

영양판정 기준치

영양판정에서 나온 결과는 여러 가지로 평가하거나 해석할 수 있다. 가장 보편적 방법은 표준치와 비교하여 정상범위에 포함되는가를 조사하는 것이고, 또 다른 방법으로는 미리 정한 판정기준치를 이용하여 과부족을 판단하는 것이다.

(1) 표준치

표준치reference value는 건강한 표준인으로 구성된 표준집단으로부터 유도된 값으로 정한다. 표준집단을 선정하는 데 문제가 있기는 하지만 이 표준치로부터 분포, 범위 등을 설정하여 측정치의 비교기준으로 이용한다. 예를 들어, 영양섭취기준은 식사섭취조사의 표준치로 쓰일 수 있고, 표준성장곡선은 신체계측조사치의 표준치로 쓰인다.

(2) 판정기준치

판정기준치cut-off point는 영양상태 판정지표와 체내 저장영양소의 고갈, 기능 손상, 영양결핍 증상 간의 관계에 근거하여 영양상태를 분류하기 위해 정한 값이다. 즉, 판정기준치는 조사대상자를 정상집단과 불량집단으로 분류할 때 이용되는 값으로, 판정기준치가 1개일 경우에는 정상과 불량으로 구분하고, 판정기준치가 2개일 경우에는 정상·경계·불량 등의 3분류로 나눌 수 있다.

6. 영양판정에 필요한 통계

통계statistics란 조사나 실험을 통하여 수집된 자료를 바탕으로 가설을 검증하는 방법으로, 기술통계와 추리통계로 구분한다.

기술통계descriptive statistics란 얻은 자료를 분석하여 그 자료를 구성하는 대상들의 속성을 단순히 설명, 묘사하는 통계로 모집단의 속성을 유추하거나 예견하지 않는다. 예를 들어, A대학 식품영양학과 학생의 평균 단백질 섭취량이 55 g이고 표준편차가 5 g이라고 밝히는 것은 기술통계라 할 수 있다.

추리통계inference statistics란 표본에서 얻은 자료를 가지고 모집단의 속성을 추정하는 통계를 말한다. 예를 들어, 우리나라 여대생의 단백질 섭취량을 알고자 할 때 전국 여대생을 대표하는 일정 수의 여대생을 표본으로 추출하여 조사한 단백질 섭취량의 평균이 55 g으로 나왔다면, 과연 전국 여대생의 단백질 섭취량이 55 g인지를 추리하기 위해 검증하는 통계가 추리통계이다.

통계의 기본개념

(1) 변수

변수가 어떤 속성을 지니는지를 정확히 파악할 때 실험설계 및 조사 등에서 정확한 연구를 할 수 있다.

독립변수와 종속변수

인과관계에 의해 구분되는 것으로, 독립변수independent variables란 다른 변수에 영향을 주는 변수를 말하며, 종속변수dependent variables란 영향을 받는 변수, 즉 독립변수에 의해 변하는 변수를 말한다. 예를 들어, 칼슘 섭취량이 골격대사에 미치는 효과를 연구한다면 칼슘 섭취량은 독립변수이고 골격대사는 종속변수가 된다.

양적변수와 질적변수

양적변수quantitative variables란 양의 크기를 나타내기 위해 수량으로 표시되는 변수로 키, 체중 등을 말한다. 질적변수qualitative variables는 용어로 정의되는 변수로서 초졸, 중졸, 고졸, 대졸 등과 같이 서열이 있는 서열 질적변수ordered-qualitative variables와 성별, 직업 등과 같이 서열을 정할 수 없는 비서열 질적변수unordered-qualitative variables가 있다.

연속변수와 비연속변수

연속변수continuous variables는 소수점으로 표시할 수 있는 변수로서 키, 나이, 에너지 섭취량 등을 들 수 있으며, 비연속변수uncontinuous variables는 특정 수로 표현하는 변수로 자동차 수, 급식실시 학교 수 등을 예로 들 수 있다.

(2) 연구대상

연구를 시행하기 위해서는 연구의 대상이 누구이고, 때로는 무엇인지 규명하여야 한다.

모집단과 표본

- 모집단

모집단population은 연구대상 전체를 말한다. 예를 들어, 우리나라 노인의 영양섭취 실태를 조사한다고 할 때 연구대상이 되는 모집단은 우리나라의 모든 노인이 된다. 그러나 모집단 전체를 연구대상으로 한다는 것은 거의 불가능하다.

- 표본

모집단을 연구할 수 있는 가장 합리적인 방법은 모집단을 대표하는 대상을 추출하는 것이다. 표본sample은 모집단을 대표하는 추출된 대상을 말한다. 예를 들어, 우리나라 노인의 영양섭취 실태 연구를 위해 임의random추출된 1,000명의 노인을 들 수 있다. 이때 1,000명이란 수는 표본 크기sample size라 한다.

표집 및 표집방법

표집

표집sampling은 모집단에서 표본을 추출하는 과정을 말하며, 연구가 타당성을 갖기 위해서는 연구를 위한 표본이 모집단을 적절히 대표할 수 있도록 추출해야 한다.

표집방법

표집방법에는 단순임의표집, 층화임의표집, 집락표집 등이 있다.

- 단순임의표집법simple random sampling: 표본을 선택할 때 조사자의 주관을 배제하기 위하여 난수표random number table와 같은 랜덤 메커니즘을 활용하여 표본을 추출하는 방법이다. 이는 표본추출의 가장 기본방법이지만 모집단이 클 경우 대상자에게 모두 일련번호를 부여한다는 것이 쉬운 일이 아니어서 실시하기가 어렵다.
- 층화임의표집법stratified random sampling: 모집단을 층으로 나눈 후 각 층별로 임의표집법을 적용하는 방법이다. 각 층에서 추출할 표본의 크기는 일반적으로 각 층의 크기에 비례하여 배분한다. A대학교 학생들의 식생활에 대한 관심도를 조사하려고 할 때 각 단과대학별로 응답 패턴이 다를 것으로 예상된다면 단과대학을 층으로 잡을 수 있다. 또 학년과 단과대학 모두를 층으로 잡으면 이단 층화임의표집법이 된다.
- 집락표집법cluster sampling: 모집단으로부터 일부의 층을 임의추출한 다음 선택된 층만을 전부 조사하는 방법이다. A대학의 단과대학 중 임의로 2개 단과대학을 추출하여 가정대학과 인문대학이 선택되었다면 이들을 모두 조사하는 것이다. 또는 가정대학에서 1개 학과, 인문대학에서 1개 학과를 추출하여 표본으로 정한다. 더 나아가 각 학과의 2개 학년을 임의 표집할 수 있다. 따라서 최종적으로 선택된 가정대학 식품영양학과의 1, 3학년과 인문대학 영문과 2, 4학년들이 표본이 되고 이들이 A대학을 대표한다고 간주하는 것이다.

기술통계

(1) 대푯값

조사결과를 바탕으로 경향을 파악할 때 동일한 변수에 대해서도 관찰대상자의 수치들에 서로 많은 차이가 있으므로 한마디로 표현하기가 쉽지 않다. 이를 수집된 데이터의 중심경향 값으로 표현한다면 그 경향을 잘 표현할 수 있을 것이다.

평균 mean

평균은 관측값들의 합을 총 관측수로 나눈 값으로서 자료의 중심을 하나로 요약하는 통계량이다.

중앙값 median

중앙값은 가장 작은 관측값부터 가장 큰 관측값까지 크기에 의해 배열하였을 때 중앙에 위치하는 값을 말한다.

백분위수 percentiles, percent rank

자료의 양이 많을 때는 자료들을 100등분한 백분위수를 사용한다. 또는 중앙값의 개념을 확대해서 크기 순서에 따라 늘어놓은 자료를 등분하여 삼분위수tertiles, 사분위수quartiles, 오분위수quintiles를 사용하기도 한다.

최빈값 mode

최빈값은 분포에서 가장 많은 도수를 나타내는 점수를 말한다. 통계분석 시 어떤 통계량을 사용하는 것이 가장 적합할지는 신중하게 고려할 문제이다. 100가구의 식비를 조사하니 99가구는 10만 원이었고 나머지 한 가구의 식비가 500만 원이었다면, 이때 평균 식비 15만 원은 이들 집단의 중심경향 값이라고 말할 수 없다. 수집된 자료에서 대부분의 관측값들과 동떨어진 값을 갖는 소수의 데이터를 이상점outlier이라 한다. 평균은 이상점에 매우 민감하게 영향을 받지만 중앙값이나 최빈값은 이상점에 전혀 영향을 받지 않는다.

(2) 분산도

자료들의 중심경향 값이 동일하여도 자료의 분포 형태는 매우 다양하다. 예를 들어, 다음에 주어진 두 자료의 평균은 3으로 동일하다(표 1-3).

표 1-3
두 자료의 분산도 비교

자료 A	자료 B
1	2.6
2	2.8
3	3.0
4	3.2
5	3.4

그러나 데이터의 분포는 전혀 다르다. 자료 A에 비해 자료 B의 데이터들이 평균값 3을 중심으로 매우 밀집되어 있다. 자료에 포함된 관측값들의 퍼짐성을 재려면 자료 내의 각 관측값들이 평균으로부터 얼마나 떨어졌는가를 보면 된다. 즉, '관측값-평균'이 편차이다.

이때 음과 양의 편차들을 모두 더하면 0이 되므로 편차를 종합하여 하나의 숫자로 요약할 수 있는 간단한 방법은 제곱하여 모두 양수로 만들어 주는 것이다. 이렇게 편차의 제곱값을 이용하여 자료의 분산도를 측정하는 공식을 유도할 수 있다.

$$\text{분산} = \frac{\text{제곱편차 합}}{\text{관측수} \ - 1}$$

$$\text{표준편차} = \sqrt{\text{분산}}$$

$$\text{표준오차} = \frac{\text{표준편차}}{\sqrt{\text{관측수}}}$$

분산은 퍼짐성의 척도로 사용되며, 모든 데이터 값이 데이터 중심인 평균으로부터 얼마만큼 퍼졌는지는 주로 표준편차standard deviation, SD 또는 표준오차standard error, SE로 정량화하여 각각 X ± SD, X ± SE로 표시한다. 어느 경우든 표준오차나 표준편차의 값이 적으면 데이터가 평균에 많이 밀집되어 있다고 할 수 있다.

(3) 표준점수

조사에서 얻은 데이터가 모집단에서 상대적으로 어디에 위치하는가를 나타내려면 표준점수를 이용한다. 조사에서 얻어진 원래 점수raw score의 상대적 위치를 알려주는 점수를 표준점수standard score라 한다. 표준점수의 종류로는 Z점수, T점수 등이 있다. 가장 흔히 쓰이는 점수가 Z점수이다.

전국의 초등학교 급식비를 조사하기 위해 모집단으로부터 200개의 학교를 표본으로 추출하여 조사한 평균이 2,000원이고 표준편차가 200원이라고 하자. A초등학교의 급식비가 2,200원이라면 A학교의 급식비 수준이 우리나라 전체 초등학교 중 어디에 위치하는지를 알아보고자 한다. 이때 Z점수를 이용할 수 있다. Z점수란 데이터의 분포가 정규분포라는 가정을 할 때 원점수의 평균을 0, 표준편차를 1로 하는 변환점수를 말한다.

$$\text{Z 점수} = \frac{\text{편차}}{\text{표준편차}}$$

$$\text{따라서, A학교의 Z점수} = \frac{2{,}200 - 2{,}000}{200}$$

Z점수는 표준정규분포표를 이용하여 비율로 환산할 수 있다. 이에 따라 A초등학교의 급식비 수준은 전국 초등학교 중 50% 이상에 위치하며 정확한 상대적 서열은 84.13%에 있어 높은 편임을 알 수 있다.

(4) 상관

상관correlation이란 두 변수 사이의 관계를 말하는 것으로, 한 변수가 변할 때 다른 변수가 어떻게 변하는가를 나타낸다. 예를 들어, 지방 섭취량과 대장암 발병률이 상관이 있다고 판단하였다면 이는 지방 섭취량이 증가하니까 대장암 발병률이 증가하였다고 볼 수 있다. 그러나 상관의 의미를 항상 인과관계로 해석해서는 안 된다. 대장암 발병률이 증가하는 것은 지방 섭취량 이외에도 여러 요인이 관여할 수 있기 때문이다. 따라서 상관관계를 인과관계보다는 상호관계interaction로 해석하는 경우가 더 많다. 한 변수가 다른 변수에 영향을 주고 역으로 다른 변수가 한 변수에 영향을 준다는 것이다.

변수 간의 상관관계를 알아보는 손쉬운 방법은 데이터의 추이를 그래프로 그려보는 것이다. X축에 한 변수를, Y축에 다른 변수를 설정하고 각 변수가 나타내는 점을 찍어 두 변수 간의 관계를 파악할 수 있는 도표를 산점도scatter plot라 한다. 또한 산점도에서 보여주는 데이터들의 패턴을 요약한 숫자가 상관계수correlation coefficient로서 두 변수가 변화한 정도를 나타낸다.

보편적으로 사용하는 상관계수에는'피어슨 상관계수'가 있다. 피어슨 상관계수는 두 변수 간의 직선형 상관관계를 정량화하기 위한 목적으로 사용한다. 즉, 두 변수 간의 관계가 얼마나 직선에 있느냐를 측정하는 하나의 도구인 것이다. 상관계수의 범위는 언제나 -1에서 +1 사이의 값을 취하도록 고안되었으며, 완벽한 정적(+) 관계에 있을 때 상관계수는 +1, 완벽한 부적(-) 관계에 있을 때는 -1이다. 상관계수가 0에 가까울수록 두 변수 간에는 피차 설명할 근거가 없는 셈이다. 상관계수를 수치로 나타내는 방법 외에 언어적 방법으로 표현하는 경우가 자주 있는데 절대적인 기준은 없으나 〈표 1-4〉와 같은 기준에 따라 상관을 표현한다.

표 1-4
상관계수의 설명

상관계수 범위	상관관계의 언어적 표현
.00 ~ .20	상관이 거의 없다.
.20 ~ .40	상관이 낮다.
.40 ~ .60	상관이 있다.
.60 ~ .80	상관이 높다.
.80 ~ 1.0	상관이 매우 높다.

상관의 언어적 표현에서 두 변수의 관계가 정적 관계이면 상관이 '있다.', '높다.' 등으로 서술하나, 부적 관계에 있는 경우 '부적 상관이 있다.' 혹은 '상관이 부적으로 높다.'라고 표현한다.

(5) 회귀분석

상관의 개념으로 설명한 두 변수 간의 데이터의 추이를 간단한 함수식으로 나타낸 것을 회귀분석regression analysis이라 하고, 회귀분석을 시도하기 위해 가정된 함수식을 회귀모형regression model이라 한다. 산점도에 나타난 점들의 패턴을 적절한 함수식으로 나타낸다면 데이터 해석이 편리해진다. 그러나 설사 회귀식을 얻었더라도 이 회귀식이 데이터의 변화 패턴을 잘 설명하지 못한다면 회귀모형은 큰 의미가 없다. 따라서 회귀분석을 할 때에는 우선적으로 회귀모형의 유의성을 검증해야 한다. 회귀모형이 유의하다는 말은 가정된 회귀모형이 데이터를 잘 설명하고 있음을 뜻한다. 회귀모형의 유의성은 이후에 설명하는 추리통계 방법인 분산분석으로 검증한다.

추리통계

추리통계는 모집단의 속성을 추정하기 위해서 모집단을 대표하는 표본을 추출하고 표본의 속성을 추정하여 확률적으로 의사를 결정하는 방법이다.

즉, 검증하고자 하는 가설을 설정하여 그 가설이 참인지 거짓인지를 판단하는 것이다.

(1) 추리통계를 위한 기본개념

정규분포

성인의 키를 측정하여 분포를 그렸더니 어떤 점을 중심으로 좌우대칭의 형태를 나타냈다고 하자. 매우 키가 큰 사람이나 작은 사람의 수는 희소하며 평균 키인 사람이 많음을 알 수 있다. 이와 같은 분포를 정규분포normal distribution라 한다. 정규분포의 형태는 평균을 중심으로 좌우대칭이며, 평균 μ과 표준편차 σ에 의해 형태가 달라진다. 즉, 정규분포의 형태는 종모양으로 평균이 같고 분산이 각기 다른 분포이다(그림 1-2). 분포의 형태는 다르더라도 평균을 중심으로 제한된 범위 내의 확률은 같음을 알 수 있다.

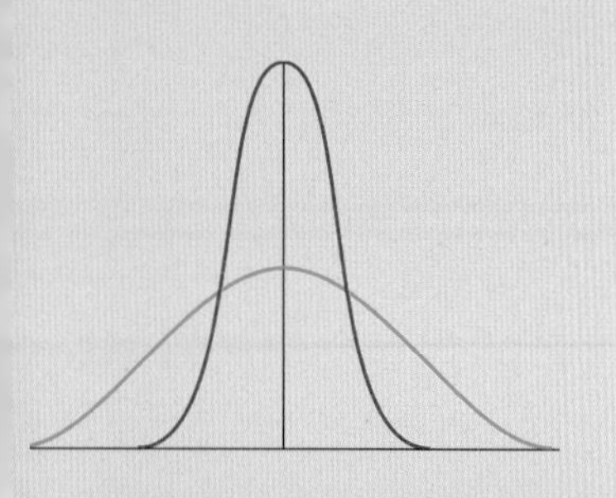

그림 1-2
평균이 같고 분산이 다른 정규분포

정규분포는 통계학에서 가장 많이 사용하는 분포로, 대부분의 통계방법에서는 언제나 데이터들이 정규분포를 따른다는 가정을 하는 경우가 많다.

유의수준

통계적 가설검증에서는 언제나 귀무가설과 대립가설을 설정한다. 귀무가설null hypothesis은 직접 검증의 대상이 되는 가설로 부정하고자 하는 가설이며, 대립가설alternative hypothesis은 귀무가설의 반대되는 사실로 연구자가 주장하고자 하는 가설이다. 따라서 연구자는 귀무가설을 기각reject하고 대립가설을 채택accept하기를 바란다. 가설검증에 의해 내려진 통계적 결정은 데이터에 담긴 정보를 기초로 하므로 완벽하지 않고 항상 판단착오를 할 위험이 있다. 즉, 통계적 결정에서 귀무가설이 옳음에도 불구하고 귀무가설을 기각할 오류를 제1종 오류라 하며, 제1종 오류를 범할 확률을 α라 표기한다. 통계적 검증 시 이 α값을 설정하는데 이 선택된 α의 값을 유의수준significance level이라 한다. 일반적으로 유의수준은 0.05로 많이 설정한다. 이 말은 귀무가설이 옳아도 데이터가 잘못 나와서 대립가설을 채택할 오류의 확률이 5/100라는 의미이다.

이에 대해 유의확률significance probability, p value은 현재 갖고 있는 데이터에 대해 처음에 유의수준을 얼마로 잡아야 가설검증을 할 때 귀무가설을 기각할 수 있는지를 계산한 값이다. 따라서 유의수준을 0.05로 정했을 때 계산된 유의확률이 0.05보다 적게 나와야 귀무가설을 기각하고 대립가설을 채택할 수 있다.

가설검증의 절차

일반적으로 통계적 가설검증의 기본절차는 다음과 같다.

- 이론적 연구를 바탕으로 귀무가설과 대립가설을 설정한다.
- 유의수준을 설정한다.
- 연구 목적을 증명할 수 있는 올바른 통계방법을 선택한다.
- 선택한 통계방법에 의한 통계값을 선택한다.
- 유의수준에 따라 기각값을 찾은 후 귀무가설의 기각 여부를 밝힌다.
- 결론과 해석을 한다.

(2) 추리통계를 위한 가설검증

통계적 검증방법으로는 Z검증, X^2검증, t검증, F검증 등이 있으며, 각기 다른 분포인 Z분포, X^2분포, t분포, F분포에 의하여 의사결정을 하므로 다른 이름을 갖고 있다. Z검증, t검증, F검증은 종속변수가 양적변수일 때 집단 간 평균비교를 위한 방법으로서 Z검증과 t검증은 두 집단 사이의 비교에, F검증은 세 집단 이상을 비교할 때 쓰인다. X^2검증은 독립변수와 종속변수가 질적변수일 때 집단 혹은 변수 간의 연관성을 검증하기 위해 사용한다.

Z분포에 의한 검증

Z검증은 Z분포에 의해 가설을 검증하는 통계적 방법으로 모집단의 분산을 아는 경우에만 사용할 수 있는데, 실제 연구 상황에서 모집단의 분산을 아는 경우는 매우 드물다.

X^2분포에 의한 검증

X^2검증은 범주형 자료categorical data에 대한 통계적 검증방법으로 자료들을 분할표contingency table로 만든 뒤 그들의 독립성을 검증한다. 배경변수에 따라 문항의 응답 패턴이 같은지 다른지를 알고 싶을 때 '독립성 검증'이라는 통계기법을 이용한다. 〈표 1-5〉와 같은 분할표로 검증을 한다면 배경변수는 비만도가 되고, 응답패턴은 간식횟수가 된다.

이에 대해 X^2검증을 실시하여 독립성을 검증한 결과, 귀무가설 '비만도와 간식횟수는 독립적이다.'를 기각하면 '비만도와 간식횟수 사이에는 의존성이 있다.'고 결론내릴 수 있다. 데이터를 좀 더 잘 살펴보면 정상아에 비해 비만아의 간식횟수가 더 많다고 할 수 있다.

표 1-5
범주형 자료의 분할표 예

1일 간식횟수	정상아	비만아
1회	50명	10명
2회	30명	40명
3회	20명	50명

t분포에 의한 검증

t검증t-test은 t분포에 의해 가설을 검증하는 통계적 방법으로 모집단의 분산을 모를 때 표본의 평균과 분산을 가지고 검증하는 방법이다. 두 종속표본 t검증two dependent samples t-test이란 비교할 두 표본이 서로 종속적일 때 이용하고, 두 독립표본 t검증two independent samples t-test은 비교할 두 표본이 서로 독립적일 때 이용한다. 예를 들어, 중년 남녀의 에너지 섭취량을 조사할 때 남녀를 각각의 모집단에서 임의적으로 추출했다면 남녀 두 표본은 독립적이나 편의에 의해 중년 부부를 임의적으로 추출하여 중년 남녀 표본을 구했다면 이들 표본은 상호 종속적이 된다.

따라서 전자의 경우는 두 독립표본 t검증을, 후자의 경우는 두 종속표본 t검증을 사용하게 된다. 또 다른 예로서 사전·사후검사를 들 수 있다. 영양교육의 효과가 있는지를 알아보기 위하여 영양교육 전의 영양지식 점수를 검사한 다음, 교육 후의 영양지식 점수에 대한 사후검사를 실시하여 비교하고자 할 때에는 두 종속표본 t검증을 쓸 수 있다. 사전검사 점수와 사후검사 점수는 독립적이지 않기 때문이다.

F분포에 의한 검증

F분포에 의한 F검증 혹은 분산분석analysis of variance, ANOVA이란 분산의 원인이 어디에 있는가를 알아보는 통계적 방법이다. 일원분산분석one-way analysis of variance, one-way ANOVA이란 독립변수가 하나일 때 분산의 원인이 집단 간 차이에 기인한 것인지를 분석하는 통계기법이다. 즉, 수유방법(모유·조제분유·혼합영양)에 따른 영아의 체중 차이라든가, 어유 섭취량(저·중·고)이 혈중 콜레스테롤 수준에 미치는 영향과 같은 연구를 할 때 각기 한 독립변수(수유방법 혹은 어유 섭취량)에 의한 집단 간의 차이를 비교한다.

독립변수가 2개일 경우에는 이원분산분석two-way analysis of variance을 실시한다. 예를 들어, 나이가 다른(4개월·12개월) 흰쥐에게 단백질 함량(저·중·고)을 달리한 사료를 먹였을 때 신장기능에 미치는 영향을 연구하려 한다면 독립변수는 나이와 단백질 함량이 되며, 종속변수는 신장기능이 된다. 이 실험을 위한 레이아웃layout은 〈표 1-6〉과 같다.

신장기능 지표	4개월			12개월		
	저	중	고	저	중	고
사구체 여과율						
요소 질소량						

표 1-6
이원분산분석 실험의 레이아웃

분산분석의 귀무가설은 비교하고자 하는 '전체 집단의 평균이 같다.'는 것이며, 이것이 기각되었다면 비교 집단의 평균이 차이가 있음을 말한다. 그러나 어느 집단과 어느 집단 사이에 차이가 있는지를 밝히지는 못한다. 즉, 수유방법(모유·조제분유·혼합영양)에 따른 영아의 체중 차이가 있다는 것을 알았으나, 모유를 섭취한 영아와 조제분유를 섭취한 영아의 체중이 다른지 또는 조제분유를 섭취한 영아와 혼합영양을 한 영아의 체중이 다른지는 알 수 없다. 이와 같이 귀무가설의 기각 여부를 검정한 후, 만약 귀무가설이 기각되었다면 어떤 집단 간의 대비contrast에서 차이가 있는지를 찾아내는 통계적 방법을 사후비교분석post-hoc comparison이라 한다. 사후비교분석 방법으로는 Turkey의 Honestly Significant DifferencesHSD 검증 또는 Scheffé 검증 등을 사용할 수 있다.

함께 풀어 봅시다

1-1 국민건강영양조사에서 이용되는 영양판정 방법에 대해 살펴보자.

1-2 보건소에서 실시하는 영양사업 중에서 영양판정, 영양중재 프로그램의 효과 판정에 이용되는 영양판정 활용법에 대해 알아보자.

1-3 최근에 발행된 학회지를 읽고 연구결과의 통계적 해석을 익혀 보자.

1-4 영양중재 프로그램의 효과를 학회지에서 찾아보자.

참고문헌
REFERENCE

백희영, 문현경, 최영선, 안윤옥, 이홍규, 이승욱. 한국인의 식생활과 질병. 서울대학교 출판부, 1997

성태제. 현대 기초통계학의 이해와 적용. 교육과학사, 2007

한국영양학회. 한국영양자료집. 신광출판사, 1989

Alcock NW. Laboratory tests for assessing nutritional status: In Ross AC, Caballero B, Cousins RJ, Turker KL, Ziegler TR. eds. *Modern Nutrition in Health and Disease*, 11th ed. Baltimore: Williams & Wilkins, 2012

Beaton GH. Evaluation of nutrition interventions: methodologic considerations. *Am J Clin Nurtr* 35: 1280, 1982

Gibson RS. *Principles of nutritional assessment*, 2nd ed. Oxford University press, Oxford, 2005

Grandjean AC. Dietary intake data collection: challenges and limitations. *Nutr Rev. Suppl* 2: S101~4, 2012.

Jelliffe DB, Jelliffe EFP. *Community Nutritional Assessment.* Oxford University Press, Oxford, 1989

Lee SM, Hamack L, Jacobs DR, Steffen LM, Luepker RV, Amett DK. Trends in diet quality for coronary heart disease prevention between 1980-1982 and 2000-2002: The minnesota Heart Survey. *J Am Diet Assoc* 107: 213~222, 2007

Lee RD, Nieman DC. *Nutritional Assessment*, 5th ed. McGraw-Hill Higher Education, Boston, 2010

Stamler J. Assessing diets to improve world health: nutritional research on disease causation in populations. *Am J Clin Nutr* 59: 146S, 1994

CHAPTER 2 식사섭취조사 방법

1 식사섭취조사 목적
2 식사섭취조사 방법
3 식사섭취조사 방법의 선택

*
식사섭취조사는 영양판정 과정 중 가장 기본적인 조사방법이다. 섭취한 식사를 조사하기 위해서는 일상 식사를 조사해야 한다. 그러나 식생활이 매우 다양하여 같은 사람이라도 매일 섭취하는 식품의 종류와 양이 다르고, 같은 집단 내에서도 개인에 따라 선호하는 식품에 많은 차이가 있어 평상시의 식사섭취량을 측정하는 것은 어렵다.

CHAPTER 2

Dietary Assessment

식사섭취조사 방법

식사섭취조사는 영양판정 시 행하는 가장 기본적인 조사방법이다. 섭취한 식사를 조사하기 위해서는 평상시의 일상 식사usual intake를 조사해야 한다. 그러나 식생활이 매우 다양하여 같은 사람이라도 매일매일 섭취하는 식품의 종류와 양이 다르고, 또한 같은 집단 내에서도 개인에 따라 선호하는 식품에 많은 차이가 있으므로 평상시의 식사섭취량을 측정하는 것은 어렵다.

식사섭취조사를 통한 영양판정의 과정을 살펴보면, 섭취한 식품을 조사한 후 영양소 섭취량으로 환산하고, 환산한 영양소 섭취량을 판단기준과 비교하여 영양상태를 파악할 수 있다. 영양판정 결과, 영양상태가 불량한 경우에는 개선책과 영양중재 방안을 마련해야 한다. 식사섭취조사를 통한 영양상태 판정은 여러 단계에 걸쳐 판정하며, 해석과정에서 식품성분표, 판단기준 등이 필요하다.

식사섭취조사 방법은 그 자체가 많은 오차를 내포하고 있어 정확한 값을 구하기가 어려우나 식사섭취조사에서 나온 결과를 신체계측조사, 생화학적 조사, 임상조사의 결과와 비교하여 해석하면 비교적 정확하게 영양상태를 판정할 수 있다.

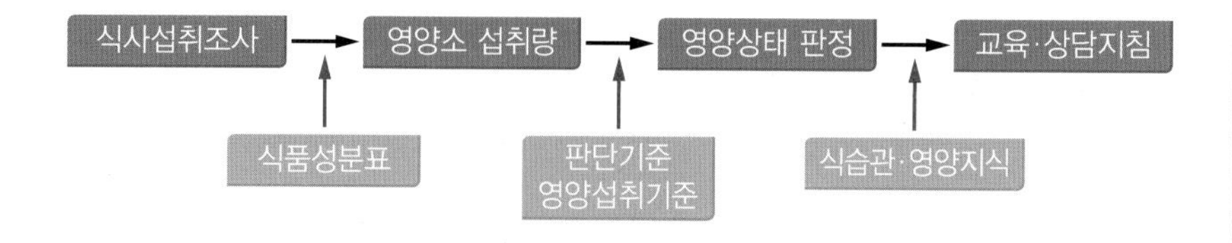

그림 2-1
식사섭취조사를 통한 영양판정 과정

1. 식사섭취조사 목적

식사섭취조사는 사람들이 무엇을 얼마나 먹는가를 측정하는 것이다. 식사섭취조사를 통하여 개인이나 집단의 영양소 섭취 현황을 분석하고 이에 따른 영양상태를 판정할 수 있을 뿐만 아니라 영양·건강정책의 수립, 역학조사의 기초자료, 또는 새로운 식품개발의 기초자료로 활용되고 있다. 식사섭취조사의 목적 및 활용 범위는 다음과 같다.

- 국가 단위의 식품수급 상태를 파악할 수 있다. 즉, 국가 단위의 식사섭취조사를 통하여 국가 전체의 식품군별 공급량 및 소비량의 균형을 파악할 수 있다.
- 개인과 집단의 영양소 섭취 실태를 파악하여 영양문제를 알아볼 수 있다.
- 식품섭취나 소비의 경향을 파악할 수 있다.
- 식사와 건강과의 관계를 규명할 수 있다. 즉, 집단의 식사섭취 상태와 질병 발병 상태를 비교함으로써 식사와 건강 혹은 질병과의 관계를 규명할 수 있다.
- 위험집단을 선별하여 집중적인 영양교육을 통하여 질병 예방을 도모할 수 있다.
- 개인이나 국가 차원에서 식습관 개선 방안의 기초자료로 이용할 수 있다. 즉, 국가 차원에서는 식품생산 및 분배정책을 마련할 수 있고, 식품강화나 식품규칙을 제정하고 질병 예방에 관한 영양교육 프로그램을 마련할 수 있다.
- 식사섭취조사 결과는 상업적으로도 이용할 수 있다. 즉, 식품회사에서는 식사섭취조사 결과를 반영하여 새로운 식품개발에 응용할 수 있다.

2. 식사섭취조사 방법

식사섭취조사는 개인이나 집단에 따라 여러 가지 방법을 활용할 수 있다. 각각의 조사방법에는 장단점이 있으며, 어느 정도의 오차를 내포할 수 있기 때문에 조사 목적에 따라 가정 적합한 방법을 선택하거나 여러 방법을 병행할 수도 있다.

개인 단위의 조사

개인의 식사섭취량에 대한 조사는 목적에 따라 두 가지로 구별할 수 있다. 첫째는 양적 조사방법으로 회상법, 기록법이 있고, 둘째는 질적 조사방법으로 섭취빈도조사법, 식사력 조사법 등이 있다.

(1) 24시간 회상법

특징

24시간 회상법24-hour recall method은 지난 하루 동안 섭취한 음식의 종류와 양을 기억하도록 하여 조사하는 방법으로 개인의 식사조사 방법으로 가장 많이 이용되는 방법이다. 회상법은 일반적으로 조사자와 조사대상자가 만나 면접하는 방식으로 진행되며, 질문내용에는 섭취한 음식 및 음료의 종류와 양, 섭취한 시간, 장소, 같이 식사한 사람, 조리방법, 상표 등도 포함된다.

24시간 회상법에 의하여 정확한 식사섭취량을 추정하려면 무엇보다도 잘 훈련된 조사자가 필요하다. 조사자는 식품과 영양에 대한 지식이 있어야 하고, 시중에서 판매하는 식품의 종류 및 내용, 조리방법, 식습관, 식사행태 등을 파악하고 있어야 효과적인 면접과정을 진행할 수 있다. 잘 훈련된 영양사에 의하여 24시간 회상 면접을 시행하는 데에 15~20분 정도가 소요된다.

조사방법

조사자는 조사대상자가 섭취한 음식을 기억하는 데 도움이 되도록 면접과정을 진행해야 한다. 섭취한 음식명뿐 아니라 함께 섭취한 식품이나 조미료 등을 기억할 수 있는 질문을 해야 하며, 세끼 식사시간 외에 간식 등으로 섭취한 식품이나 음료도 기억할 수 있는 질문이 필요하다. 먹은 음식을 빼놓지 않고 기억하기 위해서는 "아침에 무엇을 먹었느냐?"는 단순한 질문보다는 하루 일과를 차례대로 질문하면서 음식과 관련된 행동이 나오면 음식에 대해 자세히 질문해야 한다. 음식의 분량은 집에서 쓰는 단위로 기록하면 편리하고, 분량 추정을 위해 음식 크기에 관한 그림을 그리거나 음식 모형, 실물 사진, 그림 등을 활용하면 도움이 된다. 최근에는 기억에 의한 오차를 줄이기 위해 음식을 섭취할 때마다 사진을 찍어 기록하는 방법이 활용되고 있다.

면접 마지막 단계에서 조사대상자가 섭취한 모든 음식이 기록되었는지 확인하고 다시 한 번 검토한다. 또한 회상한 날이 보통날이었는지 아니면 특별한 날이었는지 확인하고, 영양보충제나 건강기능식품, 알코올 섭취 여부도 확인한다. 모든 면접이 끝난 후에는 면접내용을 재검토하여 내용을 확인하는 과정이 필요하며, 재검토는 나중에 전화나 우편으로 할 수도 있다.

장점 및 제한점

- 장점

24시간 회상법은 비교적 간단하고 쉽게 시행할 수 있다는 장점이 있다. 조사자와 조사대상자가 한 번만 만나 조사를 하면 되므로 조사대상자의 협조를 구하기가 쉽고, 15~20분 정도의 면접시간이 소요되므로 시간과 경비가 적게 드는 방법이라고 할 수 있다. 그러므로 다른 방법에 비하여 조사대상자를 구하기가 쉽고 조사대상자의 교육정도가 큰 제한점이 되지 않는다. 특히 24시간 회상법은 아주 최근의 섭취상태를 조사하는 것이므로 비교적 기억하기도 쉽고, 식사형태를 조사하는데 적합한 방법이다. 식사를 하기 전에 조사하는 것을 인지하고 있으면 식사형태가 변할 수 있는 데 반해, 이 방법은 이러한 문제가 비교적 적다.

● 제한점

24시간 회상법의 가장 큰 제한점은 지난 하루 동안 섭취한 식사내용이 개인의 보편적인 평상시 식사섭취usual nutrient intake를 대표할 수 있는지에 대한 것이다. 식사섭취는 한 개인에 있어서도 날에 따라 섭취하는 음식이 같지 않기 때문에 개인 내 편차intra- individual variation가 발생한다. 특히 회상하는 날이 기념일 등 특정한 날이라면 이러한 오차는 더욱 커진다. 그러므로 회상하는 날이 특별한 날이 아닌 보통날이거나 회상하는 날이 많아지면 조사결과의 보편성은 커진다. 특히 주말이나 계절에 의한 차이를 최소화하기 위해서는 계절별로 반복된 조사를 하는 것이 필요하다.

이 방법은 조사대상자의 기억력에 의존하므로 조사대상자가 지나간 날에 섭취한 식품을 모두 정확하게 기억하지 못할 수 있는데 이는 식사섭취량을 추정하는 데 큰 제한점이 될 수 있다. 또한 각 가정에서 제공하는 1회 분량이 다르고 그릇의 크기도 다양하여 섭취한 식품의 양을 정확하게 전달하지 못하는 경우에는 섭취한 식품의 양을 추정하기가 어렵게 된다. 양적인 표현을 돕기 위하여 식품 모형이나 사진, 그릇 등을 제시하면서 면접을 실시하면 비교적 분량 추정에 도움이 될 수 있다.

또한 조사대상자는 섭취한 음식을 정확하게 보고하지 않는 경우가 있다. 즉, 보통 사람은 먹지 말아야 한다고 생각하는 식품, 예를 들면 간식이나 술 등은 섭취한 것보다 적게 보고하는 경향이 있고, 많이 섭취해야 한다고 생각하는 식품은 많이 보고하는 경향이 있으며, 먹은 음식을 의도적으로 보고하지 않거나 먹지 않은 식품을 먹었다고 보고할 수도 있다. 그리고 면접할 날짜를 미리 통보하면 그 전날의 식사섭취 형태를 변형하기도 한다. 그러므로 조사대상자에게 면접하는 날을 예고하지 않는 것이 좋다. 24시간 회상법의 장점과 제한점은 〈표 2-1〉과 같다.

표 2-1
24시간 회상법의 장점과 제한점

장점	• 비교적 간단하고 쉽다. • 시간과 경비가 적게 소요된다. • 조사대상자의 협조를 구하기가 쉽다. • 조사대상자의 교육 수준에 크게 영향 받지 않는다. • 최근의 섭취 내용을 조사하여 비교적 기억하기 쉽다.
제한점	• 개인의 평상시 식사섭취를 반영하기 어렵다. • 기억력에 의존하므로 섭취한 식품을 빠뜨리기 쉽다. • 적게 먹은 것은 많이, 많이 먹은 것은 적게 보고하는 경향이 있다. • 주말, 계절별 섭취량의 차이가 크다.

유의사항 조사대상자의 평상시 식사섭취 내용을 파악하기 위해서는 모든 요일이 비례적으로 포함되어야 한다. 집단의 식사섭취량을 조사하는 경우에는 하루의 섭취량으로 전체의 평균값을 구할 수 있으나 주중과 주말의 식품섭취 경향이 다르기 때문에 가능하면 2~3일 동안의 식사섭취 내용을 조사하는 것이 좋으며, 주중 2일, 주말 1일을 포함하도록 권장한다.

24시간 회상법은 여러 가지 제한점을 가지고 있으나 개인이나 집단의 식사섭취 상태를 파악하기 위하여 현재 가장 널리 사용되고 있는 방법이다. 집단의 평균을 구할 때 개인 간 변이를 줄이기 위해서는 조사대상자의 수를 증가시키는 것이 필요하고, 개인의 평상시 식사섭취량을 추정하고자 할 때는 조사일수를 늘리는 것이 필요하다.

또한 조사방법에 대한 신뢰도와 타당도를 높이기 위해서는 표준화된 면접절차와 훈련된 조사자, 조사된 자료의 타당도를 검증할 수 있는 방법, 표준화된 자료 처리 등이 필요하다.

표 2-2
24시간 회상법 조사지의 예

• 회상하신 날의 식사 내용이 평상시 식사와 비슷합니까?　예 (　　), 아니오 (　　)
• 영양보충제를 복용하고 계십니까?　예 (　　), 아니오 (　　)
• 하루 동안 드신 음식 시간 순서대로 기억하여 작성하십시오.

식사 구분	식사 시간	식사 장소	음식명	재료	눈 대중량	분량	음식그림 또는 상표
식전							
아침							
간식							
점심							
간식							
저녁							
간식							

(2) 식사기록법

특징

식사기록법food record은 일정 기간에 조사대상자가 섭취하는 모든 음식과 음료의 양을 먹을 때마다 기록하는 방법이다. 음식을 먹을 때마다 식품명, 분량, 시간, 장소 및 식사의 특징 등을 정확하게 기록하기 때문에 회상법에서 문제되는 기억력에 의한 문제를 배제할 수 있다. 또 양을 추정하는 데 있어서도 저울, 계량컵 등을 사용할 수 있어 훨씬 정확하게 조사할 수 있다.

식사기록법은 눈대중으로 추정하여 기록하는 추정량 기록법estimated food records과 음식의 양을 실측하여 기록하는 실측량 기록법weighed food records으로 나눈다.

조사방법

조사기간은 연구 목적에 따라 1일, 3일, 5일, 7일 등으로 정할 수 있으며, 요일의 영향을 고려하여 주중과 주말을 비례적으로 포함해야 한다. 기간이 길어질수록 보편적인 일상 식사를 반영할 수 있으나 조사대상자의 협조를 구하기가 힘들고 정확도가 떨어지기 때문에 보통 3일 조사를 많이 이용한다.

조사를 실시하고자 할 때 처음에 만나 식품명, 조리법과 재료, 분량 등 식사를 기록하는 방법을 설명한다. 일단 하루 동안의 식사기록을 검토하고 부족한 부분을 보충하여 계속 기록한다면 정확하게 식사 내용을 기록할 수 있게 된다. 조사 마지막 날에 다시 만나 기록한 것을 회수한 후 검토 과정을 거쳐 빼놓았거나 확실하지 않았던 부분을 확인한다.

추정량 기록법

추정량 기록법estimated food records은 조사대상자가 음식과 음료를 섭취할 때마다 조리과정, 구성식품의 양, 조리된 음식량, 섭취한 음식량, 상품명, 조리기구 등을 기록하거나 사진으로 찍어서 기록하도록 한 후 조사자가 중량으로 환산하고 영양소 함량을 계산하는 방법이다.

실측량 기록법

실측량 기록법weighed food records은 조사대상자가 일정 기간 섭취한 모든 음식과 음료를 조사자가 실제로 측량하여 기록하는 방법이다. 식사 전 식품 재료의 무게와 조리 후 최종 무게를 측량·기록하고, 식사 후 잔식량을 측량·기록하여 조사대상자가 섭취한 음식량을 구할 수 있다. 외식을 하는 경우에는 밖에서 섭취한 모든 음식의 목측량과 구성식품을 기록한 후 기록한 음식과 동일 음식을 직접 측량하여 섭취량으로 환산할 수 있다.

음식의 중량은 g 단위로 측정하며, 저울은 ±5 g의 정확도를 가진 저울을 이용한다.

장점 및 제한점

장점

식사기록법은 식품을 섭취할 때마다 측량하거나 눈대중량을 기록하기 때문에 다른 방법에 비하여 식사섭취 상태를 정확하게 파악할 수 있다. 또 여러 가지 식사섭취조사 방법의 비교 기준으로 이용되기도 한다.

제한점

식사기록법을 통하여 식사내용을 기록할 때 조사날짜가 길어지면 정확도가 떨어질 수 있으며, 식사내용을 단순화시키는 경향이 있다. 또한 조사대상자를 선정하는 데 있어 다른 방법보다 제한이 따른다.

식사기록법의 조사대상자는 동기유발과 원칙대로 협조를 해줄 사람이어야 하는데 이러한 대상자를 구하는 것은 한 번의 면접으로 끝나는 조사방법의 대상자를 구하는 것보다 훨씬 어렵고, 선정된 조사대상자가 일반적인 조사대상자를 대표하지 않을 수도 있다. 특히 조사대상자는 문맹이 아니어야 하는데 이것이 어린이나 노인 등 스스로 기록하기 어려운 특정 인구집단에서는 적용하기 어렵다. 뿐만 아니라 자기가 먹은 것을 기록해야 한다는 것을 인지하고 있으므로 기록하는 기간에 식습관을 바꿀 우려가 있어 일상 식사 형태를 조사하려고 하는 의도에 부합되지 않을 수 있다(표 2-3).

표 2-3
식사기록법의 장점과 제한점

구분	내용
장점	• 기억력에 의한 오차를 줄일 수 있다. • 정확하고 자세한 식사섭취 자료를 얻을 수 있다. • 여러 가지 식사조사 방법의 비교 기준으로 이용될 수 있다.
제한점	• 조사대상자의 부담이 크다. • 조사기간이 길수록 조사대상자의 협조를 받기가 어렵고, 정확도가 감소한다. • 글을 쓸 수 있어야 한다. • 쉽게 기록하기 위해 식사 형태를 바꿀 수 있다.

유의사항

식사기록법은 조사대상자 스스로 여러 날의 식사내용을 기록해야 하므로 조사대상자의 교육 수준이 어느 정도 이상이어야 하고, 적극적으로 협조할 수 있는 조사대상자를 구하는 것이 중요하다. 또한 정확한 식사섭취 기록을 얻기 위해서는 대상자를 여러 번 만나야 하고, 조사자도 검토시간을 많이 할애해야 하므로 정확하기는 하나 시간과 경비가 많이 든다.

자기가 먹은 것을 기록해야 한다는 사실을 인지하고 있기 때문에 기록하는 기간에 식습관을 바꾸거나 단순화하는 경향이 있고, 섭취한 것을 기록에서 누락하여 실체 섭취량보다 적게 기록하는 경향을 보이기도 한다.

(3) 식사력 조사법

특징

식사력 조사법diet history은 비교적 장기간에 걸친 개인의 식사섭취 상태를 조사하는 방법으로, 자세하고 광범위한 면접을 통하여 조사대상자의 평상시 식사섭취 양상을 조사한다. 즉, 지난 한 달, 혹은 일 년간을 회상해 볼 때 전체적으로 하루에 어떻게 먹었는가를 묻는 방법이다. 면접 내용으로는 섭취한 식품의 종류와 양뿐만 아니라 식사의 내용 및 구성 등을 포함한다. 24시간 회상법과 같이 특정한 날의 섭취를 회상하는 것이 아니기 때문에 보편성을 띨 수 있어 오랜 기간에 걸친 평상시의 식사 형태나 식품섭취 실태를 조사하고자 할 때 유용하다. 그러나 어느 특정한 날을 회상하는 것이 아니므로 섭취한 것을 기억하여 답하기는 회상법보다 어렵고, 면접하는 시간도 24시간 회상법보다 긴 보통 1시간 정도가 소요된다.

조사방법

식사력 조사법을 이용하여 과거의 평상시 식사섭취 경향을 조사하기 위해서는 단계적 접근이 필요하다. 첫째, 24시간 회상법을 이용하여 섭취한 식품의 횟수와 평상시 식사패턴을 조사하고 식습관에 대한 정보를 수집해야 한다. 둘째, 첫 번째 질문에서 얻은 정보를 확인하기 위해 특정 식품에 대한 섭취횟수를 확인하고 평소에 섭취하는 식품의 종류와 양도 확인한다. 셋째, 3일간의 식사기록을 통하여 최근 일정 기간 섭취한 식품의 섭취량을 조사해야 한다. 시간과 노력이 많이 들어 세 번째 단계를 생략하기도 한다.

장점 및 제한점

● 장점

식사력 조사법의 가장 큰 장점으로는 일상적인 식사습관을 파악할 수 있기 때문에 오랜 기간에 걸쳐 발병하는 만성질병의 역학연구에 유용하게 이용될 수 있다는 점이다.

● 제한점

일상적으로 섭취하는 식품의 종류와 분량에 대해 정확하게 판단할 수 있는 대상자를 구하는 것이 어렵고, 정직하지 않게 대답할 가능성이 다른 방법보다 크며, 주관적인 판단을 해야 하는 경우가 많다. 또한 과거의 식사력을 조사하려고 하여도 대부분의 대상자가 비교적 가까운 과거만을 기억하므로 회상하는 내용이 현재 식사의 영향을 받으며, 식사력 조사법으로 조사한 값은 일반적으로 높게 평가되는 경향이 있다(표 2-4).

표 2-4
식사력 조사법의 장점과 제한점

구분	내용
장점	• 과거의 평상시 섭취 상태를 조사하므로 보편성이 있다. • 현재 영양상의 문제가 있는 사람의 과거 식습관 조사가 가능하다.
제한점	• 기억하기 어렵다. • 조사기간이 길어지면 신뢰도가 떨어진다. • 잘 훈련된 조사자가 필요하다.

유의사항 식사력을 조사하기 위해서는 잘 훈련된 조사자가 정확한 답을 유도하도록 면접하는 것이 중요하다. 또한 자신의 식사섭취를 잘 기억할 수 있는 조사대상자가 필요하다. 그러므로 많은 사람을 대상으로 한 집단의 경향을 파악하기에는 적합한 방법이 아니며, 개인의 식사패턴을 이해하고 식사와 관련된 문제를 파악하는 데 유용한 방법이다.

(4) 식품섭취빈도조사법

특징 식품섭취빈도조사법food frequency questionnaire, FFQ은 일정 기간의 특정한 식품, 혹은 식품군의 섭취빈도를 조사하여 식사섭취 실태를 파악하는 방법이다. 즉, 조사대상자가 자주 섭취하는 식품의 목록을 미리 제시하고, 하루, 일주일, 한 달, 또는 일 년 단위로 식품의 섭취빈도를 조사하여 장기간에 걸친 평상시 식품섭취패턴을 조사한다. 식품섭취빈도조사법은 양적인 조사법이라기보다는 평상시 식사형태를 파악하기 위한 질적인 조사방법으로서, 장기간에 걸친 식습관과 질병과의 관계를 연구하는 역학조사에 유용한 방법이다. 설문조사 시간은 일반적으로 15~20분 정도 소요되며, 다른 식사조사 방법에 비해 비교적 적은 비용으로 조사할 수 있다. 조사대상자에게 부담이 적은 식사조사 방법이기도 하다.

조사방법 식품섭취빈도조사지에는 조사대상자의 일반적인 식품섭취패턴을 대표할 수 있는 식품목록과 섭취빈도, 1회 섭취분량 등이 필요하다.

식품목록

식품섭취빈도조사지를 만들 때 가장 중요한 것은 식품목록을 만드는 일이다. 연구목적과 조사대상자의 특성에 적합한 식품목록을 포함하여야 한다. 즉, 조사대상자가 실제로 많이, 자주 섭취하는 식품을 분석한 후 조사하고자 하는 영양소 급원식품 중 개인 간 변이가 큰 식품을 선택하여 식품목록을 구성해야 한다. 또한 식품목록에 포함되는 식품의 수에도 주의를 기울여야 한다. 식품목록 수가 적으면 조사대상자의 섭취 성향을 파악하기 어렵고, 반대로 식품목록 수가 너무 많으면 조사대상자의 협조를 얻기 힘들어 섭취량 추정치가 과대평가될 수 있다. 대체로 50~100품목이 많이 이용되고 있으며, 식품목록을 제시할 때 같은 영양소를 가진 유사식품끼리 같은 식품군으로 묶어 조사목적에 적합하게 식품목록과 수를 결정해야 한다.

섭취빈도

식품의 섭취빈도는 각 식품/식품군을 1일, 1주, 1개월, 1년을 기준으로 몇 번 섭취하는지를 7~10단계로 나누어 조사한다. 식품의 종류에 따라 섭취빈도가 다를 수 있기 때문에 섭취빈도가 비슷한 식품끼리 묶어 섭취빈도를 다르게 제시할 수도 있다.

1회 섭취분량

식품섭취빈도조사를 이용하여 섭취량을 환산하기 위해 식품의 1회 섭취분량을 제시하기도 한다. 즉, 각 식품/식품군별로 1회 섭취분량을 제시하거나 1회 섭취분량의 크기를 3단계(대·중·소)로 자세히 제시하여 영양소 섭취량을 양적으로 계산할 수 있다. 영양소 섭취량 환산 여부에 따라 식품섭취빈도조사법은 단순(비정량적) 식품섭취빈도조사법simple, non-quantitative FFQ, 반정량 식품섭취빈도조사법semi-quantitative FFQ, 정량적 식품섭취빈도조사법quantitative FFQ 등으로 나눈다. 단순(비정량적) 식품섭취빈도조사법은 섭취빈도만을 조사하는 방법이고, 반정량 식품섭취빈도조사법은 섭취빈도와 1회 섭취분량을 조사하여 섭취량을 개략적으로 파악하는 방법이고, 정량적 식품섭취빈도조사법은 1회 섭취분량을 표준분량을 기준으로 대·중·소로 구분하여 조사하고 섭취빈도를 파악하여 섭취량을 계산하는 방법이다. 식품섭취빈도조사법이 질적인 조사방법이지만 양적인 개념을 도입하여 식품조사에 이용되고 있다(표 2-5, 표 2-6).

표 2-5
단순(비정량적) 식품섭취빈도조사표 예

자료: 2011 국민건강영양조사 식품섭취빈도조사표

다음 각 식품 혹은 각 식품을 주재료로 조리한 음식을 얼마나 자주 드시는지 응답해 주십시오.

	섭취빈도(회) 식품 및 음식명	1일			1주			1개월		1년	거의 안 먹음	비고
		3	2	1	4~6	2~3	1	2~3	1	6~11		
곡류	1. 쌀											
	2. 잡곡 (보리 등)											
	3. 라면 (인스턴트 자장면 포함)											
	4. 국수 (냉면, 우동, 칼국수 포함)											
	5. 빵류 (모든 빵 포함)											
	6. 떡류 (떡볶이, 떡국 포함)											
	7. 과자류											

표 2-6
정량적 식품섭취빈도조사표의 예

채소류	지난 1년간 평균 섭취빈도									평균 1회 섭취분량			
	거의 안 먹음	월		주			일						
		1회	2~3회	1~2회	3~4회	5~6회	1회	2회	3회	기준분량	더 적음	기준 분량	더 많음
상추/양상추/양배추 (쌈, 샐러드, 무침)										쌈 8장, 샐러드 1접시(소)			
마요네즈/ 샐러드 드레싱										1큰술			
깻잎/호박잎										10장			
오이(생것, 무침)										중 1/2개(70 g)			
당근										중 1/3개(70 g)			
풋고추(생것, 조림)										2개			
마늘/마늘장아찌										3쪽			
양파										중 1/4개(25 g)			
녹즙										1컵(200 mL)			
시금치(나물, 국)										1접시(소)/70 g			

장점 및 제한점

장점

식품섭취빈도조사는 면접에 의하여 이루어지나 경우에 따라 직접 면접을 하지 않고 설문지에 조사대상자가 직접 표시하거나self-administered 우편이나 인터넷으로 조사할 수도 있어 비교적 간단하고 경제적이며, 조사대상자의 협조를 구하기가 쉽다. 또한 컴퓨터와 스캐닝 방법을 이용하면 설문지로부터 직접 자료를 입력하여 처리할 수 있기 때문에 대규모 연구에 이용될 수 있다. 과거 장기간의 식품섭취 경향을 조사하기 때문에 평상시의 식품소비 경향을 파악할 수 있어 식생활조사나 역학조사에서 질병의 원인과 식생활과의 관련성 연구에 이용할 수 있다. 특정 질병과 관련된 연구에서는 질병에 관련된 식품 위주의 조사를 통해 효과적으로 조사법을 활용할 수 있다.

제한점

식품섭취빈도조사법의 가장 큰 제한점은 회상법이나 식사기록법에 비해 섭취량 측정이 정확하지 않다는 점이다. 식품섭취빈도조사지에 수록된 식품목록만을 조사하고, 식품의 다른 특징, 즉 조리방법, 식사구성에 대한 정보를 얻을 수 없으며, 조사하고자 하는 식품목록에 따라 섭취량이 달라질 수 있기 때문에 조사지 작성 때마다 타당도 검증이 필요하다 (표 2-7).

표 2-7 식품섭취빈도조사법의 장점과 제한점

장점	• 개인의 평상시 식사섭취 경향을 파악할 수 있다. • 과거의 식사정보를 얻을 수 있어 식사와 질병 연구에 이용할 수 있다. • 조사대상자가 스스로 응답할 수 있다. • 대규모 연구에 이용할 수 있고 경제적이다. • 연구 목적에 맞춰 특정 식품목록만 간략하게 조사할 수 있다.
제한점	• 식품의 섭취량을 정확히 계산하기 어렵다. • 개인이 섭취한 음식의 종류와 양을 조사하기가 어렵다. • 조사하는 식품목록이 많아지면 과대평가하기 쉽다. • 조리방법, 식사구성에 대한 정보를 얻을 수 없다.

유의사항 식품섭취빈도조사법은 조사표에 포함된 식품목록에 따라 조사결과가 다르게 나타날 수 있다. 조사대상자가 섭취하는 식품이 조사하고자 하는 식품목록에서 제외되었다면 식품 및 영양소 섭취량 추정이 부정확할 것이며, 식품목록이 많으면 영양소 섭취량이 과대평가되는 경향이 있다. 또 식품목록이 적으면 과소평가되는 경향이 있기 때문에 사전에 연구 목적에 맞는 식품목록을 선정하는 것이 중요하다. 그러므로 개인의 절대적인 영양소 섭취량을 구하기보다는 개인의 섭취량의 다소에 따라 순서대로 구분하는 방법 등에 유용하게 이용될 수 있다.

식품섭취빈도조사법으로 조사한 결과는 식품성분표를 이용하여 대략적인 영양소의 섭취량으로 환산할 수도 있으며, 조사대상자의 식품섭취 실태를 저·중·고 등 3분류 혹은 5분류로 구분하거나 각 식품/식품군의 섭취횟수에 점수를 부여한 후 조사결과를 점수화하여 건강과 식생활과의 관계 연구에 활용할 수도 있다. 최근에는 웹 기반 식품섭취빈도조사법이 개발되어 인터넷에서 직접 입력하여 조사를 할 수 있으며, 대규모 연구에도 활용되고 있다.

(5) 식품섭취빈도조사법을 활용한 간이식사조사

식품섭취빈도조사법을 변형한 간이식사조사는 여러 가지 조사 목적에 맞게 활용할 수 있다. 전체적인 식습관이나 식사섭취량 파악이 아닌 특정한 영양소의 섭취 상태를 파악하고자 할 때는 그 식품군에 해당하는 식품목록을 이용하여 간단히 조사할 수 있다. 예를 들어, 심장병과 관련하여 지방섭취 실태를 조사하고자 한다면 지방, 포화지방, 콜레스테롤 등의 급원식품 목록을 만들어 그 식품들의 섭취빈도를 조사함으로써 지방과 관련된 섭취 실태를 파악할 수 있다. 〈표 2-8〉은 Gladys Block에 의해 개발되고 타당도가 검증된 fat screener이다. 인터넷에 제공된 〈표 2-8〉과 같은 설문지에 직접 입력하면 간단하게 식생활 분석 결과를 확인할 수 있다. 특정 질병의 식사요인을 조사할 때는 그 질병과 관련된 식품목록을 만들어 조사하면 간단하고 유용하게 판정할 수 있으며, 이때의 식품목록은 15~40개 정도면 충분하다.

표 2-8
Block's fat screener

자료: http://nutritionquest.org/wellness/tree-assessment-tools-for-individuals/fat-intake-screener/

Meats and Snacks	1/MONTH or less	2~3 times a MONTH	1~2 times a WEEK	3~4 times a WEEK	5+ times a WEEK
Hamburgers, ground beef, meat burritos, tacos					
Beef or pork, such as steaks, roasts, ribs, or in sandwiches					
Fried chicken					
Hot dogs, or polish or Italian sausage					
Cold cuts, lunch meats, ham (not low-fat)					
Bacon or breakfast sausage					
Salad dressings(not low-fat)					
Margarine, butter of mayo on bread of potatoes					
Margarine, butter of oil in cooking					
Eggs(not Egg Beaters or just egg whites)					
Pizza					
Cheese, cheese spread(not low-fat)					
Whole mlik					
French fries, fried potatoes					
Corn chips, potato chips, popcorn, crackers					
Doughnuts, pastries, cake, cookies(not low-fat)					
Ice cream(not sherbet or non-fat)					

더 알아봅시다

인공지능 식단플랫폼

최근에는 인공지능을 활용한 식단 플랫폼들이 개발되고 있다. 식품과 음식 레시피 등의 자료를 축적하고 분석하여 사용자가 원하는 정보를 제공하는 것이다. 핸드폰 앱과 카메라를 이용하여 음식 사진만으로 간단하게 식사 내용을 분석하여 활용할 수 있게 되었다. 즉, 핸드폰으로 음식사진을 찍으면 음식의 영양가를 분석하여 영양상태를 평가하고 개인의 건강상태에 적합한 식사방법이나 식단을 제공하는 맞춤형 식단관리 프로그램에 응용되고 있다.

국가나 가정 단위의 조사

(1) 식품수급표

식품수급표food balance sheet는 국가 단위로 식품소비를 평가하기 위하여 가장 많이 쓰이는 방법으로 국민이 소비할 수 있는 식품공급량을 추정하는 것이다. 보통 국민 1인당 1일 혹은 1인당 1년의 식품공급량으로 표시한다. 식품수급표는 여러 단계를 거쳐 산출된다. 일정한 기간(보통 1년)의 국내 식품 총 생산량에 수입량과 저장하였던 것의 사용량(이입량)을 합하여 총 식품공급량the food supply으로 하고, 여기에서 수출량, 저장한 양(이월량), 식량으로 사용하지 않는 양, 즉 사료, 씨앗 등으로 사용되는 양 및 가공용으로 사용된 양을 감한 것을 식용공급량the gross national food supply이라고 한다. 이 중에서 폐기량을 추정하여 감하면 국민들이 소비할 수 있는 순 식용공급량the net food supply이 산출된다. 이것을 인구수로 나누어 국민 1인당 식품공급량을 계산하고, 이로부터 국민 1인당 에너지와 여러 가지 영양소 공급량을 계산한다.

식품수급표를 통하여 국가별, 지역별 식품 유용도를 비교할 수 있으며 또한 시대별 식품공급의 변화도 관찰할 수 있고, 특히 영양역학 분야에서는 식품수급표의 값과 국가 간의 질병 유형을 비교함으로써 영양과 질병과의 관계를 규명하는 데 이용된다. 그러나 식품수급표는 식품공급량으로부터 산출한 값일 뿐 실제로 국민이 소비한 식품량을 측정하는 것은 아니다.

- 총 공급량 = 총 생산량 + 수입량 + 이입량
- 식용공급량 = 총 공급량 – (이월량 + 수출량 + 사료량 + 종자량 + 감모량 + 가공용)
- 순 식용공급량 = 식용공급량 – 폐기량
- 1인 1년당 공급량 = 품목별 순 식용공급량 ÷ 조사년도의 인구
- 1인 1일당 공급량 = 1인 1년당 공급량 ÷ 365

(2) 식품계정조사

식품계정조사food account method는 주로 가정이나 급식소 단위로 식품섭취량을 추정하는 데 쓰인다. 이 방법은 일정 기간(보통 1주일)에 한 가정에 유입된 식품의 양을 매일 기록하는 것이다. 이때 가정으로 유입된 식품은 구매한 식품, 선물로 받은 식품, 혹은 가정 내에서 생산된 식품 등을 모두 포함한다. 이 방법은 조사기간 저장량inventory에는 변화가 없다고 가정하며, 집 밖에서 섭취한 식품, 애완동물에게 준 식품, 폐기된 식품 등은 고려하지 않는다.

(3) 식품재고조사

식품재고조사food inventory method는 식품계정조사를 변형한 조사방법으로 조사기간에 식품의 구입과 재고의 변화를 기록하는 것이다. 즉, 조사기간의 처음과 끝에 가정에 있는 모든 식품의 재고량을 조사하여 조사기간의 식품재고량 변화를 조사하고 이 기간 중 가정에 유입된 모든 식품을 기록하는 방법이다.

3. 식사섭취조사 방법의 선택

식사섭취조사 방법 선택 시 유의점

식사섭취조사를 할 때 여러 가지 상황을 고려하여 방법을 결정해야 한다. 조사방법의 선택기준은 조사 목적에 따른 방법의 현실성, 재현성(신뢰도)과 타당성을 고려해야 한다. 현실성으로는 시간, 경비 및 조사대상자의 부담이 고려되어야 하고, 타당성과 신뢰성으로는 조사한 내용과 일상 섭취량의 반영 정도와 편차의 크기가 고려되어야 한다. 어떠한 방법도 방법 자체가 내포한 오차나 편차를 없앨 수는 없다. 일반적으로 필요 이상으로 자세하지 않고 경비나 시간이 많이 들지 않으며 조사대상자에게 필요 이상의 부담을 주지 않는 방법을 선택하는 것이 가장 중요한 지침이라고 할 수 있겠다.

조사방법을 선택할 때는 다음과 같은 점을 고려해야 한다.

- 조사목적에 맞는 방법을 선택한다. 한 집단의 평균 섭취량을 구하고자 할 때는 회상법이나 기록법을 사용할 수 있고 한 집단의 식습관이나 식품소비 성향을 조사하고자 할 때는 식품섭취빈도법을 사용할 수 있다.
- 조사대상자의 수와 교육 정도, 협조 정도 등을 고려한다. 조사대상자가 글을 읽고 쓸 수 있는지, 의사소통능력이나 연령 등에 따라 조사방법이 달라질 것이다.
- 자료수집 및 자료의 처리방법 등을 고려한다.
- 사용할 수 있는 예산과 인력을 고려한다. 조사방법 선택에 있어 예산은 매우 중요한 요소이며, 식사조사를 제대로 수행할 수 있는 훈련된 전문 인력이 필요하다.

〈표 2-9〉에는 조사하고자 하는 내용에 따라 사용할 수 있는 식사조사 방법을 제시하였다.

표 2-9
식사섭취조사 방법의 선택

원하는 정보	적합한 식사섭취조사 방법
• 일정 기간 실제 영양소 섭취량 측정	• 똑같은 식사duplicate meal의 화학적 분석평량법으로 조사
• 한 개인의 평상시 영양소 섭취량 측정	• 개인의 1일 섭취량을 반복 측정 – 24시간 회상법, 1일 식사기록법, 식사력 조사법
• 인구집단의 평상시 평균 영양소, 식품섭취량 측정 • '위험성 있는 사람'을 가려내고자 할 때 • 상관관계 분석을 위한 개인의 섭취량 측정	• 구성원 다수의 1일 섭취량 측정 – 1회의 24시간 회상법 – 1회의 1일 식사기록법
• 개인이나 단체의 식품 사용, 식습관, 식사행동, 식품기호 • 질병과 식사와의 관계 규명	• 식품섭취빈도조사법

식사섭취조사 방법의 정확도

(1) 식사조사 방법의 오차

모든 식사조사 방법은 상당한 측정오차를 동반한다. 측정오차는 무작위 오차random error와 체계적·구조적 오차systemic error로 나눌 수 있다. 무작위 오차는 결과의 정확성에 영향을 미칠 수 있으며 조사횟수를 늘려 오차를 줄일 수 있으나, 체계적·구조적 오차는 조사횟수를 늘려도 오차를 줄이기 어려워 결과에 오차를 유발한다. 이러한 측정오차는 방법을 표준화하고 조사대상자 수나 조사횟수를 늘림으로써 어느 정도 감소시킬 수 있다. 식사섭취조사에서 오차의 근원을 살펴보면 나음과 같다.

조사대상자의 편견에 의한 오차 조사대상자는 조사 시 부정확한 답을 할 수 있다. 그 이유로는 질문을 잘못 이해하였거나, 혹은 조사자로부터 '정답'에 대한 암시를 받았거나 본인이 생각하는 정답을 말하려는 경향이 있기 때문이다. 예를 들어, 술이나 간식은 섭취하고도 섭취하지 않았다고 보고하고, 비만한 사람이 식사섭취량을 적게 보고하는 것 등이다. 일반적으로 사람들은 올바른 식사섭취에 대한 나름대로의 선입관이 있어 과잉으로 섭취한 것은 적게, 적게 섭취한 것은 많이 섭취한 것으로 보고하는 경향이 있다. 그 결과 많이 섭취한 사람과 적게 섭취한 사람 사이에 차이가 없어지는 경향이 있다. 이러한 것을 flat slope syndrome이라고 한다.

조사자의 편견에 의한 오차

조사자에 따라 측정치가 달라질 수 있다. 이것은 질문을 부적절하게 하거나 기록을 부정확하게 하는 경우도 있고, 혹은 의도적으로 질문 항목을 빼놓거나 개인적인 판단을 할 수도 있다. 이러한 오차는 반복된 훈련과 표준화된 질문절차에 의하여 최소화하여야 한다.

기억력이나 섭취량 추정의 문제

조사대상자의 기억력에 한계가 있어 섭취한 식품을 모두 기억하지 못할 때 오차가 생긴다. 이것은 조사자가 면접과정에서 기억을 돕도록 유도해야 하며, 이러한 기술은 반복된 훈련을 통하여 얻는다. 섭취한 식품의 양을 추정하는 것은 매우 어렵고 식사조사에서 가장 오차가 큰 부분이라고 할 수 있다. 식사섭취량을 정확하게 추정하기 위하여 식품 모형이나 그림 등을 사용할 수 있으며, 면접과정의 표준화, 훈련된 조사자, 조사도구의 사용 등이 필요하다.

자료처리의 문제 (코딩 오차)

조사자료를 처리하는 과정에서 여러 가지 오류가 생길 수 있다. 특히 음식이나 식품을 코딩coding하는 과정에서 오류를 범하기 쉽다. 이러한 코딩 오차coding error는 부주의에서 비롯될 수도 있고, 식품의 설명이 불충분한 데서 올 수도 있다.

(2) 식사섭취조사 방법의 신뢰도와 타당도

평상시의 식사섭취를 정확하게 조사하기 위해서는 조사방법에 대한 신뢰도와 타당도가 높아야 한다.

신뢰도

신뢰도 또는 재현성reliability, reproducibility은 같은 방법으로 반복해서 조사했을 때 같은 결과를 얻을 수 있는 정도를 말하는 것으로 측정오차measurement errors와 불확실성uncertainty에 의하여 달라진다. 조사방법의 신뢰도 측정은 같은 방법으로 반복 조사하여 비교하는 방법이 가장 흔히 사용된다. 반복 조사하여 영양소 섭취 결과에 차이가 적을수록 신뢰도가 높다고 할 수 있으나, 실제 섭취량에 차이가 있어 두 조사결과가 일치하지 않는 경우에 신뢰도가 낮은 방법이라고 단정짓기는 어렵다.

식사섭취는 개인마다 다르고(개인 간 변이), 한 개인 내에서도 시간에 따라 다르기 때문에(개인 내 변이) 변이가 발생한다. 즉, 개인 간 변이interindividual variation는 사람마다 식습관이 다르기 때문에 생기는 개인 사이의 차이를 말하는 것이고, 개인 내 변이intraindividual variation는 사람들이 매일 다른 식사를 하기 때문에 생기는 한 개인 내에서 날에 따라 생기는 차이를 말하는 것으로, 이러한 변이는 식사섭취의 특성상 존재할 수밖에 없다. 이러한 변이의 크기는 정확하게 측정하기가 어려워 통계적 방법에 의하여 추정하는데, 두 변이를 각각 분리하여 통계적으로 측정하여 변이를 최소화하고자 할 때 식사섭취 방법에 대한 신뢰도가 높아진다.

개인 간 변이

조사대상자에 따라 식사섭취량 차이로 인하여 개인 간 변이가 존재하는데, 일반적으로 개인 간 변이가 개인 내 변이보다 적어 한 집단의 평균 섭취량 추정이 개인의 섭취량 추정보다 신뢰도가 높은 경향을 나타낸다. 한 집단의 평균 영양소 섭취량에 대한 개인 간 변이를 줄이기 위해서는 조사대상자 수를 늘여야 한다.

개인 내 변이

개인 내 변이는 식사의 다양성에 의하여 달라지며, 영양소의 종류에 의해서도 영향을 받는다. 식사가 다양하지 않고 단조로운 경우에는 개인 내 변이가 비교적 적을 수 있다. 개인 내 변이를 줄이기 위해서는 조사일수를 늘려야 한다.

조사일수

변이는 여러 가지 요소에 의하여 영향을 받기 때문에 신뢰도가 높은 평상시 식사섭취량을 추정하기 위해서는 여러 날 동안 반복 조사를 실시해야 한다. 평상시 섭취량 추정에 필요한 조사일수는 영양소 종류, 조사방법, 응답자에 따라 달라진다. 에너지, 탄수화물 등 다량 영양소는 비교적 개인 내 혹은 개인 간 변이가 적고, 급원식품이 한정되어 있는 무기질, 비타민, 콜레스테롤 등은 변이가 큰 영양소이다. 적절한 조사일수를 산출하기 위해서는 영양소 섭취량에 대한 개인 내 변이와 개인 간 변이를 고려해야 한다.

타당도

타당도는 실제로 측정하고자 하는 것을 정확하게 측정하였는지, 즉 조사방법에 구조적인 오차가 없는지를 나타내는 방법이다. 식사섭취조사에서 평상시 섭취량을 정확하게 측정해야 되기 때문에 타당도 검증은 매우 중요하다. 사람들은 어떤 두 날도 똑같이 먹지 않기 때문에 식사섭취조사에서 참값은 알 수가 없다. 그러므로 식사섭취조사에서 타당도 검증은 표준방법에 의하여 얻어진 표준치와 측정결과를 비교하는 것이 가장 보편적 방법이다. 대체로 식사섭취를 자세하게 관찰하거나 식사기록법을 표준방법으로 많이 사용한다. 24시간 회상법으로부터 얻은 값은 1일 식사기록값과 비교하고, 식사력 조사법으로 얻은 결과는 7일 식사기록값과 비교 검증한다. 또한 식사섭취조사 결과를 생화학적 지표와 비교하여 검증할 수도 있다. 예를 들어, 24시간 회상법으로 측정한 단백질 섭취량의 타당도를 24시간 동안 소변으로 배설되는 질소량과 비교하여 검증하는 것 등이다. 이것은 단백질 섭취량과 소변 질소 배설량 사이에는 양의 상관관계가 성립한다는 가정에서 이루어지는 방법이나 실제로 수행하기에는 많은 제한점과 어려움이 따른다.

● ● 식품섭취량 측정을 위한 1회 분량의 추정

식품섭취량을 영양소섭취량으로 환산하기 위해서는 식품의 재료 및 양을 정확하게 추정할 수 있어야 한다. 그러나 각 가정마다 조리법이 다르고, 사용하는 그릇의 크기나 그릇에 담는 음식의 양이 다양하기 때문에 '한 그릇', '한 숟가락'을 섭취했다고 하였을 때 이것을 무게나 부피 단위로 추정하는 데 많은 오차가 생긴다.

식품섭취량 추정을 돕기 위하여 실제 크기의 식품 모형을 이용할 수 있으나 실제로 모든 식품에 적용할 수 없기 때문에 눈대중량에 대한 훈련과 실측을 통해 실제 섭취량과 비슷하게 추정할 수 있어야 하고, 계량단위 및 도구에 대한 이해가 필요하다. 식품섭취량을 조사할 때 조사대상자의 이해를 돕기 위해 음식 크기와 비슷한 도형 모형을 이용하거나 음식 사진을 이용하기도 한다(그림 2-2~그림 2-5).

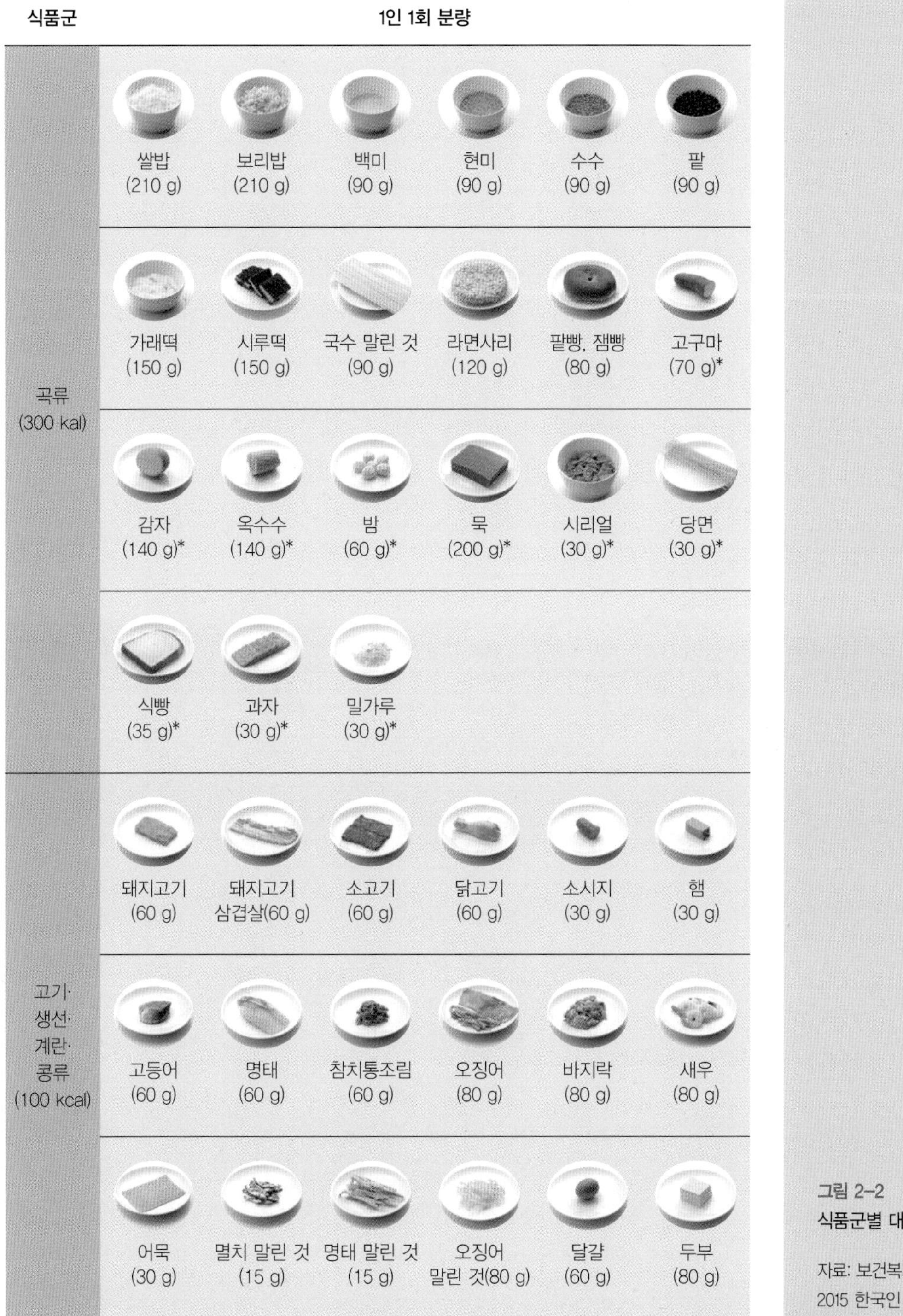

*표시는 0.3회

(계속)

그림 2-2

식품군별 대표식품의 1인 1회 분량

자료: 보건복지부, 한국영양학회. 2015 한국인 영양소 섭취기준, 2015

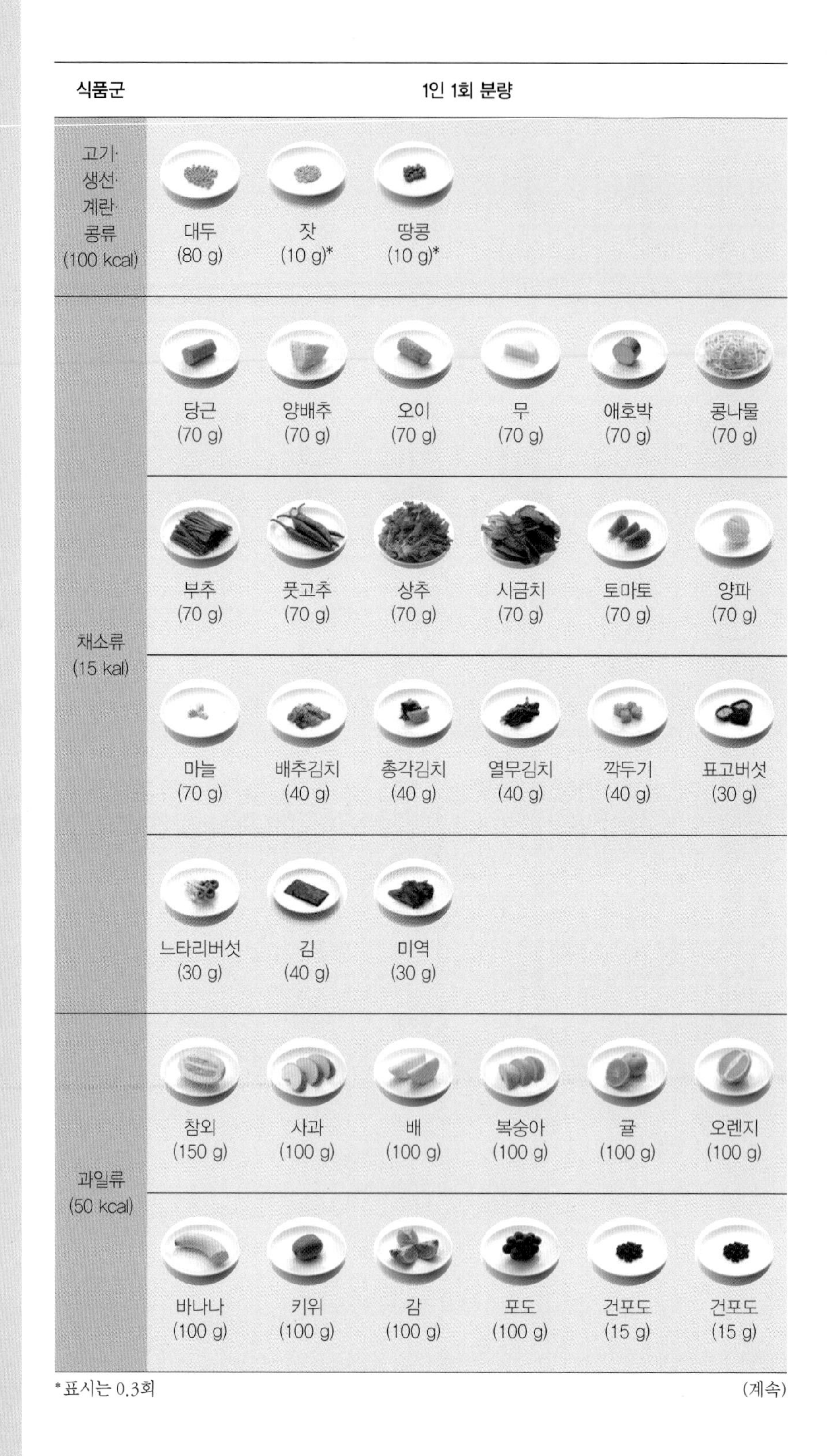

식품군	1인 1회 분량					
고기·생선·계란·콩류 (100 kcal)	대두 (80 g)	잣 (10 g)*	땅콩 (10 g)*			
채소류 (15 kal)	당근 (70 g)	양배추 (70 g)	오이 (70 g)	무 (70 g)	애호박 (70 g)	콩나물 (70 g)
	부추 (70 g)	풋고추 (70 g)	상추 (70 g)	시금치 (70 g)	토마토 (70 g)	양파 (70 g)
	마늘 (70 g)	배추김치 (40 g)	총각김치 (40 g)	열무김치 (40 g)	깍두기 (40 g)	표고버섯 (30 g)
	느타리버섯 (30 g)	김 (40 g)	미역 (30 g)			
과일류 (50 kcal)	참외 (150 g)	사과 (100 g)	배 (100 g)	복숭아 (100 g)	귤 (100 g)	오렌지 (100 g)
	바나나 (100 g)	키위 (100 g)	감 (100 g)	포도 (100 g)	건포도 (15 g)	건포도 (15 g)

*표시는 0.3회

(계속)

식품군	1인 1회 분량					
과일류 (50 kcal)	 대추 말린 것 (15 g)	 과일주스 (100 mL)				
우유·유제품류 (125 kcal)	 우유 (200 mL)	 호상요구르트 (100 g)	 액상요구르트 (150 mL)	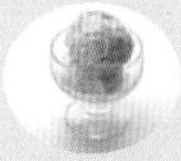 아이스크림 (100 g)	 치즈 (20 g)*	
유지·당류 (45 kcal)	 깨 (5 g)	 콩기름 (5 g)	 마요네즈 (5 g)	 버터 (5 g)	 설탕 (10 g)	 물엿 (10 g)
	 꿀 (10 g)					

*표시는 0.3회

소 중 대

쌀밥

쌀밥
(스테인글라스)

쌀밥
(식판)

그림 2-3
식품 및 음식 실물 사진

자료: 질병관리본부, 한국인 유전체 역학사업 조사를 위한 식품 및 음식 실물사진, 2013

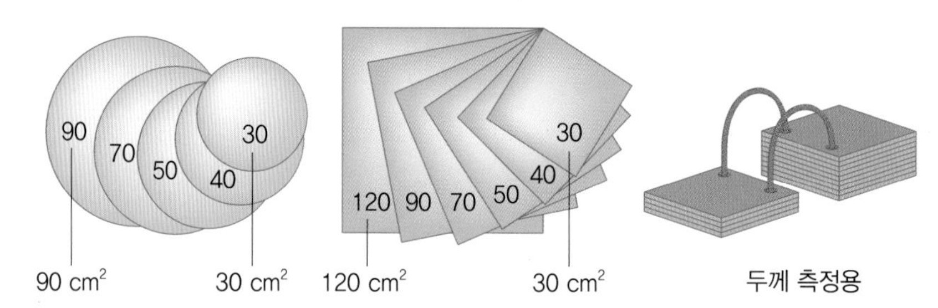

그림 2-4
분량 추정을 위한 도형 모형의 예

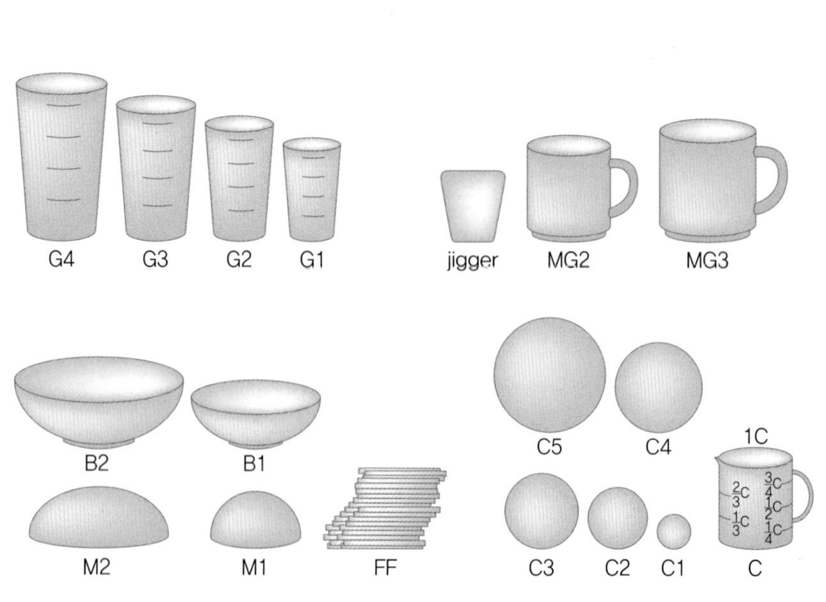

그림 2-5
분량 추정을 위한 그릇 모형의 예

함께 풀어 봅시다

2-1 같은 반 친구와 짝을 지어 24시간 회상법으로 상대방의 식사섭취를 조사하자. 또한 다른 전공 학생이나 혹은 가까운 이웃을 대상으로 정하여 24시간 회상에 의한 식사조사를 한다. 일주일 정도 간격으로 같은 대상자에게 24시간 회상법을 반복하여 조사한다. 이때 반복하는 날은 같은 요일이 되지 않도록 하고 주말을 포함하도록 한다. 이 조사로부터 식품영양을 전공하는 대상자와 식품영양 전공이 아닌 대상자를 조사할 때의 다른 점을 비교한다. 이로써 24시간 회상을 할 때 면접과정의 중요성을 인지하도록 한다. 여기에서 얻은 자료는 다음에 영양상태 평가에 사용하도록 보관한다.

2-2 자신의 3일 식사기록을 해보자. 또한 같은 반 친구에게 3일 식사기록을 부탁하자. 이러한 식사기록 시의 어려움을 토론하자.

2-3 분단별로 20~30명 정도의 식사섭취빈도조사를 위한 대상집단을 구성하도록 한다. 각 집단의 특성에 맞는 식품섭취빈도조사지를 개발하여 조사를 해보자.

참고문헌

REFERENCE

권은실, 안윤진, 심재은, 백희영, 박찬, 김규찬, 주영수, 김동현. 계절별, 요일별로 측정한 성인 남녀의 영양소 섭취량에서 개인 간 변이와 개인 내 변이. 한국영양학회지 37(10): 917~927, 2004

김화영. 식사섭취조사 방법의 문제. 식품영양정보 3: 13, 1987

김화영, 양은주. 식품섭취빈도 조사지의 개발 및 타당도 검증에 관한 연구. 한국영양학회지 31(2): 220, 1998

대한영양사협회, 서울삼성병원. 사진으로 보는 음식의 눈대중량, 1999

보건복지부, 한국영양학회. 2020 한국인 영양소 섭취기준, 2020

원혜숙, 김화영. 노인의 영양상태 평가를 위한 반정량 식품섭취빈도 조사지의 개발 및 타당도 검증. 한국영양학회지 33(3): 314~323, 2000

질병관리본부, 국립보건연구원. 한국인유전체역학조사사업을 위한 식품 및 음식 실물사진, 2013

한국보건산업진흥원. 식품참고량 및 1회 분량 설정연구, 2004

Beaton GH. Approaches to analysis of dietary data: relationship between planned analyses and choice of methodology. *Am J Clin Nutr* 59: 253S, 1994

Block GA, A review of validations of dietary assessment methods. *Am J Epidemiol* 115: 492, 1982

Briefel RR. Dietary methodology: Advancements in the development of short instruments to assess dietary fat. *J Am Diet Assoc.* 107(5): 744~749, 2007

Friedenreich CM, Slimani N, Riboli E. Measurement of past diet: review of previous and proposed methods. *Epidemiol Rev.* 14: 177, 1992

Gibson RS. *Principles of Nutritional Assessment*, 2nd ed. Oxford University Press, Oxford, 2005

Hartman A. M,, Block G. Dietary assessment methods for macronutrients. In: Micozzi MS, Moon TE, Eds. *Macronutrients Investigating their Role in Cancer.* New York Marcel Dekker, Inc. 1992; 87~1

Kumanyika SK, Tell GS, Shemanski L, Martel J, Chinchilli VM. Dietary assessment using a picture-sort approach. *Am J Clin Nutr* 65: 1123S, 1997

Rimm EB, Giovannucci EL, Stapfer MJ, Colditz GA, Litin LB, Willett WC. Reproducibility and validity of an expanded self-administered semiquantitative food frequency questionnaire among male health professionals. *Am J Epidemiol* 135: 1114, 1992

Subar AF, Dodd KW, Guenther PM, Kipnis V, Midthune D, McDowell M, Tooze JA, Freedman LS, Krebs-Smiht SM. The food propensity questionnaire: concept, development, and validation for use as a covariate in a model to estimate usual food intake. *J Am Diet Assoc* 106: 1556~1563, 2006

http://nutritionquest.org/

CHAPTER

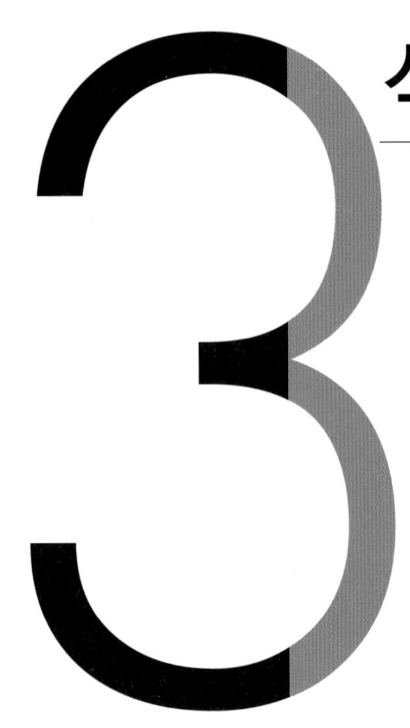

3 식사섭취조사 자료 분석도구

1 식품성분표

2 영양섭취기준

3 영양소 섭취량 분석도구

*
식사섭취조사 자료를 이용하여 영양상태를 판정하기 위해서는 여러 단계에 걸친 분석 및 판정이 필요하다. 식품섭취량을 영양소 섭취량으로 환산하기 위한 식품성분표, 영양상태를 판정하기 위한 영양섭취기준 및 분석도구가 필요하고, 이러한 자료와 분석도구를 이용하여 조사 목적에 적합하게 분석하고 응용할 수 있어야 한다.

식사섭취조사 자료 분석도구

식사섭취조사 자료를 이용하여 영양상태를 판정하기 위해서는 여러 단계에 걸친 분석 및 판정이 필요하다. 식품 섭취량을 영양소 섭취량으로 환산하기 위한 식품성분표, 영양상태를 판정하기 위한 영양섭취기준 및 분석도구가 필요하고, 이러한 자료와 분석도구를 이용하여 조사 목적에 적합하게 분석하고 응용할 수 있어야 한다. 본 장에서는 식사섭취 평가에 필요한 자료 및 분석방법에 대해 살펴보고자 한다.

1. 식품성분표

식품 섭취량을 조사하여 영양소 섭취량으로 환산하기 위해서는 식품성분표가 필요하다. 우리나라에서 기본으로 사용하는 것은 농촌진흥청 국립농업과학원에서 발간한 《국가표준 식품성분표(제9개정판 DB9.2, 2020)》이다. 국가표준 식품성분표에는 총 3,088종의 식품에 대한 영양성분이 수록되어 있으며, 농촌진흥청 국립농업과학원에서 개발한 〈농식품올바로〉웹사이트에 접속하면 국가표준 식품성분표를 활용한 각 식품의 영양성분을 확인할 수 있다.

한국영양학회 영양정보센터에서는 영양분석 프로그램인 CAN 프로그램 Computer Aided Nutritional analysis program을 개발하면서 식품/음식 영양소 함량 데이터베이스를 구축, 지속적으로 보완하여 제공하고 있다. CAN-Pro 5.0의 식품/음식 데이터베이스를 살펴보면, 식품 데이터베이스에 총 17개 식품군/3,926개 식품에 대하여 총 43종의 영양소 및 지방산과 아미노산이 수록되어 있으며, 음식 데이터베이스에 총 24종의 음식군/1,784개의 한국인 상용음식에 대한 영양성분이 수록되어 있다(부록 1 참조).

또한 식품의약품안전처에서도 식품영양성분 데이터베이스를 제공하고 있는데, 다양한 기관에서 생산된 영양성분 데이터를 체계적으로 조직화하고 하나의 통합 데이터베이스로 구축하여 쉽고 편리하게 접근할 수 있는 자료를 제공하고 있다(음식 DB 포함 총 38,223개 식품 자료 제공).

최근 새로운 가공식품과 기능성식품들이 지속적으로 개발되면서 이러한 새로운 식품을 모두 분석하여 식품성분표에 수록하기는 어렵다. 새로운 식품들에 대한 성분분석 자료가 없는 경우에는 각 식품회사에서 분석한 특정 제품에 대한 영양성분 값을 이용할 수도 있고, 특정 영양성분에 대하여 여러 연구실에서 분석한 값을 이용하기도 한다.

식품성분표를 이용하여 영양상태를 평가하고자 할 때는 다음의 사항을 고려해야 한다.

- 식품성분표에 수록된 분석 값은 식품에 함유된 영양소의 양일 뿐 흡수되는 양은 아니다. 식사구성, 조리방법, 섭취한 사람에 따라 영양소의 이용효율이 다를 수 있음을 고려해야 한다.
- 식품성분표의 값은 생 재료의 영양소 함량이기 때문에 조리나 가공과정에 따른 영양소 함량의 변화는 고려되지 않았다. 특히 한그릇 음식의 영양가는 이 음식을 직접 분석한 것이 아니라 대부분의 경우 각 음식의 생 재료의 영양소 함량을 합산하여 산출하여 식품이 조리되는 과정에서 생길 수 있는 변화는 고려하지 않았다.
- 각 식품성분표에 기재된 영양소 함량에는 많은 차이가 있을 수 있다는

점이다. 같은 식품이라도 성분표 간에 값이 다른 경우가 있으며, 사용할 때도 어느 식품을 선택해야 할지 확실치 않을 때가 많다.

• 식품성분표의 영양소 함량은 가식부위 100 g을 기준으로 한 값이다.

우리나라 음식은 대부분 여러 재료와 양념을 혼합하여 조리하기 때문에 식품성분표를 이용하여 영양성분을 분석할 경우에 실제 음식의 영양소 함량과는 차이가 발생한다. 그래서 최근에는 각 조리음식에 대한 데이터베이스를 별도로 구축하여 조리법에 따라 음식을 구분하여 분석하기도 한다. 국민건강영양조사의 경우에는 음식 데이터베이스를 가정식, 산업체급식, 학교급식, 외식, 가정식 대체 레시피 등으로 분류하여 각 음식을 조리법에 따라 분석하여 조리과정이나 조리법에 의한 오차를 줄이고 있다.

더 알아봅시다

영양성분을 분석하려는데 식품성분표는 어떻게 구하나요?

영양성분을 분석하기 위해서는 신뢰할 수 있는 데이터베이스를 이용해야 한다. 인터넷에서 제공되는 것 중에 출처가 정확하지 않은 자료는 이용하지 않는 게 좋다.
농촌진흥청이나 식약처에서 제공하는 데이터베이스는 공신력이 있으며 누구나 이용할 수 있다. 한국영양학회에서 개발한 영양분석프로그램인 CAN 프로그램은 신뢰할 수 있고, 데이터 편집 및 축적, 분석결과 해석 및 통계 활용 등이 가능하나 유료로 제공된다.
미국의 경우에도 농무성에서 식품영양성분 데이터베이스뿐만 아니라 이와 관련된 다양한 정보를 제공하고 있으며, 일반인들도 이용할 수 있다.

농촌진흥청 국립농업과학원 〈농식품올바로〉 국가표준 식품성분표 http://koreanfood.rda.go.kr/

한국영양학회 CAN-Pro 5.0 (web ver. 전문가용) http://canpro5.kns.or.kr

식품의약품안전처 식품영양성분 데이터베이스 http://www.foodsafetykorea.go.kr

미국 USDA National Nutrient Database for Standard Reference 28(USDA, 2020)
https://www.ars.usda.gov/northeast-area/beltsville-md-bhnrc

2. 영양섭취기준

한국인 영양소 섭취기준의 정의 및 필요성

한국인 영양소 섭취기준은 건강한 개인 및 집단을 대상으로 하여 국민의 건강을 유지·증진하고 식사와 관련된 만성 질환 위험을 감소시켜 궁극적으로 국민의 건강수명을 증진시키기 위한 목적으로 설정된 에너지 및 영양소 섭취량 기준이다. 영양부족이 주요 관심사였던 과거에는 영양권장량의 기준이 필수 영양소의 결핍 예방을 위해 제시되었기 때문에 대다수 건강한 사람들의 필요량을 충족시키는 단일값으로 제시되었다. 그러나 식생활 패턴의 변화로 만성질환이나 영양소 과다섭취에 관한 우려가 대두되면서 섭취 부족으로 인한 결핍증뿐만 아니라 과잉으로 인한 건강문제 예방과 만성질환에 대한 위험 감소까지 포함하게 되었다.

이에 한국영양학회는 국제적 추세와 우리나라 국민의 식생활과 질병 양상의 변화를 반영하여 2005년에 기존의 영양권장량에서 범위와 내용을 확대한 새로운 한국인 영양섭취기준을 제정하였고, 2020년도에 제·개정하였다. 2020 한국인 영양소 섭취기준에는 안전하고 충분한 영양을 확보하는 기준치(평균필요량, 권장섭취량, 충분섭취량, 상한섭취량)와 식사와 관련된 만성질환 위험 감소를 고려한 기준치(에너지적정비율, 만성질환위험감소섭취량)를 제시하였다. 모든 영양소에 대하여 이와 같은 기준을 설정한 것은 아니고, 현재까지의 과학적 지식과 필요를 토대로 연령, 성별에 따른 우리나라 사람의 대표 체위를 선정하여 그에 맞는 영양소 섭취기준을 설정하였다(그림 3-1, 표 3-1).

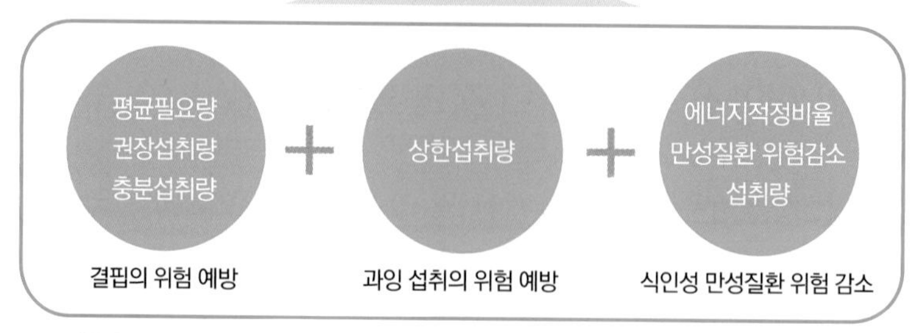

그림 3-1
2020 한국인 영양소 섭취기준
제·개정 방향

표 3-1
2020 한국인 영양소 섭취기준
제정을 위한 체위기준

자료: 보건복지부, 한국영양학회. 2020
한국인 영양소 섭취기준, 2020

연령	2020 체위기준					
	신장(cm)		체중(kg)		BMI(kg/m²)	
0~5(개월)	58.3		5.5		16.2	
6~11	70.3		8.4		17.0	
1~2(세)	85.8		11.7		15.9	
3~5	105.4		17.6		15.8	
	남자	여자	남자	여자	남자	여자
6~8(세)	124.6	123.5	25.6	25.0	16.7	16.4
9~11	141.7	142.1	37.4	36.6	18.7	18.1
12~14	161.2	156.6	52.7	48.7	20.5	20.0
15~18	172.4	160.3	64.5	53.8	21.9	21.0
19~29	174.6	161.4	68.9	55.9	22.6	21.4
30~49	173.2	159.8	67.8	54.7	22.6	21.4
50~64	168.9	156.6	64.5	52.5	22.6	21.4
65~74	166.2	152.9	62.4	50.0	22.6	21.4
75 이상	163.1	146.7	60.1	46.1	22.6	21.4

한국인 영양섭취기준의 구성

(1) 평균필요량 estimated average requirement, EAR

평균필요량은 건강한 사람들의 영양소 필요량의 중앙값으로 부터 산출한 값이다. 영양소 필요량은 섭취량에 민감하게 반응하는 기능적 지표가 있고 영양상태를 판정할 수 있는 평가 기준이 있을 때 추정할 수 있다. 그러므로 기능적 지표가 충분하지 않은 일부 영양소는 인체 필요량을 추정하기가 어렵다. 평균필요량에 해당하는 양을 계속 섭취하면 인구의 절반은 필요량을 충족시키지 못하므로 영양소의 부족을 평가하기 위한 최소량의 기준으로 생각할 수 있다.

에너지 필요추정량 EER

에너지는 평균필요량 대신 '필요추정량'이라는 용어를 사용한다. 에너지의 경우에는 필요량을 초과한 여유분은 체지방으로 축적되어 비만을 초래하기 때문에 건강한 사람들 중 50%에 해당하는 사람들의 일일 필요량을 충족시키는 값이다. 개인의 에너지 필요량을 정확하게 측정하기 어렵기 때문에 에너지 필요량은 소비량을 통해 추정하고 있어, 에너지 평균필요량이라는 용어 대신 에너지 필요추정량estimated energy reguirement, EER이라는 용어를 사용한다.

(2) 권장섭취량 recommended nutrient intake, RNI

성별, 연령별로 건강한 인구집단의 97~98%에 해당하는 거의 모든 사람의 영양소 필요량을 충족시키는 값으로 평균필요량에 표준편차 또는 변이계수의 2배를 더한 값이다. 평균필요량이 정해진 영양소는 권장섭취량이 정해지며, 기존의 영양권장량RDA과 동일한 개념이다(그림 3-2).

권장섭취량은 대부분의 건강한 사람의 필요량을 충족하는 수준으로 설정되었기 때문에 한 개인이 인구집단의 권장섭취량보다 낮은 양을 섭취했더라도 부족하다고 판정하기는 어렵다. 에너지의 경우에는 비만을 예방하기 위해 권장섭취량이 설정되지 않았다.

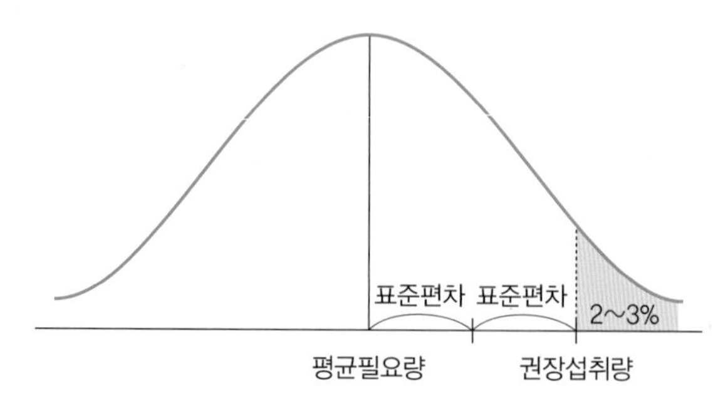

그림 3-2
평균필요량과 권장섭취량

권장섭취량 = 평균필요량 + 표준편차 2배

(3) 충분섭취량 adequate intake, AI

충분섭취량은 평균필요량과 권장섭취량을 구할 수 없을 때 설정한다. 즉, 영양소 필요량을 추정하기 위한 과학적 근거가 부족할 경우, 대상 인구 집단의 건강을 유지하는데 충분한 양을 설정한 수치이다. 충분섭취량은 실험연구 또는 관찰연구에서 확인된 건강한 사람들의 영양소 섭취량 중앙값을 기준으로 한다. 따라서 권장섭취량과 충분섭취량은 모두 개인 차원에서 목표로 하여야 할 섭취기준이며, 권장섭취량이 인구집단의 97~98%에 해당되는 사람들의 필요량을 충족시키는 것에 비해 충분섭취량은 인구집단의 필요량을 어느 정도로 충족시키는지 확실하지 않으며, 권장섭취량과 상한섭취량 범위 내에서 그 수준이 결정된다(표 3-2).

한국인 영양소 섭취기준에서 충분섭취량이 설정된 영양소는 식이섬유, 지방산, 수분, 비타민 D, 비타민 E, 비타민 K, 판토텐산, 비오틴, 나트륨, 염소, 칼륨, 불소, 망간, 크롬 등이며, 영아기의 영양섭취기준도 근거자료가 충분하지 않아 충분섭취량이 설정되었다.

표 3-2
권장섭취량과 충분섭취량 비교

권장섭취량	충분섭취량
•개인 섭취량의 목표치임 •평균필요량으로부터 계산 가능함 •97~98% 사람들의 필요량을 충족시키는 수준임	•개인 섭취량의 목표치임 •실험적인 추정치나 관찰된 자료로부터 얻음 •몇 %의 사람들이 필요량을 충족시키는지 알 수 없음 •권장섭취량과 비슷하거나 더 높은 수준임

(4) 상한섭취량 tolerable upper intake level, UL

상한섭취량은 인체에 유해영향이 나타나지 않는 최대 영양소 섭취수준이다. 과량을 섭취할 때 유해 영향이 나타날 수 있다는 과학적 근거가 있을 때 개인의 불확실성을 감안하여 설정할 수 있다. 즉, 유해 영향이 나타나지 않는 최대무해용량과 유해 영향이 나타나는 최저유해용량 자료를 근거로 하여, 개인의 불확실 계수를 감안하여 설정한다.

상한섭취량 = 최대무독성량 또는 최저독성량 / 불확실계수

- NOAEL(no observed adverse effect level, 최대무독성량): 용량반응평가 연구로부터 관찰할 수 있는 유해영향이 나타나지 않는 최대용량
- LOAEL(lowest observed adverse effect level, 최저독성량): 관찰할 수 있는 유해영향이 나타나는 최저용량
- UF(uncertainty Factor, 불확실계수): 개인의 감수성 차이 등에서 유래되는 불확실성

〈그림 3-3〉은 영양소 섭취기준의 개념을 설명한 것으로, 영양소 섭취수준에 따른 부족이나 과잉 위험을 나타낸 그림이다. 영양소 섭취수준이 낮을수록 영양결핍 위험도가 증가하고, 섭취량이 증가할수록 영양과잉의 위험도가 증가하게 된다. 권장섭취량과 상한섭취량 사이의 섭취 범위가 영양결핍이나 과잉의 가능성이 낮은 안전한 섭취 범위로 생각할 수 있다.

영양섭취기준 설정 원칙

- 평균필요량: 필요량 분포에서 중앙값으로 정함. 에너지는 에너지 필요추정량이 설정됨
- 권장섭취량: 평균필요량 + 표준편차 2배로 정함
- 충분섭취량: 섭취량, 기타 실험적 자료 이용
- 상한섭취량: 건강 위해 우려가 없는 가장 높은 수준

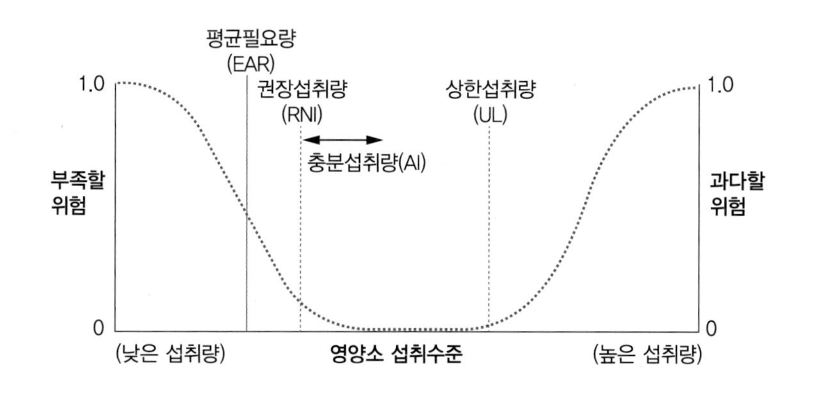

그림 3-3
영양소 섭취기준(Dietary Reference Intakes, DRIs)의 종류

자료: Institute of Medicine, 2008

각 연령별 한국인 영양섭취기준은 〈부록 2〉에 제시하였다.

(5) 에너지 적정비율
acceptable macronutrient distribution ranges, AMDR

에너지 적정비율은 식사 시 탄수화물, 단백질, 지질의 바람직한 에너지 구성비율을 의미한다. 탄수화물, 단백질, 지질의 에너지 적정 범위는 무기질과 비타민 등의 다른 영양소를 충분히 공급하면서 만성질환 및 영양불균형에 대한 위험을 감소시킬 수 있는 에너지 섭취비율을 근거로 설정되었다(표 3-3).

표 3-3
2020 한국인 영양소 섭취 기준 - 에너지적정비율

자료: 보건복지부, 한국영양학회. 2020 한국인 영양소 섭취기준. 2020

연령	에너지적정비율(%)				
	탄수화물[1]	단백질	지질[2]		
			지방	포화지방산	트랜스지방산
1~2세	55~65	7~20	20~35	-	-
3~18세	55~65	7~20	15~30	8 미만	1 미만
19세 이상	55~65	7~20	15~30	7 미만	1 미만

1) 당류 : 총당류 섭취량을 총 에너지섭취량의 10~20%로 제한하고, 특히 식품의 조리 및 가공 시 첨가되는 첨가당은 총 에너지 섭취량의 10% 이내로 섭취하도록 한다. 첨가당의 주요 급원으로는 설탕, 액상과당, 물엿, 당밀, 꿀, 시럽, 농축과일주스 등이 있다.
2) 콜레스테롤 : 19세 이상 300 mg/일 미만 권고

(6) 만성질환위험감소섭취량

만성질환위험감소섭취량은 건강한 인구집단에서 만성질환의 위험을 감소시킬 수 있는 영양소의 최저 수준 섭취량이다. 이 기준보다 영양소 섭취량이 많은 경우에 섭취량을 줄이면 만성질환 위험도를 감소시킬 수 있다는 근거를 중심으로 도출된 섭취기준이다. 만성질환 위험 감소를 위한 섭취량은 과학적 근거가 충분할 때 설정할 수 있으며, 만성질환의 위험을 감소시킬 수 있는 구체적 섭취 범위를 고려하는 과정을 통해 설정된다.

나트륨의 경우에는 상한섭취량 대신 만성질환위험감소섭취량이 설정되

었으며, 이는 한국인의 나트륨 섭취량이 높기 때문에 나트륨 섭취를 줄여 만성질환 위험을 낮추기 위한 것이다. 2020 한국인 영양소 섭취기준에서 19~64세 성인의 나트륨 만성질환위험감소섭취량은 2,300 mg이다. 즉, 성인의 하루 나트륨 섭취량이 2,300 mg보다 많으면 만성질환위험을 낮추기 위해 나트륨 섭취량을 줄일 것을 권고하는 것이다(표 3-4).

표 3-4
2020 한국인 영양소 섭취기준 제정 대상 영양소

자료: 보건복지부, 한국영양학회. 2020 한국인 영양소 섭취기준. 2020

영양소		영양섭취기준					
		평균 필요량	권장 섭취량	충분 섭취량	상한 섭취량	만성질환 위험감소를 고려한 섭취량	
						에너지적정비율	만성질환위험감소 섭취량
에너지	에너지	○[1]					
다량 영양소	탄수화물	○	○			○	
	당류						○[3]
	식이섬유			○			
	단백질	○	○			○	
	아미노산	○	○				
	지방			○		○	
	리놀레산			○			
	알파-리놀렌산			○			
	EPA+DHA			○[2]			
	콜레스테롤						○[3]
	수분			○			
지용성 비타민	비타민 A	○	○		○		
	비타민 D			○	○		
	비타민 E			○	○		
	비타민 K			○			
수용성 비타민	비타민 C	○	○		○		
	티아민	○	○				
	리보플라빈	○	○				
	니아신	○	○		○		
	비타민 B_6	○	○		○		
	엽산	○	○		○		
	비타민 B_{12}	○	○				
	판토텐산			○			
	비오틴			○			

(계속)

	칼슘	○	○		○		
	인	○	○		○		
다량 무기질	나트륨			○			○
	염소			○			
	칼륨			○			
	마그네슘	○	○		○		
미량 무기질	철	○	○		○		
	아연	○	○		○		
	구리	○	○		○		
	불소			○	○		
	망간			○	○		
	요오드	○	○		○		
	셀레늄	○	○		○		
	몰리브덴	○	○		○		
	크롬			○			

[1] 에너지필요추정량
[2] 0~5개월과 6~11개월 영아의 경우 DHA 단일성분으로 충분섭취량 설정
[3] 권고치

영양섭취기준의 활용

영양섭취기준은 개인과 집단의 식사평가 및 식사계획, 국가의 식품영양정책 수립, 영양표시 기준 등 다양한 영역에서 활용되며, 4가지 섭취기준 중 어느 것을 사용하는 것이 가장 합당한지는 그 용도에 따라 고려하여야 한다.

- 식사계획: 개인이나 집단의 식사계획에서 공급해야 하는 영양소의 기준으로 이용된다.
- 영양상태 평가의 기준: 개인과 집단의 영양상태 판정 시 평가의 기준으로 이용된다.
- 식품과 영양정책 수립: 국민에게 필요한 식품공급량을 산출하거나 예산을 세우는 기준이 되고, 국가나 단체에서 빈곤층의 식품지원을 하거나 특정 집단의 영양을 지원할 때 지원량 결정 및 영양과 식품정책 수립 시

근거자료로 제공된다.

- 영양표시의 기준: 가공식품의 발달과 함께 식품에 영양소 함량을 표시하여 소비자에게 정보를 제공하는 것이 필요하여 각 나라에서는 영양표시의 내용이나 형식을 법으로 규제하고 있다. 소비자의 식품선택 시 식품에 대한 이해를 돕기 위해 절대적 영양소 함량보다는 기준치에 대한 상대적 비율을 표시하며, 이러한 영양표시의 기준치로 영양섭취기준이 사용된다.
- 식품에 함유된 영양소의 질을 조정하는 기준: 영양소 공급원으로서의 식품을 평가할 때 식품의 질을 결정하는 기준으로 이용된다.
- 영양교육이나 영양상담의 기준: 일반인의 영양교육이나 영양상담을 할 때 대상자가 섭취해야 하는 영양소의 기준으로 이용된다.

3. 영양소 섭취량 분석도구

영양상태를 평가하고자 할 때 식품 섭취량으로부터 식품성분표의 영양소 분석치를 이용하여 영양소 섭취량을 환산하는 작업은 매우 번거롭다. 이러한 번거로움을 단순화하기 위하여 많은 연구자가 컴퓨터를 활용하는 방안을 검토해 왔고, 그 결과 다양한 웹기반 컴퓨터 프로그램이나 모바일 기반 프로그램들이 개발되어 이용되고 있다.

웹기반 영양분석 프로그램

(1) CAN 프로그램

CAN 프로그램Computer Aided Nutritional analysis program은 현재 우리나라에서 가장 많이 사용되는, 보편성을 띤 영양분석 프로그램이다. CAN 프로그램은 한국영양학회 영양정보센터에서 개발한 영양분석 소프트웨어이며, 2015년부터는 자료 업데이트 및 편리성을 증대하기 위해 웹기반(http://canpro5.kns.or.kr) 프로그램으로 제공하고 있다.

프로그램은 일반용CAN, 전문가용CAN-Pro의 두 종류로 차별화되어 사용자의 목적에 따라 선택할 수 있도록 구성되었으며 최근의 영양소 섭취기준과 식품데이터를 보완하여 지속적으로 프로그램을 업데이트 하고 있다.

CAN 프로그램은 24시간 회상법(일반용, 전문가용) 또는 식품섭취빈도법(전문가용)으로 식품 섭취량을 평가하도록 개발되었다. 24시간 회상법은 프로그램 내에 식품의 영양가 분석자료와 대표음식의 자료가 입력되어 있어 개인의 기본자료를 입력한 뒤 섭취한 식품이나 음식의 종류와 섭취량을 선택하면 컴퓨터가 자동적으로 영양소 섭취량을 계산하여 개인의 영양섭취기준 대비 평가자료 등 다양한 결과물을 제공한다. 식품섭취빈도법은 식품/음식항목과 섭취빈도, 섭취량으로 구성된 설문지를 작성한 후, 입력된 모든 식품/음식항목에 대해 개인별로 섭취빈도와 섭취량을 체크하면, 자동적으로 하루치의 영양소 섭취량으로 환산되어 개인의 영양섭취기준과 비교하여 평가자료를 제공하도록 구성되어 있다(그림 3-4).

CAN-Pro 5.0 (Web ver., 전문가용)

CAN-Pro 5.0은 가장 최근에 개발된 CAN 프로그램이다. 식품영양학 관련 분야의 교수나 대학원생, 식품·의약 관련 연구소, 병원·보건소의 의사 및 영양사 등 관련 분야의 전문인이 분석도구로서 개인이나 집단의 영양상태를 판정하고 그 결과들을 통계 처리하거나 다른 프로그램에서 이용하고자 할 때 손쉽게 활용할 수 있도록 개발되었다. 웹기반 영양분석 프로그램으로 식품 성분 및 대표음식 데이터가 지속적으로 업데이트되며, 어디서나 쉽게 이용할 수 있으며 동시에 여러 명이 이용할 수 있다. 또한 프로그램에 없는 새로운 음식이나 식품의 추가, 수정, 삭제가 가능하여 다양한 한국음식에 대한 정확한 평가가 이루어질 수 있도록 고안된 프로그램이다.

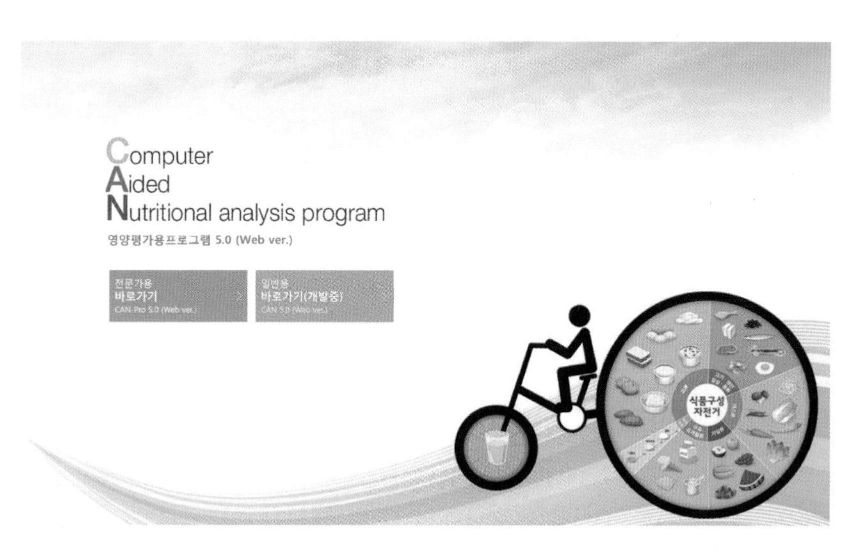

그림 3-4
CAN-Pro 5.0(한국영양학회)

자료 : http://canpro5.kns.or.kr

CAN-Pro 5.0 (Web ver., 일반용)

CAN 5.0은 일반인이 쉽게 이용하도록 개발된 프로그램으로, 한국의 대표음식을 조리법에 따라 24종류로 구분하여 제공하고 있다. 음식을 선택하면 1인 1회 분량의 음식사진이 이미지로 제공되므로 섭취한 음식의 섭취량을 조절하도록 구성되어 있고,

개인의 영양섭취기준과 대비하여 영양상태를 평가하는 자료를 제공받을 수 있다. 또한 '식사구성안' 개념을 도입하여 각 개인별로 자신의 에너지 필요량에 맞도록 식사구성안 식품군의 배분을 결정하고, 이에 근거하여 식품군별로 적정하게 섭취하였는지를 평가할 수 있다. 일반인이 손쉽게 스스로의 영양평가를 하거나 간단한 영양상담을 하는 현장에서 사용하기에 적합한 프로그램이다.

(2) 농식품올바로

농식품올바로(http://koreanfood.rda.go.kr)는 농촌진흥청 산하 국립농업과학원에서 개발하여 식품 성분과 식단 작성 등에 대한 정보를 제공하는 웹사이트이다. 국가 차원에서 표준식품성분표를 제공하며 1년마다 식품 성분을 업데이트하여 누구나 최신 정보를 무료로 이용할 수 있다. 웹을 통해 각 식품의 영양소 함량을 분석하고 영양소 섭취기준과 비교할 수 있다. 또한 기능성 성분이나 전통 음식에 대한 정보도 제공하고 있으며, 식단 작성 프로그램과 영양관리 애플리케이션도 제공하고 있어 식사관리 및 영양교육에 활용할 수 있다(그림 3-5).

(3) 식품안전나라

식품안전나라(https://www.foodsafetykorea.go.kr)는 식품의약품안전처에서 개발한 웹사이트로서 식품, 안전, 위해, 건강, 영양 등에 관한 다양한 정보를 제공한다. 식품영양성분 자료, 영양상담프로그램, 어린이와 청소년 대상 식생활 안전관리, 나트륨과 당류 정보, 영양표시 등 식품과 관련된 다양한 정보를 쉽게 이용할 수 있다. 식품영양성분 데이터베이스가 제공될 뿐만 아니라 섭취한 식사 정보를 입력하면 영양가 분석 및 식사섭취 평가 결과도 확인할 수 있다(그림 3-6). 이러한 정보는 모바일 어플리케이션으로도 제공되기 때문에 스마트폰을 통해서 이용할 수 있다.

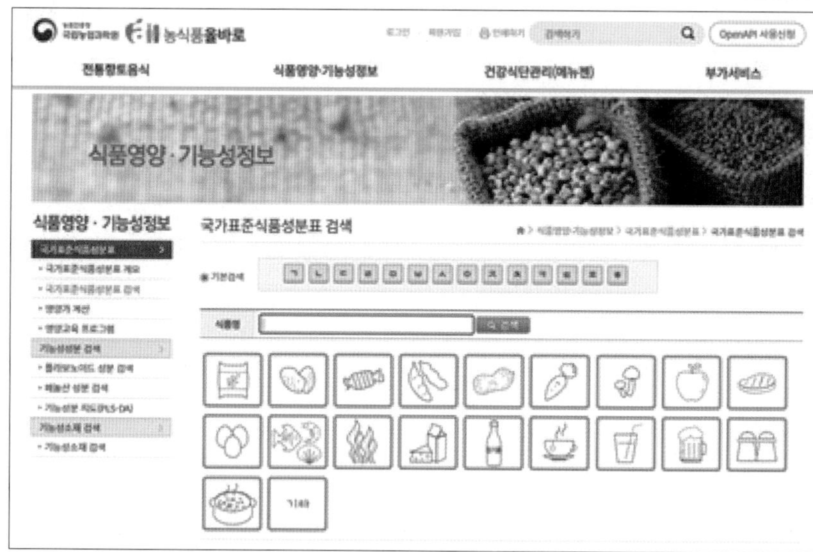

그림 3-5
농식품올바로
(농촌진흥청 국립농업과학원)

자료: http://koreanfood.rda.go.kr

식품안전나라
식품 표시봇 개설
소비자
대한민국 식품영양성분 통합 데이터베이스
공지사항
오늘 먹은 음식 안전한가요?
STEP.1 영양섭취평가
STEP.2 유해오염물질 안전진단
당신만을 위한 식생활 안전 '도우미'
식품안전섭취가이드
식사정보
하루동안 끼니별로 드신 음식을 입력해주세요.
식단정보

그림 3-6
식품안전나라(식품의약품안전처)

자료 : https://www.foodsafetykorea.go.kr

모바일 기반 영양분석 프로그램

식생활이나 다이어트, 건강 등에 대한 관심이 증가하면서 다양한 모바일 애플리케이션이 개발되어 스마트폰이나 태블릿 PC 등으로 영양분석 및 식단관리를 한다. 또한 최근에는 인공지능을 활용한 식단 분석 및 건강관리 플랫폼들이 개발되어 개인의 건강상태나 요구도에 따라 맞춤형으로 식사관리를 할 수 있는 애플리케이션들이 소개되고 있다. 빅데이터와 인공지능을 활용한 영양분석 플랫폼 개발 및 활용은 앞으로도 더욱 더 확대될 것이다.

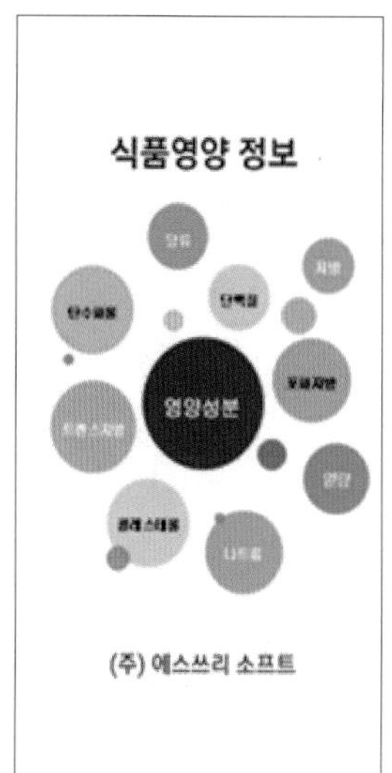

그림 3-7
식품영양정보 분석 모바일 애플리케이션 캡처 화면

자료: 에스쓰리소프트

그림 3-8
영양관리 모바일 애플리케이션 캡쳐 화면

자료 : (a) 다이어트카메라, (b) 상식프로그램

함께 풀어 봅시다

3-1 24시간 회상법으로 조사한 식사섭취 결과를 식품분석표에 의하여 영양소 섭취량으로 환산해 보자.

3-2 24시간 회상법으로 조사한 식사섭취 결과를 영양소 섭취량으로 환산하고자 한다. 다양한 데이터베이스(CAN 프로그램, 인터넷 영양성분 분석프로그램, 모바일 프로그램 등)를 이용하여 분석하고 그 결과를 비교해 보자.

3-3 같은 사람에게서 반복된 2일의 영영소 섭취량을 비교해 보자. 여기에서 간단하게 개인 내 변이의 정도와 원인을 토론해 보자.

3-4 3일 식사기록법으로 조사한 결과를 영양소 섭취량으로 환산해 보자. 기록법으로 조사한 결과와 24시간 회상법으로 조사한 결과를 비교해 보자.

3-5 대상과 목적을 정한 후 이들에게 맞는 식품섭취빈도 조사표를 만들어 보자.

3-6 24시간 회상법으로 조사한 결과와 식품섭취빈도 조사법으로 조사한 결과를 비교해 보자.

참고문헌

REFERENCE

질병관리청. 국민건강영양조사 제8기(2019), 2020

보건복지부, 한국영양학회. 2020 한국인 영양소 섭취기준, 2020

장은재, 고신애. 카메라폰을 이용한 식이섭취조사방법에 대한 연구. 대한지역사회영양학회지 2(2): 198~205, 2007

질병관리청. 국민건강영양조사 제8기(2019), 2020

한국건강증진재단. 한국인 영양섭취기준 활용가이드북, 2012

Barr SI. Introduction to dietary reference intakes. *Appl Physiol Nutr Metab.* 31(1): 61~5, 2006

Dwyer JT, Coleman KA. Insights into dietary recall from a longitudinal study: accuracy over four decades. *Am J Clin Nutr* 65: 1153S, 1997

Institute of Medicine. Dietary Reference Intakes. The Essential Guide to Nutrient Requirements, The National Academies Press, Washington, D.C., 2006

Institute of Medicine. *Framework for DRI Development: Components "Known" and Components "To Be Explored"*. The National Academies Press, Washington, D.C., 2008

Institute of Medicine. *The Development of DRIs 1994-2004.* Lessons Learned and New Challenges, The National Academies Press, Washington, D.C., 2004

Yates AA. Process and development of dietary reference intakes: basis, need, and application of recommended dietary allowances. *Nutr Rev* 55: 5S~9S, 1998

Willett W. *Nutritional Epidemiology*, 3rd ed. Oxford University Press, Oxford, 2013

농촌진흥청, 국립농업과학원. 국가표준식품성분표 제9개정판, DB9.2, 2020, http://koreanfood.rda.go.kr/

미국 농무성, National Nutrient Database for Standard Reference 28(USDA, 2020), https://www.ars.usda.gov/northeast-area/beltsville-md-bhnrc/

식품의약품안전처 식품영양성분 데이터베이스 http://www.foodsafetykorea.go.kr

한국영양학회, 영양평가 프로그램 CAN-Pro 5.0(Web ver. 전문가용), http://canpro5.kns.or.kr

CHAPTER 4

식사평가 및 응용

1 영양상태 평가
2 국민건강영양조사

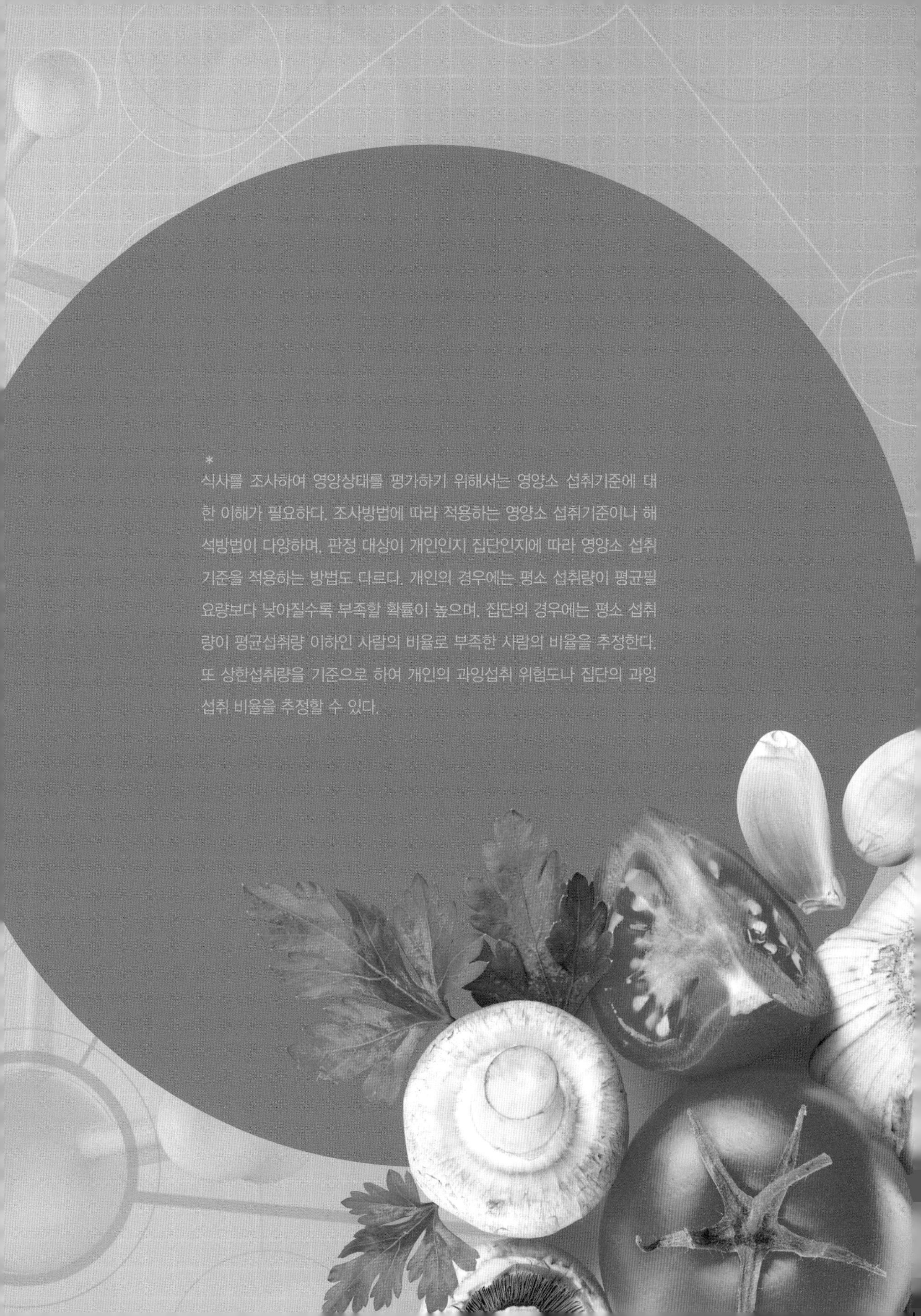

*
식사를 조사하여 영양상태를 평가하기 위해서는 영양소 섭취기준에 대한 이해가 필요하다. 조사방법에 따라 적용하는 영양소 섭취기준이나 해석방법이 다양하며, 판정 대상이 개인인지 집단인지에 따라 영양소 섭취기준을 적용하는 방법도 다르다. 개인의 경우에는 평소 섭취량이 평균필요량보다 낮아질수록 부족할 확률이 높으며, 집단의 경우에는 평소 섭취량이 평균섭취량 이하인 사람의 비율로 부족한 사람의 비율을 추정한다. 또 상한섭취량을 기준으로 하여 개인의 과잉섭취 위험도나 집단의 과잉섭취 비율을 추정할 수 있다.

CHAPTER 4

Application in Dietary Assessment

식사평가 및 응용

식사를 조사하여 영양상태를 평가하기 위해서는 영양소 섭취기준에 대한 이해가 필요하다. 조사방법에 따라 적용하는 영양소 섭취기준이나 해석방법이 다양하며, 판정 대상이 개인인지 집단인지에 따라 영양소 섭취기준을 적용하는 방법도 다르다. 개인의 경우에는 평소 섭취량이 평균필요량보다 낮아질수록 부족할 확률이 높으며, 집단의 경우에는 평소 섭취량이 평균섭취량 이하인 사람의 비율로 부족한 사람의 비율을 추정한다. 또 상한섭취량을 기준으로 하여 개인의 과잉섭취 위험도나 집단의 과잉섭취 비율을 추정할 수 있다.

1. 영양상태 평가

개인의 식사평가

개인의 식사평가에서 식사섭취량을 평균필요량과 단순히 비교하여 평가하기는 어렵다. 개인의 영양소 섭취 상태를 평가하기 위해서는 각 개인의 일상적인 영양소 섭취량과 각 영양소 필요량을 알아야 한다. 그러나 영양소 섭취량은 개인 내 변이가 크기 때문에 보편적인 일상 섭취량을 측정하기가 어렵고, 개인의 신체적·생리적 조건이 다르기 때문에 각 영양소에 대한 요구량도 다르다. 따라서 식사조사에 의한 개인의 영양섭취 수준을 평가할 때는 절대적 수치가 아닌 적절/부적절하게 섭취할 확률이 어느 정도인지로 평가하게 된다. 개인의 식사평가에서 영양소 섭취기준 활용방법을 〈표 4-1〉에 제시하였다.

표 4-1
개인의 식사평가에서 영양소 섭취기준 활용방법

구분	활용방법
평균필요량	•일상 섭취량이 부적절할 확률을 조사하는 데 사용함 •일상 섭취량이 평균필요량 이하이면 섭취량이 부족할 확률이 50% 이상임 •섭취량이 평균필요량보다 낮아질수록 부족할 확률이 높아짐
권장섭취량	•일상 섭취량이 권장섭취량 이상이면 섭취량이 부족할 확률이 낮음 •일상 섭취량이 권장섭취량과 평균섭취량 사이이면 섭취량이 부족할 확률이 3~50%임
충분섭취량	•일상 섭취량이 충분섭취량 이상이면 섭취량이 부족할 확률이 낮음
상한섭취량	•과잉섭취 가능성 조사에 사용함 •일상 섭취량이 상한섭취량보다 높으면 과잉섭취로 인한 건강위해 증상이 일어날 수 있음 •섭취량이 상한섭취량보다 높을수록 건강위해 위험도가 높아짐

더 알아봅시다

식사조사 기간은 어느 정도가 적당한가요?

영양소 섭취량은 개인 내 변이가 크기 때문에 보편적인 일상 섭취량을 측정하기 위해서는 적어도 비연속 2일 또는 연속 3일 동안의 식사조사를 해야 한다. 개인의 평소 영양소 섭취량을 산출하기 위해서는 개인 내 변이를 조정한 평균섭취량을 이용해야 하나, 개인 내 변이가 크지 않을 때는 2~3일간 식사조사의 평균값을 이용하기도 한다. 한 개인이 매일 섭취하는 특정 영양소의 섭취량이 날짜별로 차이가 많아 개인 내 변이가 60~70% 이상인 영양소는 평상시 섭취량을 파악할 수 없어 영양소 섭취기준을 활용한 양적인 영양평가가 어렵다.

(1) 개인의 식사평가 시 3단계 고려사항

개인의 일상적인 영양소 섭취수준

개인의 일상적인 영양소 섭취량을 파악해야 하고, 영양소 섭취량이 개인 내 변이가 큰 경우에는 조사일수를 증가시켜야 한다.

적절한 비교기준치 결정

개인의 영양상태를 평가하기 위한 적절한 기준치는 평균필요량이다. 권장섭취량과 충분섭취량도 참고하여 적절, 부족할 확률을 구하는 데 적용할 수 있다.

개인의 식사섭취 평가

영양소 섭취량을 계산한 후 부족할 확률을 구한다. 각 영양소에 대해 부족할 확률을 구하는 과정이 복잡하다('더 알아봅시다.'의 계산법 참고). 따라서 일반적으로 일상적인 섭취량이 평균필요량 미만이면 부족할 확률이 50% 이상, 평균필요량과 권장섭취량 사이이면 부족할 확률이 3~50%, 권장섭취량 이상이면 부족할 확률이 낮음으로 평가한다.

개인의 일상적인 영양소 섭취량이 충분섭취량 이상이면 섭취량이 부족할 확률이 낮으며, 충분섭취량 미만으로 섭취하는 경우에는 섭취수준을 양적으로 평가하기가 어렵다. 또한 개인의 일상적 영양섭취 수준이 상한섭취량 이하이면 과잉섭취로 인한 부작용의 위험성이 거의 없는 것으로 평가한다(그림 4-1).

영양소 섭취기준을 활용하여 영양섭취량을 평가할 때, 이것만은 꼭 알아두자!

개인이나 집단의 특정 영양소 섭취수준이 평균필요량보다 낮을 때 결과 해석이 다르다.

개인: 한 개인이 특정 영양소에 대하여 부적절하게 섭취할 확률이 높음을 의미한다.

집단: 집단 내에서 특정 영양소에 대해 부적절하게 섭취하는 사람의 비율이 높음을 의미한다.

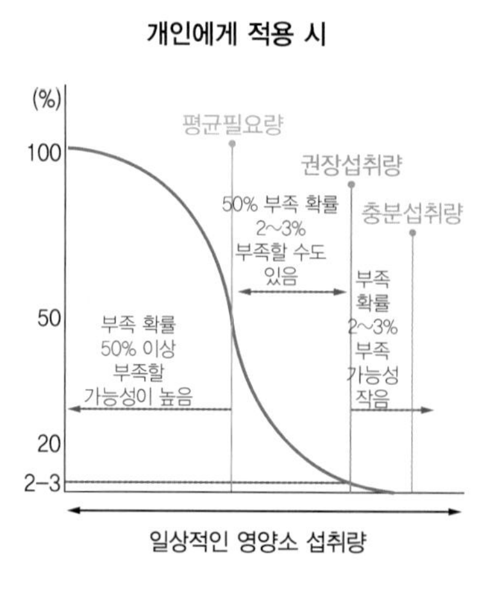

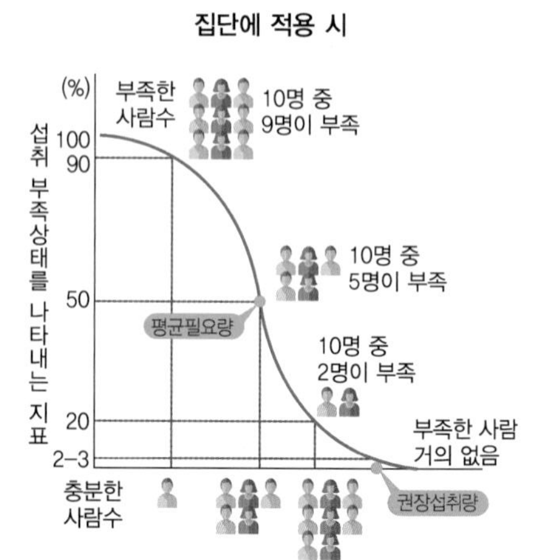

그림 4-1
식사평가에서 영양소 섭취기준 적용개념의 이해

자료: 食事攝取基準の實踐·運用を考える會, 2015

개인을 대상으로 한 식사평가 방법

(1) 평가 단계

① 개인의 성, 연령, 기준체위, 활동수준을 확인한다.

② 개인의 에너지 섭취량 평가는 에너지 필요추정량을 기준으로 체위와 활동수준과 연계하여 평가한다.

- 한국인 영양소 섭취기준은 성별, 연령별 기준체위에 맞게 설정되었기 때문에 개인의 체위와 신체활동이 달라지면 반드시 성별, 연령별 기준체위를 확인하고 자신의 에너지 필요량에 맞게 조절해야 하며, 생활습관, 질병 등의 정보도 확인한다.

③ 탄수화물, 단백질, 지질은 에너지 적정비율을 기준으로 평가한다.

- 탄수화물 55~65%, 단백질 7~20%, 지질 15~30%

④ 비타민, 무기질은 평균필요량과 권장섭취량이 설정되어 있는 영양소와 충분섭취량만 설정되어 있는 영양소로 나누어 평가한다.

⑤ 상한섭취량이 설정되어 있는 영양소를 평가한다.

⑥ 종합평가 시 유의사항: 중요 영양소, 만성질병 예방을 고려하여 평가해야 하며, 섭취기준/섭취량이 명확한 영양소부터 우선순위로 평가한다(개인 내 변이 60~70% 이상인 영양소는 영양소 섭취기준을 활용한 양적인 영양평가가 어렵다).

(2) 실제 평가

A양(만 25세, 신장 160 cm, 체중 54 kg, 저활동)의 평소 영양소 섭취량을 평가해보자.

① A양의 기준체위와 에너지 필요추정량을 확인한다.

- 25세 여성의 한국인 영양소 섭취기준 설정을 위한 기준체위는 신장 161.4 cm, 체중 55.9 kg이다.
- 기준체위를 바탕으로 설정된 하루 에너지 필요추정량은 2,000 kcal이다.
- A양의 현재 체중과 신장은 한국인 20대 여성의 기준체위와 비슷하기 때문에 20대 여성에 대한 에너지 필요추정량인 2,000 kcal를 기준으로 영양섭취량을 평가할 수 있다.
- 기준체위와 활동량이 달라지면 에너지 필요추정량을 조정해야 한다.
- 참고: 에너지 필요추정량 계산방법

$$= 354 - 6.91 \times \text{연령(세)} + PA[9.36 \times \text{체중(kg)} + 726 \times \text{신장(m)}]$$

[성인여자 PA(신체활동계수) : 1.0(비활동적), 1.12(저활동적), 1.27(활동적), 1.45(매우 활동적)]

② A양의 평상시 영양섭취량을 계산하고 에너지 적정비율, 영양소 섭취기준과 비교한다.

	A양 평소 섭취량	평균 필요량	권장 섭취량	충분 섭취량	상한 섭취량	평가
에너지(kcal)*	2,000	2,000[1]				– 현재 섭취 에너지는 적절함
탄수화물(g)	276	100	130			– 에너지의 55% 섭취 – 대상자에 따라 5~10% 증가시킬 수 있음 – 평균필요량 이상 섭취(케토시스 예방 및 근육 손실 방지)
당류(g)	80					– 총 에너지 섭취량의 16%(총당류 섭취량 10~20% 범위에 해당됨, 첨가당을 10% 이하로 줄이도록 권고)
지방(g)	55					– 에너지의 25% 섭취 – 포화지방산을 줄이고 불포화지방산 섭취 증가 권고함
콜레스테롤(mg)	350					– 300 mg 이하 섭취 권고함
단백질(g)	100	45	55			– 에너지의 20% 섭취 – 대상자 건강상태에 따라 조정 가능
식이섬유(g)	10			20		– 부족할 확률 있음
비타민A (ug RE)	400	460	650		3,000	– 부족할 확률 50% 이상
비타민C (mg)	2,500	75	100		2,000	– 과잉섭취로 건강 위해 가능성 있음
티아민(mg)	1.2	0.9	1.1			– 부족할 확률 낮음
리보플라빈(mg)	1.5	1.0	1.2			– 부족할 확률 낮음
엽산 (ugDFE)	400	320	400		1,000	– 부족할 확률 낮음
칼슘(mg)	500	550	700		2,500	– 부족할 확률 50% 이상
철(mg)	14	11	14		45	– 부족할 확률 낮음(3% 정도)

(계속)

나트륨 (mg)	3,500			1,500	2,300[2]	– 섭취량이 2,300 mg을 초과하므로 섭취량을 줄이면 만성질환 위험 감소
칼륨 (mg)	2,000			3,500		– 부족할 확률 있음

1) 에너지필요추정량
에너지적정비율 – 탄수화물 55~65%, 지질 15~30%, 단백질 7~20%
2) 만성질환위험감소섭취량

(3) 종합평가

A양의 에너지 섭취량은 적절한 수준이나 지방과 단백질 섭취수준을 조금 감소시키고 대신 복합탄수화물 섭취를 권장한다. 식이섬유 섭취량을 증가시키며, 단순당 섭취를 줄이고 특히 첨가당 섭취를 줄이도록 한다. 지방은 포화지방산과 콜레스테롤이 많은 동물성 식품 섭취를 줄이고 대신 불포화지방산을 섭취하도록 한다. 철, 리보플라빈, 엽산 등은 부족할 확률이 적으나, 비타민 A와 칼슘은 부족할 확률이 50% 이상으로 높아 급원식품을 충분히 섭취하도록 한다. 나트륨 섭취량이 만성질환위험감소섭취량 기준인 2,300 mg을 초과하므로 나트륨 섭취량을 줄이면 만성질환의 위험을 감소시킬 수 있으며, 짠 음식을 줄이고 칼륨의 섭취를 증가시킨다. 비타민 C는 과잉 섭취에 의한 건강위해 가능성이 있으므로 영양보충제 섭취량을 줄이도록 한다.

개인의 영양소 섭취량 부족 확률 계산방법

Q. 20대 여성인 A양의 칼슘 섭취량이 500 mg이라면 부족할 확률은 어느 정도일까?

A.

① 20대 여성의 칼슘 평균필요량은 550 mg, 권장섭취량은 700 mg이다. 그러므로 평균필요량 미만으로 섭취하기 때문에 '칼슘을 부족하게 섭취할 확률이 50% 이상'이라고 할 수 있다.

② 좀 더 정확히 부족할 확률을 계산해 보자.

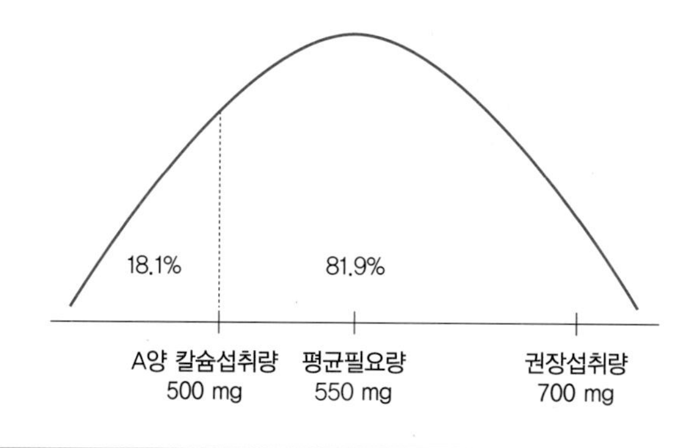

그림 4-2
칼슘 섭취기준 분포

더 알아봅시다

- 칼슘 섭취량에 대한 표준편차를 모를 경우에는 평균값의 10% 값을 이용함
  표준편차는 = 550 × 10% = 55
- 칼슘 섭취량의 Z score = $\frac{500-550}{55}$ = -0.91
- Z score -0.91에 대한 확률값을 구하면 81.9%이다(부록 3 참고).
- 결론: 20대 여성인 A양의 평소 칼슘 섭취량이 500 mg 정도라면 칼슘이 부족할 확률은 81.9%이다.

집단의 영양상태 평가

집단의 영양상태를 판정하기 위한 방법으로 과거에 주로 이용되었던 방법은 집단의 섭취량 평균값을 구한 후 섭취기준과 비교하거나 섭취기준과 비교한 섭취비율의 평균값을 구하는 방법이었다. 그러나 이러한 방법으로는 집단의 영양상태를 정확히 평가하기가 어렵고, 특히 집단 내에서 결핍 가능성이 있는 구성원의 비율을 파악할 수가 없다. 집단의 영양상태를 좀 더 정확하게 평가하기 위해서는 구성원의 일상 섭취량이 그들의 필요량에 미치지 못하는 비율 또는 과잉으로 섭취하는 비율을 파악하여 그 인구집단에서 부적절하게 섭취하는 사람의 비율을 구해야 한다(표 4-2). 이러한 평가방법을 통하여 집단에서 부적절하게 섭취하는 사람들을 선별하여 영양 중재 프로그램의 우선 대상으로 정할 수 있다.

그러므로 집단의 영양상태를 평가하고자 할 때는 집단의 평균값과 중앙값 등을 구해서 섭취 경향과 분포를 살펴본 후, 그 집단에서 부적절하게 섭취하는 인구 비율을 구해서 영양상태를 평가해야 한다.

실제로 모든 개인의 필요량이나 평소 섭취량을 파악하는 것이 불가능하므로 부적절하게 섭취하는 사람의 비율을 추정하기 위해서는 다른 통계적 접근방법을 사용한다. 집단의 영양섭취 적절성을 평가하기 위해서는 영양소 섭취기준 중 평균필요량을 사용하며, EAR cut-point 방법과 확률적 접근방법이 있다.

집단의 영양상태를 평가할 때 권장섭취량이나 충분섭취량을 기준으로 이용하지 않는다. 권장섭취량을 기준으로 하는 경우에는 집단의 영양부족 위험을 과대평가할 수 있기 때문이다. 충분섭취량의 경우에도 평균필요량이나 권장섭취량보다는 큰 값이기 때문에 충분섭취량보다 적게 섭취하는 사람을 부적절한 섭취라고 평가하게 되면 영양결핍의 위험을 과대평가할 수 있다. 그러므로 충분섭취량은 부적절하게 섭취하는 사람의 비율을 추정하기 위한 기준으로 사용하지 않으며, 만약 사용할 경우에는 결과 해석에 주의해야 한다.

구분	활용방법
평균필요량	• 집단 내에서 부적절하게 섭취하는 사람들의 비율을 추정하는 데 사용함 • 평소섭취량이 평균필요량 이하인 사람들의 비율은 섭취량이 부족한 사람들의 비율을 의미함
권장섭취량	• 집단의 영양섭취 상태를 평가하는 데 이용하지 않음 (영양부족의 위험률을 과대평가할 수 있음)
충분섭취량	• 집단의 평소섭취량의 평균값이 충분섭취량 이상이면 섭취량이 부족한 사람들의 비율이 낮음을 의미함
상한섭취량	• 집단의 과잉 섭취로 인한 건강상 위해 위험도를 추정하는 데 사용함 • 집단 내에서 상한섭취량 이상으로 섭취하는 사람들의 비율은 과잉섭취에 따른 건강위해의 위험을 가진 사람들의 비율을 의미함

표 4-2
집단의 식사평가에서 영양소 섭취기준의 활용

(1) 평균필요량 cut-point 방법

평균필요량을 cut-off point로 이용하여 인구집단에서 부족하게 섭취하는 사람들의 비율을 추정하는 방법이다. 이 방법은 간단하게 이용할 수 있으며, 대부분의 영양소에 대하여 부족한 사람들의 비율을 추정할 수 있다. 그러나 평균필요량 cut-point 방법을 적용하기 위해서는 조사대상자의 평상시 섭취량이 정규분포를 이루어야 하고, 영양소 섭취량과 필요량이 상관관계가 없어야 한다. 에너지는 섭취량과 필요량 사이에 상관관계가 높고, 여성의 경우에 철의 필요량 분포가 한쪽으로 치우쳐 있어 에너지

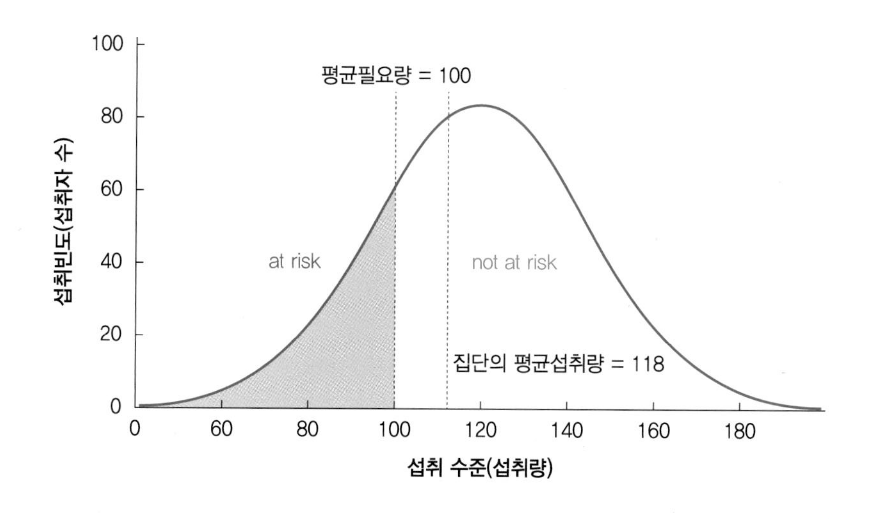

그림 4-3
평균필요량 cut-point 방법의 예

자료: Institute of Medicine, 2000

와 철의 영양상태를 평가하는 경우, 평균필요량 cut-point 방법의 이용이 부적절하다.

〈그림 4-3〉에서 보는 바와 같이 어떤 영양소에 대해 집단의 평균섭취량이 118이라면 평균필요량 100보다 높은 수준이지만 녹색 부분에 해당하는 사람들은 영양섭취량이 부족하다고 할 수 있다.

(2) 확률적 접근방법

확률적 접근방법$_{\text{probability approach}}$은 인구집단 내에서 영양소 섭취량이 자신의 필요량에 못 미치는 사람의 수를 추정하는 방법이다. 즉, 영양소 필요량의 확률분포와 영양소 섭취량의 확률분포를 결합하여 집단 내에 영양소 섭취량이 부족할 위험이 있는 사람들의 비율을 추정한다. 그러나 집단 구성원 개개인의 영양소 필요량을 아는 것이 거의 불가능하기 때문에 실제로는 확률적 접근법을 사용하는 것은 용이하지 않다.

〈그림 4-4〉는 특정 영양소에 대해 집단의 필요량의 분포가 정규분포이고 평균이 100인 경우의 위험곡선이다. 섭취량이 100일 때는 부적절할 위험이 50%, 섭취량이 150이면 부적절할 위험이 거의 0%, 섭취량이 50이면 부적절할 위험이 거의 100%라고 추정할 수 있다.

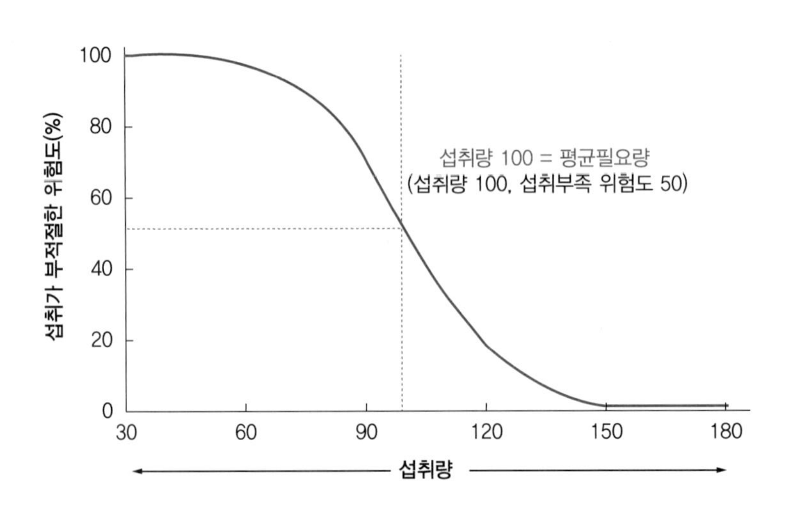

그림 4-4
평균 영양소 요구량 분포에 따른 위험 곡선

자료: Institute of Medicine, 2000

더 알아봅시다

집단의 영양상태 파악을 위한 전제조건

조사대상자의 영양소 섭취량이 평상시 식사를 반영해야 하고,

평상시 섭취량이 정규분포를 이루어야 하고,

영양소 섭취량과 필요량 사이에 상관관계가 없어야 한다.

평상시 영양섭취량을 조사하기 위해서는 조사일수를 증가시켜야 한다

조사일수가 많아지면 개인 내 변이가 감소되어 개인의 섭취량이 집단의 평균 섭취량에 근접한다.

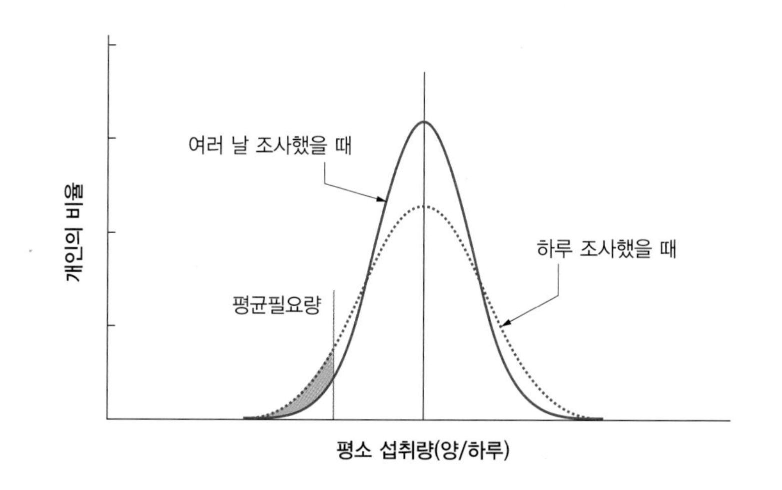

그림 4-5
조사일수에 따른 영양섭취량 분포 비교

더 알아봅시다

집단을 대상으로 한 식사평가 방법

(1) 평가방법

① 집단의 성별, 연령, 직업 등의 특성을 파악한다.

② 집단의 섭취량 분포(평균값, 중앙값, 백분위수 등)를 파악한다.

③ 평균필요량 cut-point 방법을 이용하여 집단 내에서 조사대상자의 평소 섭취량이 평균필요량보다 적게 섭취하는 사람들의 비율을 구한다.

④ 섭취량이 상한섭취량 이상인 대상자의 비율을 구하여 과잉섭취로 건강위해 위험이 있는 대상자의 비율을 구한다.

⑤ 집단의 식사평가 결과를 활용하여 개선 방안을 제시한다.

(2) 실제 평가

A대학의 20대 여대생 200명을 대상으로 영양조사를 실시하였다. 영양소 섭취 결과를 분석하여 한국인 영양소 섭취기준과 비교한 결과, 비타민 C의 섭취수준이 다음과 같다. A대학 여대생의 비타민 C 영양상태를 평가해 보자.

	평균섭취량 (표준편차)	EAR 미만 섭취	EAR 이상, RNI 미만 섭취	RNI 이상, UL 미만 섭취	UL 이상 섭취
20대 여성 섭취기준	102.0(21.0)	<75 mg	75~99 mg	100~1,999 mg	2,000 mg
대상자 비율		25명(12.5%)	80명(40.0%)	85명(42.5%)	10명(5%)

(3) 평가

- A대학 여대생의 비타민 C 영양상태를 살펴보면, 여대생 200명의 비타민 C 평균 섭취량은 102.0 mg으로 이 집단의 비타민 C 섭취량은 부족하지 않은 것처럼 보인다. 그러나 이 집단의 12.5%가 평균필요량 미만으로 섭취하여 A대학 여대생 중 비타민 C를 부족하게 섭취하는 대상자 비율이 12.5%(25명)에 해당된다. 또한 집단 구성원의 5%는 상한섭취량 이상으로 섭취하여 비타민 C 과잉으로 인한 건강위해 위험성이 있다(집단을 대상으로 한 영양평가는 권장섭취량을 기준으로 이용하지 않기 때문에, EAR 이상~RNI 미만, RNI 이상~UL 미만에 대해서는 평가하지 않는다).
- 다른 영양소도 이와 같은 방법을 반복하여 조사대상 집단의 전체적인 영양상태를 평가할 수 있다. 그러나 특정 영양소의 분포가 정규분포가 아니거나 개인 내 변이가 60~70% 이상인 영양소는 이러한 방법으로 분석할 때 주의해야 한다.

표 4-3
영양소 섭취기준을 활용한 식사조사 자료의 평가방법

자료: 보건복지부, 한국영양학회. 2020 한국인 영양소 섭취 기준, 2020

	평가	영양소	고려할 사항
평소 영양소 섭취량의 분포	평소 영양소 섭취량의 평균값, 중앙값, 백분위수	모든 영양소	영양소 섭취량의 평균값은 영양섭취량의 적절성의 평가에는 사용하지 않도록 한다.
영양부족인 사람들이 비율 평가	평균필요량보다 적게 섭취하는 사람들의 백분율	•비타민: 비타민 A, C, 티아민, 리보플라빈, 니아신, B_6, 엽산, B_{12} •무기질: 칼슘, 인, 마그네슘, 철, 아연, 구리, 요오드, 셀레늄, 몰리브덴	•에너지는 섭취량과 필요량 간에 상관관계가 있으므로 에너지 섭취량의 평가에는 적절치 않다. •비타민 D·E·K, 판토텐산, 비오틴, 나트륨, 염소, 칼륨, 불소, 망간, 크롬은 평균필요량이 설정되지 않았으므로 평가할 수 없다.
영양과잉으로 인한 건강의 위해위험 평가	상한섭취량 이상을 섭취한 사람들의 백분율	•비타민: 비타민 A, C, D, E, 니아신, B_6, 엽산 •무기질: 칼슘, 인, 마그네슘, 철, 아연, 구리, 불소, 요오드, 망간, 셀레늄, 몰리브덴	•티아민, 리보플라빈, 비타민 B_{12}, 판토텐산, 비오틴, 비타민 K, 나트륨, 염소, 칼륨, 크롬의 상한섭취량이 설정되지 않았으므로 이들 영양소의 위해작용이 나타나는 위험성을 측정할 수 없다.
여러 집단 간의 영양소 섭취량과 적절성의 비교	각 집단의 평소 영양소 섭취량의 평균값, 중앙값, 백분위수	모든 영양소	•영양소 섭취량에 대한 다중회귀분석을 실시한다. •회귀분석에 의해 보정된 각 집단 간의 영양소 섭취량의 평균값을 비교한다. •영양소 섭취량의 평균값은 영양섭취량의 적절성의 평가에는 사용하지 않는다.
	각 집단의 평소 영양소 섭취량이 평균섭취량보다 적은 사람들의 백분율 비교	•비타민: 비타민 A, C, 티아민, 리보플라빈, 니아신, B_6, 엽산, B_{12} •무기질: 칼슘, 인, 마그네슘, 철, 아연, 구리, 요오드, 셀레늄, 몰리브덴	•평균섭취량보다 적게 섭취한 사람들의 백분율이 각 집단 간에 차이가 있는지 통계적 유의성 검정을 한다. •에너지 섭취는 섭취량과 필요량 사이에 상관관계가 있으므로 이 방법이 적절치 않다. •비타민 D·E·K, 판토텐산, 비오틴, 나트륨, 염소, 칼륨, 불소, 망간, 크롬은 평균필요량이 설정되지 않았으므로 유의성 검정을 할 수 없다.
	각 집단의 평소 영양소 섭취량이 상한섭취량보다 많은 사람들의 백분율 비교	•비타민: 비타민 A, C, D, E, 니아신, B_6, 엽산 •무기질: 칼슘, 인, 마그네슘, 철, 아연, 구리, 불소, 요오드, 망간, 셀레늄, 몰리브덴	•상한섭취량보다 많이 섭취한 사람들의 백분율이 각 집단 간에 차이가 있는지 통계적인 유의성 검정을 한다. •티아민, 리보플라빈, 비타민 B_{12}, 판토텐산, 비오틴, 비타민 K, 나트륨, 염소, 칼륨, 크롬은 상한섭취량이 설정되지 않았으므로 유의성 검정을 할 수 없다.

기타 영양상태 평가지표

(1) 영양밀도 지수 index of nutritional quality, INQ

개인의 식사 질을 평가하기 위한 지수이다. 식이에 포함된 특정 영양소 함량을 1,000 kcal당 권장섭취량에 대한 비율로 나타낸 것이다. 즉, 에너지가 충족될 때 특정 영양소의 필요량의 충족 정도를 나타낸다.

$$\text{INQ} = \frac{\text{식사 1,000 kcal에 포함된 영양소의 양}}{\text{1,000 kcal당 영양소 권장섭취량}}$$

INQ가 1 이상이면 식사의 질이 좋음을 의미한다. 식사를 통해 에너지를 충족하면 특정 영양소도 충족됨을 의미하는 것으로, 특히 저칼로리 식사를 하는 사람들에게 중요하다.

(2) 영양소 적정섭취비율 nutrient adequacy ratio, NAR

각 영양소의 권장섭취량에 대한 섭취비율을 의미한다. 즉, NAR이 1 이상이면 특정 영양소를 권장섭취량 이상으로 섭취하는 것을 의미한다. NAR 1 이상은 1로 간주한다.

$$\text{NAR} = \frac{\text{대상자의 특정 영양소 1일 섭취량}}{\text{특정 영양소의 권장섭취량}}$$

(3) 평균 영양소 적정섭취비율 mean adequacy ratio, MAR

각 영양소에 대한 NAR의 평균값으로 식사의 전반적인 질을 나타낸다. MAR에 포함된 모든 영양소는 중요도가 동등하게 취급되며, 어떤 영양소가 부족한지 알 수 없는 단점이 있다.

$$\text{MAR} = \frac{\text{n개의 영양소에 대한 NAR의 합}}{\text{영양소 수(n)}}$$

식품의 다양성 및 식생활 평가

식사의 질을 평가하기 위해서는 영양소 섭취평가뿐만 아니라 식품이나 식품군에 대한 평가도 필요하다. 식사패턴 및 식사의 다양성, 균형성 등에 대한 평가는 전체적인 식생활평가에서 중요하다.

(1) 식품섭취 균형성 평가(식품군 점수) dietary diversity score, DDS

식사의 균형 정도를 파악하고 전체의 식사의 질을 파악하는 데 이용한다. 섭취한 식품을 5가지 식품군으로 분류하고 섭취한 식품군별로 1점씩 점수를 부여하여 5가지 식품군을 전부 섭취할 경우에 5점을 부여하여 점수를 비교한다.

식품군 섭취 패턴

식품군 섭취패턴food group intake pattern 조사방법은 식품군 점수 방법을 응용한 방법으로서 상용식품을 곡류 및 감자군(G), 육류군(M), 과일군(F), 채소군(V), 우유 및 유제품군(D)으로 구분하고, 각 식품군별로 최소 기준량을 제시한 후 기준량 이상으로 섭취하면 1점을 부여한다. 예를 들면, 식품군 섭취 패턴이 GMFVD=11001이라면 곡류 및 감자류, 육류, 우유 및 유제품류는 섭취하였으나 과일류, 채소류는 섭취하지 않았음을 나타낸다(표 4-4).

식품군	최소 기준량	실제 섭취한 양	점수
곡류 및 감자류	60 g	320 g	1
육류	30 g	25 g	0
과일류 고체 액체(주스류)	 30 g 60 g	100 g	1
채소류 고체 액체(주스류)	 30 g 60 g	135 g	1
우유 및 유제품 고체(치즈 등) 액체	 15 g 60 g	0 g	0

표 4-4
식품군 섭취패턴 평가

자료: Kant et al., 1991

(2) 식품섭취 다양성 평가(식품가짓수 점수) dietary variety score, DVS

하루 동안 섭취한 모든 식품의 가짓수를 계산하여 다양성 점수로 평가한다.

(3) 식습관 및 식행동 평가

간이식생활 진단표

간이식생활진단표mini-dietary assessment, MDA는 식사의 질을 간단하게 평가하기 위한 방법으로 개인이나 집단의 영양상태 평가에 이용되고 있다(표 4-5). 타당도가 높고 조사목적에 적절한 간이식생활진단표를 활용하여 간편하게 영양조사를 할 수 있으며, 이러한 조사는 일반 성인뿐만 아니라 식사의 질 조사가 어려운 노인이나 어린이를 대상으로 한 식생활 조사에서도 활용되고 있다.

DERTEMINE(nutrition screening initiative) 조사방법은 노인을 대상으로 하여 식생활, 질병, 약물복용, 음주, 치아, 경제력 등에 대한 11문항을 조사하여 노인의 건강위험도를 조사하는 방법이다(표 4-6). 우리나라에서 개인 또는 집단의 식사행동, 식사의 질과 영양상태를 종합적으로 평가하여 점수화하는 영양지수nutrition quotient, NQ를 생애주기별(미취학·학령기 어린이, 청소년, 성인, 노인 등)로 개발하여 식사평가에 이용하고 있다(표 4-7, 표 4-8).

이러한 도구들은 10~20문항 정도의 간단한 질문을 통하여 개인의 식사상태를 판정하여 위험집단을 선별하거나 문제가 되는 식사내용을 진단하는 데 사용된다.

표 4-5
간이식생활진단표

자료: 김화영 외, 2003

항목	항상 그런 편이다	보통이다	아닌 편이다
1. 우유나 유제품(요구르트, 떠먹는 요구르트 등)을 매일 1병 이상 마신다.			
2. 육류, 생선, 달걀, 콩, 두부 등으로 된 음식을 끼니마다 먹는다.			
3. 김치 이외의 채소를 식사할 때마다 먹는다.			
4. 과일(1개)이나 과일주스(1잔)을 매일 먹는다.			
5. 튀김이나 기름에 볶는 요리를 주 2회 이상 먹는다.			
6. 지방이 많은 육류(삼겹살, 갈비, 장어 등)를 주2회 이상 먹는다.			
7. 식사할 때 음식에 소금이나 간장을 더 넣을 때가 많다.			
8. 식사는 매일 세끼를 규칙적으로 한다.			
9. 아이스크림, 케이크, 과자류, 탄산음료(콜라, 사이다 등)를 간식으로 주 2회 이상 먹는다.			
10. 모든 식품을 골고루 섭취하는 편이다(편식을 하지 않는다).			

표 4-6
DERTEMINE(nutrition screening initiative) 조사지

자료: Posner et al., 1993

		그렇다
Disease	나는 질병이나 신체상태 장애로 음식의 양, 종류를 제한한다.	2
Eating poorly	나는 하루 2끼 이하를 먹는다. 나는 채소, 과일, 유제품을 거의 안 먹는다.	3 2
Tooth loss/mouth pain	나는 매일 3회 이상 맥주, 포도주 등 술을 마신다. 나는 치아 또는 구강 문제로 먹기가 불편하다.	2 2
Economic hardship	나는 원하는 대로 식품을 살 돈이 부족하다.	4
Reduced social contact	나는 대개 혼자 식사한다.	1
Multiple medcine	나는 매일 3종류 이상의 처방약을 복용한다.	1
Involuntary weight loss/gain	나는 지난 6개월간 4.5 kg 이상 체중이 줄거나 늘었다.	2
Needs assistance in self care	나는 혼자 시장보고, 조리하고, 식사하는 것이 신체적으로 어렵다.	2
Elder years above age 80	나는 80세가 넘었다.	–
	총점	

총점) 0~2: 영양상태 양호, 3~5: 중등의 영양위험, 6+: 심한 영양위험

표 4-7
영양지수(NQ) 설문지
예: 노인영양지수 조사 항목

NQ계산방법은 식품의약품안전처 식품안전나라, https://www.foodsafetykorea.go.kr/ 참고

01. 귀하는 한 번 식사할 때 김치를 제외한 채소류를 몇 가지나 드십니까?
02. 귀하는 과일을 얼마나 자주 드십니까?
03. 귀하는 우유 또는 유제품을 얼마나 자주 드십니까?
04. 귀하는 콩이나 콩제품을 얼마나 자주 드십니까?
05. 귀하는 계란을 얼마나 자주 드십니까?
06. 귀하는 생선이나 조개류를 얼마나 자주 드십니까?
07. 귀하는 라면류를 얼마나 자주 드십니까?
08. 귀하는 과자(초콜릿, 사탕 포함) 또는 달거나 기름진 빵(케이크, 도넛, 단팥빵 등)을 얼마나 자주 드십니까?
09. 귀하는 가당 음료를 얼마나 자주 마십니까?
10. 귀하는 하루에 물을 얼마나 자주 마십니까?
11. 귀하는 하루에 식사를 몇 번 하십니까?
12. 귀하는 하루에 간식을 몇 번 하십니까?
13. 귀하는 얼마나 자주 혼자서 식사를 하십니까?
14. 귀하는 평소에 건강에 좋은 식생활을 하려고 얼마나 노력하십니까?
15. 귀하는 현재 치아나 틀니, 잇몸 등의 문제로 인해 음식을 씹는 것이 어느 정도 불편하십니까?
16. 귀하는 음식을 먹기 전에 손을 씻으십니까?
17. 귀하는 하루에 운동(걷기 포함)을 얼마나 하십니까?
18. 귀하는 평상시 우울함을 어느 정도 느끼십니까?
19. 귀하는 본인이 얼마나 건강하다고 생각하십니까?
20. 최근 1년 동안 귀하의 식생활 형편은 어떠했습니까?
21. 최근 1년 동안 영양교육 또는 영양상담을 받은 적이 있습니까?
22. 귀하는 평소 사회활동(여가활동 포함)을 얼마나 활발하게 하고 계십니까?

NQ 계산: 1~19 문항 해당

표 4-8
생애주기별 영양지수(NQ) 판정기준

생애주기별 설문지 및 판정 방법은 식품의약품안전처 식품안전나라, https://www.foodsafetykorea.go.kr/ 참고

생애주기별	연령	문항 수	평가영역	판정기준점수 (100점 만점)	판정등급
미취학어린이	만 3~5세	14	균형, 절제, 환경	65	·기준점수 이상 → 양호 ·기준점수 미만 → 모니터링 필요
학령기어린이	만 6~11세	20	균형, 다양, 절제, 환경, 실천	73	
청소년	만 12~18세	19		63	
성인	만 19~64세	21	균형, 다양, 절제, 식행동	58	
노인	만 65세 이상	19		62	

2. 국민건강영양조사

조사목적

국민건강영양조사는 1995년에 제정된 국민건강증진법 제16조에 근거하여 1998년부터 2005년까지 3년 주기, 2007년 이후 매년 시행하고 있는 전국 규모의 건강 및 영양조사이다. 조사 목적은 국민의 건강 및 영양 상태에 관한 현황 및 추이를 파악하여 정책적 우선순위를 두어야 할 건강취약집단을 선별하고, 보건 정책과 사업이 효과적으로 전달되고 있는지를 평가하는 데 필요한 통계를 산출하여 국민건강증진종합계획 수립 및 평가에 활용하는 것이다. 또한 세계보건기구와 경제협력개발기구 등에서 요청하는 흡연, 음주, 신체활동, 비만 관련 통계자료를 제공하고, 소아청소년 표준성장도표 개발, 영양소 섭취기준 제정 등에 활용할 수 있는 자료를 제공하는 것이다. 1998년 이전에는 국민영양조사와 국민건강 및 보건의식행

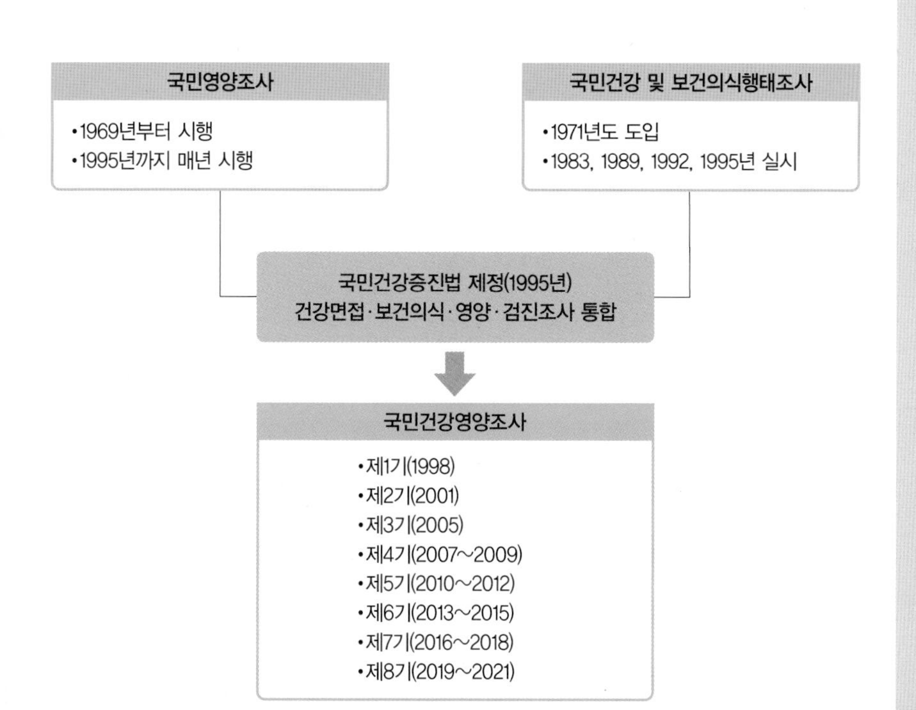

그림 4-6
국민건강영양조사 추진 경과

자료: 질병관리청. 국민건강영양조사. http://knhanes.cdc.go.kr/

태조사가 별도로 진행되어, 국민의 질병 상태와 이에 영향을 미치는 식생활 요인에 대한 연계 분석이 어려웠으나 1995년에 제정된 국민건강증진법에 의해 1998년도부터는 국민건강영양조사로 통합하여 조사하고 있다(그림 4-6).

조사기간 및 조사대상

국민건강영양조사는 제1기(1998)부터 제3기(2005)까지는 3년 주기 2~3개월 단기조사 체계로 실시되었으나, 제4기(2007~2009)부터 연중조사체계로 개편되었으며, 3개 연도가 각각 독립적인 3개의 순환표본으로 전국을 대표하는 확률표본이 될 수 있도록 순환표본조사$_{\text{Rolling Sampling Survey}}$ 방식으로 진행되고 있다.

조사대상자는 연간 192개(3년 기준 576조사구) 조사구에서 각각 25개 가구를 추출하여 연 4,800가구(3년 기준 14,000가구)를 대상으로 하며, 조

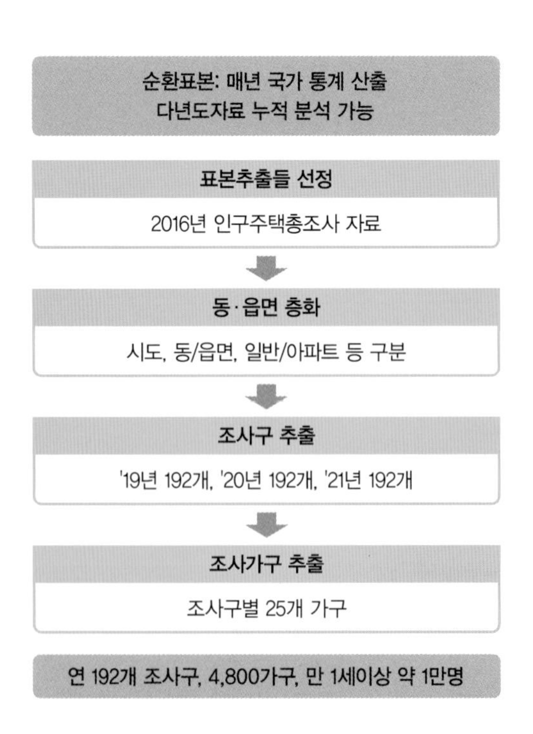

그림 4-7
국민건강영양조사 조사대상자 추출과정

자료: 질병관리청. 제8기 1차년도(2019) 국민건강영양조사 결과발표 자료집, 2020

사대상자 수는 각 가구 내 만1세 이상의 전 가구원 약 1만 명이다(그림 4-7, 표 4-9).

표 4-9
국민건강영양조사 조사규모 및 조사기간

자료: 질병관리청. 국민건강영양조사. http://knhanes.cdc.go.kr

	제1기 (1998)	제2기 (2001)	제3기 (2005)	제4기 (2007~2009)
주기	3년 국가통계	3년 국가통계	3년 국가통계	1년 국가통계
규모 (검진 기준)	200조사구 22~24 가구/ 조사구	200조사구 22가구/ 조사구	200조사구 22~26 가구/ 조사구	500[1]조사구 23가구/ 조사구
기간	11~12월	11~12월	4~6월	연중조사 (연 50주)
	제5기 (2010~2012)	**제6기 (2013~2015)**	**제7기 (2016~2018)**	**제8기 (2019~2021)**
주기	1년 국가통계	1년 국가통계	1년 국가통계	1년 국가통계
규모 (검진 기준)	576조사구 20가구/ 조사구	576조사구 20가구/ 조사구	576[2]조사구 23가구/조사구	576조사구 25가구/조사구
기간	연중조사 (연 48주)	연중조사 (연 48주)	연중조사 (연 48주)	연중조사 (연 48주)

1) 500 조사구: 2007년 100개 조사구, 2008년 200개 조사구, 2009년 200개 조사구
2) 576 조사구: 2010년 이후 매년 192개 조사구를 추출하여, 3년 사업기간을 기준으로 제5기~제8기는 576개 조사구를 대상으로 각 조사구당 20~25가구 조사

조사내용

조사는 검진조사, 건강설문조사, 영양조사 등 3종류로 구분하여 실시된다. 이동차량에서 검진조사와 건강설문조사를 마치고 나면 1주일 후 영양조사원이 조사대상자의 집을 방문하여 영양조사를 실시한다(표 4-10, 그림 4-8).

대상자의 생애주기별 특성에 따라 소아(1~11세), 청소년(12~18세), 성인(19세 이상)으로 구분하여 각기 특성에 맞는 조사항목을 적용하여 조사

한다(표 4-11) (부록 4-1, 4-2, 4-3 참고).

표 4-10
국민건강조사 내용

자료: 질병관리청, 국민건강영양조사, https://knhanes.cdc.go.kr

조사분야	조사내용 제8기 1차년도(2019년) 조사 기준
검진조사	비만, 고혈압, 당뇨병, 이상지질혈증, 간질환, 신장질환, 빈혈, 폐질환, 구강질환, 근력, 안질환, 이비인후질환
건강설문조사	가구조사, 흡연, 음주, 비만 및 체중조절, 신체활동, 이환, 의료 이용, 예방접종 및 건강검진, 활동제한 및 삶의 질, 손상(사고 및 중독), 안전의식, 정신건강, 여성건강, 교육 및 경제활동, 구강건강
영양조사	식품 및 영양소 섭취 현황, 식생활 형태, 식이보충제, 영양지식, 식품안정성, 수유현황, 이유보충식

검진 및 건강설문조사

1호
탈의실1
접수
채혈 및 채뇨
혈압측정/신체계측
배전함
구강검사
탈의실2
대기의자

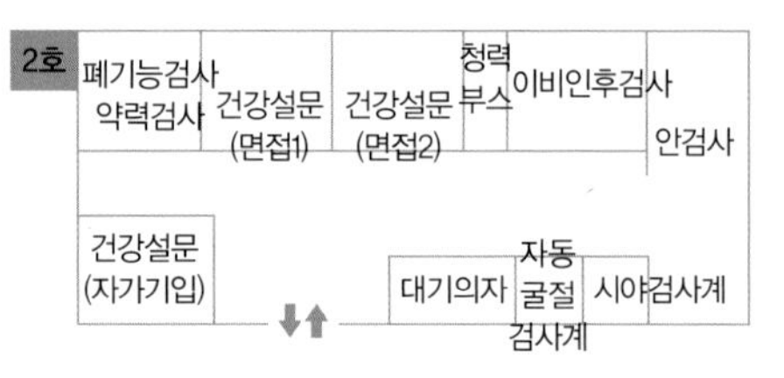

영양조사

- 전문조사수행팀 구성(4팀, 8명)
- 가구방문조사

– 조사대상자는 2호 차를 먼저 방문하여 조사대상자임을 확인하고 동의서를 작성한 후 조사에 참여한다. 이동차량에서 검진 및 건강설문조사를 실시한 후 1주일 후 조사대상자 가정을 방문하여 영양조사를 실시한다.

그림 4-8
국민건강영양조사 진행순서

자료: 질병관리청, 국민건강영양조사, https://knhanes.cdc.go.kr

표 4-11a
제8기 1차년도(2019) 국민건강영양조사 조사항목 - 건강설문부문

구분	조사대상자	조사항목
가구조사	가구원 중 성인 1인	성, 연령, 결혼상태, 가구원수, 세대유형, 가구소득, 건강보험 가입, 민간보험 가입
성인용	만 19세 이상	이환, 의료이용, 예방접종 및 건강검진, 활동제한 및 삶의 질, 손상(사고 및 중독), 입원 및 외래 이용, 신체활동, 정신건강(수면), 여성 건강, 교육 및 경제활동
		흡연, 음주, 비만 및 체중조절, 안전의식, 정신건강, 구강건강
청소년용	만 12~18세	이환, 의료 이용, 예방접종, 활동제한, 손상(사고 및 중독), 입원 및 외래 이용, 신체활동, 정신건강(수면), 여성 건강, 교육 및 경제활동
		흡연, 음주, 비만 및 체중조절, 안전의식, 정신건강, 구강건강
소아용	만 1~11세	이환, 의료 이용, 예방접종, 손상(사고 및 중독), 여성 건강**
		비만 및 체중 조절*, 안전의식, 구강건강, 교육수준

*만 6세 이상
**만 10세 이상

표 4-11b
제8기 1차년도(2019) 국민건강영양조사 조사항목 - 검진부문

구분	대상	조사내용
신체계측	만 1세 이상	신장, 체중, 허리둘레
	만 40세 이상	목둘레
근력검사	만 10세 이상	악력 측정(양손)
혈압 및 맥박	만 10세 이상	수축기혈압, 이완기혈압, 맥박수
혈액검사	만 10세 이상	(혈당) 공복혈당, 당화혈색소, 인슐린 (지질) 총콜레스테롤, 중성지방, HDL-콜레스테롤, LDL-콜레스테롤 (신장) 혈중요소질소, 크레아티닌 (간염) B형간염표면항원, 지오티, 지피티, C형간염항체 (빈혈) 헤모글로빈, 헤마토크릿, 적혈구 수, 백혈구 수 (기타) 요산
소변검사	만 6세 이상	코티닌, 크레아티닌
	만 10세 이상	나트륨, 칼륨, 단백, 당, 잠혈, 비중, 산도, 유로빌리노겐, 케톤, 빌리루빈, 아질산염, 미세알부민
구강검사	만 1세 이상	치아상태 및 치료 필요, 보철물 상태 및 임플란트 경험, 보철물 필요, 치주조직 상태, 치아반점도, 주관적 구강건강 등
폐기능검사	만 40세 이상	노력형 폐활량, 1초간 노력성 호기량

(계속)

안질환검사	만 40세 이상	시력 측정, 굴절이상, 빛간섭단층촬영/안압측정, 안저사진, 시야검사, 콘텍트렌즈 착용 경험
이비인후 질환검사	만 40세 이상	소음노출, 순음청력검사, 임피던스청력검사, 비디오두부충동검사, 음성 측정

표 4-11c
제8기 1차년도(2019) 국민건강영양조사 조사항목 - 영양부문

자료: 질병관리청, 국민건강영양조사, https://knhanes.cdc.go.kr

구분	대상	조사내용
식생활	만 1세 이상	끼니별 식사빈도, 외식 빈도, 끼니별 동반식사 여부 및 동반대상, 식이보충제복용경험, 과일/채소 섭취빈도
	초등학생 이상	영양표시 인지·이용·영향 여부, 영양교육 및 상담 경험
	만 6~29세	음료 섭취빈도 및 1회 섭취량
	만 1~3세	출생 체중, 수유방법 및 기간, 식이보충제 섭취 정보
식품안정성	식생활관리자	가구의 식품안정성 확보
식품섭취	조리자	조사 1일 전 가구에서 섭취한 음식에 대한 조리 내용
	만 1세 이상	조사 1일 전 섭취 음식의 종류 및 섭취량(24시간 회상법)

조사결과

(1) 식품섭취 실태

2018 국민건강영양조사(제7기 3차년도) 결과에 의하면, 1일 총 식품섭취량은 1,505.6 g이었으며, 남자는 1,692.1 g, 여자는 1,312.6 g으로 1998년 남자 1,395 g, 여자 1,167 g에 비해 섭취량이 증가하였다. 곡류, 감자·전분류, 채소류, 과일류 등의 섭취는 줄고 육류와 우유류 섭취량이 상대적으로 증가하였다. 과일류 섭취량은 최근 3년간 감소하고 있으며(2015년 192 g, 2018년 129 g) 19~29세 섭취량은 76 g으로 모든 연령군 중에서 과일 섭취량이 가장 낮았다. 하루 과일과 채소 500 g 이상 섭취자 비율도 지속적으로 감소하여 2018년도에는 남자 29.7%, 여자 22.7%에 불과하였다.

(2) 영양소 섭취 실태

에너지 섭취량은 남자 2,301.5 kcal, 여자 1,661 kcal였으며, 에너지필요

추정량에 대한 섭취비율은 남자 101.1%, 여자 90.2%였다. 탄수화물, 지방, 단백질의 에너지 섭취비율은 남자 61.6 : 22.7 : 15.7, 여자 62.8 : 22.4 : 14.8 로서, 지방의 에너지 기여율이 1998년 17.9%에 비해 크게 상승하였다. 영양소 섭취기준에 대한 비타민과 무기질의 섭취비율을 살펴보면, 남녀 모두 칼슘, 비타민 A, 비타민 C, 칼륨의 섭취량이 권장섭취량(또는 충분섭취량)에 미치지 못했으며, 특히 여자의 섭취량이 더 적었다. 나트륨은 목표섭취량 이상(남자 2배, 여자 1.4배) 섭취하였다(그림 4-9).

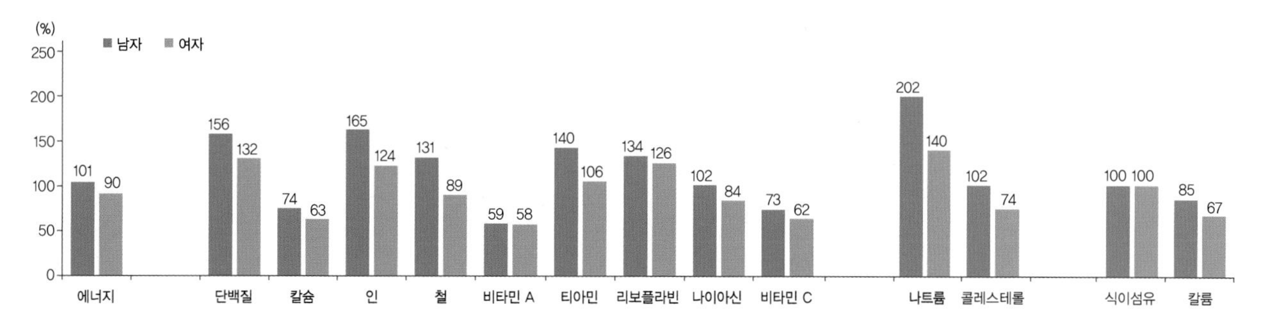

※ 영양소 섭취기준에 대한 섭취비율 : 영양소 섭취기준에 대한 개인별 영양소 섭취량 백분율의 평균값, 만 1세 이상(나트륨 9세 이상, 콜레스테롤 19세 이상)
※ 영양소 섭취기준 : 2015 한국인 영양소 섭취기준(보건복지부, 2015); 에너지, 필요추정량; 단백질 등, 권장섭취량; 나트륨, 콜레스테롤, 목표섭취량; 식이섬유, 칼륨, 충분섭취량
※ 2005년 추계인구로 연령표준화

그림 4-9
영양소 섭취기준에 대한 섭취비율

자료: 질병관리청, 2018 국민건강통계 - 국민건강영양조사 제7기 3차년도(2018), 2019

영양소 섭취기준 미만 섭취자 비율을 살펴보면, 비타민 A, 비타민 C, 칼슘의 영양상태가 특히 불량한 것을 알 수 있다(표 4-12).

비타민 A의 경우, 평균필요량 미만 섭취자 비율이 75.4%에 달하였으며, 전체 연령 중에서 65세 이상 노인의 82.4%, 19~29세의 81.2%가 평균필요량 미만으로 섭취하였으며, 비타민 C는 평균필요량 미만 섭취자 비율이 73.7%였으며, 65세 이상 노인의 81.7%, 19~29세의 77.6%가 평균필요량 미만으로 섭취하여 노인과 20대의 비타민 A와 C의 섭취량이 적은 것을 알 수 있다. 칼슘의 경우 평균필요량 미만 섭취자 비율이 67.8%였으며, 65세 이상 75.2%, 12~18세 73.9%로 노인과 성장기 청소년의 섭취수준이 가장 낮았다.

표 4-12
영양소별 섭취기준[1] 미만 섭취자 비율: 만 1세 이상(전체)

자료: 질병관리청, 2018 국민건강통계·국민건강영양조사 제7기 3차년도(2018), 2019

(단위 : %)

구분	N	에너지	단백질	지방	칼슘	철
		비율 (표준오차)	비율 (표준오차)	비율 (표준오차)	비율 (표준오차)	비율 (표준오차)
1세 이상	7,064	30.9 (0.8)	21.3 (0.8)	26.8 (0.8)	67.8 (0.8)	32.2 (0.8)
19세 이상	5,703	31.6 (0.9)	23.8 (0.8)	29.6 (0.9)	67.8 (0.8)	29.6 (0.9)
연령(세)						
1~9	756	19.1 (1.9)	2.2 (0.8)*	16.8 (1.6)	62.2 (2.4)	32.1 (2.4)
10~18	605	34.6 (2.7)	14.9 (2.0)	9.4 (1.4)	73.1 (2.2)	56.5 (2.5)
19~29	682	38.1 (2.1)	23.4 (1.8)	13.4 (1.4)	70.3 (1.9)	46.5 (2.3)
30~39	862	29.6 (1.9)	18.0 (1.4)	16.3 (1.5)	64.5 (1.8)	40.6 (2.0)
40~49	1,050	32.0 (1.7)	19.8 (1.5)	21.3 (1.5)	65.2 (1.8)	39.5 (1.8)
50~59	1,055	26.1 (1.7)	21.8 (1.5)	33.0 (1.8)	66.5 (1.8)	12.1 (1.2)
60~69	997	27.3 (1.7)	24.8 (1.9)	46.9 (2.1)	65.1 (2.2)	12.8 (1.3)
70+	1,057	38.2 (1.9)	42.1 (2.1)	62.5 (1.7)	78.4 (1.6)	19.7 (1.4)
1~2	172	10.6 (2.5)	1.8 (1.0)**	38.0 (4.3)	47.4 (5.0)	22.1 (4.0)
3~5	246	22.0 (2.9)	1.3 (0.8)**	12.7 (2.2)	59.3 (3.7)	29.2 (3.5)
6~11	511	25.0 (2.6)	5.1 (1.3)*	8.6 (1.6)	70.8 (2.6)	39.7 (2.9)
12~18	432	35.2 (3.0)	16.4 (2.5)	10.2 (1.7)	73.9 (2.5)	60.6 (3.0)
19~29	682	38.1 (2.1)	23.4 (1.8)	13.4 (1.4)	70.3 (1.9)	46.5 (2.3)
30~49	1,912	30.9 (1.4)	19.0 (1.1)	19.0 (1.0)	64.9 (1.4)	40.0 (1.4)
50~64	1,617	27.5 (1.4)	22.6 (1.3)	36.2 (1.6)	65.4 (1.5)	12.3 (1.0)
65+	1,492	32.9 (1.5)	36.6 (1.8)	58.7 (1.6)	75.2 (1.6)	17.6 (1.2)

(계속)

(단위 : %)

구분	비타민 A		티아민		리보플라빈		니아신		비타민 C	
	비율	(표준오차)	비율	(표준오차)	비율	(표준오차)	비율	(표준오차)	비율	(표준오차)
1세 이상	75.4	(0.7)	30.8	(0.8)	31.5	(0.9)	46.0	(1.0)	73.7	(0.9)
19세 이상	77.6	(0.7)	32.4	(0.9)	34.1	(0.9)	47.8	(1.1)	76.1	(0.9)
연령(세)										
1~9	51.0	(2.5)	10.7	(1.5)	10.7	(1.6)	24.2	(2.1)	50.0	(2.8)
10~18	76.9	(2.4)	33.3	(2.8)	25.8	(2.0)	47.8	(2.6)	72.0	(2.4)
19~29	81.2	(1.9)	34.9	(2.1)	29.3	(2.0)	44.8	(2.1)	77.6	(1.8)
30~39	75.7	(1.7)	30.5	(1.8)	26.6	(1.9)	38.7	(2.0)	78.4	(1.8)
40~49	77.6	(1.5)	28.4	(1.7)	28.0	(1.8)	39.6	(2.0)	73.0	(1.8)
50~59	73.3	(1.7)	29.9	(1.7)	30.2	(1.6)	47.1	(2.0)	72.8	(1.7)
60~69	74.7	(1.8)	30.9	(1.9)	39.1	(2.0)	55.1	(1.8)	74.4	(1.7)
70+	85.4	(1.3)	44.5	(1.8)	63.4	(2.0)	73.0	(1.7)	83.0	(1.6)
1~2	42.6	(4.5)	10.7	(2.6)	8.8	(2.4)*	13.0	(2.7)	46.8	(4.5)
3~5	44.9	(3.9)	6.7	(1.7)*	6.3	(1.7)*	19.1	(2.9)	42.4	(3.9)
6~11	64.4	(3.0)	16.2	(2.1)	16.0	(2.1)	35.7	(2.6)	59.2	(3.3)
12~18	77.7	(2.9)	36.5	(3.3)	27.8	(2.4)	49.8	(3.1)	74.4	(2.6)
19~29	81.2	(1.9)	34.9	(2.1)	29.3	(2.0)	44.8	(2.1)	77.6	(1.8)
30~49	76.7	(1.1)	29.4	(1.3)	27.3	(1.4)	39.2	(1.4)	75.5	(1.4)
50~64	73.4	(1.5)	29.5	(1.4)	32.5	(1.4)	48.8	(1.6)	72.4	(1.5)
65+	82.4	(1.2)	41.3	(1.5)	56.0	(1.8)	68.2	(1.5)	81.7	(1.4)

(계속)

[1] 섭취비율(표준오차)
[2] 영양소 섭취기준 : 2015 한국인 영양소 섭취기준(보건복지부, 2015); 에너지, 필요추정량의 75%; 지방, 지방에너지적정비율의 하한선; 그 외 영양소, 평균필요량
[3] 2005년 추계인구로 연령표준화

에너지 섭취량이 필요추정량의 75% 미만이면서 칼슘, 철, 비타민 A, 리보플라빈의 섭취량이 평균필요량 미만인 영양불량의 비율을 살펴보면, 12~18세가 17.6%로 가장 불량하였고, 그 다음이 19~29세 16.2%, 65세 이상 노인 14.4% 순으로 청·장년층의 영양불량이 심각하였다. 반대로 에너지/지방 과잉 섭취는 30~49세가 가장 많아 생애주기별 건강관리가 중요함을 알 수 있다(그림 4-10).

제4기(2007~2009) 국민건강영양조사 결과에 비해서 영양상태는 전반적으로 개선되었다(표 4-13).

영양섭취 부족자

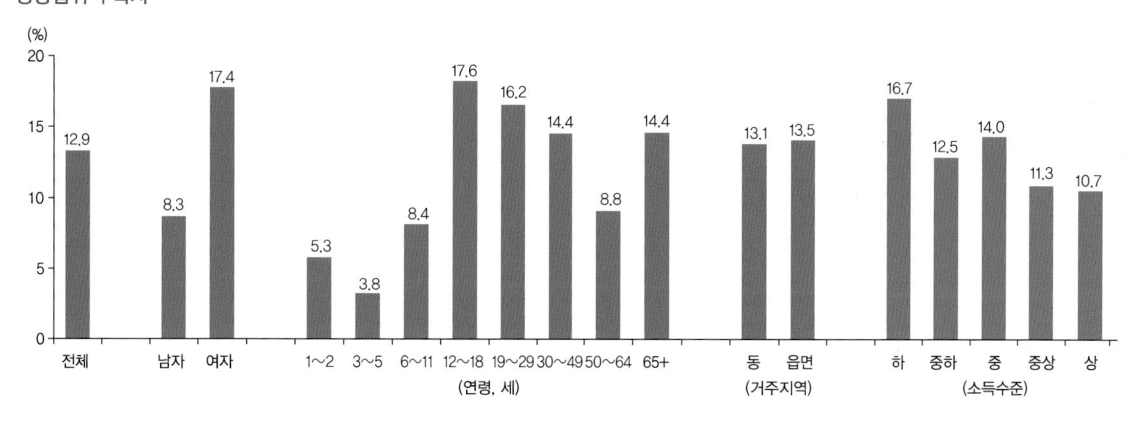

에너지/지방 과잉섭취자

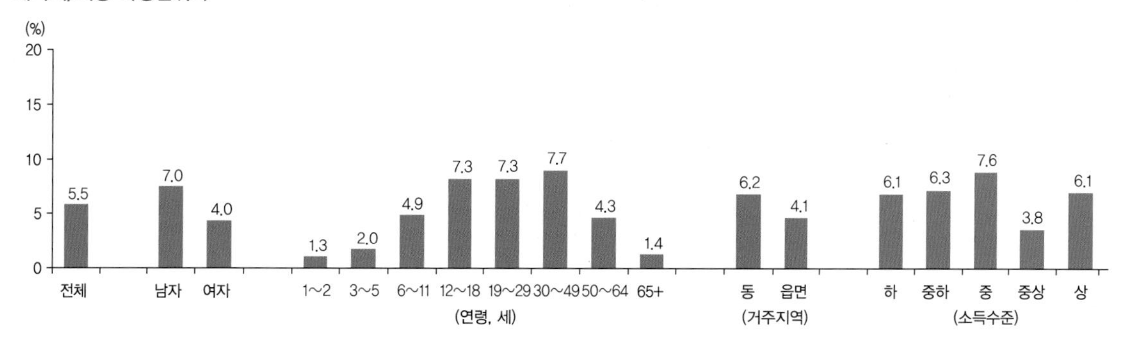

※영양섭취 부족자 분율 : 에너지 섭취량이 필요추정량의 75% 미만이면서 칼슘, 철, 비타민 A, 리보플라빈의 섭취량이 평균필요량 미만인 분율
만 1세 이상

※에너지/지방과잉섭취자 분율 : 에너지 섭취량이 필요추정량의 125% 이상이면서 지방 섭취량이 에너지적정비율을 초과한 분율

※소득수준 : 월가구균등화소득(월가구소득/$\sqrt{\text{가구원수}}$)을 성별 · 연령별(5세 단위) 사분위로 분류

※거주지역, 소득수준에 따른 결과는 2005년 추계인구로 연령표준화하여 산출

※에너지 필요추정량, 영양소별 평균필요량, 지방에너지적정비율 : 한국인 영양섭취기준 개정판(한국영양학회, 2015)

※본 결과는 1일간의 섭취량 조사로부터 산출한 값이므로 문제 규모가 과대 산출될 가능성이 높다는 점을 참고하여 활용

그림 4-10
영양섭취 부족자 및 에너지/지방 과잉섭취자 분율

자료: 질병관리청, 2018 국민건강통계 - 국민건강영양조사 제7기 3차년도(2018), 2019

표 4-13
영양소별 영양소 섭취기준[1] 미만 섭취자 분율(표준화)[2] : 성별, 만 1세 이상, 2008~2018

자료: 질병관리청. 2018 국민건강통계 – 국민건강영양조사 제7기 3차년도 (2018), 2019

(단위 : %)

구분	'08	'09	'10	'11	'12	'13	'14	'15	'16	'17	'18
	분율 (표준오차)	분율 (표준오차)	분율 (표준오차)	분율 (표준오차)	분율 (표준오차)	분율 (표준오차)	분율 (표준오차)	분율 (표준오차)	분율 (표준오차)	분율 (표준오차)	분율 (표준오차)
전체	(n=8,631)	(n=9,391)	(n=8,019)	(n=7,704)	(n=7,208)	(n=7,242)	(n=6,801)	(n=6,628)	(n=7,040)	(n=7,167)	(n=7,064)
에너지	35.2(0.8)	34.9(0.7)	26.7(0.8)	27.5(0.8)	30.9(1.0)	27.8(0.8)	28.5(0.8)	27.7(0.7)	30.0(0.8)	31.1(1.0)	30.9(0.9)
단백질	14.6(0.5)	15.3(0.5)	12.4(0.5)	12.1(0.6)	13.7(0.7)	13.9(0.5)	14.6(0.5)	13.8(0.6)	18.8(0.7)	18.4(0.7)	19.4(0.7)
지방	37.5(0.8)	36.5(0.7)	33.3(0.5)	31.9(0.7)	30.6(0.8)	27.3(0.6)	26.4(0.6)	24.7(0.7)	25.2(0.7)	24.9(0.6)	22.5(0.6)
칼슘	70.8(0.8)	70.2(0.6)	66.2(0.8)	65.9(0.8)	69.9(1.0)	70.1(0.7)	71.2(0.8)	70.1(0.8)	68.8(0.8)	66.2(0.9)	67.4(0.8)
인	10.7(0.4)	11.1(0.4)	8.9(0.4)	10.1(0.5)	10.2(0.6)	14.0(0.5)	13.8(0.6)	13.8(0.6)	17.4(0.7)	17.6(0.7)	17.9(0.7)
철	35.2(0.8)	34.9(0.7)	27.3(0.7)	27.8(0.8)	28.9(1.0)	18.5(0.6)	18.6(0.6)	18.7(0.8)	33.4(0.8)	34.7(0.9)	36.1(0.9)
비타민 A(RE)	39.3(0.8)	40.3(0.8)	38.1(0.9)	37.8(0.9)	37.8(1.1)	44.3(0.7)	43.3(0.8)	44.5(1.0)	–	–	–
비타민 A(RAE)[3]	–	–	–	–	–	–	–	–	74.3(0.7)	74.0(0.8)	74.6(0.8)
티아민	34.8(0.7)	34.5(0.6)	28.7(0.7)	28.8(0.7)	29.6(0.9)	8.6(0.5)	8.8(1.4)	9.1(0.5)	28.1(0.8)	29.3(0.8)	29.8(0.8)
리보플라빈	52.7(0.8)	50.3(0.7)	43.8(0.8)	44.6(0.9)	45.9(1.0)	40.6(0.7)	39.1(0.8)	38.3(0.9)	29.3(0.8)	29.8(0.8)	28.8(0.8)
나이아신	33.5(0.8)	31.7(0.7)	26.4(0.7)	27.2(0.7)	27.1(0.9)	31.5(0.7)	29.3(0.8)	30.1(0.8)	41.6(0.8)	42.6(1.0)	43.5(0.9)
비타민 C	46.4(0.9)	46.6(0.9)	44.4(1.0)	44.2(1.0)	46.5(1.1)	59.5(0.9)	57.5(1.0)	58.2(1.1)	71.3(1.0)	71.1(1.0)	72.7(0.9)

1) 영양소 섭취기준: 에너지, 필요추정량의 75%; 지방, 지방에너지적정비율의 하한선; 그 외 영양소, 평균필요량 제4기(2007~2009), 한국인 영양섭취기준(한국영양학회, 2005); 제5,6기(2010~2015), 2010 한국인 영양섭취기준 개정판(한국영양학회, 2010); 제7기(2016~2018), 2015 한국인 영양소 섭취기준(보건복지부, 2015)

2) 2005년 추계인구로 연령표준화

3) 비타민 A는 2015년까지 레티놀 당량(Retinol Equivalents, RE)으로 산출해왔으나, 영양소 섭취기준이 레티놀 활성 당량(Retinol Activity Equivalents, RAE으로 변경됨에 따라 2016년부터 레니놀 활성 당량으로 산출

함께 풀어 봅시다

4-1 과거의 '국민영양조사'와 새로운 '국민건강영양조사'를 비교해 보자.

4-2 국민건강영양조사의 내용을 참고로 식생활조사 설문지를 만들어보자.

4-3 한 집단을 선정하여 24시간 회상법으로 식사조사를 한 후, EAR cut-point 방법을 이용하여 영양상태를 판정해 보자.

4-4 자신의 하루 동안의 식사내용을 24시간 회상법으로 조사하고, 한국인 영양소 섭취기준과 비교하여 평가해 보자.

4-5 영양소 섭취기준 중 상한섭취량을 설정한 이유를 현대사회에서의 식생활과 관련하여 토론해 보자.

참고문헌

REFERENCE

김화영, 조미숙, 이현숙. 한국 성인의 영양위험군 진단을 위한 식생활진단표의 개발과 타당성 검증에 관한 연구. 한국영양학회지 36(1): 83~92, 2003

보건복지부, 한국영양학회. 2020 한국인 영양소 섭취기준, 2020

양은주. 여자노인의 영양상태 평가 및 건강관리를 위한 Nutritional Risk Index(NRI) 비교 분석. 한국영양학회지(Korean J Nutr) 42(3): 234~245, 2009

오세영 외. 영양소 섭취기준의 새로운 패러다임: 미국/캐나다의 Dietary Reference Intakes (DRIs)-DRIs를 이용한 식이 섭취 평가. 한국영양학회지 37(7): 606~609, 2004

이정숙 외. 학령기 아동 대상 영양지수 개발과 타당도 검증, J Nutr Health 53(6): 629~647, 2020

정민재, 곽동경, 김혜영(A), 강명희, 이정숙, 정해랑, 권세혁, 황지윤, 최영선. 노인 대상 영양지수 개발 : 평가항목 선정과 구성 타당도 검증, J Nutr Health 51(1):87~102, 2018

질병관리청. 2018 국민건강통계-국민건강영양조사 제7기 3차년도(2018), 2019

질병관리청. 2019 국민건강통계-국민건강영양조사 제8기 1차년도(2019), 2020

질병관리청. 제8기 1차년도 (2019) 국민건강영양조사 결과발표 자료집, 2020

한국건강증진재단. 한국인 영양소 섭취기준 활용가이드북, 2012

Dwyer J, Picciano MF, Raiten DJ. Estimation of usual intakes: what we eat in America-NHANES. *J Nutr* 1334: 609S~623S, 2003

Grandjean AC. Dietary intake data collection: challenges and limitations. ***Nutr Rev.*** 70 Suppl 2: S101~4, 2012

Guenther PM, Kott PS, Carriquiry AL. Development of an approach for estimating usual nutrient intake distributions at the population level. *J Nutr* 127: 1106~1112, 1997

Iowa State University. Center for Survey Statistics and Methodology, Software for Intake Distribution Estimation. Ames, IA, USA, 1996

Institute of Medicine. ***Dietary Reference Intakes: Applications in Dietary Assessment.***

The National Academies Press, Washington, D.C., 2003

Kant AK. Schatzkin A, Ziegler RG, Nestle M. Dietary diversity in the US population. NHANES II 1976-1980. *JADA* 91: 1526~31, 1991

Nusser S, Carriquiry A, Dodd K, Fuller W. A semiparametric transformation approach to estimating usual daily intake distribution. *J Am Stat Assoc* 91: 1440~1449, 1996

Suzanne P Murphy, Mary I Poosa. Dietary Reference Intakes: summary of applications in dietary assessment. *Public Health Nutrition* 5: 843~849, 2002

Vellas B, Guigoz Y, Garry PJ, Albarede JL. The mini Nutritional Assessment (MNA) and its use in grading the nutritional state of elderly patients. *Nutrition* 15: 116~122, 1999

Posner BM, Jette AM, Smith KW, Miller DR. Nutrition and health risk in the elderly: the Nutrition Screening Initiative. *Am J Public Health* 83: 972~978, 1993

Willett W. *Nutritional Epidemiology*, 3rd ed. Oxford University Press, Oxford, 2013

식품의약품안전처 식품나라, https://www.foodsafetykorea.go.kr/

질병관리청 국민건강영양조사, https://knhanes.cdc.go.kr/

CHAPTER

5 신체계측조사

1 신체계측조사 개요

2 성장 측정

3 신체조성 측정

*

신체계측조사란 신체 각 부위의 크기를 측정하거나 체지방과 제지방으로 구성된 신체 구성성분을 측정하여 성장발달 및 장기적인 영양상태를 판정하는 방법이다. 조사방법이 비교적 간단하고 신뢰성이 높으며 경제적이어서 영양상태 판정의 첫 단계로 흔히 사용된다.

CHAPTER 5

Anthropometric Assessment

신체계측조사

신체계측조사anthropometric assessment란 신체 각 부위의 크기를 측정하거나 체지방과 제지방으로 구성된 신체 구성성분을 측정하여 성장발달 및 장기적인 영양상태를 판정하는 방법이다. 조사방법이 비교적 간단하고 신뢰성이 높으며 경제적이어서 영양상태 판정의 첫 단계로 흔히 사용되는 방법이다.

Jelliffe는 영양학적 신체계측조사를 "나이 및 영양상태에 따라 달라지는 신체크기 및 신체 구성성분의 변화를 측정하는 것"이라고 정의하였다. 그 이후로 많은 학자들이 영양상태를 판정하고자 할 때 특정 신체부위를 측정할 것을 권장하였다.

현재 신체계측조사방법은 표준화된 방법과 기술, 참고할 만한 기준자료들이 많이 개발되어 있어 개인과 집단의 영양상태 판정에 널리 사용되고 있다. 특히 단백질과 에너지 섭취 부족에 의한 만성적 영양불량 또는 영양과잉에 의한 비만 판정에 유용하게 이용되고 있다. 본 장에서는 신체계측조사를 성장 측정과 신체조성 측정으로 나누어 설명하고자 한다.

1. 신체계측조사 개요

신체계측조사의 특징

신체계측조사는 조사방법이 간단하고 안전하며 조사대상자에게 부담이 적은 방법으로, 많은 조사대상자에게 이용 가능하다. 장기간의 영양부족이나 영양과잉, 영양중재프로그램의 효과 판정 등에 이용될 수 있으나 예민도sensitivity와 특이성specificity이 비교적 낮으며, 단기간의 영양상태 불균형 또는 특정 영양소의 결핍 등은 알아내기 어려운 단점이 있다(표 5-1).

신체계측조사는 제한점에도 불구하고, 성장 정도의 측정에 유용한 방법이며, 개인이나 집단을 대상으로 영양 프로그램을 실시한 후 성장과 신체

표 5-1
신체계측조사의 장점과 제한점

구분	내용
장점	•방법이 간단하고 안전해서 많은 조사대상자에게 이용 가능하다. •조사대상자에게 주는 부담이 적어 아동이나 환자에게도 이용 가능하다. •계측장비가 비교적 비싸지 않고 견고하며 휴대가 간편하다. •잘 숙달된 사람이 아니어도 조금만 훈련받으면 측정할 수 있다. •표준화된 기술을 사용하는 경우에 정확하고 재현성이 높다. •장기간의 영양상태에 관한 정보를 얻을 수 있다. •심각한 영양불량뿐 아니라 비교적 초기와 중기 영양불량 판정에 도움이 된다. •수년간, 혹은 세대에 걸쳐 계속되는 영양상태의 변화를 평가할 수 있다. •영양불량의 위험이 높은 개인을 찾아내는 선별검사방법screening test으로 사용할 수 있다
제한점	•단기간의 영양상태 판정이 어렵다. •영양상태가 불량하다고 판단되었을 때 어떤 특정 영양소의 결핍인지 구별하기가 어렵다. •질병, 유전적 요인, 에너지 소비량 변화 등 비영양적 요인에 의해 영향을 받을 수 있다.

조성상의 주기적 변화를 추적하는 데 유용하게 쓰일 수 있다.

경우에 따라서는 질병, 유전적 요인, 밤낮의 변화, 에너지 소비 감소 등 비영양적 요인에 의해 신체계측조사의 민감도가 감소될 수 있으므로 적절한 표본추출과 실험계획을 통해 이런 영향들이 배제될 수 있도록 하는 것이 필요하다.

신체계측조사의 오차

신체계측조사의 오차는 신체계측 시 발생하는 측정오차, 조사대상자의 신체 구성성분의 변화에 의해 발생하는 오차, 신체계측 자료로부터 신체 구성성분 추정 시 사용하는 가설의 오차 등에 의해 발생할 수 있다.

측정오차는 조사자의 훈련 부족, 사용한 기구의 오차 및 측정법 자체의 어려움 등에 의해 생긴다. 조사자에게 정확하고 표준화된 측정기술을 훈련시키고 정확한 기구를 사용함으로써 상당 부분 측정오차를 줄일 수 있다.

2. 성장 측정

성장 정도 및 영양 상태 측정에 가장 많이 쓰이는 것은 신장과 체중이며, 연구목적 및 대상에 따라 두위를 측정하기도 한다.

신장, 체중, 머리둘레 등 1차 측정치로부터 나이에 따른 머리둘레, 체중, 신장-대비-체중, 체질량지수BMI 등의 여러 지표index를 유도할 수 있다.

신체계측 방법

(1) 머리둘레(두위)

머리둘레head circumference는 두뇌의 크기와 발달에 밀접하게 관련된 지표이다. 출생 후 2세까지의 머리둘레는 단백질과 에너지 영양상태에 영향을 받기 때문에 2세 이하 어린이의 영양상태 판정에 머리둘레가 이용된다. 또한 머리둘레는 비정상적으로 크거나 작은 머리와 관련된 병리 조건을 알아낼 수 있으나 질병, 유전, 관습 차이 등 비영양적 요소에 의해 영향을 받을 수도 있다.

머리둘레를 측정하기 위해서는 좁고(폭 0.6 cm) 늘어나지 않는 유리섬유나 금속으로 만든 줄자를 사용하며, 측정할 때 머리카락이 눌리도록 줄자를 단단히 조인 후 밀리미터mm 단위까지 잰다. 조사대상자는 머리를 똑바로 세우고 시선을 정면에 두어 프랑크포르트 평면frankfort horizontal plane을 유지하고, 조사자는 조사대상자의 왼쪽에 서서 머리의 가장 돌출된 부분이 포함되도록 전두부와 후두부 지점에 줄자의 높이가 수평이 되도록 하여 머리둘레의 최대치가 나오도록 측정한다(그림 5-1). 측정치는 성별, 연령별 한국 소아발육표준치(부록 5-1 참조)와 비교한다.

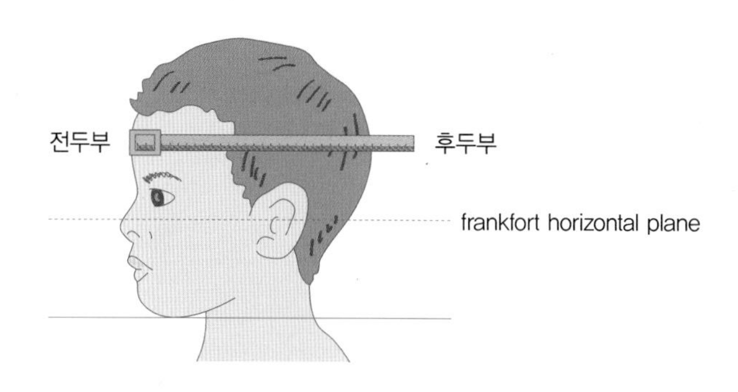

그림 5-1
머리둘레 측정

(2) 신장

신장height, stature은 장기적 영양상태를 반영하는 지표이다. 특히 경제상태가 열악한 나라의 2~3세 아동에게 빈번하게 발생하는 성장부진stunting의 유용한 지표이다. 2세 미만의 아동은 누운 키를 측정하고, 2세 이상의 아동이나 성인은 신장을 측정한다.

누운 키

누운 키recumbent length는 서 있기 힘든 2세 미만의 영유아를 대상으로 신장 대신 측정하며, 유아용 신장계를 이용한다(그림 5-2). 누운 키를 측정할 때는 아기를 바른 위치에 놓아야 하며, 정확하게 측정하려면 두 사람의 측정자가 필요하다. 먼저 한 측정자가 아기의 다리를 잘 잡아 무릎을 똑바로 편 다음, 발가락이 위를 향하게 발바닥을 수직으로 세워 발판에 발꿈치가 닿도록 한다. 두 번째 측정자가 아기의 어깨날이 바닥에 닿으며 시선이 수평이 되도록 잘 붙잡고 아기의 머리를 조심스럽게 잡은 후 머리 끝이 머리판에 닿게 한 후 신장을 측정한다. 눈금은 mm까지 읽는다. 자동신장계를 이용하면 신장 측정 시 체중을 동시에 측정할 수도 있다.

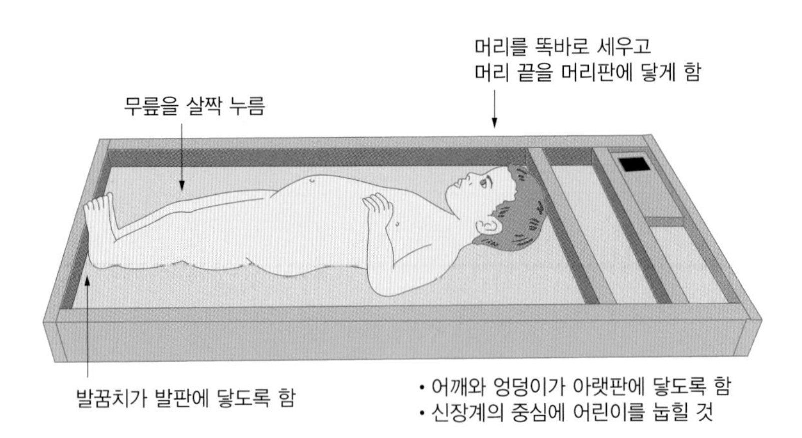

그림 5-2
누운 키 측정

신장 2세 이상의 아동과 성인은 신장계를 사용하여 신장을 측정한다. 의복은 간단히 입는 것이 좋으며 신발과 양말은 벗고 잰다. 조사대상자는 신장계에 똑바로 서서 발을 모으고 시선을 정면으로 하며 신장계의 수직면에 어깨, 엉덩이, 발꿈치가 모두 닿도록 몸을 펴고 곧게 선다(그림 5-3). 팔은 자연스럽게 내리고 손바닥은 펴서 허벅지 쪽을 향하도록 한다. 아동을 측정할 때는 발꿈치가 들리지 않도록 잘 붙잡아야 한다. 조사대상자는 숨을 크게 한 번 쉰 후 척추를 곧게 세우고 어깨를 편안히 내리며 똑바로 선다. 준비가 되면 측정자는 움직이는 머리판을 머리끝에 닿을 때까지 천천히 내린 후 눈높이를 눈금 근처에 맞추고 눈금을 mm 단위까지 읽는다. 측정치가 신장계의 두 눈금 사이에 있으면 언제나 아래 눈금을 읽으며 두 번 측정치의 차이가 5 mm 이내이어야 한다. 자동신장계를 이용하여 측정하는 경우에는 정면을 바라보며 반듯하게 서서 측정한다. 신장은 밤낮의 차이가 있으므로 측정시간도 기록한다. 발

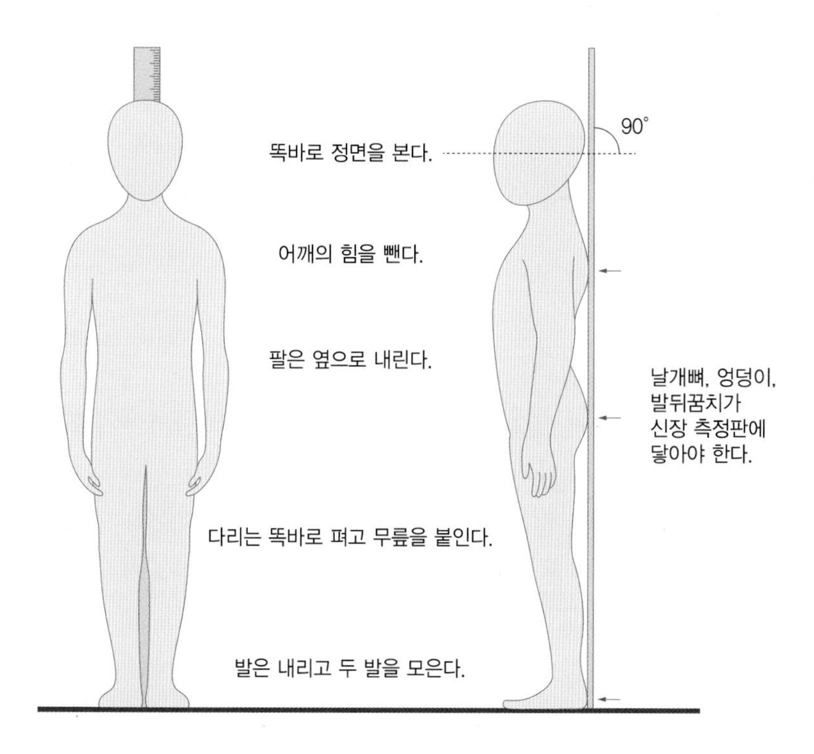

그림 5-3
신장의 측정

꿈치, 엉덩이, 어깨, 머리를 동시에 수직면에 붙이기 어려우면 단순히 똑바로 서 있도록 한다.

무릎길이

무릎길이knee height 측정은 척추측만증, 질병 등으로 똑바로 설 수 없어 신장계 사용이 어려운 사람을 대상으로 하여 신장을 추정하는 방법이다. 무릎길이는 조사대상자가 누운 상태에서 왼쪽 다리를 90°로 구부리게 한 후, 캘리퍼를 이용하여 발꿈치와 무릎 슬개골 사이의 다리 길이를 mm 단위까지 측정하고, 두 번의 측정치 차이가 5 mm 이내여야 한다(그림 5-4).

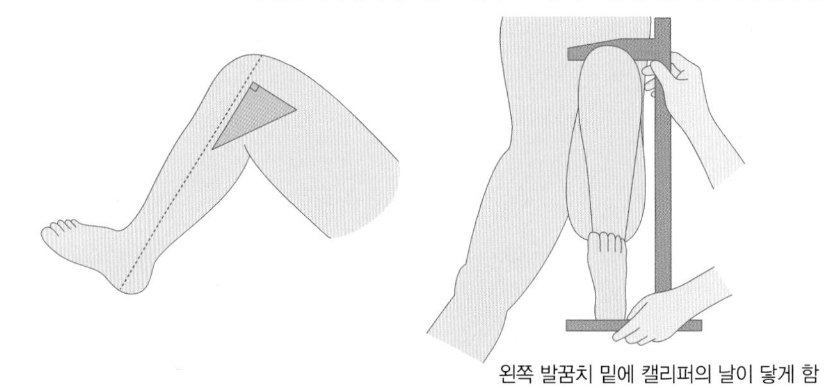

그림 5-4
무릎길이 측정방법

(3) 체중

영유아 체중

영유아의 체중은 영유아용 체중계를 이용하여 측정한다(그림 5-5). 아기의 옷을 모두 벗기거나 가벼운 옷만 입히고 체중이 균등하게 분배되도록 아기가 체중계 중앙에 잘 놓였는지 확인한 후, 아기가 조용히 누워 있으면 눈금을 10 g 단위까지 읽는다. 이런 기구들이 없을 때는 엄마가 아기를 안고 체중계에서 함께 체중을 잰 후 엄마 혼자 잰 체중을 빼서 아기의 체중을 구한다.

그림 5-5
영유아용 체중계

어린이와 성인의 체중

2세 이상의 아동과 성인의 체중을 측정할 때는 성인용 체중계나 전자저울을 이용하며, 식사 전 방광을 비운 상태에서 측정한다.

체중계는 바닥이 편평하고 딱딱한 곳에 설치해야 하며 측정하기 전에 영점zero point을 확인하고, 체중계를 움직일 때마다 표준화시킨다. 조사대상자는 가능한 한 옷을 적게 입고 체중계의 한가운데에 도움없이 편한 자세로 서서 정면을 바라본다. 체중 측정 후에는 입었던 옷의 무게를 따로 재어 측정한 체중에서 뺀다. 체중은 밤낮의 차이가 있으므로 측정한 시간을 기록하며, 눈에 보이는 부종이 있을 경우에는 부종 여부도 기록하고, 체중은 0.1 kg까지 읽는다.

더 알아봅시다

체격크기frame size를 측정하기 위해 팔꿈치 넓이와 손목둘레를 측정하기도 한다.

팔꿈치 넓이elbow breadth는 조사대상자가 똑바로 선 상태에서 손바닥이 몸쪽으로 향하도록 오른쪽 팔을 90° 로 들어올려 몸과 수직이 되도록 한 뒤, 캘리퍼로 팔꿈치의 가장 넓은 부위를 mm 단위로 측정한다(그림 5-6).

손목둘레wrist circumference는 체격 크기를 구분할 때 이용된다. 손목의 가장 가는 부위를 mm 단위로 측정하여 신장을 손목둘레로 나눈 값(신장/손목둘레)을 이용한다.

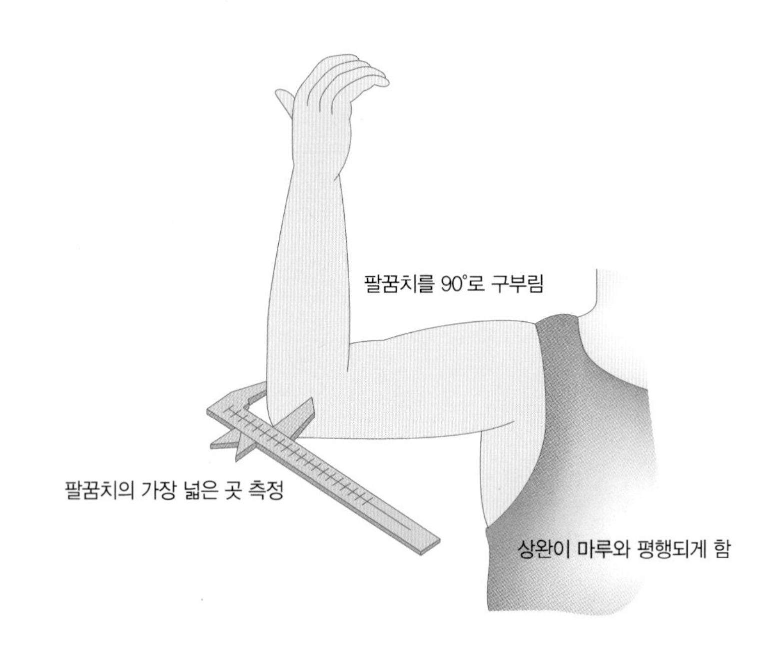

그림 5-6
팔꿈치넓이 측정방법

성장측정 지표

(1) 나이-대비-머리둘레

나이-대비-머리둘레head circumference for age는 생후 2세까지의 만성적 단백질-에너지 영양상태 판정의 좋은 지표로 쓰인다. 생후 2년 동안의 만성적 영양불량, 혹은 태아기 성장이 부진하면 두뇌세포 수가 감소하여 머리둘레가 작아진다. 생후 2년 후에는 두뇌의 성장속도가 느려지므로 이 측정치를 더 이상 사용하지 않는다. 나이-대비-머리둘레는 심하지 않은 영양불량일 경우에는 민감하지 않다.

(2) 나이-대비-체중

나이-대비-체중weight for age은 성장기에 있는 어린이의 정상 성장 여부를 판정할 때 사용된다. 성인의 경우에는 연령이 증가함에 따라 지방 측정이 증가하고 근육 단백질이 감소하기 때문에 나이-대비-체중이 큰 의미가 없다.

생후 6개월~7세 아동의 나이-대비-체중은 급성 영양상태를 판정하는 지표가 되며, 영유아의 단백질-에너지 영양불량PEM과 영양과잉을 판정하는 데 널리 쓰인다. 그러나 나이-대비-체중이 단백질-에너지 영양불량의 지표로 이용될 때 신장의 차이를 반영하지 못하기 때문에 나이-대비-체중만을 영양판정의 지표로 사용한다면 키가 작은 아동의 영양불량률이 실제보다 더 높게 평가될 수 있다.

(3) 나이-대비-신장

나이-대비-신장height for age은 한 인구집단의 과거 영양상태나 만성 영양상태를 추정하는 영양상태 지표로서, 특히 어린이의 성장부진stunting 지표로 쓰인다. 한 인구집단 내에서 같은 연령대 아동의 신장 분포는 좁은 편이므로 신장을 잴 때 정확하게 측정하는 것이 필수적이다. 신장의 발육 저하가 나타나기까지는 상당한 시간이 걸리므로 신장에만 근거하여 영양상태를 판정하면 영유아의 영양불량이 실제보다 적게 추정될 가능성이 있다.

(4) 신장-대비-체중

신장-대비-체중weight for height은 현재의 영양상태를 나타내는 지표로서 급성 영양상태를 판정하는 지표이다. 신장-대비-체중이 낮으면 몸이 심하게 마르고 쇠약해지며wasting, 신장에 비해 체중이 증가하지 못하거나 체중 손실이 있을 때 나타난다. 쇠약 현상은 이유 후 생후 12~23개월에 가장 많이 나타나며, 매우 빠르게 진행되나 적절한 영양중재 활동이 있으면 빨리 회복한다.

신장-대비-체중은 1~10세까지는 비교적 나이와 무관하기 때문에 아동의 나이를 잘 모를 때 유용하게 사용할 수 있다. 그러나 생후 1년 미만의 경우 월령이 높을수록 신장-대비-체중이 증가하는 경향이 있으므로 이때는 월령 구분을 세분해야 한다.

신장-대비-체중지표는 영양상태 반영의 좋은 지표로서 영양중재 프로그램의 효과를 평가하는 데 유용하게 사용될 수 있다. 그러나 영양상태가 불량하여 신장과 체중이 모두 정상보다 낮은 경우에도 '정상'으로 잘못 분류되는 오류를 범할 수 있다. 따라서 신장-대비-체중과 나이-대비-신장지표를 함께 사용하는 것이 좋다.

신장-대비-체중과 나이-대비-신장의 두 가지 지표를 사용하여 영양불량을 분류하는 것을 Waterlow 분류법이라 하며 이 분류법에서는 영양불량을 네 가지 범주, 즉 ① 정상, ② 쇠약(마른 아동)wasting, ③ 성장부진(키가 작은 아동)stunting ④ 성장부진과 쇠약으로 분류한다(그림 5-7).

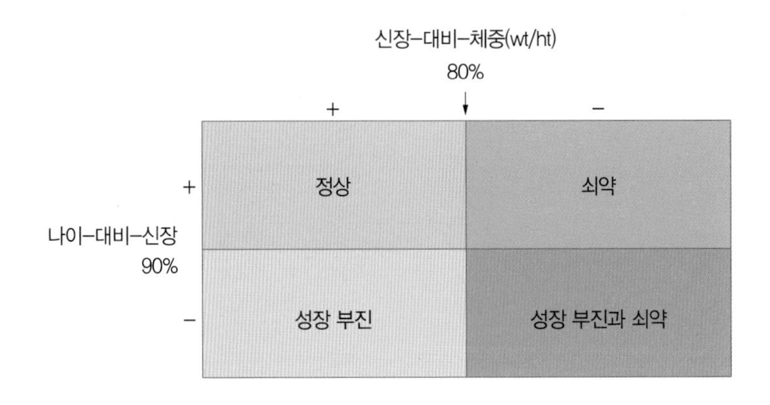

그림 5-7
신장, 체중과 나이를 기준으로 한 단백질-에너지 영양불량의 분류

자료 : Waterlow, 1973

성장곡선을 활용한 성장평가

측정한 어린이의 체위는 표준집단 신체계측치인 성장곡선과 비교하여 성장 정도를 파악하고 영양상태를 모니터할 수 있다. 성장곡선의 연령별 신장과 체중 백분위percentile 그래프와 비교하여 개인의 측정치가 속하는 백분위수의 범위를 확인하여 성장 정도를 확인할 수 있다. 즉, 비교하고 싶은 아동의 측정치를 성장곡선에 점으로 표시하고 성장곡선의 백분위수와 비교한다. 50번째 백분위는 중간값을 나타내고, 신장이 클수록, 체중이 많을수록 높은 수치를 나타내며, 그래프 위쪽에 표시된다. 성장곡선은 9개의 곡선(3번째, 5번째, 10번째, 25번째, 50번째, 75번째, 90번째, 95번째, 97번째)으로 구성되어 있으며 일반적으로 3번째나 5번째 백분위 이하이거나 95번째나 97번째 백분위 이상인 경우에 정상 범위를 벗어난 것으로 간주한다. 한번 측정한 결과로 아동의 영양상태를 판정하기보다는 지속적으로 체위를 측정하여 성장곡선에 점으로 표시한 후 연결해서 성장추이를 살펴보는 것이 중요하다. 표시한 점들이 성장곡선에서 정상적인 범위 내에 있다가 단기간에 정상범위를 벗어나거나 두 개 곡선 아래로 하락하는 경우에는 원인을 찾아봐야 하고 적절한 영양중재 활동이 필요할 수 있다(그림 5-8).

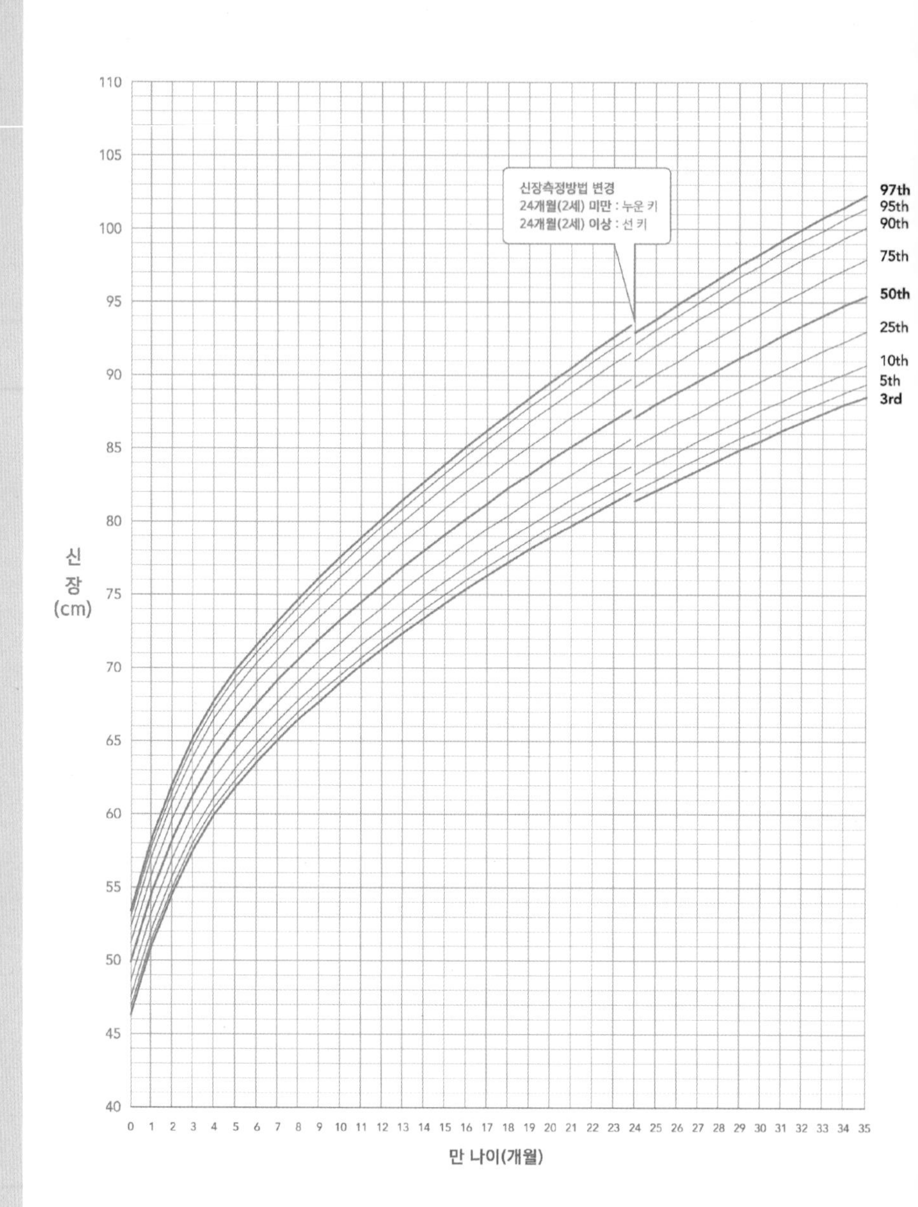

그림 5-8
한국 소아(남) 성장발육도표 (신장, 0~35개월)

자료 : 질병관리본부, 대한소아과학회. 2017 소아청소년 성장발육도표

더 알아봅시다

성장발육도표란?

신체발육·성장의 표준이 되는 기준치로서, 우리나라의 성장도표는 질병관리청과 대한소아과학회에서 일정한 주기로 만들고 있으며 나이에 따라 두 가지로 나뉜다. 하나는 0~35개월 영유아용 성장도표이고, 다른 하나는 3~18세까지의 아동 및 청소년용 성장도표이다(그림 5-8 및 부록 5-2~5-15 참조). 영유아용 성장도표는 누운 키를 기준으로 하고, 아동 및 청소년용 성장도표는 신장을 기준으로 하기 때문에 2~3세 어린이는 신장측정 방법에 따라 적합한 성장도표를 선택해야 한다.

3. 신체조성 측정

신체는 화학적으로 볼 때 지방과 제지방조직fat free mass, FFM의 두 구획으로 구분할 수 있다. 지방조직은 에너지의 주요 저장형태로 에너지 섭취의 과소와 급성 영양불량에 민감하다. 제지방 조직은 주로 근육을 말하나 그 이외에도 골격, 연조직 등 지방을 제외한 모든 부분을 포함하는 조직으로, 체단백의 저장지표이다. 신체계측조사를 통해 이 두 구획을 측정할 수 있으며, 신체구획의 크기를 이용하여 체지방률과 같은 상대적인 신체조성을 측정할 수 있다.

신체구획이나 신체조성 측정은 생화학적 방법에 비해 비교적 빠르고, 조사대상자의 부담이 적은 간단한 조사방법이다. 신체조성 측정지표는 영양부족이나 영양과잉 판정, 영양중재 활동 효과 평가, 병원 입원환자의 영양지원nutritional support 등 장기적 신체 구성성분의 변화를 모니터할 때 임상적으로 사용된다.

상대적인 신체조성을 평가하기 위해 일반적으로 사용하는 방법은 체중/신장 지표, 피부두겹 두께, 신체둘레 등이고, 최근에는 전기저항측정법, 이중에너지방사선흡수계측법DEXA, 자기공명영상법MRI, 컴퓨터단층촬영법CT등 첨단기기를 활용하여 측정하기도 한다.

표 5-2
성인 남녀의 신체 구성성분 비교

구분		남자(70 kg)		여자(56 kg)	
		무게(kg)	비율(%)	무게(kg)	비율(%)
지방조직	총지방	10.5	15.0	14.0	25.0
	저장지방	8.4	12.0	8.4	15.0
	필수지방	2.1	3.0	5.6	10.0
제지방조직	근육	31.4	44.8	21.3	38.0
	뼈	10.4	14.9	6.7	12.0
	기타	17.7	25.3	14.0	25.0

체지방/비만 판정

체지방은 신체 구성성분 중 가장 변화가 많은 부분이며 같은 성, 나이, 신장, 체중을 가진 사람일지라도 개인 간 변이가 크다. 비만은 체지방이 과잉 축적된 상태이므로 비만도를 평가하기 위해서는 체지방 측정이 중요하다. 체지방은 체내에서 필수지방과 저장지방으로 구분된다. 필수지방은 정상 생리기능을 위해 꼭 필요한 물질로써 체중의 3%(남)~9%(여) 정도이다. 저장지방은 근육 사이와 근육 내에 있는 지방, 기관을 싸고 있는 지방, 피하지방 등이며, 체중의 12%(남)~15%(여) 정도이고, 피하지방이 총 체지방의 1/3 정도를 차지한다(표 5-2).

체지방량은 절대 단위(체지방량)나 체중에 대한 비율(체지방률)로 제시되는데, 체지방을 측정하는 방법으로는 체중, 신장, 허리둘레 등의 신체계측을 통해 예측하거나 생체저항전기측정법과 같은 정밀 기계를 통해 측정한다. 남자의 평균 체지방률은 15% 정도이고, 여자는 평균 27% 정도로서 여자의 체지방량이 훨씬 많으며, 정상 범위는 연구자에 따라 다르게 보고되고 있으나 일반적으로 성인 남자의 경우 15~20%, 여자의 경우 20~25% 정도이다. 남자의 체지방률이 24~25% 이상, 여자의 체지방률이 33~35% 이상일 때 비만으로 판정한다(표 5-3).

표 5-3
미국 18세 이상 성인의 체지방 비율

자료: Lee RD & Nieman DC, 2010

(단위: %)

	남	여
건강하지 않음(너무 낮음)	≤5	≤8
정상 범위(낮은 쪽)	5~6	9~23
정상 범위(높은 쪽)	16~24	24~31
건강하지 않음(너무 높음)	≥25	≥32

(1) 체중/신장지표

체중은 신장, 신체조성과 관련성이 크기 때문에 체중과 신장을 동시에 이용하여 판정한다. 체중/신장비율 지표는 측정하기 쉽고 부담이 없으며 피부두겹두께 지표보다 더 정확하기 때문에 대규모 영양조사 및 역학조사에서 비만의 간접 측정법으로 흔히 사용된다. 그러나 체중/신장비율 지표는 지방과다, 근육과다 혹은 부종으로 인한 체중 증가를 구별하기 어렵기 때문에 피부두겹두께 측정법과 같은 다른 비만도 평가방법과 병행하여 사용하는 것이 바람직하다.

체중/신장비율 지표에는 상대체중, 체질량지수Quetelet's index, BMI,, 뢰러지수Röhrer index, 폰더랄지수Ponderal index, 카우프지수Kaup index 등이 있다(표 5-4). 체중/신장비율 지표로 비만도를 판정할 때 키가 작은 사람은 일반적으로 비만도가 높게 평가될 수 있다. 성인의 비만도 판정을 위한 이상적 지표는 체중과는 밀접한 상관관계를 가지되 신장과는 독립적인 것이 좋다.

표 5-4
체중/신장지표

지표	구하는 공식
상대체중	(실제체중/신장별 표준체중)×100
체중/신장비율	체중/신장
체질량지수(BMI)	체중(kg)/신장(m)^2
카우프지수	{체중(g)/신장(cm)^2}×10
뢰러지수	{체중(kg)/신장(cm)^3}×10^7
폰더랄지수	신장(inch)/$\sqrt[3]{체중(lb)}$

상대체중 PIBW

상대체중percent of ideal body weight, relative weight은 신장별 표준체중에 대한 실제체중의 비율을 말한다. 상대체중을 구할 때는 신장별 표준체중 대신 간단히 이상(理想)체중을 사용하기도 하며, 이상체중은 Broca 변형식(표 5-5)을 이용하여 계산한다.

표 5-5
Broca 법에 의한 이상체중 계산 및 비만 판정

구분	계산식	
이상체중	160cm 이상	이상체중(kg) = [신장(cm)−100]×0.9
	150~160cm	이상체중(kg) = [신장(cm)−150]×0.5+50
	150cm 이하	이상체중(kg) = 신장(cm)−100
판정기준치	$상대체중(\%) = \frac{실제체중}{이상체중} \times 100$	
	90% 이하: 체중미달	90~110%: 정상 체중
	110~120%: 과체중	120% 이상: 비만

최근에는 Broca법 대신에 한국인을 대상으로 조사한 방법을 이용하는데, 대한당뇨병학회에서 남녀의 차이를 반영하여 제시한 표준체중 계산법이 많이 이용된다.

대한당뇨병학회 표준체중 계산법

- 남자: 표준체중(kg) = 신장$(m)^2 \times 22$
- 여자: 표준체중(kg) = 신장$(m)^2 \times 21$

체질량지수 BMI

체질량지수는 BMIbody mass index 또는 퀘틀렛지수Quetelet's index를 의미하며 체중과 신장을 이용한 지표로 가장 많이 이용된다. BMI는 체지방과 상관관계가 높고 신장의 영향을 적게 받으며 계산하기도 쉬워 성인의 비만도 판정의 가장 적합한 지표로 쓰이고 있다. BMI를 아동 비만도 판정에 사용할 경우 신장의 영향을 많이 받아 적당하지 않은 것으로 알려졌으나, 최근 BMI가 아동의 체지방과도 관련성이 높다고 보고되면서 아동의 비만도 판정에도 이용되고 있다.

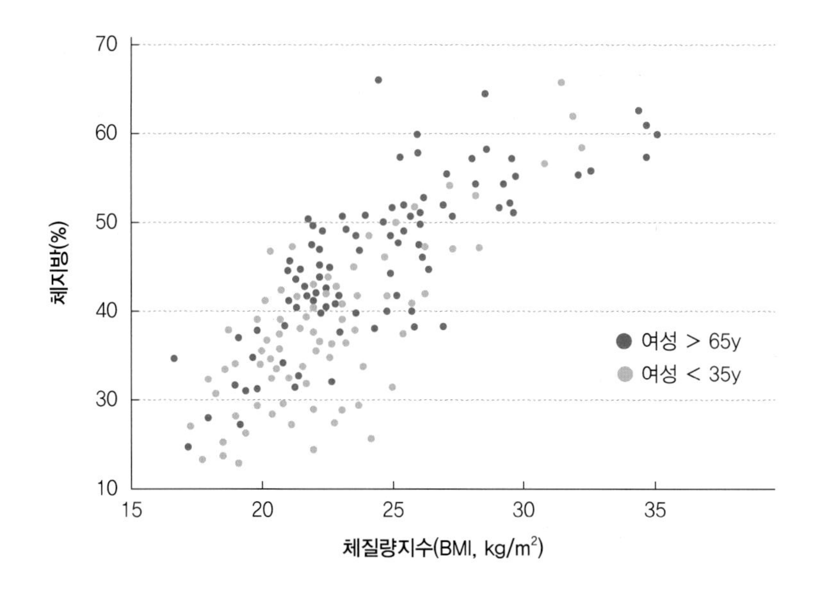

그림 5-9
BMI와 체지방과의 상관관계

자료: Gallagher et al., 1996

$$체질량지수(BMI) = \frac{체중(kg)}{신장(m)^2}$$

성인의 체질량지수(BMI)

BMI는 성인에 있어서 정밀기계로 측정한 체지방량과 상관관계가 높고, 신장과 체중으로 쉽게 측정할 수 있어 대규모 역학조사나 영양실태조사에서 비만도 측정지표로 흔히 사용된다(그림 5-9). 그러나 BMI와 체지방과의 관계는 나이, 성별 및 인종에 따라 달라져서 같은 BMI라고 해도 나이 든 사람은 젊은 사람에 비해, 여성은 남성에 비해 상대적으로 체지방률이 높은 경향을 나타낸다. 또한 BMI는 체지방 과다일 뿐 아니라 근육이 발달하였거나 부종 시에도 높게 나타나고, 체지방의 분포를 반영하지는 않는다. 최근 체지방량보다 복부에 분포되어 있는 지방이 여러 만성질환의 위험을 높이는 것으로 알려져 있어 BMI와 함께 허리둘레, 피부두겹두께 등을 함께 측정하는 것이 좋다. 예를 들면, BMI가 높으면서 동시에 허리둘레나 피부두겹두께가 높으면 체지방 과다로 해석할 수 있다.

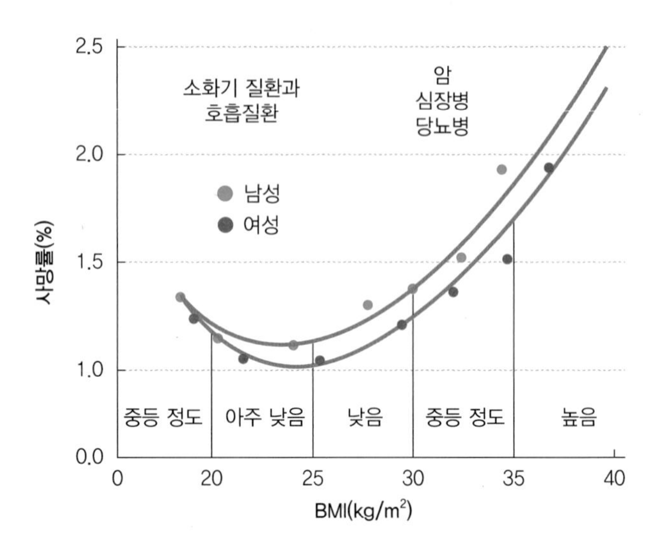

그림 5-10
BMI와 각종 질병의 사망률과의 관계

자료 : Lee RD & Nieman DC, 2010; 미국 암협회

BMI와 질병 위험

BMI는 성인의 만성질환 위험 판정에 유용하게 이용된다. BMI가 정상보다 높을수록 암, 고혈압, 심혈관계 질환, 당뇨병 등에 의한 사망률이 증가하며, BMI가 20 kg/m^2 미만인 경우에는 소화기계나 호흡기계 질환에 의한 사망률이 증가한다(그림 5-10).

BMI에 의한 비만판정

세계보건기구(WHO)에서는 인종이나 성별에 관계없이 BMI 25 kg/m^2 이상이면 과체중, 30 kg/m^2 이상이면 비만으로 정의하였다. 그러나 한국인을 포함한 아시아인의 경우에는 BMI 25 kg/m^2 이하에서도 당뇨병 및 심혈관계 질환의 위험이 증가하며, 동일한 BMI에서 서양인에 비해 상대적으로 복부 비만과 체지방률이 높아 BMI 30 kg/m^2 이상을 비만으로 정의할 때 비만 관련 건강 위험을 과소평가할 수 있다. 세계보건기구 아시아태평양지역과 대한비만학회에서는 비만 전 단계(과체중 또는 위험 체중)의 기준을 BMI 23 kg/m^2 이상, 비만을 BMI 25 kg/m^2 이상으로 정의하였다. BMI를 이용하여 비만을 진단할 때, 동반 질환의 위험성을 고려하여 BMI와 함께 반드시 허리둘레를 우선적으로 고려해야 한다(표 5-6).

표 5-6
BMI에 의한 성인 비만판정

자료: 대한비만학회, 비만진료지침 2018, 2018

분류	BMI (kg/m^2)
저체중	<18.5
정상	18.5~22.9
비만전단계(과체중)	23~24.9
1단계 비만	25~29.9
2단계 비만	30.0~34.9
3단계 비만(고도비만)	≥35

BMI와 만성 에너지 결핍

BMI가 18.5kg/m^2 미만의 저체중인 경우에는 스트레스 환경에 대한 반응능력이 감소하고, 골다공증, 불임, 면역력 감소 등을 야기할 수 있다. WHO는 저체중에 대해 '만성 에너지 결핍'으로 정의하고 BMI에 따라 세 단계로 분류하였다(표 5-7).

표 5-7
BMI에 의한 성인의 만성 에너지 결핍 판정

자료: Shetty PS & James WPT, 1994

만성 에너지 결핍 단계	BMI (kg/m^2)
정상	≥ 18.5
제1단계: 경증 저체중	17.0~18.4
제2단계: 중증 저체중	16.0~16.9
제3단계: 심한 저체중	< 16.0

아동/청소년의 체질량지수

BMI는 주로 성인의 비만판정에 사용되었으나, 최근 아동 및 청소년의 BMI와 체지방 사이에 정의 상관관계가 있을 뿐 아니라 심장질환 및 기타 만성질환의 위험과도 관련이 있는 것으로 보고되어 아동과 청소년의 비만 판정에도 BMI를 이용할 수 있다.

아동과 청소년의 나이에 따른 BMI 백분위수 기준치를 이용하여 나이 대비 BMI의 85~94 백분위수이면 과체중이고, 95백분위수 이상이면 비만으로 분류한다(표 5-8). 아동이나 청소년인 경우에도 성인의 비만 진단 기준인 BMI 25 kg/m^2 이상이면 비만의 위험이 있으므로 주의가 필요하다.

또한 성별, 연령별 체중 50백분위수를 표준체중으로 하여 비만도[비만도(%)=(실측 체중-신장별 표준 체중)/신장별 표준체중 x 100]를 계산하여 아동과 청소년의 비만을 분류할 수 있다(표 5-9). 성별, 연령별 체질량지수와 신장별 체중은 〈부록 5-10~5-13〉에 제시하였다.

또한 WHO에서 대규모 국제적 연구결과를 토대로 하여 아동과 청소년의 나이에 따른 과체중과 비만에 대한 WHO 판정기준을 제시하였다(표 5-10).

표 5-8
BMI에 의한 아동/청소년 비만 기준

자료: 대한비만학회, 비만치료지침 2018, 2018

분류	BMI 백분위수
정상	<85
과체중	≥85 ~ <95
비만	≥95

표 5-9
비만도에 의한 아동/청소년 비만 분류

자료: 대한비만학회, 비만치료지침 2018, 2018

분류	비만도 (%)
경도 비만	20~29
중등도 비만	30~49
고도 비만	≥50

비만도(%) = (실측 체중-신장별 표준 체중)/신장별 표준체중×100

노인의 체질량지수

노인의 비만 진단에도 BMI를 이용할 수 있으나 허리둘레와 함께 평가되어야 한다. BMI가 30kg/m^{2}이면 위험하나 노인 비만은 합병증보다는 사망률 개념에서 접근하므로 체중보다는 근골격계 허약을 더 중요하게 고려해야 한다. 노인의 경우 근육 감소와 함께 BMI만으로 비만을 진단하면 체지방률이 과소평가될 수 있기 때문에 노인의 비만을 진단할 때는 허리둘레가 BMI보다 더 도움이 될 수 있다. 또한 BMI가 낮아도 사망률이 증가하는 것으로 보고되어 근감소증, 비만 동반 질환의 위험 등을 고려하며 비만을 판정해야 한다.

표 5-10
어린이의 과체중/비만에 대한 BMI 국제 기준치(WHO)

자료 : Cole et al., 2000

만 나이 (세)	BMI = 25 kg/m²(과체중)		BMI = 30 kg/m²(비만)	
	남자	여자	남자	여자
2.0	18.41	18.02	20.09	19.81
2.5	18.13	17.76	19.80	19.55
3.0	17.89	17.56	19.57	19.36
3.5	17.69	17.40	19.39	19.23
4.0	17.55	17.28	19.29	19.15
4.5	17.47	17.19	19.26	19.12
5.0	17.42	17.15	19.30	19.17
5.5	17.45	17.20	19.47	19.34
6.0	17.55	17.34	19.78	19.65
6.5	17.71	17.53	20.23	20.08
7.0	17.92	17.75	20.63	20.51
7.5	18.18	18.03	21.09	21.01
8.0	18.44	18.35	21.60	21.57
8.5	18.76	18.69	22.17	22.18
9.0	19.10	19.07	22.77	22.81
9.5	19.46	19.45	23.39	23.46
10.0	19.84	19.86	24.00	24.11
10.5	20.20	20.29	24.57	24.77
11.0	20.55	20.74	25.10	25.42
11.5	20.89	21.20	25.58	26.05
12.0	21.22	21.68	26.02	26.67
12.5	21.56	22.14	26.43	27.24
13.0	21.91	22.58	26.84	27.76
13.5	22.27	22.98	27.25	28.20
14.0	22.62	23.34	27.63	28.57
14.5	22.96	23.66	27.98	28.87
15.0	23.29	23.94	28.30	29.11
15.5	23.60	24.17	28.60	29.29
16.0	23.90	24.37	28.88	29.43
16.5	24.19	24.54	28.14	29.56
17.0	24.46	24.70	29.41	29.69
17.5	24.73	24.85	29.70	29.84
18.0	25.00	25.00	30.00	30.00

폰더랄지수

폰더랄지수Ponderal index는 신장(inch)을 체중(lb)$^{1/3}$으로 나눈 값으로 수치가 높을수록 마른 체형이며, 심혈관계 질환과 관련성이 있는 것으로 제시되고 있다. 12 이하면 심혈관계 질환의 위험도가 높고, 13 이상이면 위험도가 낮은 것으로 판정한다.

$$\text{Ponderal index} = \frac{\text{신장(inch)}}{\text{체중(lb)}^{1/3}}$$

$$\text{Röhrer index} = \frac{\text{체중(kg)}}{\text{신장(cm)}^3} \times 10^7$$

$$\text{Kaup index} = \frac{\text{체중(g)}}{\text{신장(cm)}^2} \times 10$$

뢰러지수 뢰러지수Röhrer index, RI는 학동기의 신체충실지수로서 우리나라에서 아동의 비만판정 지표로 많이 사용하고 있으며, 140 이상이면 비만으로 판정한다.

카우프지수 카우프지수Kaup index는 영유아 영양판정에 이용되는 지표로서 성인의 BMI와 같은 방법으로 계산한다.

체중 변화 체중 변화는 신체를 구성하고 있는 네 가지 성분인 단백질, 수분, 무기질, 지방 함량의 변화에 따라 나타난다. 건강한 사람이라면 일일 체중 변화는 ±0.5 kg 이하로 일반적으로 크지 않다. 그러나 질병이 있거나 영양상태가 불량하면 음의 에너지-단백질 균형이 나타나며 이에 따라 체중이 감소한다.

신체 총 수분량이 증가하는 조건에서는 수분량 때문에 지방과 골격조직의 변화로 생긴 체중 변화가 가려질 수 있으므로 체중 변화는 적당한 지표가 아니다. 즉, 부종, 복수, 탈수, 설사, 종양의 급격한 성장 및 기관의 확장이 있는 환자 혹은 급격한 체중 조절을 시도하고 있는 비만인의 신체 에너지-단백질 저장 상태를 알아보는 지표로는 적절치 않다. 이럴 경우에는 체중 변화를 확인하기 위해 피부두겹두께나 상완둘레 등 다른 신체계측조사를 함께 수행하는 것이 좋다.

체중 변화를 판정하기 위해서는 현재 체중과 평상시의 체중을 반드시 알아야 하며, 이로부터 〈표 5-11〉과 같이 평상시 체중비율, 체중 손실비율 등을 계산할 수 있다. 특별한 이유 없이 한 달 동안 체중의 5% 또는 6개월 동안 체중의 10% 이상이 감소하면 유의적으로 체중이 감소한 것으로

표 5-11
체중 변화 지표 계산

*최초 체중 측정일로부터 현재 체중 측정일까지의 기간

체중 변화 지표	계산방법
평상시 체중비율(%)	$\frac{\text{현재 체중}}{\text{평상시 체중}} \times 100$
체중 손실비율(%)	$\frac{(\text{평상시 체중} - \text{현재 체중})}{\text{평상시 체중}} \times 100$

판정하고 그 원인을 파악하여야 한다(표 5-12).

표 5-12
체중 손실비율의 판정기준치

(단위: %)

기간	유의적인 체중 손실비율	심한 체중 손실비율
1주일	1~2	>2
1개월	5	>5
3개월	7.5	>7.5
6개월	10	>10

(2) 허리-엉덩이둘레 비율, 허리둘레

허리-엉덩이둘레 비율HWR

$$\text{WHR} = \frac{\text{허리둘레}}{\text{엉덩이둘레}}$$

허리-엉덩이둘레 비율waist-hip circumference ratio, WHR은 복부비만 지표로서 체지방 분포, 즉 피하지방과 내장지방의 분포를 나타내는 지표이다. 체지방이 신체의 아래쪽(엉덩이 부근)에 분포하는지 혹은 위쪽(허리와 복부)에 많이 분포하는지를 구별하는 간단한 측정방법으로, 아래쪽 엉덩이 부위에 쌓이는 지방은 주로 피하지방이며 여성에게 많으며, 허리와 복부에 쌓이는 지방은 주로 내장지방이며 남성에게 많다(그림 5-11).

즉, WHR이 높을수록 복부지방이 많음을 의미하며, 〈그림 5-12〉에서 보는 바와 같이 WHR이 체지방량과 강력한 정의 상관관계가 있어 WHR이 높을수록 체지방량 증가와 관련이 된다.

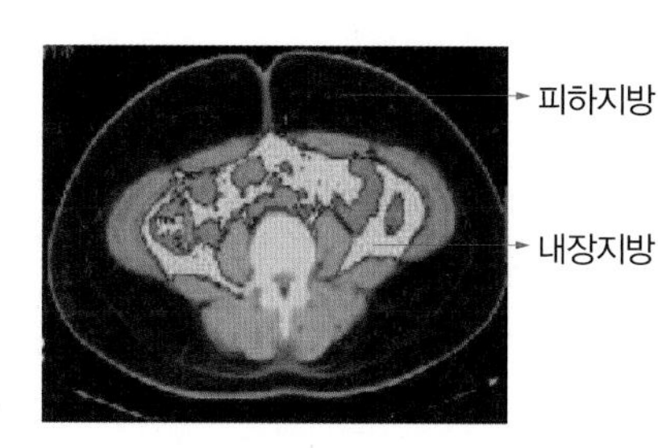

피하지방형

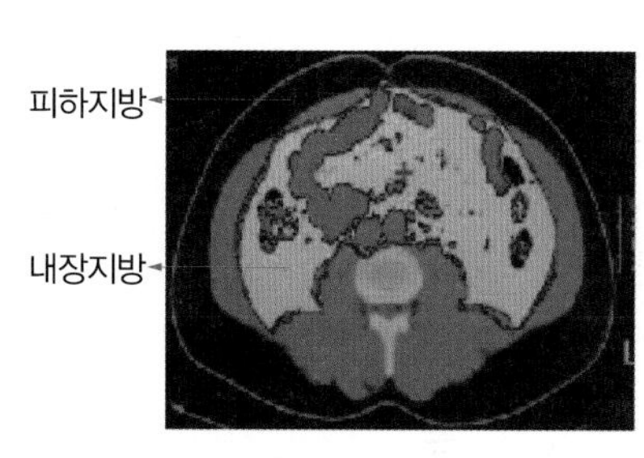

내장지방형

그림 5-11
피하지방형과 내장지방형의 복부 CT사진 비교

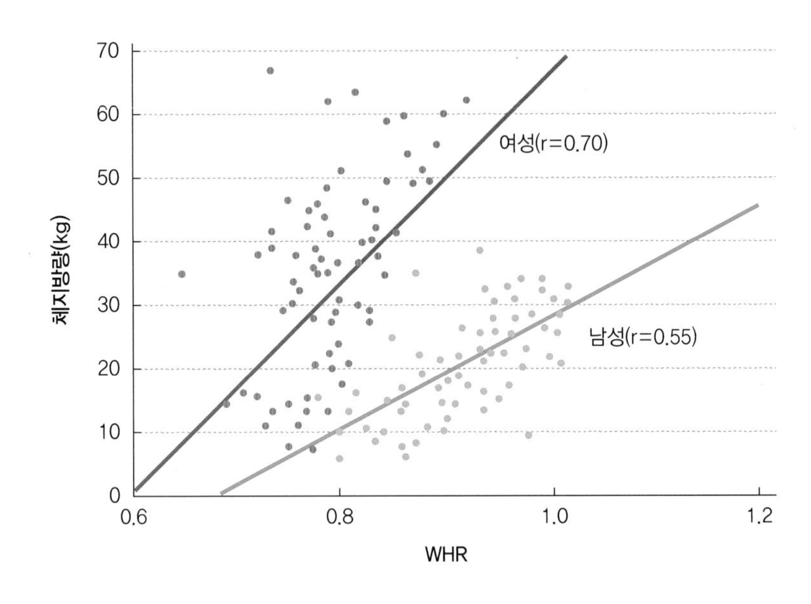

그림 5-12
성인 남녀의 WHR과 체지방량과의 상관관계

자료 : Pouliot MC et al., 1994

WHR을 계산하기 위해서 허리둘레와 엉덩이둘레를 측정한다. 허리둘레를 측정하기 위해 양발을 25~30 cm 정도 벌리고 서서 체중을 균등히 분배시키고, 숨을 편안히 내쉰 상태에서 줄자를 이용하여 측정한다. 측정위치는 최하위 늑골 하부와 골반 장골능과의 중간 부위를 측정한다. 엉덩이

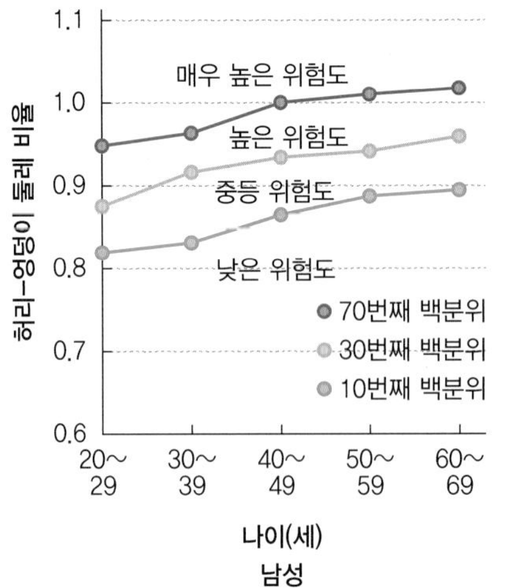

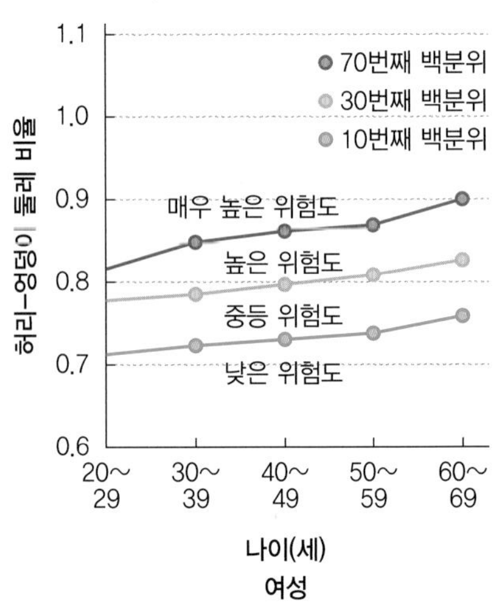

그림 5-13
허리-엉덩이둘레에 기초한 순환기 질환의 위험도 분류기준

자료 : Bray GA & Gray DS, 1988

둘레는 줄자가 수평이 되도록 하여 가장 나온 부분을 측정하되 피부의 연조직에 압력을 주지 않을 정도로 느슨하게 하여 측정하며 수치는 mm 단위까지 읽는다.

복부지방이 많을수록 심혈관계 질환, 당뇨병 등의 질환발생 위험률이 증가하기 때문에 WHR은 만성 질환의 발병위험률을 예측하는 주요 지표로 이용된다(그림 5-13). 남자의 경우 0.95 이상, 여자는 0.85 이상인 경우 복부비만 또는 상체 비만으로 분류하며, 심장혈관계 질환 등에 의한 사망률의 위험이 급격히 증가한다.

허리둘레 허리둘레는 복부비만 판정의 유용한 지표이다. 최근 정밀기계로 복부지방을 측정한 결과, 허리둘레가 WHR보다 복부지방량과 상관관계가 더 높은 것으로 알려지면서 허리둘레가 복부비만을 나타내는 좋은 지표로 인정되고 있다. 허리둘레와 엉덩이둘레가 동시에 증가하면 WHR이 변하지 않기 때문에 허리둘레가 신체지방과의 상관성이 더 높은 것으로 보고되고 있다(그림 5-14). 실제로 체중 변화 없이 허리둘레가 감소되어도 만성 질환의 발병 위험률이 낮아졌다.

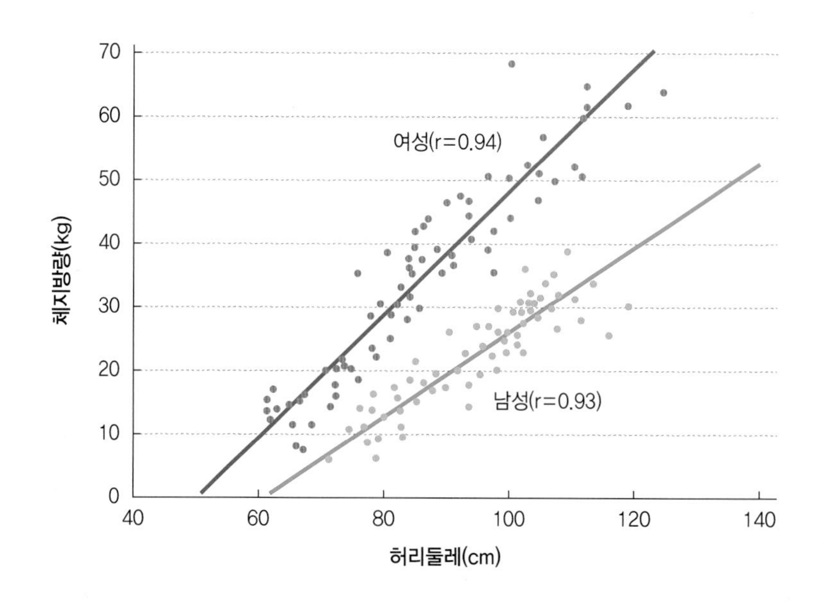

그림 5-14
성인 남녀에 있어서 허리둘레와 체지방량과의 상관관계

자료 : Pouliot MC 외, 1994

허리둘레 측정은 신장과 관련이 없을 뿐 아니라 매우 간편하며 실용적인 신체계측조사이다. WHO는 복부지방을 판정하는 지표로 허리둘레를 사용할 것을 권고하였으며, 남자 90 cm 이상, 여자 80 cm 이상을 비만판정의 기준으로 제시하였다. 우리나라에서는 대한비만학회에서 제시한 남자 90 cm 이상, 여자 85 cm 이상을 비만판정의 기준으로 이용하고 있다. 우리나라의 19세 이상 성인의 허리둘레 분포 자료는 〈부록 6〉에 제시하였다.

(3) 피부두겹두께

피부두겹두께$_{\text{skinfold thickness}}$ 측정법은 캘리퍼로 피부두겹의 두께를 측정한 후 개발된 수식을 이용하여 피하지방량을 추정하고, 추정된 피하지방의 양을 이용하여 총 체지방량을 추정하는 방법이다. 측정장비와 방법이 간단하고 정확하게 측정한 경우에는 체지방 측정치와 상관관계가 높아 체지방 산정에 많이 이용되는 방법이다(그림 5-15, 그림 5-16). 일반적으로

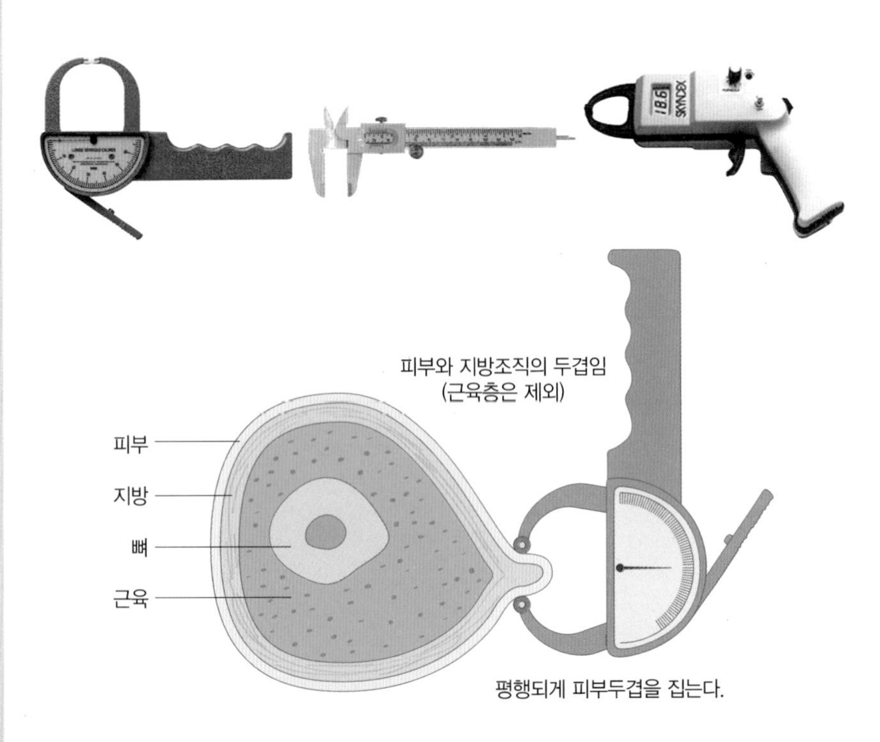

그림 5-15
캘리퍼

그림 5-16
피부두겹두께 측정방법

측정하는 부위는 삼두근, 견갑골 하부, 복부, 장골 상부, 허벅지, 가슴 등의 피부두겹두께이다(그림 5-17).

피부두겹두께 측정에 의한 총 체지방량 추정은 피하지방 두께가 총 체지방을 일정한 비율로 반영하며, 피부두겹두께를 측정하기 위해 선정한 부위가 전체 피하지방조직의 평균 두께를 대표한다는 가정을 기초로 하고 있다. 그러나 실제로 같은 사람의 경우에도 신체부위에 따라 피하지방의 두께가 각각 다르고, 같은 부위도 피하지방의 두께가 다를 수 있기 때문에

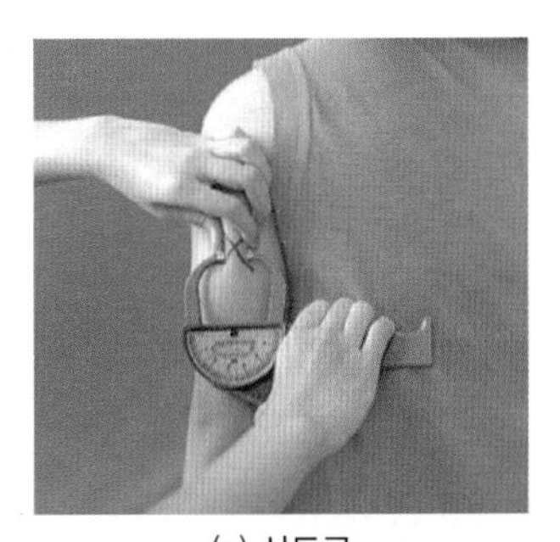

(a) 삼두근

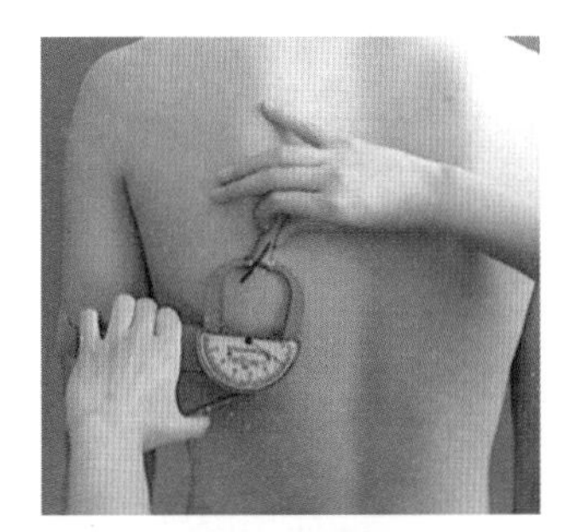

(b) 견갑골 하부

(c) 복부

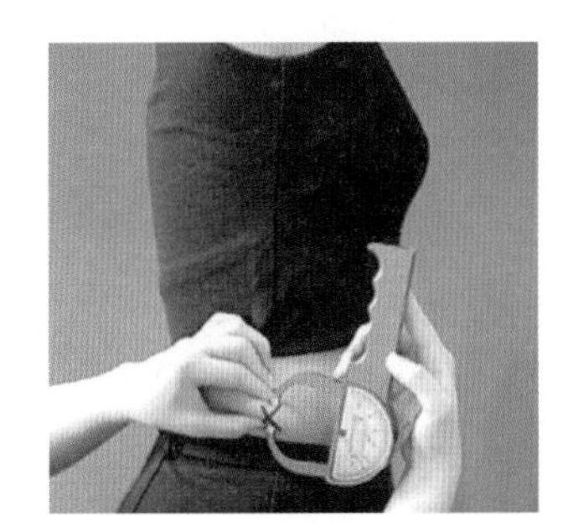

(d) 장골 상부

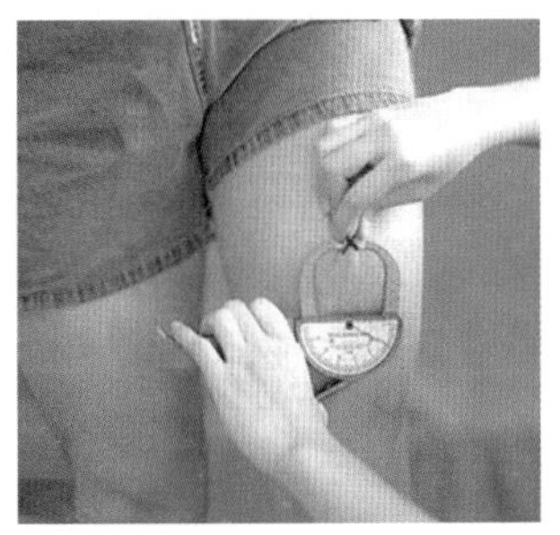

(e) 허벅지

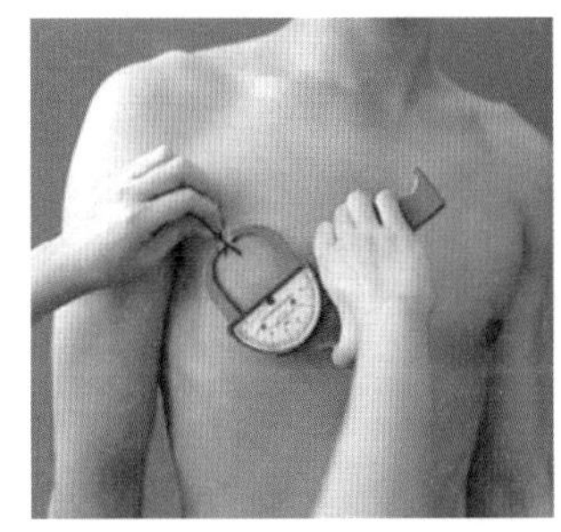

(f) 가슴(남자)

그림 5-17
피부두겹두께 측정 부위

여러 부위의 피부두겹두께 측정이 바람직하며, 최소 3부위의 피부두겹두께 측정을 권장한다. 한 부위를 측정하는 경우에는 삼두근을 가장 많이 측정한다.

측정방법 측정하고자 하는 부위의 1 cm 위쪽의 피부와 피하지방을 엄지와 검지로 단단하게 잡는다. 캘리퍼의 숫자판이 위로 오게 하고, 접힌 피부 두 겹의 긴축과 직각이 되게 캘리퍼로 피부를 집는다. 측정이 끝날 때까지 피부두겹을 잡고 있어야 하며 보통 0.5 mm까지 읽는다. 같은 부위를 두 번 측정하며 두 번의 측정치에 차이가 많으면 한 번 더 측정하여 가장 비슷한 두 번의 값의 평균값을 이용한다. 두 번의 측정치 차이는 1 mm 이하가 바람직하다.

측정부위 **삼두근 피부두겹두께**triceps skinfold thickness, TSF

삼두근은 피부두겹두께 측정이 용이하여 가장 많이 측정하는 부위이다. 삼두근 피부두겹두께는 대규모 연구나 많은 연구에서 측정되기 때문에 개인의 측정값을 축적된 자료와 비교하여 그 수준을 판정할 수 있다.

삼두근은 왼쪽 윗팔뚝의 뒤쪽을 측정한다(왼쪽이나 오른쪽 모두 측정 가능하나 어느 한쪽을 정하면 일관되게 한쪽 방향을 측정한다). 먼저 똑바로 서서 팔을 90°로 구부린 상태에서 어깨 돌출부와 팔꿈치와의 중간점을

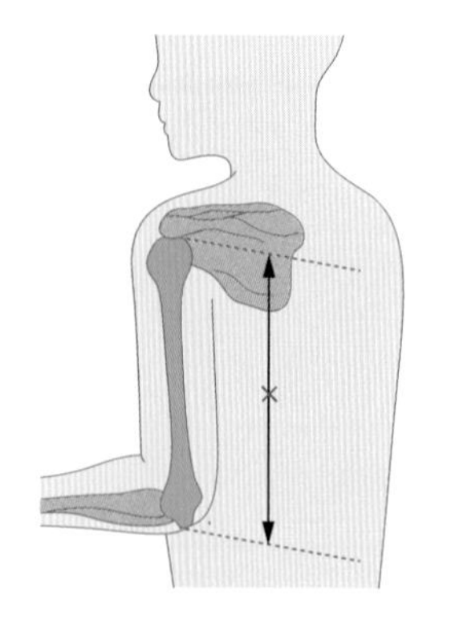
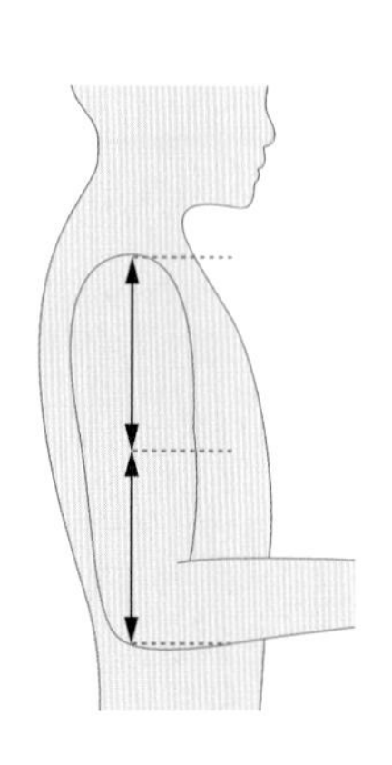
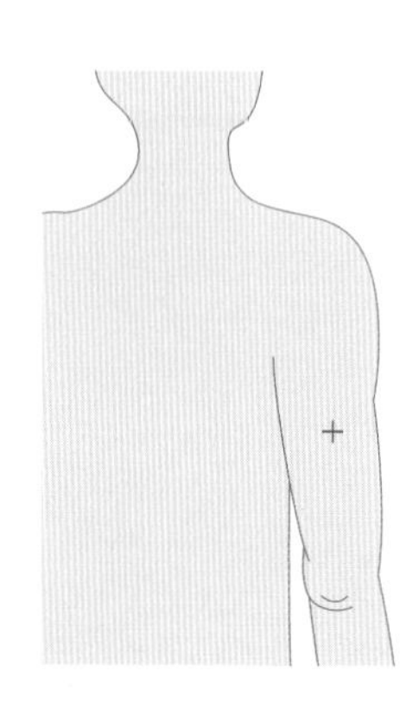

그림 5-18
상완 삼두근 피부두겹두께 측정 부위

찾아 표시한 뒤, 팔을 자연스럽게 늘어뜨린 후 표시한 점의 위쪽 1cm 지점을 엄지와 검지로 집고 수직 방향으로 피부두겹두께를 측정한다(그림 5-18, 표 5-13).

표 5-13
삼두근 피부두겹두께 측정 시 오차와 해결방법

	오차	해결방법
삼두근 피부 두겹 두께	삼두근 측정점이 잘못 표시되거나 측정됨	팔의 정가운데를 주의 깊게 측정
	다른 쪽 팔을 측정함	같은 쪽 팔 측정
	측정할 때 팔이 편안하게 내려져 있지 않음	정확한 테크닉을 훈련, 감독, 재훈련
	손가락으로 집어 올리거나 캘리퍼를 댈 때 너무 깊거나(근육) 너무 얇게(피부 표면) 잡을 경우	
	캘리퍼 끝이 표시된 위치에 닿지 않을 경우	
	너무 일찍 읽거나 잡은 위치가 유지되지 않거나 캘리퍼 손잡이가 충분히 풀리지 않을 경우	
	조사자가 편안한 위치에서 측정하지 않을 경우	조사자가 조사대상자와 같은 위치를 확보하여 측정

견갑골 하부 피부두겹두께subscapular skinfold thickness

견갑골 하부는 조사대상자의 등 쪽에서 측정한다. 왼쪽 팔을 등위로 돌리게 하여 견갑골의 위치를 확인하고, 견갑골 안쪽 각진 곳의 가장 아래쪽을 측정한다. 측정 위치를 확인한 후 조사대상자의 팔을 자연스럽게 내리고 측정점 1 cm 아랫부분을 45°로 비스듬히 잡고 측정한다(그림 5-19).

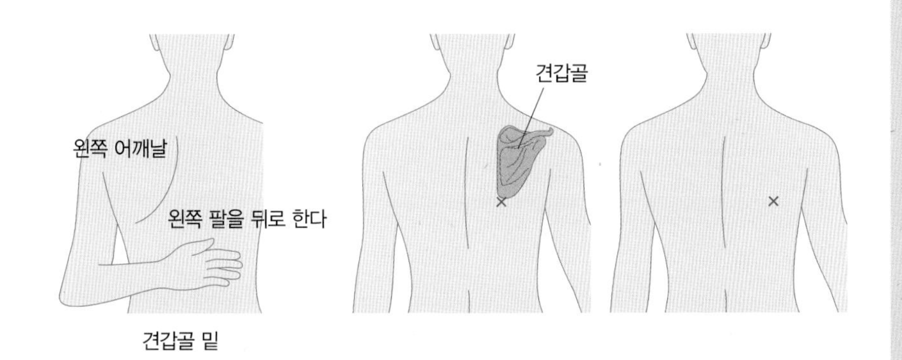

그림 5-19
견갑골 하부 피부두겹두께 측정 부위

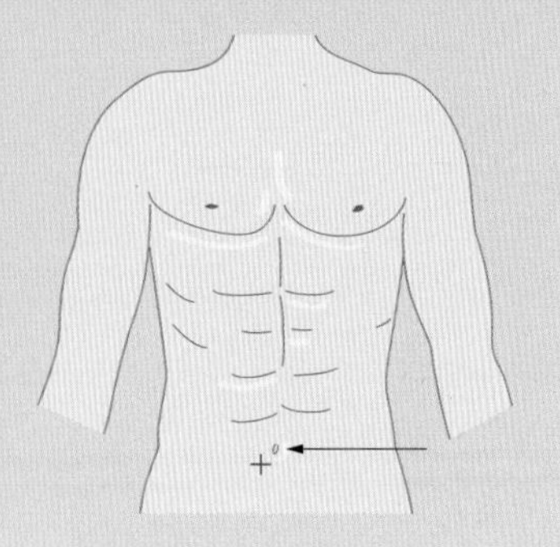

그림 5-20
복부 피부두겹두께 측정 부위

◉ 복부 피부두겹두께abdomen skinfold thickness

조사대상자는 똑바로 서서 복부를 이완시킨 후, 배꼽 1 cm 아래 선에서 수평으로 3 cm 떨어진 곳의 피부두겹두께를 측정한다. 평행으로 복부의 피부를 들어올리기 어려운 경우에는 두 손으로 피부를 잡고 다른 사람이 측정한다(그림 5-20).

◉ 장골 상부 피부두겹두께suprailiac skinfold thickness

겨드랑이 아래 옆중심선에서 장골 융선 바로 위쪽의 피부두겹두께를 측정한다. 조사대상자는 똑바로 서서 팔을 옆으로 늘어뜨리고, 측정하고자 하는 쪽의 팔을 뒤쪽으로 돌린 후 대각선으로 접히는 옆중심선의 뒤쪽 1 cm 부위를 잡고 측정한다(그림 5-21).

◉ 허벅지 피부두겹두께thigh skinfold thickness

오른쪽 허벅지를 측정하고자 한다면 조사대상자는 체중이 왼쪽으로 약간 더 실리게 한 후 오른쪽 무릎을 살짝 구부려 다리를 구부린 후 앞중심점을

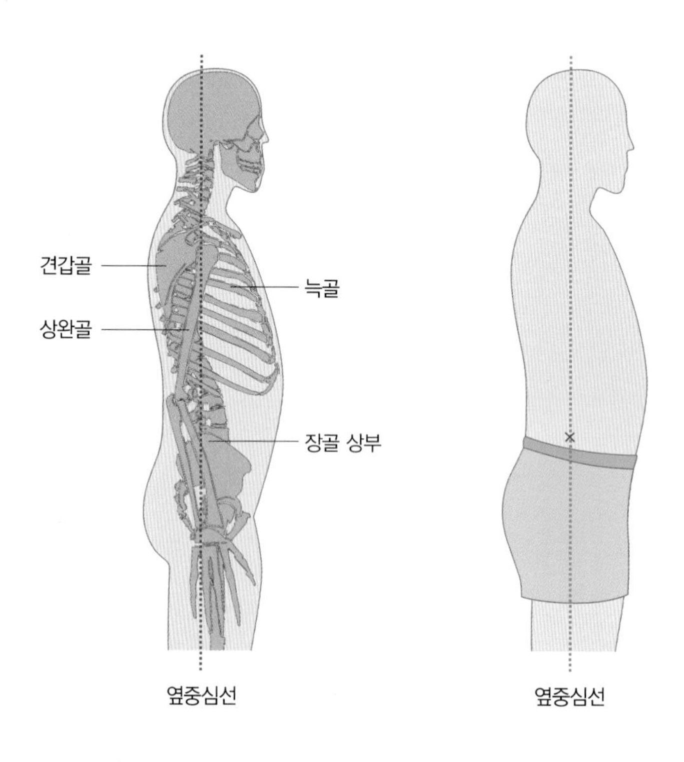

그림 5-21
장골 상부 피부두겹두께 측정 부위

측정한다. 측정 부위는 서혜부의 접히는 부위와 무릎뼈 앞쪽을 직선으로 이어 중심 부분 위쪽 1 cm 부위를 잡고 측정한다(그림 5-22).

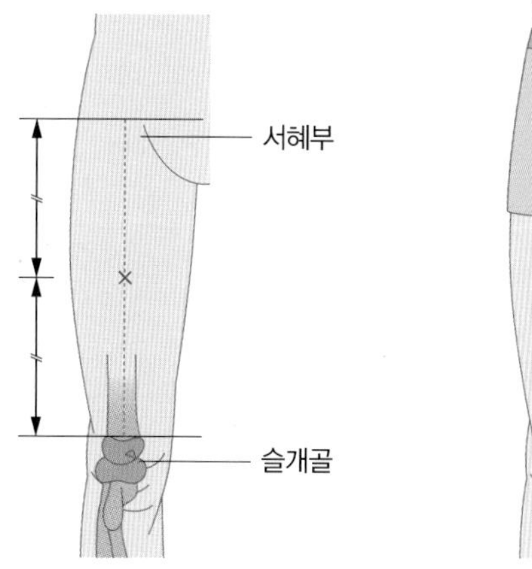

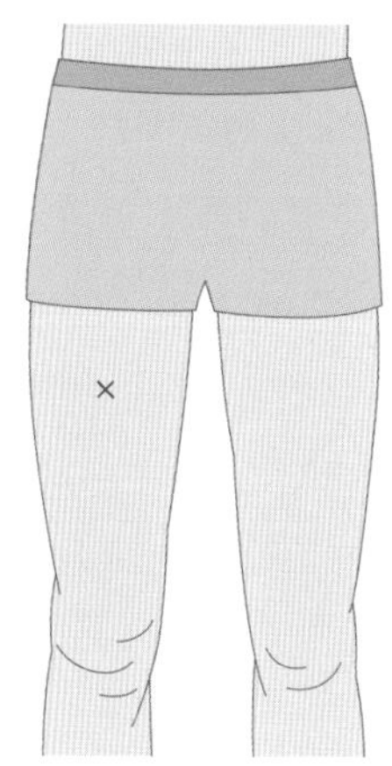

그림 5-22
허벅지 피부두겹두께 측정 부위

◎ 가슴(남자) 피부두겹두께chest or pectoral skinfold thickness

앞쪽 겨드랑이 접히는 부위 제일 위쪽에서 젖꼭지에 이르는 직선을 따라 측정한다. 겨드랑이 제일 위쪽 부분을 잡고 1 cm 아랫 부분을 측정한다(그림 5-23).

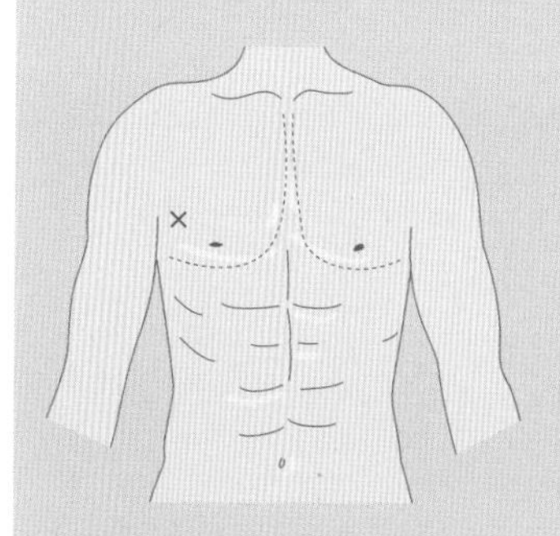

그림 5-23
가슴 피부두겹두께 측정 부위

피부두겹두께를 이용한 체지방량 산정방법

◎ 피부두겹두께 측정 부위 선정 및 체지방량 산정 시 주의점

피부두겹두께를 측정한 후 측정값을 이용하여 체지방량을 추정한다. 한 곳의 피부두겹두께를 측정한 경우에는 체지방량을 추정하기보다는 기준치와 비교하여 조사대상자의 상대적인 위치를 파악하는 것으로 이용하고, 두 곳 이상 측정한 경우에는 수식을 이용하여 체지방량을 추정한다.

- 단일 부위의 피부두겹두께 측정에 의한 체지방 비교: 피하지방은 온몸에 균일하게 분포되어 있지 않기 때문에 단일 부위를 측정하고자 하는 경우에는 피하지방을 가장 잘 대표하는 부위를 선정하여 측정해야 한다. 16세 이하 아동의 체지방량 판정에 적합한 부위는 삼두근이며, 남성

의 경우 견갑골 밑과 겨드랑이 중간이 적합하다. 성인 여성의 경우는 피하지방의 부위별 분포 차이가 커서 단일 측정부위를 찾기가 어렵지만 삼두근이나 장골 위가 적합하다.

- 여러 부위의 피부두겹두께 측정에 의한 체지방 비교: 체지방량을 정확하게 추정하기 위해서는 한 곳보다는 여러 곳의 피부두겹두께를 측정해야 한다. 측정부위는 팔과 다리 중에서 한 곳(예: 왼쪽 삼두근) 이상, 그리고 몸통 중에서 한 곳(예: 왼쪽 견갑골 밑) 이상을 선정하는 것이 좋다. 또 각 부위의 피하지방 두께 측정치를 산술적으로 더하는 것보다 각 부위별로 가중치를 다르게 주는 방법도 있다.

더 알아봅시다

피부두겹두께를 이용한 신체밀도 및 체지방 비율, 체지방량 계산방법

여러 곳의 피부두겹두께 측정치를 이용한 후, 다음과 같이 신체밀도와 체지방비율을 계산하여 체지방량을 추정할 수 있다.

① 대상자 나이, 성별, 인구집단에 적합한 부위를 선정해서 피부두겹두께를 측정한다.

② 적절한 방정식(부록 7, 8 참조)을 이용하여 신체밀도를 계산한다.

③ 신체밀도로부터 계산식을 이용하여 체지방 비율을 구한다.

Brozek의 계산식: 체지방 비율 = (457÷신체밀도)-414

Siri의 계산식: 체지방 비율 = (495÷신체밀도)-450

④ 구한 체지방 비율을 기준치(표 5-3)와 비교하여 판정한다.

⑤ 체지방 비율(%체지방)에 체중(kg)을 곱하여 100으로 나누면 총 체지방량(kg)을 구할 수 있으며, 제지방량은 체중에서 체지방량을 뺀다.

여러 곳의 피하지방 두께 측정치로부터 체지방률을 추정하는 여러 계산식 및 계산도표는 〈부록 9~11〉에 별도로 제시하였다.

● ● 제지방 신체질량의 판정

제지방 신체질량fat free mass, FFM은 수분, 단백질, 무기질로 구성되어 있으며, 제지방조직은 주로 근육을 말한다. 근육은 주로 단백질로 구성되어 있어 근육량을 측정하면 신체 내 단백질의 보유 정도를 알 수 있다. 상완근육둘레와 상완근육면적은 모두 총 근육량과 상관관계가 있어 단백질 영양상태를 예측하는 데 사용된다. 그러나 상완근육둘레 및 상완근육면적과 제지방조직의 비율이 일정하지 않기 때문에 체단백질의 작은 변화를 정확하게 측정하기는 어렵다. 왼쪽 팔의 상완둘레와 삼두근 피부두겹두께를 이용하여 상완근육둘레 및 상완근육면적을 계산할 수 있다.

(1) 상완둘레(상완위)

팔은 피하지방, 근육, 골격 등으로 구성되는데, 골격은 비교적 일정하게 유지되기 때문에 상완둘레mid-upper arm circumference, MAC가 감소한다는 것은 근육량이나 피하지방, 혹은 두 가지 모두가 감소함을 의미한다. 따라서 저개발국가 아동의 경우에는 상완둘레를 측정하여 단백질-에너지 영양불량이나 기아 진단에 유용하게 이용한다.

조사대상자는 똑바로 서서 시선은 정면을 향하고, 팔은 편안히 내리고, 다리는 조금 벌리고 선다. 상완둘레 측정 부위는 어깨돌기와 팔꿈치 끝 사

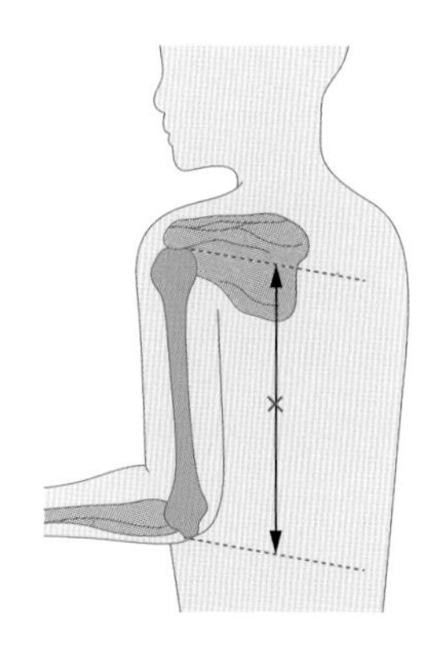
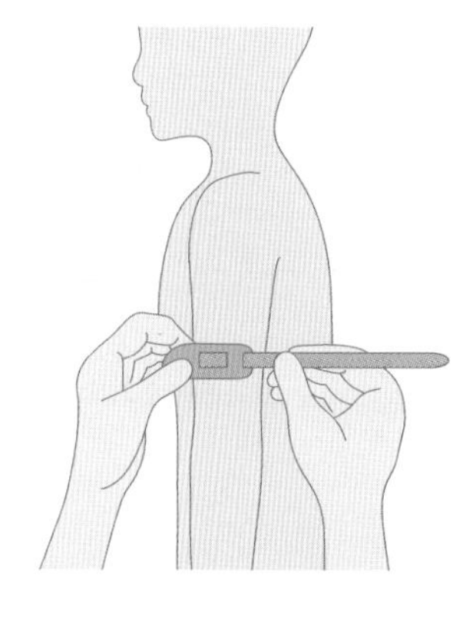

그림 5-24
상완둘레 측정

이의 윗팔뚝 가운데 점(삼두근 피부두겹두께 측정 부위, 그림 5-18 참조)이며, 줄자를 사용하여 측정하며 mm 단위까지 읽는다. 줄자는 늘어나지 않는 것을 사용하며, 줄자가 너무 당겨져 피부가 눌리지 않도록 한다(그림 5-24). 측정결과는 성별·나이별 평균값이나 기준치의 백분위수와 비교한다.

(2) 상완근육둘레/체근육량

상완근육둘레mid-upper-arm muscle circumference, MAMC는 직접 측정하기 어렵기 때문에 상완둘레와 삼두근 피부두겹두께 측정치를 이용하여 계산할 수 있으며, 상완근육둘레로부터 신체 총 근육량을 추정할 수 있다.

$$\text{상완근육둘레(MAMC)} = \text{상완둘레} - (\pi \times \text{삼두근 피부두겹두께})$$

상완근육면적mid-upper-arm muscle area, AMA은 상완둘레, 삼두근 피부두겹두께, 상완근육둘레를 이용하여 계산할 수 있다. 상완근육면적은 상완 근육둘레보다 근육량의 변화를 더 잘 반영하는 지표이다. 상완근육면적을 추정하기 위해서는 다음의 식을 이용한다.

$$\text{상완근육면적(AMA, cm)} = \frac{[\text{상완둘레} - (\pi \times \text{삼두근 피부두겹 두께})]^2}{4\pi}$$

또한 상완둘레와 삼두근 피부두겹두께를 이용하면 상완지방면적도 구할 수 있다.

$$\text{상완 지방면적 (arm fat area, AFA, cm)} = \frac{[\text{상완둘레} \times \text{삼두근 피부두겹두께}]}{2} - \frac{\pi \times (\text{삼두근 피부두겹두께})^2}{4}$$

더 알아봅시다

상완둘레 및 상완근육둘레를 이용하여 상완근육면적을 계산하면 실제보다 20~25% 정도 과다하게 산정되는 경향이 있다. 오차를 줄이기 위해 골격의 크기를 보정하고, 남녀의 차이를 반영한 보정식은 다음과 같다.

상완근육면적 계산 보정식

$$\text{남자 cAMA(cm}^2) = \frac{[\text{MAC} - (\pi \times \text{TSF})]^2}{4\pi} - 10.0$$

$$\text{여자 cAMA(cm}^2) = \frac{[\text{MAC} - (\pi \times \text{TSF})]^2}{4\pi} - 6.5$$

체질량 계산식(Heymsfield) : 상완근육면적, 신장을 이용하여 체근육량 계산

$$\text{체근육량(kg)} = \text{ht(cm)} \times [0.0264 + (0.0029 \times \text{cAMA})]$$

자료: Heymsfield SB et al., 1982

신체 구성성분의 정밀 분석방법

영양상태에 따른 신체 구성성분의 변화를 정확히 살피기 위해서는 각 신체 구성성분에 대한 정밀한 분석이 필요하다. 신체 구성성분을 정확하게 분석하기 위해서는 여러 특수장치 및 정밀 분석기기, 표준화된 실험실, 고도의 분석기술 등이 요구되기 때문에 비용이 많이 든다. 그러므로 조사목적, 비용, 분석기술 등을 고려하여 적절한 분석방법을 선택한다.

신체 구성성분 측정을 위한 모델에는 2구획 모델과 4구획 모델이 있다. 2구획 모델은 신체를 지방과 제지방 신체질량으로 나누는 것이고, 4구획 모델은 신체를 수분, 단백질, 무기질, 지방으로 나누는 것으로 분석방법에 따라 2구획 모델 또는 4구획 모델을 이용한다. 신체 구성성분 분석법에는 밀도측정법, 신체 총 수분량 및 총 칼륨양 측정법, 생체전기저항측정법 등이 있다.

(1) 밀도측정법

밀도측정법densitometry은 몸 전체의 밀도를 측정하여 신체조성을 판정하는 방법이다. 밀도는 단위부피당 질량을 의미하며, 신체밀도 측정에 가장 많이 이용되는 방법이 수중체중법을 이용한 방법이다.

수중체중법underwater weighing은 "물 속에 잠긴 물체의 부피는 그 물체와 대체된 물의 용량과 같다."라는 아르키메데스 원리에 기초를 두고 있으며, 신체의 질량과 부피를 알면 신체밀도를 계산할 수 있는 원리를 이용하는 방법이다. 신체밀도를 측정한 다음에 신체밀도와 지방의 관계를 나타내는 계산식을 이용하면 신체밀도로부터 체지방 비율을 계산할 수 있다. 수중체중법에 의해 신체밀도가 측정되면 앞에서 설명한 Brozek의 계산식이나 Siri의 계산식에 의해 체지방 비율을 계산할 수 있다.

수중체중법은 지금까지 신체를 측정하는 가장 정밀한 방법으로 알려져 있으나, 한번에 많은 사람을 측정하기가 어렵고 특수장치와 숙련된 조사자, 조사대상자의 협조 등이 필요하고 비용도 많이 드는 단점이 있다.

(2) 총 체수분량 측정

신체 조직 내 수분은 대부분 제지방조직에 존재하므로 총 체수분량total body water, TBW을 알면 제지방조직을 알 수 있고 체지방률을 계산할 수 있다. 평균적으로 제지방의 73% 정도가 수분이므로 동위원소희석법을 사용하여 신체 총 수분량을 측정하여 제지방량을 신체 총 수분량/0.73으로 추정한다.

(3) 총 칼륨량 측정

신체 총 칼륨total body potassium, TBP의 90% 이상이 제지방조직(세포내 양이온)에 존재하므로 신체 총 칼륨 함량을 측정하면 제지방조직의 양을 알 수 있다. 그러나 다중 감마선검출기를 사용하여 측정해야 하므로 비용이 많이 들 뿐 아니라 방법상 여러 제한점 때문에 널리 사용되지 않고 있다.

(4) 전기전도법

전기전도법(생체전기저항측정법)bioelectrical impedance, BIA은 인체의 지방조직과 제지방조직이 전해질 함량의 차이로 전기전도성이 다름을 이용하여 체성분을 측정하는 방법이다. 즉, 제지방조직의 수분에는 전해질이 많이 존재하여 전류가 잘 전달되나 지방조직에는 전해질 농도가 매우 낮아 전류전도가 안 되어 저항impedance을 받는다.

생체전기저항측정법은 두 팔과 두 다리에 장치한 네 개의 전극에 의해 온 몸에 해롭지 않을 정도의 전류를 통하게 하여 저항을 측정한 후 지방량을 산출하는 방법이다. 생체전기저항측정법으로 신체 총 수분량을 측정할 수 있으며, 신체 총 수분량으로부터 회귀방정식을 이용하여 제지방과 체지방 비율을 추정할 수 있다. 따라서 사용된 회귀방정식이 얼마나 정확한지에 따라 체지방 비율의 정확도가 결정된다.

생체전기저항측정법은 조사대상자가 언제나 정상적 수분 함량을 가지고 있다고 가정하므로 불충분한 수분 섭취, 과도한 땀, 심한 운동, 카페인이나 알코올 섭취(이뇨작용으로 탈수현상이 나타날 수 있음)로 인해 탈수가 있으면 체지방량이 실제보다 많이 추정된다. 이를 예방하기 위해 조사대상자는 충분한 물을 마시고, 검사 전날에 카페인이나 알코올 섭취를 자제하며, 검사 12시간 전부터 심한 운동을 피하여야 한다. 생체전기저항측정법은 안전하고 사용이 편리하며 신뢰도가 높은 방법으로(그림 5-25) 현재 병원, 보건소, 학교 등에서 널리 사용하고 있다.

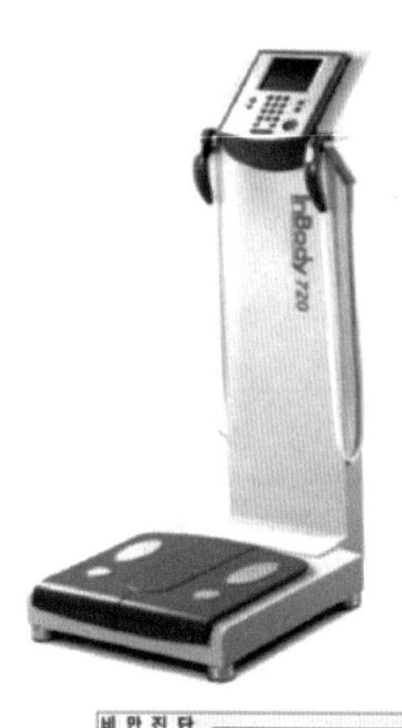

그림 5-25
생체전기저항측정법
측정기구(InBody 720) 및 출력 결과

더 알아봅시다

생체 전기저항측정 기계인 InBody를 이용한 체성분 분석 및 활용방법

① 체성분 분석 결과를 확인한다.

체성분을 구성하는 수분, 단백질, 무기질, 체지방이 표준범위 내에 있는지 확인한다.

② 비만지표를 확인한다.

BMI와 체지방률, 복부지방률을 확인하고, 내장지방의 수치를 확인하여 비만 여부 및 비만의 형태를 판정한다.

→ 비만 여부뿐만 아니라 구체적으로 체지방의 분포와 종류를 살펴야 한다.

③ 골격 근육과 부종 여부를 확인한다.

체중이 많을 때 근육 또는 부종에 의한 것인지 확인해야 한다. 근육이 많은 경우에도 부종 여부를 확인한다.

→ 체중이 많은 경우에 체지방, 근육, 부종의 영향을 살펴야 정확한 영양판정을 할 수 있다.

④ 신체 균형 정도를 확인한다.

상체, 몸통, 하체의 근육을 측정하여 부위별 비만 정도 파악에 응용하며, 운동 처방 등에 활용한다.

→ 위의 결과를 활용하여 체성분을 종합적으로 판단한다.

(5) 골밀도 측정법

골밀도 측정법은 골다공증 진단에 가장 일반적으로 이용되는 방법이다. 골밀도 측정방법으로는 이중에너지방사선흡수계측법 Dual-energy x-ray absorptiometry, DEXA이 가장 많이 이용되고 있다. 이 방법은 방사선 조사량이 비교적 적고 측정시간이 짧아 조사가 용이하여 아동이나 환자에게도 이용 가능하다(그림 5-26).

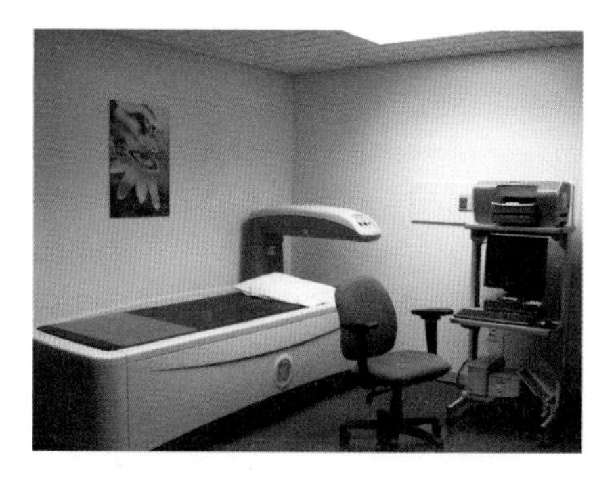

그림 5-26
골밀도측정기(이중에너지방사선흡수계측법)

방사선으로 요추와 대퇴골을 촬영하여 단위면적당 무기질 양(g/cm^2)으로 골밀도를 계산한 후, 건강한 젊은 성인 표준집단의 평균 골밀도와 비교하여 T-score를 계산하여 진단한다. 즉, 측정한 T-score가 젊은 성인의 평균 골밀도와 비교해서 -1.0 이내의 표준편차인 경우에는 정상 골밀도에 해당되고, -1.0~-.2.5인 경우에는 골감소증, -2.5 이하인 경우에는 골다공증으로 판정한다. 골밀도에서 표준편차가 1 감소할수록 골절의 위험은 1.5~3배 증가하는 것으로 보고되었다(표 5-14). 폐경 전 젊은 여성의 경우에는 같은 연령대의 평균 골밀도와 비교하기 위해서 Z-score와 비교하여 해석한다.

표 5-14
골다공증 분류를 위한 WHO의 T-score 기준

분류	T-Score
정상 골밀도nomal BMD	-1.0 이상 표준편차
골감소증osteopenia	-1.0~-2.5 미만 표준편차
골다공증osteoporosis	-2.5 이하 표준편차
심한 골다공증severe osteoporosis	-2.5 이하 표준편차 및 비외상성 골절 경험

골밀도 검사 수치해석 방법

50세 여성의 골밀도 검사 결과가 다음과 같다. 그림과 수치를 보고 골다공증 위험도가 어느 정도인지 확인해 보자.

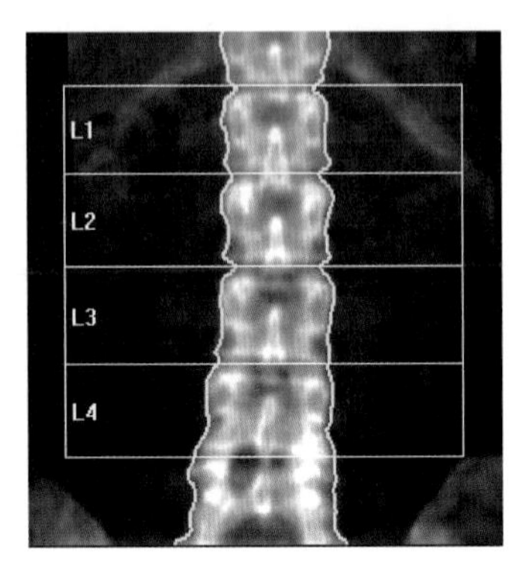

요추 1~4번 사진

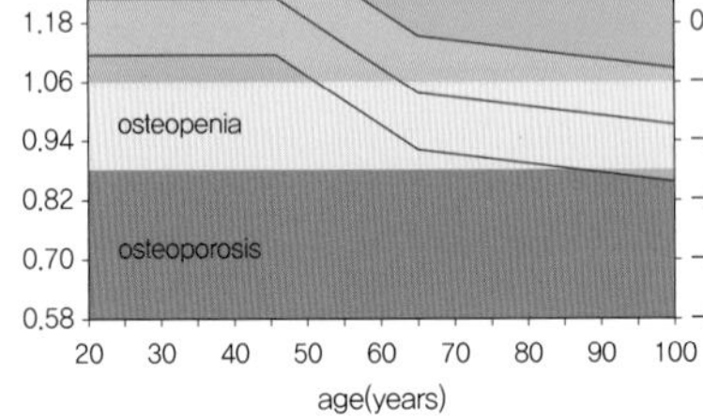

골절 위험도

요추 골밀도

요추 구분	BMD(골밀도) g/cm²	젊은 성인	
		%	T-Score
L1	0.912	85	-1.3
L2	0.888	78	-2.0
L3	0.966	88	-1.2
L4	1.066	96	-0.3
전체(L1~L4)	0.958	87	-1.2

결과

1~3번 요추의 골밀도를 살펴보면, T-score가 -1.0~-2.5에 해당되어 골감소증을 보이며, 4번 요추의 골밀도는 1.066g/cm², T-score는 -0.3으로 정상 골밀도에 해당된다. 요추 평균을 살펴보면 골밀도는 0.958g/cm², T-score는 -1.2로 골감소증이 나타나고 있으며, 젊은 성인 골밀도의 87% 정도에 해당된다.

자료(그림 출처): 서울대병원

(6) 기타 측정방법

초음파 진단법

초음파ultrasound 진단법은 초음파를 이용하여 밀도가 다른 지방층과 근육층을 측정하는 방법이다. 방사능이 없고 안전하고 이동이 편하나, 비용이 많이 들고 측정기술과 해석에 숙련이 필요하여 비만 정도가 심해 피부두겹두께 추정이 어려운 경우에 이용한다.

컴퓨터 단층촬영법

컴퓨터 단층촬영법computerized tomography, CT은 X-ray beam이 밀도가 다른 체조직을 통과하면서 나타나는 차이를 횡단 영상으로 측정하는 원리이다. 의학적 진단용으로 많이 이용되고 있으며, 최근에는 피하지방과 복부지방 측정에 유용하게 이용되나 비용이 비싸다.

기타

자기공명영상법magnetic resonance imaging, MRI도 체구성성분 측정에 이용되나 가격이 매우 비싸서 많이 이용되지는 않는다.

표 5-15
신체계측 및 신체조성 측정 기록표 예

신체계측 기록지

<table>
<tr><td colspan="4">이름 :   측정일 : 년 월 일</td></tr>
<tr><td colspan="4">나이 :   성별 :   신장 : (cm)   체중 : (kg)</td></tr>
<tr><td rowspan="2">비만도</td><td>상대체중(%)</td><td></td><td rowspan="5">피부 두겹 두께 (mm)</td><td>삼두근</td><td></td></tr>
<tr><td>BMI</td><td></td><td>견갑골 하부</td><td></td></tr>
<tr><td rowspan="5">둘레 측정</td><td>허리둘레(cm)</td><td></td><td>복부</td><td></td></tr>
<tr><td>엉덩이둘레(cm)</td><td></td><td>허벅다리</td><td></td></tr>
<tr><td>WHR</td><td></td><td>장골 상부</td><td></td></tr>
<tr><td>상완둘레(cm)</td><td></td><td rowspan="2">근육량</td><td>상완근육면적(cm^2)</td><td></td></tr>
<tr><td>상완근육둘레(cm)</td><td></td><td>체근육량(kg)</td><td></td></tr>
<tr><td colspan="2"></td><td colspan="4"></td></tr>
<tr><td colspan="2"></td><td colspan="2">계산식 1(부록 9)</td><td colspan="2">생체전기저항측정법</td></tr>
<tr><td colspan="2">체지방 비율(%)</td><td colspan="2"></td><td colspan="2"></td></tr>
<tr><td colspan="2">체지방량(kg)
(체중×체지방 비율)</td><td colspan="2"></td><td colspan="2"></td></tr>
<tr><td colspan="2">무지방 신체질량(kg)
(체중−체지방량)</td><td colspan="2"></td><td colspan="2"></td></tr>
<tr><td colspan="2">분류</td><td colspan="2"></td><td colspan="2"></td></tr>
<tr><td colspan="6">판정 결과</td></tr>
</table>

함께 풀어 봅시다

5-1 생후 20개월된 여자 아기 '예지'의 체중이 9 kg이고 신장이 77 cm이다. 성장발육도표를 이용하여 성장을 판정해 보자. 성장에 문제가 있다고 판정할 수 있는가?

5-2 예지가 6개월이었을 때와 12개월이었을 때의 체중과 신장은 다음과 같다. 성장발육도표와 비교해 보자.

예지의 체중, 신장 자료

구분	3개월	6개월	12개월
체중(kg)	6.5	7.5	8.5
신장(cm)	62	67	72

5-3 본인을 포함한 주위 사람들, 혹은 병원 입원환자 중에서 최근 들어 체중의 변화(특히 체중의 손실)가 심한 사람을 조사대상자로 선택하여 체중계로 체중을 측정한다. 조사대상자의 평상시의 체중을 알아본 후 본문에서의 설명에 따라 평상시 체중비율(%), 체중 손실비율(%)을 구해보자. 구한 체중 손실 비율을 〈표 5-12〉의 판정기준치와 비교해 보자.

현재 체중	kg
평상시 체중	kg
체중 손실 기간	개월
평상시 체중 비율	%
체중 손실 비율	%
체중 손실 정도 판정 (표 5-13의 기준치와 비교)	

5-4 자신의 체위를 측정하여 〈표 5-15〉의 신체계측 기록지를 작성하고 평가해 보자.

참고문헌

REFERENCE

김범택, 이승화. 올바른 골다공증의 진단: 골밀도검사 해석을 중심으로. 한국가정의학회지 3:6~15, 2013

김숙희, 유춘희, 김선희, 이상선, 정진은, 강명희, 김양하, 김우경. 영양학. 신광출판사, 2006

김은경, 이기열, 손태열. 신체계측을 이용한 각종 체지방량 추정식의 타당성 평가. 한국영양학회지 23(2): 93, 1990

대한비만학회. 비만판정자료집 2018, 2018

대한비만학회. 한국인에서 비만 및 복부비만 기준을 위한 체질량지수 및 허리둘레 분별점 설정사업 보고서, 2005

양은주, 원혜숙, 이현숙, 이은, 박희정, 이선희. 새로쓰는 임상영양학. 교문사, 2019

질병관리본부, 대한소아과학회. 2017 소아청소년 성장발육도표

최지혜, 김미현, 조미숙, 이현숙, 김화영. 노인에서 체질량지수(BMI)에 따른 영양상태 및 식생활 태도. 한국영양학회지 35(4): 480~488, 2002

최혜미 외 18인 공저. 21세기 영양학. 교문사, 2016

Bray GA, Gray DS. Obesity, part I - Pathogenesis. *Western Medical Journal* 149 : 429~441, 1988

Cole TJ, Bellizzi MC, Flegal KM, Dietz WH. Establishing a standard definition for child overweight and obesity worldwide; international study. *British Medical Journal* 320: 1240~1243, 2000

Deurenberg P, Yap M, van Staveren WA. Body mass index and percent body fat: a meta analysis among different ethnic groups. *International J Obesity and Related Metabolic Disorders* 24: 1011~1017, 1998

Expert Panel on the Idetification, Evaluation, and Treatment of Overweight in Adults. Clinical guidelines on the identification, evaluation, and treatment of overweight and obesity in adults: executive summary. *Am J Clin Nutr* 68: 899~917, 1998

Gallagher D, Visser M, Sepulveda D, Pierson RN, Harris T, Heymsfield SB. How useful is body mass index for comparison of body fitness across age, sex, and ethnic groups? *American Journal of Epidemiology* 143: 228~239, 1996

Heymsfield SB, McManus CB, Smith J, Stevens V, Nixon Dw Anthropopometric measurement of muscle mass: revised equations for calulating bone-free arm muscle area. *American Journal of Clinical Nutrition* 36: 680~690, 1982

Jackson AA, Johnson M, Durkin K, Wootton S. Body composition assessment in nutrition research: value of BIA technology. *Eur J Clin Nutr.* 2013 Jan; 67 Suppl 1: S71~8, 2012.

Lee RD, Nieman DC. *Nutritional Assessment*, 5th ed. McGraw-Hill Higher Education, Boston, 2010

Nelms M, Sucher KP, Lacey K, Roth SL. *Nutrition Therapy and Pathophysiology*, 2nd ed. Wadsworth, Belmont, 2010

Pouliot MC, Despres JP, Lemieux S, Moorjani S, Bouchard C, Tremblay A, Nadeau A, Lupien PJ. Waist circumference and abdominal sagittal diameter: best simple anthropometric indexes of abdominal visceral adipose tissue accumulation and related cardiovascular risk in men and women. *Am J Cardiol.* 73(7): 460~8, 1994

Rolfes SR. *Understanding normal and clinical nutrition*, 8th ed. Cengage, 2009

Shetty PS, James WPT. Body mass index. A measure of chronic energy deficiency in adults. *FAO Food and Nutrition Paper No.56, FAO. Rome*, 1994

Taylor RW, Falomi A, Jones IE, Goulding A. Identifying adolescents with high percentage body fat: a comparison of BMI cutoffs using age and stage puberty development compared BMI cutoffs using age alone. *Eur J Clin Nutr* 57: 764~769, 2003

WHO(World Health Organization) Regional Office for the Western Pacific(WPRO), the International Association for the Study of Obesity(IASO) and the International Obesity Task Force(IOTF). The Asia-Pacific perspective: redefining obesity and its treatment. 2000

WHO(World Health organization) Expert Consultation. Appropriate body-mass index for Asian populations and its implications for policy and intervention strategies. *Lancet* 363: 157~163, 2004

Zertas AJ, Jelliffe DB, Jelliffe EFP(eds). *Human Nutirtion.* 1979

CHAPTER

6 생화학적 조사

1 생화학적 영양판정 개요

2 영양소별 생화학적 조사방법

3 혈액화학 검사 지표

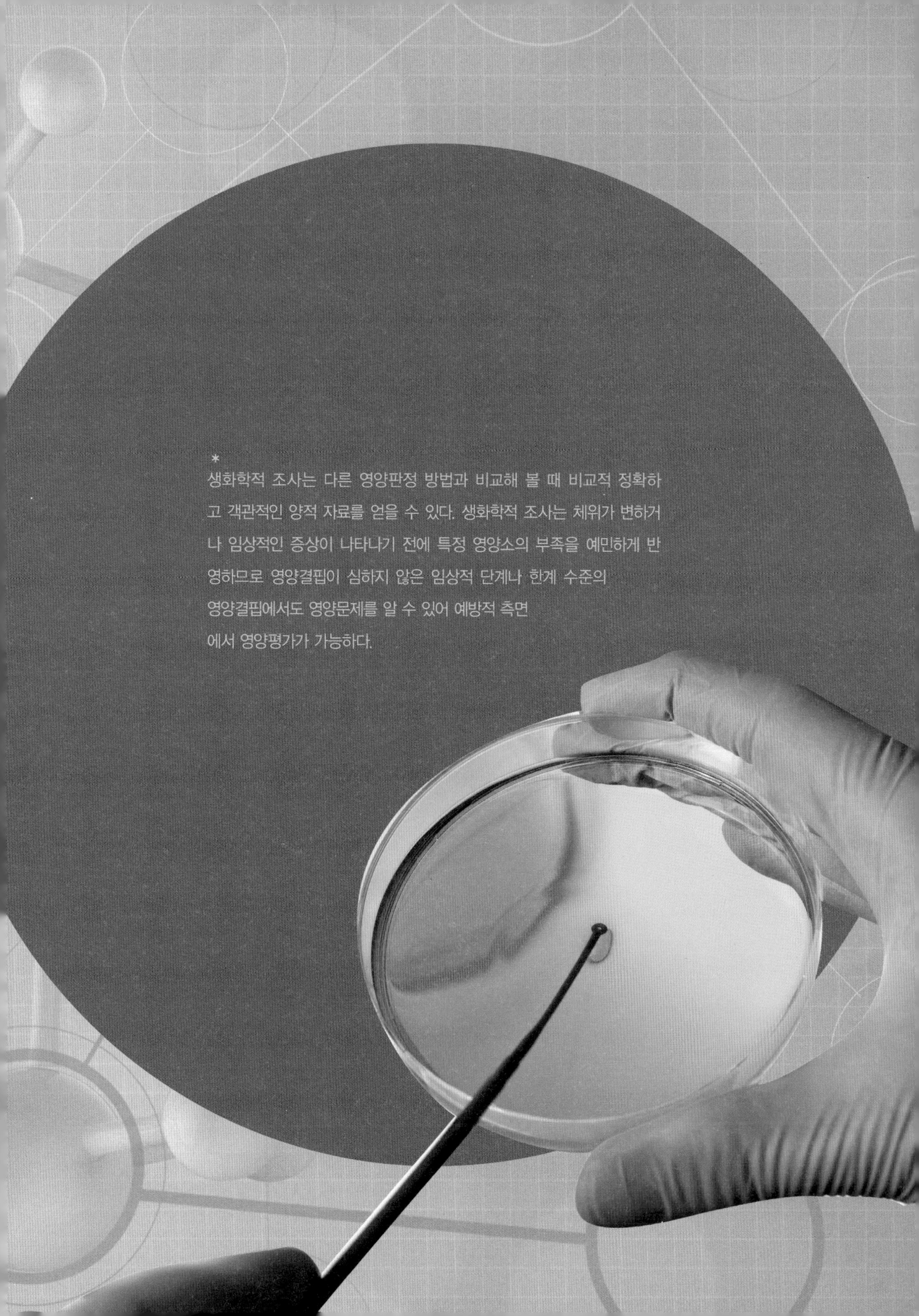

*

생화학적 조사는 다른 영양판정 방법과 비교해 볼 때 비교적 정확하고 객관적인 양적 자료를 얻을 수 있다. 생화학적 조사는 체위가 변하거나 임상적인 증상이 나타나기 전에 특정 영양소의 부족을 예민하게 반영하므로 영양결핍이 심하지 않은 임상적 단계나 한계 수준의 영양결핍에서도 영양문제를 알 수 있어 예방적 측면에서 영양평가가 가능하다.

CHAPTER 6

Biochemical Assessment

생화학적 조사

1. 생화학적 영양판정 개요

생화학적 조사는 다른 영양판정 방법과 비교해 볼 때 비교적 정확하고 객관적인 양적 자료를 얻을 수 있다. 생화학적 조사는 체위가 변하거나 임상 증상이 나타나기 전에 특정 영양소의 부족을 예민하게 반영하므로 영양결핍이 심하지 않은 아임상적 단계subclinical level나 한계 수준의 영양결핍marginal deficiency에서도 영양문제를 알 수 있어 예방적 측면에서 영양평가가 가능하다. 생화학적 조사는 식사섭취조사 방법의 타당성을 검사할 때나 또는 응답자가 식사섭취량을 정확하게 보고했는지에 대한 정확도를 조사하기 위해서도 사용할 수 있다. 한편 생화학적 조사는 영양 외에 각종 질병이나 약물 복용, 표본 수집 및 분석과정의 기술적 문제 등이 결과에 영향을 줄 수 있으므로 생화학적 조사 결과를 해석할 때는 영향을 주는 요인도 고려해야 한다(표 6-1). 또한 반드시 식사조사나 체위조사 또는 임상조사와 병행해서 사용해야 한다.

표 6-1
생화학적 조사 결과 판정에 영향을 주는 요인들

• 항상성 조절기전	• 호르몬 분비 상태
• 최근의 식사 섭취량	• 염증에 의한 스트레스
• 밤낮의 차이	• 연령·성·인종
• 표본 오염	• 운동
• 혈액 투석	• 표본수집과정
• 약물	• 분석방법의 정확성과 정밀성
• 질병 상태나 감염	• 분석방법의 민감성sensitivity과 특이성specificity

생화학적 조사 유형

생화학적 조사는 크게 성분검사static test와 기능검사functional test로 나눌 수 있다.

(1) 성분검사

혈액, 소변, 조직 등에서 영양소나 그 대사물을 측정하는 것으로 직접 검사법이라고도 한다. 조사방법이 쉽고 객관적이고 정확한 결과를 얻을 수 있다는 장점이 있으나, 성분지표가 식사 이외의 다른 요인에 의해서도 영향을 받을 수 있고, 영양소 간의 상호작용이 있을 수 있다. 조사 결과를 어떤 판정기준치cut-off point로 판정하느냐에 따라 결과 해석이 달라질 수 있으므로 주의해야 한다.

(2) 기능검사

기능검사는 특정 영양소의 부족에 의해 생리적 기능에 이상이 있는지를 간접적으로 측정하는 것으로 간접 검사법이라고도 한다. 영양결핍은 조직이나 혈액 내 영양소 수준을 저하시킬 뿐만 아니라 우리 몸이 최적상태를 유지하기 위해 필요한 생리적 기능에도 장애를 일으킨다. 기능검사는 이런 기능 장애, 즉 특정 영양소 의존 효소의 활성도나 특정 영양소 대사산물 또는 생리기능 및 행동기능 등을 측정하는 방법이다. 그 예로서 비타민 A 영양판정을 위한 암적응 검사, 아연 영양판정을 위한 성적 성숙도 검사나 맛에 대한 미뢰의 감각기능 검사, 단백질-에너지 영양불량protein-energy malnutrition, PEM을 검사하기 위한 면역기능 검사 등이 있다. 기능검사는 성분검사보다 예민한 지표로서 성분검사를 보완할 수 있다. 그러나 특정영양소의 영양결핍증을 판정하는 데는 부적합하다.

생화학적 조사 시료

생화학적 조사에 사용되는 시료는 주로 혈액과 소변이며, 그 외에도 대변이나 모발, 타액, 정액, 양수, 손톱, 피부와 구강액 등이 사용된다.

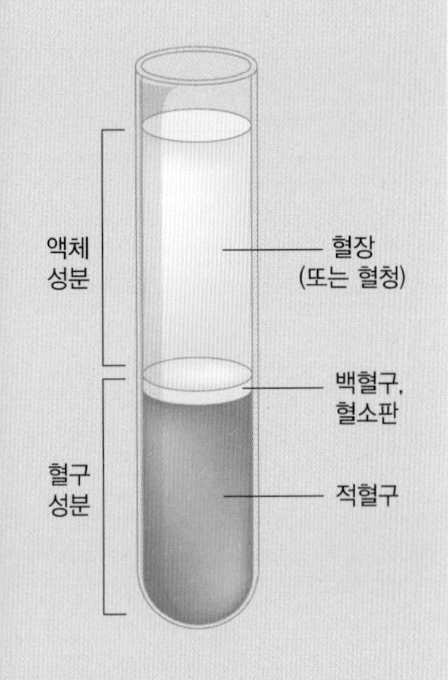

그림 6-1
혈액 조성

(1) 혈액

혈액은 비교적 얻기가 쉽고 조사대상자에게 부담이 적은 방법이며 분석하기도 쉽다. 단, 혈액은 표준화된 조건에서 수집하고 취급해야만 정확하고 정밀한 분석결과를 얻을 수 있다. 공복 여부, 밤낮의 변화, 식사 섭취, 각종 약물의 사용, 감염, 염증 등은 혈액분석 결과에 영향을 줄 수 있으므로 사전에 조사해야 한다. 혈액 내 영양소 농도는 항상성 조절기전에 의해 매우 세밀하게 조절되고 있으며, 조직에 있는 영양소 저장고가 고갈되었을 때조차도 혈중 영양소 농도는 유지되는 경우가 많으므로 더욱 정확한 판정을 위해서는 혈액 외에 다른 생화학적 지표가 같이 조사되어야 한다.

혈액은 세포성분인 혈구와 액체성분인 혈장(또는 혈청)으로 구성되어 있다. 혈액을 원심분리하거나 응고방지제를 넣어 저온에 방치하면 상층에는 혈장(또는 혈청), 하층에는 혈구(적혈구, 백혈구)로 분리된다. 혈장은 혈액의 55% 정도이고 혈구 성분은 40~45% 정도이다(그림 6-1).

혈장(plasma)

채취한 혈액에 헤파린, 구연산, EDTA 등의 혈액응고방지제(항혈액응고제)를 넣어 원심분리한 후 세포성분을 제거하고 남은 액체 성분

혈청(serum)

혈액응고방지제를 넣지 않고 수집한 혈액을 원심분리하여 얻은 액체 성분. 피브리노젠 등 응고인자가 제거됨

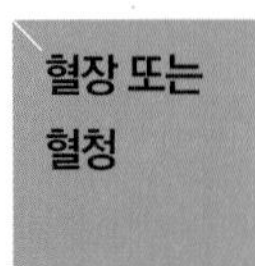

혈액에 항응고제를 처리한 후 원심분리한 액체를 혈장plasma이라 하고, 항응고제 처리 없이 원심분리한 액체를 혈청serum이라 한다. 혈장과 혈청의 영양소 농도는 큰 차이가 없으나

미량원소를 분석할 때는 혈청을 사용하는 것이 좋다. 혈청을 사용하면 항응고제로부터의 오염을 피할 수 있을 뿐 아니라 냉동하는 동안 불용성 단백질의 침전이 덜 형성되기 때문이다. 반면 혈청은 혈장에 비해 혈소판과 용혈로 인한 오염이 더 쉽게 일어날 수 있다.

혈장의 90%는 수분이며, 7~8%는 고형성분으로 혈장단백질, 지질, 당류, 무기염류, 노폐물 등이고, 그 밖에 비단백질소화합물로서 요소, 아미노산, 요산 등이 함유되어 있다. 혈장단백질은 대부분 간에서 합성되는데, 주로 알부민(60~80%)과 글로불린(15~35%)이다. 혈장의 부피와 조성은 영양상태와 질환에 따라 변한다.

혈장과 혈청은 새로 흡수된 영양소를 운반하여 조직으로 이동시키므로 혈중 영양소 수준은 최근의 식사섭취 상태를 반영한다. 따라서 혈액은 영양상태의 단기적 지표이다. 공복 혈액을 조사하면 조사 직전에 섭취한 식사에 의한 영향을 줄일 수 있다.

혈구

적혈구erythrocytes는 혈구 중에 가장 많은 부분을 차지한다. 크기는 직경이 6~8 μm 정도로 작으며, 그 수는 혈액 1 μL당 남자는 약 500만 개, 여자는 450만 개가 들어 있다. 적혈구에는 산소를 운반하는 혈색소인 헤모글로빈이 들어 있으며, 그 밖에 수분, 지질, 전해질, 효소 등이 함유되어 있다. 적혈구는 수명이 120일 정도로 비교적 길기 때문에 적혈구 내의 영양소 함량은 장기간 영양상태를 반영한다. 적혈구 분석은 기술적 어려움이 있으므로 흔히 사용되지 않으며, 적혈구 내 영양소 함량도 매우 소량이기 때문에 영양상태를 잘 반영하지는 못하는 경우도 있다.

백혈구leukocytes는 크기가 12~25 μm 정도로 다양하며 적혈구보다 크기가 훨씬 크고 핵을 가지고 있으며 여러 형태로 존재한다. 백혈구 수는 혈액 1 μL당 성인은 약 7,000개, 유아는 9,000~13,000개 들어 있다. 백혈구 수는 각종 질병, 방사선 노출, 정신적 스트레스, 운동, 추위, 임신 등 여러 인자에 의해 변한다. 백혈구는 B-세포, T-세포, 자연살해세포natural killer cell, 수지상세포dendritic cell, 3가지 과립구(호중구neutrophil, 호산구eosinophil, 호염기구basophil), 단구monocyte, 비만세포mast cell, 대식세포macrophage 등 현재 10가지가 밝혀져 있다. 이 중 B-세포와 T-세포는 적응면역adaptive immunity에 관여하며, 나머지 세포들은 내재면역innate immunity에 관여한다. 백혈구는 수명이 짧으므로 단기간 영양상태 변화를 나타낸다. 따라서 이들은 적혈구보다는 민감한 생화학적 지표가 될 수 있지만, 분리하기 어렵기 때문에 역시 많이 사용되지 않는다.

(2) 소변

영양소의 대사산물 또는 과잉으로 섭취한 수용성 영양소의 대부분은 소변을 통해 배설되므로 소변은 영양상태를 반영하는 좋은 시료이다. 소변은 24시간 수집하는데, 위생적으로 수집하여 잘 보존해야 한다. 24시간 소변을 수집하는 것은 매우 어려운 일이다. 따라서 경우에 따라 24시간 수집방법 대신에 아침 공복 시 첫 번째 소변을 사용하기도 한다.

소변은 무기질, 비타민 B군, 비타민 C와 단백질 등의 생화학적 분석을 위해 사용된다. 체내 저장고가 고갈되면 소변 내 영양소나 대사물의 배설량도 감소하므로 요 배설량은 최근의 식사섭취 상태를 반영한다. 그러나 비타민 C나 인처럼 체내 저장고가 고갈되기 전에 소변 배설량이 감소하는 경우도 있다. 또한 감염, 항생제 사용 혹은 음의 평형을 일으키는 조건에서는 체내 영양소 저장고가 고갈되었어도 요 배설량이 증가하기도 한다.

(3) 기타

조직 간, 골수, 지방조직, 뼈 등 각종 조직에서 영양소나 그 대사물의 농도를 측정할 수 있다. 그러나 생검을 통해 조직표본을 얻는 것은 조사대상자에게 큰 부담이 되므로 조직검사는 꼭 필요한 경우에 한한다.

면역세포의 종류와 기능

종류	모양	총 백혈구 대비 비율 (%)	직경 (μm)	주요 기능
임파구 lymphocyte • B세포 B lymphocyte • T세포 T lymphocyte • 자연살해세포 natural killer sell		30	7~15	• B세포: 항체 분비 • T세포: – 보조 T세포T helper cells: T세포와 B 세포 활성화 – 살해 T세포cytotoxic T cells: 감염된 세포 살해 • 자연살해세포Natural killer cells: 바이러스 감염 세포와 암세포 살해
호중구neutrophil		62	10~12	식세포작용
호산구eosinophil		2.3	10~12	이물질 해독, 기생충 감염 방지
호염기구basophil		0.4	12~15	염증반응 시 히스타민 분비, 헤파린 방출
단구monocyte		5.3	12~20	혈액에 있는 단구가 조직으로 가서 대식세포가 됨
비만세포mast cell				알레르기 반응에 관여
수지상세포 dendritic cells				림프계와 골수계 세포 둘 다에서 분화됨. 항원을 T-세포에 제시하는 역할을 함 (항원제시세포antigen-presenting cell라 부름)
대식세포 macrophage			대개 20, 간혹 60~80	혈액에 있는 단구에서 변형된 세포. 식세포작용

모발 모발hair은 표본 채취가 쉽고 운반과 저장이 편리하며 식사나 밤낮의 차이 등에 의해 영향을 받지 않으므로 특정 미량 영양소 결핍이나 중금속 오염을 검색하는 데 사용된다. 모발에는 미량 영양소가 혈액이나 소변보다 농축되어 있어 분석이 쉬우며, 크롬이나 망간과 같은 극미량 원소도 분석할 수 있다. 그러나 샴푸와 염색약 등에 의해 오염되어 있을 가능성이 있으므로 모발을 표본으로 사용할 때는 잘 세척하여 사용해야 한다.

손톱과 발톱 손톱과 발톱도 미량 영양소의 분석에 이용할 수 있다. 이들 역시 모발처럼 표본 수집이 쉬우며, 손톱의 경우 셀레늄과 같은 미량 영양소의 영양상태에 대한 장기 지표가 될 수 있다고도 하나 더 많은 조사가 필요하다.

생화학적 조사 시료의 수집과 보관 시 주의점

검사 시료는 조사하려는 특정 영양소의 체내 상태를 정확하고 예민하게 반영할 수 있는 것으로써 수집이 가능하고 표본 채취가 쉬워야 한다. 시료를 수집할 때는 정확하게 표본을 채취할 수 있는 전문가가 필요하다.

시료를 채취하고 다룰 때도 세심한 주의가 필요하다. 시료 수집장소와 분석장소가 다른 경우엔 이동과 보관에 주의해야 한다. 특히 소변이나 혈액은 쉽게 변질되므로 보관을 위한 냉장고나 냉동시설이 필요하다. 표본의 종류와 분석내용에 따라 보관방법이 달라지므로 사전에 보관방법을 결정한 후 수집에 들어가야 한다.

혈중 포도당이나 중성지방 농도처럼 표본 수집시간에 따라 조사결과가 달라지는 경우가 많으므로 오차를 줄이려면 표본 수집시간을 사전에 계획해야 한다. 일반적으로 공복에 측정하는 것이 식사의 내용에 의해 영향을 받지 않기 때문에 좋으며 기준치도 많아서 비교하기에 편리하다.

2. 영양소별 생화학적 조사방법

단백질

우리 몸의 단백질은 내장단백질visceral protein과 체단백질somatic protein로 구분한다. 내장단백질은 혈청의 단백질이나 적혈구, 백혈구와 간, 신장, 췌장, 심장 등과 같은 체내 기관을 구성하는 단백질을 말하며, 체단백질은 주로 골격근육단백질skeletal muscle protein을 말한다.

체단백질은 비교적 균일한데 비해 내장단백질은 구조와 기능이 다른 수백 개의 단백질로 이루어져 있으며 단백질 영양상태에 의해 영향받는다. 내장단백질량을 측정하기 위해서는 여러 가지 혈청 단백질 농도를 조사하며, 체단백질량근육 단백질량을 측정하기 위해서는 요 크레아티닌 배설량이나 3-메틸히스티딘 배설량을 측정한다.

(1) 내장단백질

혈청 단백질serum proteins 농도는 체내 아미노산 요구량과 각 단백질의 합성률을 반영하므로 혈청 단백질 농도를 측정함으로써 내장단백질 영양상태를 알 수 있다. 내장단백질은 대부분 간에서 합성되며, 간은 단백질 영양불량에 의해 일차적으로 영향을 받는 기관이다. 즉, 간에서 합성되는 단백질량이 감소하면 혈청 단백질도 감소한다. 혈청 단백질의 측정은 단순하면서도 정확하다. 혈청 단백질은 단백질 결핍 외에도 여러 요인들에 의해 영향을 받는다(표 6-2).

혈청 단백질 농도는 신체 단백질 상태 평가뿐만 아니라 회복기 환자의 합병증 유무를 평가하거나 영양보충효과를 측정할 때도 좋은 지표가 된다. 영양상태를 평가할 때 중요한 혈청 단백질의 종류는 〈표 6-3〉과 같다.

표 6-2
혈청 단백질 수준에 영향을 미치는 요인

혈청 단백질 감소 요인	예
섭취 부족	저단백식사나 식욕 부진, 불균형된 식사나 저칼로리의 정맥영양
체내 대사의 변화	스트레스, 저산소증hypoxia, 패혈증sepsis, 외상
질병으로 인한 혈장 단백질의 결핍	간질환, 단백질 손실, 장질환enteropathy
단백질 합성의 감소	에너지 섭취의 부족, 전해질 부족, 철이나 아연 등 미량 영양소의 부족, 비타민 A와 같은 비타민의 부족
임신, 모세혈관의 투과성 변화	체액량과 분포 변화
약물	경구피임약 등
운동	격렬한 운동

표 6-3
영양판정에 사용되는 혈청 단백질

자료: Lee RD, 2010; Gibson RS, 2005

혈청 단백질	정상치(범위)	반감기	기능
알부민	4.5(3.5~5.0) g/dL	18~20일	혈중 삼투압 유지, 소분자들의 운반체 역할
트랜스페린	230(260~430) mg/dL	8~9일	혈중 철과 결합하여 골수로 운반
프리알부민	30(20~40) mg/dL	2~3일	티록신과 결합; 레티놀결합단백질 운반체
레티놀 결합 단백질	2.6~7.6 mg/dL	12시간	혈중에서 비타민 A 운반; 프리알부민과 비공유결합
피브로넥틴	혈장: 292 ± 20 mg/dL 혈청: 182 ± 16 mg/dL	4~24시간	다양한 조직에 존재하는 당단백질로서 백혈구 활성화와 상처회복에 관여
인슐린 유사 성장요인-1	0.83(0.55~1.4) IU/mL	2~6시간	인슐린 유사 펩타이드의 일원으로서 지방, 근육, 연골, 세포에서 동화작용 촉진

단백질의 영양부족을 판정하는 데 좋은 지표는 체내의 저장고가 작고, 반감기가 짧으며, 단백질의 영양부족 상태만을 반영하는 것이다. 그러나 실제로 그러한 지표는 없기 때문에 어느 한 가지 지표로만 단백질 영양상태를 판정하기는 어렵다. 혈청 단백질의 판정기준치는 〈표 6-4〉와 같다.

표 6-4
혈청 단백질의 영양상태 판정기준치(성인)

자료 : Gibson RS, 2005

종류	단백질 영양상태 판정기준			
	정상	약간 부족	부족	결핍
총 단백질(g/dL)	≥6.5	6.0~6.4		<6.0
알부민(g/dL)	4.5(3.5~5.0)	2.8~3.4		<2.8
트랜스페린(mg/dL)	>200	150~200	100~150	<100
프리알부민(mg/dL)	20~40	10~15	5~10	<5
레티놀결합단백질(mg/dL)	2.6~7.6			

총 단백질

혈청 총 단백질serum total protein은 측정하기 쉽고 정확하나 단백질 섭취가 장기간 부족할 때만 혈청 총 단백질 수준이 감소하므로 민감도는 낮다. 총 단백질 감소량의 50~60%는 알부민의 감소로 인한 것이므로 총 단백질보다는 알부민 농도를 측정하는 것이 단백질 영양상태 변화를 더 빨리 알 수 있다. 혈청 단백질의 영양상태 판정기준치는 〈표 6-4〉에 있다.

혈청 알부민

혈청 알부민serum albumin 수준은 단백질 영양상태 판정에 가장 많이 사용된다. 그러나 알부민의 약 60%는 혈액 밖에 존재하므로 혈청 알부민 수준이 내장단백질 전체를 반영하지는 못하며, 반감기가 길어 단기 또는 초기 단백질 결핍을 반영하지 못한다. PEM 시 혈청 농도가 감소하면 혈액 외의 알부민이 혈액으로 이동하여 혈청 알부민 농도가 정상으로 유지되므로 결핍이 심해진 이후에야 혈청 알부민 농도가 감소한다. 따라서 혈청 알부민 농도는 단백질 영양상태를 민감하게 반영하지 못하는 단점이 있다. 또한 혈청 알부민 농도는 식사요인 외에 다른 요인에 의해서도 영향을 받는다. 예를 들어, 심한 간질환에서 알부민 합성이 감소하며, 신장질환에서도 요 배설 증가로 혈청 알부민이 낮아지고, 심한 화상이나 감염으로 인한 장질환에서도 혈청 알부민 농도가 저하된다. 또한 환자가 알부민 주사를 맞는 경우 혈청 알부민을 단백질 영양상태 지표로 사용할 수 없다.

트랜스페린 혈청 트랜스페린transferrin은 간에서 합성되는 철 운반 단백질로서 반감기가 약 8~9일로 알부민보다 짧고 체내 저장량(< 100 mg/kg 체중)도 적어서 단백질의 영양상태를 민감하게 반영한다. 그러나 단백질 외에 철의 영양상태가 트랜스페린의 농도에 영향을 줄 수 있으므로 주의해야 한다. 즉, 임신기, 급성 간염 등 철이 부족한 경우에는 철 흡수율이 증가하므로 혈청 트랜스페린 농도도 증가하게 된다. 반면, 만성 감염이 있거나 철 과잉증, 악성 빈혈과 같이 철의 흡수가 감소되는 조건에서는 트랜스페린 농도도 감소한다. 또 각종 질병(위장관 질환, 신장질환, 간질환, 감염, 심장질환)이 있을 때도 트랜스페린 농도가 감소한다. 따라서 철 결핍성 빈혈이나 만성 PEM일 때 혈청 트랜스페린을 혈청 단백질의 지표로 사용하는 것은 적합하지 않다.

프리알부민 프리알부민prealbumin은 티록신thyroxine, T4과 레티놀결합단백질의 운반단백질로서 반감기가 2~3일로 매우 짧고, 체내 저장고(< 10 mg/kg 체중)도 매우 작다. 따라서 프리알부민은 알부민이나 트랜스페린보다도 최근의 단백질 영양상태 변화를 잘 반영하는 매우 예민한 지표이다.

프리알부민은 최근 식사 섭취에 대한 지표로도 많이 사용되나 단백질 섭취가 충분하지 않아도 에너지만 충분하다면 혈청 수준이 증가한다는 제한점이 있다. 또 간질환, 패혈증, 단백질 손실을 동반하는 장질환, 갑상샘 기능항진증, 수술이나 화상의 경우에 영향을 받으며 신장투석환자에게서 증가한다.

레티놀 결합 단백질 레티놀 결합 단백질retinol-binding protein, RBP은 프리알부민과 함께 레티놀의 운반체로 작용한다. 혈액에서 레티놀, RBP 및 프리알부민은 1:1:1의 비율의 복합분자로 이동한다. RBP도 프리알부민처럼 최근의 식사 섭취 상태를 잘 반영한다. RBP는 프리알부민보다도 반감기가 짧아 약 12시간 정도이고, 체내 저장고도 매우 작아

(2 mg/kg 체중) 영양상태 판정에 이용할 때는 정확한 측정이 어려울 뿐만 아니라 기준치가 없어서 보편적으로 적용하기 어렵다.

피브로넥틴

피브로넥틴fibronectin은 간세포, 상피세포와 섬유아세포 등 여러 종류의 세포에서 합성되는 당단백질로서 세포 부착cell adhesion, 상처 회복, 항상성 유지 및 백혈구의 활성에 중요한 역할을 한다. 단백질이 결핍되면 혈청 피브로넥틴 농도가 감소하고, 보충하면 정상수준으로 회복된다. 그러나 아직 기준치가 불분명하다.

인슐린 유사 성장 요인-1

인슐린 유사 성장요인-1Insulin-like growth factor-1, IGF-1은 성장을 촉진하는 펩타이드로 성장호르몬의 자극을 받아 간에서 합성된다. IGF-1은 반감기가 짧고(2~6시간), 다른 지표들보다 단백질 영양판정에 훨씬 민감하다. 그러나 IGF-1 농도도 영양상태 외에 다른 요인의 영향을 받으며 이 지표를 임상적으로 사용하기 위해서는 더 많은 연구가 필요하다.

(2) 체단백질(근육단백질)

요 크레아티닌 배설량

크레아티닌creatinine은 골격근육의 대사산물로서 근육에 있는 크레아틴 인산creatine phosphate의 분해로 생겨 소변으로 배설된다. 체내 크레아틴의 98%는 근육에 있으며, 매일 약 2%의 크레아틴 인산이 크레아티닌으로 전환되어 소변을 통해 배설되어 쉽게 측정할 수 있다. 크레아티닌 배설량은 체근육량과 비례하므로 24시간 요 크레아티닌 배설량을 측정하면 체근육량을 알 수 있다.

성인의 요 크레아티닌 배설량의 정상범위는 남자 20~26 mg/kg체중/일(평균 23 mg), 여자 14~22 mg/kg체중/일(평균 18 mg)이다. 소변의 크레아티닌 배설량은 매일의 차이가 크므로 2~3일간 연속적으로 24시간 소변 표본을 수집하고 소변 수집기간 중에 육류 섭취를 제한해야 한다. 그 외 운동, 연령, 신장 및 갑상샘 기능에 의해서도 영향을 받는다.

크레아티닌-신장지표 크레아티닌-신장지표creatinine-height index, CHI는 요 크레아티닌 배설량과 신장을 이용하여 성인의 장기간 단백질 영양상태를 조사하는 방법이다. 즉, 신장별 요 크레아티닌 배설 기준치에 비해 대상자의 실제 요 크레아티닌 배설 측정치가 어느 정도인지를 계산하는 것이다. 신장은 장기간 단백질 영양불량에서도 비교적 일정하게 유지되는 반면에, 근육단백질은 점차 고갈되며 이에 따라 크레아티닌 배설량도 비례적으로 감소하여 결국 신장과의 비율도 감소한다.

$$CHI(\%) = \frac{\text{24시간 요 크레아티닌 배설량 측정치(mg)}}{\text{각 신장별 24시간 요 크레아티닌 배설량 기준치(mg)}} \times 100(\%)$$

성별, 신장별 24시간 요 크레아티닌 배설량 기준치는 〈표 6-5〉와 같다. CHI가 60~80%일 때 단백질 영양상태는 약간 부족, 40~60%일 때 중간 정도 부족, 40% 미만일 때 결핍으로 판정한다.

표 6-5
신장에 따른 24시간 요 크레아티닌 배설량 예측치

자료: Blackburn GL, 1977

성인 남자		성인 여자	
신장(cm)	크레아티닌(mg)	신장(cm)	크레아티닌(mg)
157.5	1,288	147.3	830
160.0	1,325	149.9	851
162.6	1,359	152.4	875
165.1	1,386	154.9	900
167.6	1,426	157.5	925
170.2	1,467	160.0	949
172.7	1,513	162.6	977
175.3	1,555	165.1	1,006
177.8	1,596	167.6	1,044
180.3	1,642	170.2	1,076
182.9	1,691	172.7	1,109
185.4	1,739	175.3	1,141
188.0	1,785	177.8	1,174
190.5	1,831	180.3	1,206
193.0	1,891	182.9	1,240

요 3-메틸 히스티딘 배설량

근육량을 측정하는 또 다른 방법으로 요의 3-메틸 히스티딘 3-methyl histidine, 3-MH 배설량을 측정하는 방법이 있다. 3-MH는 골격근육섬유의 액틴과 미오신에만 함유되어 있는 아미노산으로서 액틴과 미오신이 분해되면 3-MH이 방출된다. 3-MH은 재이용되지 않고 곧바로 소변으로 배설되므로 식사로 섭취하는 것이 없을 때는 근육량을 반영하게 된다. 식사로부터 섭취량을 제한하기 위해서 소변 수집 전에 최소한 3일간 육류 섭취를 금한다. 3-MH 배설량은 연령, 성별, 성숙도, 호르몬 상태, 운동 정도, 최근의 심한 운동, 손상 및 질병 등 여러 요인에 의해 영향을 받을 수 있다.

(3) 질소균형

질소균형nitrogen balance은 질소 섭취량과 배설량이 같은 때로서 보통 건강한 성인에서 볼 수 있다. 양의 질소균형은 질소 섭취가 배설보다 많은 때로, 신체가 질소를 사용하여 체단백질을 합성하는 것을 의미한다. 양의 질소균형은 성장기 아동, 질병이나 상해로부터 회복하는 사람에서 볼 수 있다. 음의 질소균형은 질소 배설이 섭취보다 많을 때 나타나는 현상으로 체단백질을 분해하는 것을 의미한다. 음의 질소균형은 단백질의 섭취가 부족할 때와 상해, 수술, 암, 화상 등에서처럼 단백질 손실이 과다할 때에 나타난다. 질소균형은 24시간 동안의 단백질 섭취와 질소의 배설을 측정하여 다음 식으로 계산한다.

$$\text{질소균형} = \frac{\text{단백질 섭취량(g/일)}}{6.25} - \text{요 요소 배설량(g/일)} - 4\text{ g}$$

요 요소 배설량urinary urea nitrogen은 총 질소 배설량의 85~90%이므로 여기에 포함되지 않은 피부, 대변, 땀 등으로 배설되는 질소의 양을 약 4 g으로 간주한다. 단백질 섭취가 충분하지 않으면 쓰고 남는 단백질의 양이 적어 요 요소 배설량이 감소하며, 단백질 섭취가 많으면 요 요소 배설량이 증가한다.

(4) 면역능

면역능immunocompetence이란 이물질nonself, 항원에 대한 방어반응이다. 영양과 면역능은 밀접한 관련이 있다. 면역능은 초기 영양불량에도 반응하여 변하므로 영양판정을 위한 유용한 기능지표로 사용된다. 그러나 면역능에는 영양상태 외에도 많은 요인이 영향을 미치므로 특이성이 부족하다는 단점이 있다.

면역능은 내재면역innate immunity과 적응면역adaptive immunity으로 나뉜다. 내재면역은 비특이적 면역으로서 피부나 점막, 대식세포, 타액, 보체, 라이소자임 및 인터페론 등을 포함한다. 이것은 감염에 대한 일차적인 방어를 담당하고 있고 항원에 대한 특이성이 없고, 일단 노출되었던 감염원에 대한 기억이 없어 재감염 시 반응이 증가하지 않는다.

적응면역은 항체 특이적이고 다양하며 또한 적응하는 방어체계이다. 내재면역보다 진보된 다양한 방어수단으로 병원체를 특이적으로 인식하고, 재감염에 대하여 강화된 방어체계이다. 적응면역은 다시 체액성 면역humoral immunity과 세포매개성 면역cell mediated immunity으로 나눈다. 체액성 면역은 B세포에 의하여, 세포매개성 면역은 T세포에 의하여 수행된다. 세포매개성 면역은 영양결핍, 특히 PEM 시 감소하므로 영양상태에 대한 하나의 지표로 사용될 수 있다. 면역능 측정은 총 임파구 수, 지연형 피부과민반응, 보체나 면역 글로불린의 양 등 주로 적응면역과 관련된 지표들을 이용한다.

총 임파구수

총 임파구 수total lymphocyte count, TLC는 측정된 백혈구의 수에 대한 임파구(림프구)의 비율로 구한다.

총 임파구 수(TLC) = 임파구의 비율(%) × 백혈구 수(cells/mm^3)/100

정상인의 평균 총 임파구 수는 2,750/mm^{3}이며, 단백질 영양불량이면 이 수가 감소한다. 총 임파구 수가 1,200~1,800/mm^{3}이면 경미한 영양결핍,

800~1,199/mm^3이면 중등 정도의 영양결핍, 800/mm^3 이하일 경우에는 심한 영양불량으로 판정한다. 그러나 총 임파구 수는 영양상태 이외에도 암, 감염, 염증, 스트레스, 패혈증sepsis, 약물 등에 영향을 받을 수 있다. 총 임파구 수 외에 림프구 중 T세포 수를 측정하기도 한다. T세포 수는 PEM에서 감소한다.

지연형 피부과민 반응

지연형 피부과민반응delayed cutaneous hypersensitivity, DCH은 생체에서 세포매개성 면역기능(T세포)을 측정하는 직접적 지표로서 피부에 소량의 항원을 주사한 후에 대상자의 반응을 관찰하는 방법이다. 정상 조건에서 주사 부위는 24~72시간에 부어오르며 단단해지고 붉은색을 띤다. 세포매개성 면역능이 저하된 경우에는 반응이 적거나 전혀 없다. DCH는 PEM 시 감소하며 비타민 B군, 비타민 A, 아연, 철 결핍 시에도 감소한다. 이 지표는 항원의 종류나 투여방법, 조사자, 대상자의 연령, 항원에 대한 노출 경험, 심리상태, 약물, 감염, 질병에 의해서도 영향을 받는다.

사이토카인

사이토카인cytokine은 세포 사이의 신호전달을 매개하는 생물학적 활성인자의 총칭으로 림포카인, 인터페론, 모노카인, 인터루킨interleukin, IL, 세포증식과 분화인자 등 저분자 단백질이 포함된다. 체내 면역세포의 작용은 곧 그 면역세포들이 분비하는 사이토카인cytokine을 통해서 매개된다고 볼 수 있다. 사이토카인은 표적세포의 수용체와 결합하여 세포내 다양한 활성화 메커니즘을 발현시킨다. 그 발현으로 인체에서는 면역반응, 항암작용, 세포의 증식 및 분화조절 등이 일어난다. 최근 인터루킨-1, 6, 12, 종양괴사인자-알파tumor necrosis factor-α, TNF-α, 인터페론-감마 등 전염증성 사이토카인과 동맥경화 등 염증성 질환과의 관계가 밝혀졌다. 혈중에서 이들 사이토카인 농도가 증가하면 동맥경화 위험이 높아진다.

혈청 보체와 면역 글로불린

혈청 보체complement, C는 급성기의 반응물acute phase reactant로 작용하고, 특히 혈청의 C_3는 영양결핍 시에 감소한다. 그러므로 보체의 수준을 측정하여 단백질의 영양상태를 판정하는 데 사용한다. 혈청 내 여러 면역글로불린도 영양상태에 따라 달라지는데, 특히 분비성 IgA_{sIgA}는 영양결핍 시에 감소하며 침에서도 분석할 수 있다.

무기질

(1) 철

철 결핍은 전 세계적으로 가장 흔한 영양결핍증이고 빈혈의 가장 큰 원인이므로 철 영양상태 판정은 매우 중요하다. 철 결핍은 영아, 유아 및 임신부에서 흔하며 철의 섭취나 흡수가 부족할 때, 심한 월경이나 잦은 수혈, 유아에게 생우유를 너무 빨리 먹였을 때, 장관 출혈을 동반하는 질병이 있을 때 나타난다. 철 결핍은 작업 능력을 감소시키고 체온조절 기능을 손상시키며, 행동과 지적 성취도를 저하시키고 감염에 대한 저항력을 낮춘다.

빈혈은 헤모글로빈 수준 감소에 의한 것으로, 소혈구성 빈혈microcytic anemia, 거대혈구성 빈혈macrocytic anemia 및 저혈색소성 빈혈hypochromic anemia이 있다(표 6-6). 빈혈은 철 결핍에 의해 가장 흔하게 나타나지만 감염이나 만성 질병, 엽산 결핍이나 비타민 B_{12}의 결핍에 의해서도 나타날 수 있다.

표 6-6
빈혈의 종류와 특성

종류	특성
소혈구성	평균혈구용적(MCV) ≤80 fL*
거대혈구성	평균혈구용적(MCV) ≥100 fL
저혈색소성	혈구당 헤모글로빈 농도(MCHC) ≤ 32 g/100 mL 또는 혈구당 평균 헤모글로빈(MCH) ≤27 pg

* 1 fL=10^{-12} mL

철 영양상태 판정을 위한 지표

헤모글로빈

혈액 내 헤모글로빈의 양은 혈액의 산소 운반능력을 나타낸다. 헤모글로빈은 철 결핍성 빈혈 진단을 위해 가장 일반적으로 사용하는 지표이다. 그러나 헤모글로빈의 감소는 철 결핍이 심해진 후에야 나타나므로 예민도가 낮고, 철 결핍 외에도 PEM, 감염, 엽산이나 비타민 B_{12} 결핍일 때도 감소하므로 특이성이 낮다. 또한 성별, 연령, 임신 등에 따라 다양한 판정기준치가 있으며 적용되는 기준치에 따라 판정의 결과가 달라진다. 헤모글로빈의 정상범위는 남자는 14~18 g/dL, 여자는 12~16 g/dL이다.

2019년 국민건강영양조사 결과 우리나라 19세 이상 성인의 빈혈 유병률은 7.7%(남자 3.4%, 여자 12.0%)였다. 〈표 6-7〉에는 철 결핍성 빈혈 판정을 위한 헤모글로빈과 헤마토크릿 기준치를 제시하였다.

연령(세)		헤모글로빈(g/dL)	헤마토크릿(%)
1.0~1.9		11.0	33
2.0~4.9		11.2	34
5.0~7.9		11.4	35
8.0~11.9		11.6	36
12.0~14.9	여	11.8	36
	남	12.3	37
15.0~17.9	여	12.0	36
	남	12.6	38
18+	여	12.0	36
	남	13.0	39
임신	1기	11.0	33
	2기	10.5	32
	3기	11.0	33

표 6-7
철 결핍성 빈혈 판정을 위한 헤모글로빈과 헤마토크릿 기준치

자료 : Life Science Research Office, 1989.

헤마토크릿

헤마토크릿hematocrit은 전체 혈액에서 차지하는 적혈구의 비율을 말한다. 이것은 모세관에 채혈하여 원심분리한 후 모세관의 총 혈액 높이와 적혈구 높이를 비교함으로써 간단히 측정할 수 있다. 헤마토크릿치는 헤모글로빈 합성이 저하된 후에 감소하므로 예민하지 않고 심한 철 결핍 시에만 저하된다. 헤마토크릿치는 대개 적혈구 수에 따라 달라지며, 일부는 적혈구의 평균 크기에 의해 영향을 받는다. 헤마토크릿의 정상범위는 남성이 40~54%, 여성이 37~47%이다.

혈청 철, 트랜스페린, 총 철결합능

혈청 철과 트랜스페린, 총 철결합능을 측정하면 철 결핍증과 만성적인 감염 혹은 질병으로 인해서 나타나는 철 결핍을 구분할 수 있다.

트랜스페린transferrin은 간에서 합성되는 베타-글로불린 단백질로 혈액 내에서 철과 결합하여 철을 필요한 부위로 운반한다. 한 분자의 트랜스페린은 두 분자의 철을 운반할 수 있으나 대개 철-결합 부위iron-binding site의 30% 정도만 철과 결합되어 채워져saturated 있다. 철은 혈액에서 트랜스페린에 의해 운반되기 때문에 혈청 철 수준은 트랜스페린과 결합된 철의 양과 같다.

총 철결합능total iron binding capacity, TIBC은 혈청 단백질과 결합할 수 있는 철의 양으로서 트랜스페린의 철 결합 부위가 얼마나 비어 있는가를 나타내는 수치이다. 혈청 철은 대부분 트랜스페린과 결합되어 있으므로 TIBC는 혈청 트랜스페린에 대한 간접적 측정방법이다. TIBC에 영향을 주는 첫 번째 요인은 체내 철 저장상태로서, 철 저장고가 고갈되었을 때 총 철결합능은 증가하며 철 과잉과 감염 시에 감소한다.

트랜스페린 포화도transferrin saturation, TS는 TIBC에 대한 혈청 철의 비이며, 다음과 같은 식으로 구할 수 있다.

$$\text{트랜스페린 포화도(\%)} = \frac{\text{혈청 철(μmol/L)}}{\text{총 철결합능(μmol/L)}} \times 100$$

단순한 철 결핍성 빈혈의 경우 혈청 철 수준이 감소하고 TIBC는 증가하므로 TS는 감소하게 된다. TS에 대한 기준치는 〈표 6-8〉과 같다. 혈청 철이나 TIBC, TS 및 혈청 페리틴 농도는 철 결핍증을 다른 거대적아구성 빈혈과 구분하는 데 유용하며, 특히 TS는 혈청 철이나 TIBC에 비해서 더 민감한 지표이다.

표 6-8
철 결핍증을 나타내는 판정기준치(NHANES III)

연령 (세)	혈청 페리틴 (μg/L)	트랜스페린 포화도 (%)	적혈구 프로토포피린 (μmol/L RBCs)
1~2	<10	<10	>1.42
3~5	<10	<12	>1.24
6~11	<12	<14	>1.24
12~15	<12	<14	>1.24
≥16	<12	<15	>1.24

자료 : Looker, 1997

적혈구 지수

적혈구 지수red cell indices는 헤모글로빈 농도, 헤마토크릿, 적혈구수를 이용하여 구하는 지표로서, 평균혈구용적MCV, 평균혈구혈색소MCH, 평균혈구혈색소농도MCHC 등이 있다. 성인의 적혈구 지수 기준치는 〈표 6-9〉와 같다. 적혈구 지수를 계산하는 방법과 기준치 그리고 각종 빈혈을 판정하기 위한 기준은 〈표 6-10〉에 나타내었다.

표 6-9
성인의 적혈구 지수 기준치

혈액성분	남자	여자
헤모글로빈(g/dL 혈액)	14~18	12~16
헤마토크릿(%)	40~54	37~47
적혈구($\times 10^{12}$/L 혈액)	4.5~6.0	4.0~5.5
평균 혈구혈색소(MCH), (pg)	26~34	
평균 혈구혈색소 농도(MCHC), (g/L 혈액)	320~360	
평균 혈구부피(MCV), (fL)	80~100	

자료: Ravel R, 1994

표 6-10
적혈구 지수를 이용한 각종 빈혈의 판정

적혈구 지수	계산식	기준치	철 결핍성 빈혈 microcytic hypochromic	거대 적아구성 빈혈 macrocytic normochromic	만성질병으로 인한 빈혈 normocytic normochromic
MCV	헤마토크릿/ 적혈구 수	80~100 fL	저하 ↓	상승 ↑	정상 ↔
MCH	헤모글로빈/ 적혈구 수	26~34 pg	저하 ↓	상승 ↑	정상 ↔
MCHC	헤모글로빈/ 헤마토크릿	320~360 g/dL	저하 ↓	정상 ↔	정상 ↔

혈청 페리틴

페리틴ferritin은 체내 철 저장형태로서 철과 단백질인 아포페리틴의 결합으로 형성되며 주로 간, 비장 및 골수에서 발견된다. 철 저장고가 고갈됨에 따라 조직의 페리틴 수준도 감소하게 되며, 따라서 혈청 페리틴 농도도 저하된다.

혈청 페리틴 수치는 다른 지표들이 변화하거나 빈혈이 발생되기 전, 즉 적혈구의 형태학적 변화가 나타나기 전에 감소하므로 혈청 페리틴 농도의 감소는 철 결핍 판정을 위한 가장 민감한 지표이다. 그러나 일단 철 저장고가 고갈되는 단계를 지나면 혈청 페리틴 농도는 더 이상 감소하지 않아 철 결핍의 정도를 반영하지 못한다(표 6-11, 그림 6-2). 정상인의 혈청 페리틴 농도는 남자 90~95 μg/L, 여자 25~30 μg/L이다. 연령별 철 결핍증 판정을 위한 혈청 페리틴 기준치는 〈표 6-8〉을 참고한다.

혈청 페리틴 수준은 감염, 염증, 손상, 특정 만성 질병, 철 과잉(과량의 철 저장고), 바이러스성 간염 및 몇몇 암(Hodgkin's disease 등)에서 증가한다. 철 결핍과 과잉이 나타나는 단계는 〈표 6-11〉에 나타내었다.

지표	철 과잉	정상	철 고갈	철 결핍성 조혈작용	철 결핍성 빈혈
철 저장고	과잉	가득 참	비어 있음	비어 있음	비어 있음
순환하는 철	과잉	가득 참	가득 참	비어 있음	비어 있음
적혈구의 철	가득 참	가득 참	가득 참	가득 참	감소함
골수의 철	4 이상	2~3	0~1+	0	0
총철결합능(μg/dL)	<300	330±30	360	390	410
혈청 페리틴(μg/L)	>300	100±60	20	10	<10
철 흡수율(%)	>15	5~10	10~15	10~20	10~20
혈장의 철(μg/100 mL)	>175	115±50	115	<60	<40
트랜스페린 포화도(%)	>60	35±15	30	<15	<15
적혈구 프로토포피린 (μg/100 mL)	30	30	30	100	200
적혈구	정상	정상	정상	정상	소구성/저색소성

표 6-11
철 결핍과 과잉이 나타나는 단계

자료: Lee RD, 2010

적혈구 프로토포피린

프로토포피린protoporphyrin은 헴heme의 전구물질로 적혈구 내에 매우 소량 들어 있다. 철 결핍의 2단계에서 철 저장고가 완전히 고갈되면 프로토포피린은 헴 합성을 하지 못한 채 적혈구에 축적된다(그림 6-2). 따라서 적혈구 프로토포피린 농도는 체내 철 영양상태를 재는 민감한 지표이다. 프로토포피린은 보통 적혈구 내에 0.622±0.27 μmol/L 정도 함유되어 있다. 적혈구 프로토포피린 농도는 철 결핍증일 때 정상에 비해 두 배 이상 증가하며 철 결핍증이 심해질수록 증가한다(표 6-11).

철 결핍 단계

인체 내 철 함량은 약 2~4 g으로서 체중 1 kg당 여자는 약 38 mg, 남자는 약 50 mg의 철을 함유하고 있다. 이 중 65%의 철은 헤모글로빈에, 4~10%의 철은 미오글로빈에, 1~5%는 철 함유 효소-사이토크롬cytochrome, 카탈레이스catalase, 퍼옥시데이스peroxidase 등에 존재하는데, 이들을 필수 철이라 한다. 나머지는 혈액(트랜스

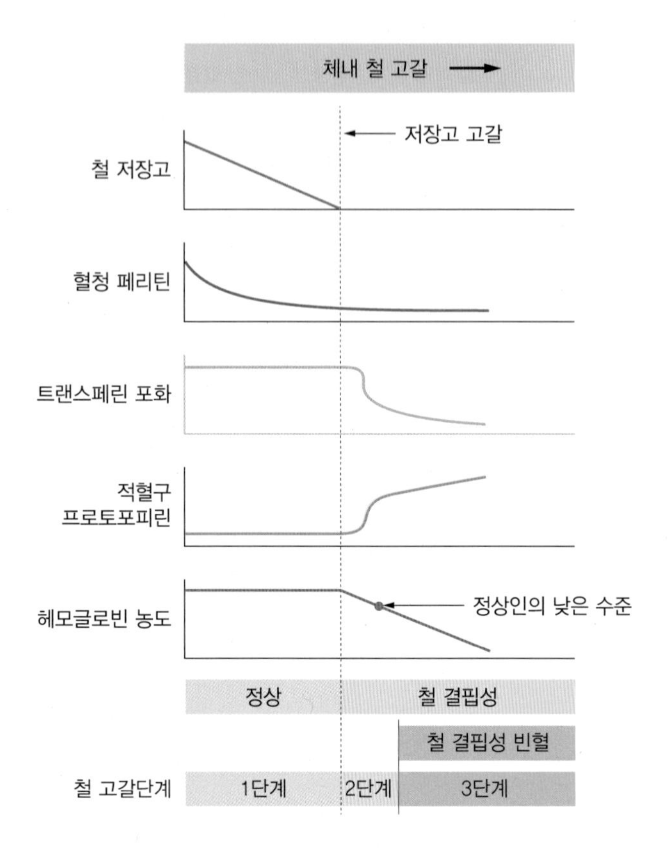

그림 6-2
철 결핍 단계별 체내 철 분포와 생화학적 분석치의 변화

페린과 결합하여 혈액 내 이동 중인 철)과 저장형태(페리틴과 헤모시더린)로 존재하는데 이를 비필수 철이라 한다. 건강한 사람의 경우 체내 총 철의 최대 30% 정도가 저장 형태로 존재하는데 대부분 페리틴 형태이며 일부가 헤모시더린hemosiderin 형태이다.

철의 고갈은 다음 세 단계로 나눌 수 있다(그림 6-2).

● 1단계: 철 저장고의 고갈단계(iron depletion)

간에 저장된 철 저장량이 점차 감소하는 단계이며 생리적 영향은 나타나지 않는다. 건강한 사람의 경우에도 철 저장고의 저하가 나타나며 성장기의 아동과 생리중인 여성에서는 일반적인 현상이다. 1단계에서 철 저장고가 저하되면 혈청 페리틴 수준이 저하되기는 하지만 아직 정상범위 내에

속하며 운반 철이나 헤모글로빈 농도는 정상이다.

● 2단계: 빈혈을 나타내지 않는 경증의 철 결핍증(mild iron deficiency)

이때부터는 생리적 영향이 나타나기 시작하므로 초기early 혹은 경증의mild 철 결핍증 단계라고 할 수 있다. 철 저장고는 완전히 고갈되며 이에 따라 조혈세포로 가는 혈청 철은 점차 감소한다. 이 단계에서는 혈색소와 철 복합체(미오글로빈과 철 함유 효소들)의 정상적 합성을 위한 철이 부족하게 된다.

이 단계에서는 트랜스페린 포화도가 감소하여 적혈구 프로토포피린 수준이 증가하고 TIBC도 증가한다. 헤모글로빈의 전구체인 적혈구 프로토포피린은 정상적 헤모글로빈 합성을 위한 철이 너무 적어 헤모글로빈 합성이 적을 때는 오히려 적혈구 내에 축적이 되어 농도가 증가한다. 이 단계에서 헤모글로빈은 다소 감소하나 정상범위 이하로는 떨어지지 않는다. 이렇게 헤모글로빈은 체내 철 결핍의 1단계나 2단계에서는 크게 변하지 않으므로 경증 철 결핍증 판정을 위해서는 유용한 지표가 아니다.

● 3단계: 철 결핍성 빈혈(iron-deficient anemia)

이 단계에서는 골수로의 철 공급이 제한되기 때문에 헤모글로빈 농도가 감소하고 혈청 페리틴, 트랜스페린 포화도, 헤마토크릿 및 평균혈구용적mean corpuscular volume, MCV, 평균혈구혈색소mean corpuscular hemoglobin, MCH, 평균혈구혈색소농도mean corpuscular hemoglobin concentration, MCHC도 모두 감소하며 헴의 전구물질인 적혈구 프로토포피린 농도가 증가하는 것이 특징이다.

한 가지 생화학적 조사만으로 철 결핍 단계를 판정하는 것은 어려우며 철 결핍 단계를 정확하게 파악하기 위해서는 몇 가지 다른 성분검사를 함께 사용하는 것이 바람직하다. 〈표 6-12〉에는 철 결핍 단계와 이것을 판정하기 위한 생화학적 분석지표를 나타내었다.

표 6-12
철 결핍 단계와 생화학적 분석

철 결핍 단계	체내 변화	생화학적 조사
1단계	철 저장고의 고갈	혈청 페리틴 수준
2단계	철 결핍증 (빈혈은 나타나지 않음)	트랜스페린 포화도, 적혈구 프로토포피린
3단계	철 결핍성 빈혈	헤모글로빈, 평균혈구용적$_{MCV}$

철 결핍 상태 판정 모델

철 영양상태를 정확히 판정할 수 있는 단일지표가 없으므로 철 영양상태 판정을 위해서는 몇 가지 지표를 동시에 사용하는 것이 바람직하다. 〈표 6-13〉에는 철 결핍 판정을 위한 4가지 모델을 제시하였다.

- 페리틴 모델: 페리틴 모델$_{\text{ferritin model}}$은 혈청 페리틴, 트랜스페린 포화도 그리고 적혈구 프로토포피린을 이용한다.
- MCV 모델: MCV 모델은 MCV, 트랜스페린 포화도, 그리고 적혈구 프로토포피린 수치를 이용한다. 이 두 모델은 3가지 지표 중 최소 2개 이상이 비정상이어야 한다.
- 4변수 모델: 4변수 모델$_{\text{four-variable model}}$은 철 결핍성 빈혈보다는 염증성 조건에 의한 빈혈을 잘 판정할 수 있는 모델로서, 혈청 페리틴, 적혈구 프로토포피린, 트랜스페린 포화도 그리고 MCV를 이용한다. 이 모델에서는 혈청 페리틴 또는 MCV 값에 다른 지표 한 가지가 비정상적일 때 철 결핍성 빈혈로 진단한다.
- 헤모글로빈 백분위수 전이 모델: 헤모글로빈 백분위수 전이 모델$_{\text{hemoglobin percentile shift model}}$은 염증과 관련된 빈혈과 철 결핍성 빈혈을 구분하는데 도움이 되는 모델로서, 트랜스페린 포화도가 낮은 집단(<16%)과 또는 적혈구 프로토포피린 농도가 높은 집단(>1.2 μmol/L 적혈구)을 제외한 집단에서 헤모글로빈의 중앙값 변화를 측정한다.

표 6-13
철 결핍상태 판정을 위한 4가지 모델

모델의 종류	분석 내용
페리틴 모델 ferritin model	혈청 페리틴 트랜스페린 포화도 적혈구 프로토포피린
MCV 모델 mean corpuscular volume model	MCV 트랜스페린 포화도 적혈구 프로토포피린
4변수 모델 four-variable model	MCV 또는 혈청 페리틴 트랜스페린 포화도 적혈구 프로토포피린
헤모글로빈 백분위수 전이 모델 hemoglobin percentile shift model	헤모글로빈 트랜스페린 포화도 적혈구 프로토포피린

(2) 칼슘

칼슘은 뼈와 치아 형성, 근육 수축, 혈액 응고 및 세포막 유지에 필수적인 영양소이다. 성인 체내에는 약 1.2 kg의 칼슘이 있으며, 이 중 약 99%는 뼈에 있고 나머지 1%는 세포외액이나 세포 내 구조와 세포막에 있다.

최근 골다공증과 같은 칼슘의 영양문제에 대한 관심이 증가하면서 칼슘 영양상태 측정방법에 대한 관심도 증가하고 있으나 현재까지는 칼슘 영양상태 판정에 적합한 생화학적 방법은 없다. 이는 혈청 칼슘 농도는 칼슘 섭취량에 관계없이 생리적인 기전에 의해 항상성이 잘 조절되고 있기 때문이다.

혈액 내에서 칼슘 상태를 나타내는 지표를 찾는 것은 어려우나 골격의 무기질 함량과 생화학적 지표 및 칼슘 대사물을 측정하여 사용한다. 최근에는 컴퓨터를 이용하여 골밀도를 측정함으로써 간접적으로 체내 칼슘 영양상태를 조사하는 방법이 많이 이용되고 있다.

혈청 칼슘

혈청 칼슘은 단백질과 결합한 형태, 칼슘이온, 복합칼슘의 세 가지 형태로 존재한다. 단백질과 결합된 칼슘은 생리적으로 비활성이지만 이온형태의 칼슘은 생리적으로 활성이 있으며 세포 내 조절인자로 작용한다. 복합칼슘은 구연산, 인산, 젖산과 같은 작은 음이온들과 결합하고 있으며 이것의 기능은 불분명하다.

혈청 칼슘 농도는 항상성이 매우 잘 조절되기 때문에 식사 칼슘 섭취량과 혈청 칼슘 수준 사이의 관련성은 거의 없다. 칼슘 섭취가 높거나 낮아도 혈청 칼슘 수준은 변하지 않으며 오히려 대사적 문제가 있을 때 변화한다. 15~99세의 평균 혈청 칼슘 농도는 8.7~10.7 mg/dL이다.

저칼슘혈증hypocalcemia은 혈청 칼슘 농도가 8.5 mg/dL 이하인 경우로 부갑상샘저하증, 신장질환, 급성 췌장염의 경우에 나타난다. 고칼슘혈증hypercalcemia은 혈청 칼슘 농도가 11 mg/dL 이상인 경우로서 소장의 흡수 증가, 뼈의 용해 증가 혹은 신세뇨관의 재흡수 증가로 인한 것이며, 부갑상샘항진증, 갑상샘항진증, 비타민 D 과잉증일 때 나타난다.

요 칼슘 배설량

요 칼슘 배설량은 혈액 칼슘보다는 식사 칼슘 섭취량의 변화를 더 잘 반영하지만 고칼슘혈증을 일으키는 다른 요인들에 의해서도 영향을 받는다. 혈청 칼슘 농도가 높아지면 요 칼슘 배설량도 증가한다. 요 칼슘 배설량은 밤낮의 차이도 있어 낮이 밤보다 요 칼슘 배설량이 많다. 식사 단백질 수준이 높을수록 칼슘 배설량은 증가하며, 고인산, 고칼륨, 고마그네슘, 고붕소식사에서는 감소하는 경향을 보인다. 요 칼슘 배설량은 요 배설량이 많아질 때 증가하며, 신장의 칼슘 재흡수 기능이 손상되었을 때 증가한다. 저칼슘뇨증hypocalciuria은 신부전일 때 외에도 저칼슘혈증인 경우에 나타난다.

(3) 아연

아연은 모든 생물세포의 구성성분으로 다양한 조절기능을 수행하며, 단백질 합성, 상처 치유, 조직의 성장 및 유지 등 각종 대사과정과 면역기능에 관여한다. 체내에는 약 1.5~2.5 g의 아연이 있으며, 아연이 결핍되면 왜소증dwarfism과 생식기능 저하hypogonadism가 나타난다. 경미한 아연 결핍은 세계적으로 널리 퍼져 있다.

아연의 영양상태를 나타내는 특별하고 민감한 생화학적·기능적 지표는 아직 없다. 혈청 아연의 측정은 가능하지만 이것은 신체 아연에 대한 항상성 조절기능과 혈청 아연에 영향을 주는 다른 요인들에 의해 영향을 받기 때문에 매우 복잡하다.

철이나 칼슘, 비타민 A와는 달리 아연은 체내에 기능적 저장고가 거의 없으며 체내 아연 수준은 조직의 아연 보유와 재분포에 의해 유지된다. 성숙한 동물과 사람은 섭취량이 낮을 때도 아연을 보유하는 능력이 매우 크다. 아연이 부족하면 소장의 아연 흡수율이 증가할 뿐만 아니라 대·소변, 땀을 통한 아연의 손실량도 감소한다. 아연이 결핍되면 체내 아연의 재분포가 일어나서 다른 조직의 아연 농도가 감소하는 대신 혈청 아연 농도는 일정하게 유지된다.

혈청 아연

혈청 아연 농도는 아연 섭취량이나 체내 아연 영양상태 변화를 반영하는 유용한 지표가 아니지만 체내 아연의 양을 나타내는 지표로 이용된다. 혈청 아연 수준은 스트레스, 감염이나 염증, 에스트로겐 호르몬, 경구피임약, 코티코스테로이드를 사용할 때 감소한다.

메탈로싸이오닌

메탈로싸이오닌metallothionein은 아연, 구리 등과 결합하는 금속단백질로서 조직의 메탈로싸이오닌 농도는 아연 상태와 비례한다. 따라서 혈청 아연 농도와 함께 메탈로싸이오닌을 아연 영양상태를 나타내는 잠재적 지표로 사용하면 좋다. 혈청 아연 농도와 메탈로싸이오닌 수준이 둘 다 감소할 때 아연 결핍증으로 판정할 수 있다. 그러나 혈청 아연 수준은 감소하고 메탈로싸이오닌 수준이 증가하면 조직의 아연이 심한 자극에 반응하여 재분포된다는 것을 의미하며 아연 결핍이라고 볼 수 없다. 적혈구의 메탈로싸이오닌도 아연 영양판정 지표로 사용할 수 있다.

메탈로싸이오닌
세포질 내에 존재하는 특수한 금속단백질. 각종 중금속(Cd, Hg, Cu, Ag, Au)이나 아연의 섭취로 합성이 유도됨. 중금속의 해독이나 아연의 대사에 필요함

모발의 아연

모발의 아연은 최근의 섭취량보다는 장기간의 만성적 아연 영양상태를 반영한다. 왜소증 환자에서 모발의 아연 농도가 감소하였으며, 모발의 아연 농도가 낮을 때 입맛이 둔화되고 성장속도도 감소하였다. 모발은 표본을 수집하기가 쉽고 미량 영양소의 영양판정 지표로 사용될 수 있지만 분석비용이 비싸고, 샴푸나 모발제품에 의한 오염이 정확한 측정을 방해한다. 이외에도 아연의 영양상태는 적혈구의 아연 농도 또는 타액의 아연 농도를 측정하거나 입맛의 정확성을 측정함으로써 조사할 수 있다.

비타민

(1) 비타민 A

비타민 A는 전 세계적으로 섭취가 부족한 영양소이다. 비타민 A 영양상태는 결핍deficient, 경계marginal, 적정adequate, 과잉excessive, 독성toxic의 다섯 단계의 상태로 구분한다.

결핍과 독성상태에서는 임상 증상이 분명하게 나타나지만 경계, 적정 또는 과잉상태일 경우는 대부분 생화학적 조사로 판정한다.

비타민 A 영양상태에 대한 생화학적 판정은 혈청, 모유 및 간 조직의 비타민 수준을 측정하는 성분조사와 용량반응조사, 결막세포 조사, 암적응 검사와 같은 기능조사를 통한다.

혈청 비타민 A

비타민 A의 영양상태를 알기 위해 가장 많이 사용하는 방법은 혈청 비타민 A 농도를 측정하는 것이다. 정상조건에서 혈청 비타민 A의 95%는 레티놀 또는 레티놀 결합 단백질RBP과 결합한 형태로 존재하며 나머지는 레티닐 에스터retinyl ester로 존재한다.

혈청 비타민 A 농도는 체내 저장고가 완전히 고갈되었거나(20 μg/g liver 이하) 완전히 채워졌을 때(300 μg/g liver 이상)의 비타민 A 상태를 반영하므로 장기간의 영양상태를 알 수 있다. 즉, 혈청 비타민 A가 감소하면 장기간의 비타민 결핍을 의심할 수 있다. 그러나 이 지표는 간의 비타민 A 저장고를 반영하지는 않는다. 따라서 비타민 A 영양상태를 판정하기 위해 혈청 비타민 A 농도뿐 아니라 임상조사 자료나 식사조사 자료 등을 함께 사용해야 한다.

성인의 정상범위는 45~65 μg/dL이며 나이가 들수록 증가한다. 혈청 비타민 A 농도가 10 μg/dL(0.35 μmol/L) 이하일 때는 임상적으로 결핍증이 나타나며, 20 μg/dL(0.70 μmol/L) 이하이면 낮은 수준으로 판정한다. 30 μg/dL(1.05 μmol/L) 이상이면 적정수준으로 판정하나 100 μg/dL 이상일 때, 특히 50% 이상이 레티닐 에스터 형태로 존재하면 비타민 A 과잉증으로 판정한다.

혈청 비타민 A는 비타민 A 섭취가 부족하지 않은 경우에도 낮아질 수 있는데, PEM의 경우 간에서 RBP 합성이 감소하므로 혈청 비타민 A 수준이 낮아진다.

용량반응 조사

용량반응조사relative dose response, RDR는 간의 비타민 A 저장고를 측정하는 기능검사로 경계 수준의 비타민 A 결핍을 판정할 수 있다. 이 검사는 간의 비타민 A 저장량이 많을 때는 비타민 A를 경구투여해도 혈청 레티놀 농도에 변화가 없으나, 비타민 A의 저장량이 고갈되었을 때 비타민 A를 경구투여하면 혈청의 레티놀 농도가 증가하여 5시간 후에는 최고치에 달한다는 원리를 이용한 방법이다. 즉, 공복 holo-RBP와 비타민 A 보충 후 holo-RBP 농도를 측정하여 그 차이로 apo-RBP 축적량을 알아내는 방법이다. 비타민 A 결핍 시에는 공복 holo-RBP가 낮고 보충 후 holo-RBP가 높으므로 그 차이가 커져서 RDR이 증가하나, 비타민 A가 충분하면 공복 시와 보충 후 holo-RBP 농도 차이가 크지 않아 RDR 값이 감소한다. RDR이 50% 이상이면 심한 결핍, 20~50%이면 한계, 20% 이하이면 정상 수준이다.

비타민 A의 영양상태 판정에 있어 용량반응조사가 다른 기능조사보다 정확하며 객관적인 방법이다. 그러나 조사를 위해서는 5시간 이상 걸리고 혈액을 두 번 채취해야 한다는 제한점이 있다. RDR을 구하는 식은 다음과 같다.

$$\text{RDR} = \frac{\text{경구투여 5시간 후의 혈청 레티놀 수준} - \text{공복 시 혈청 레티놀 수준}}{\text{경구투여 5시간 후의 혈청 레티놀 수준}} \times 100$$

결막세포 조사

비타민 A가 결핍되면 상피세포에 형태학적 변화가 나타나는데, 눈의 결막 상피세포에서도 점막을 합성하는 세포수가 감소하고 상피세포의 형태가 불규칙적으로 되며 세포의 모양에 변화가 나타난다. 결막세포조사conjunctival impression cytology는 결막의 상피세포를 현미경으로 관찰하여 비타민 A 결핍증으로 인한 형태학적 변화를 찾아내는 것이다. 결막의 바깥 부분에 셀룰로스 에스터 여과지를 3~5초간 대었다가 뗀 후 고정용액에 담가 염색을 하여 일반현미경으로 관찰한다.

이 방법의 제한점은 3세 이하 아동에서 조직의 표본을 얻기가 어렵고 전문가(세포학자)가 판독을 해야 한다는 것이다. 이 조사는 일차적으로 결핍증의 위험이 있는 집단을 판별하는 데 쓸 수 있다. 조사대상자의 50% 이상이 정상범위를 벗어났다면 이 집단에서 비타민 A 결핍증의 위험이 크다는 것을 의미한다. 각막에 염증이 있거나 심한 영양불량에는 민감성이 감소한다.

암적응 검사

암적응검사dark adaptation는 비타민 A의 초기 결핍증상인 야맹증을 판별할 수 있는 기능검사로서 시각색소인 로돕신(시자홍)rhodopsin과 이의 재생도를 측정하는 것이다. 로돕신은 망막의 간상세포에서 난백질 옵신opsin과 *cis*-레티닐이 결합함으로써 만들어진다. 눈에 빛이 들어오면 로돕신은 옵신과 *trans*-레티날로 분리되며 시각반응을 한다. 그 후 *trans*-레티날은 *cis*-레티날로 전환되며 옵신과 결합하여 다시 로돕신을 만든다. 이 과정에서 레티날의 일부가 쓰이므로 비타민 A가 계속 공급되어야 시각작용이 계속될 수 있다. 정상조건에서는 레티날이 충분하며 로돕신도 쉽게 만들 수 있다. 그러나 비타민 A 공급이 부족하면 로돕신 합성이 감소되며 눈이 밝은 곳에서 어두운 곳으로 쉽게 적응할 수 없게 된다. 따라서 이 검사는 밝은 불빛을 비친 후 어두운 상태에서 물체를 식별하는 능력을 측정하는 방법이다. 짧은 시간에 적은 비용으로 간단히 측정할 수 있어 대규모 집단검사에 유용하다.

(2) 비타민 D

식품으로 섭취하거나 피부에서 합성된 비타민 D는 간과 신장에서 수산화 과정을 거쳐 활성형인 1,25-dihydroxycholecalciferol[1, 25-$(OH)_2$-D]로 된다. 혈액에 주로 존재하는 비타민 D는 25-하이드록시 비타민 D(25-OH-D)이다. 비타민 D 결핍은 햇빛을 잘 보지 못하는 사람, 옥외 활동이 불가능한 사람, 북구권 거주인 등에서 나타날 수 있다. 비타민 D의 영양상태를 판정하는 방법으로는 혈청 25-OH-D, 소변 내 칼슘과 인, 혈중 염기성 인산 분해효소의 활성도 측정 등이 있다. 혈청 25-OH-D은 체내 비타민 D 저장량을 잘 반영하므로 비타민 D 영양판정을 위해 가장 좋은 지표이다.

혈청 25-하이드록시 비타민 D

혈청 25-OH-D는 비교적 반감기가 길고 간의 저장량을 잘 반영하는 지표이다. 10 ng/mL 미만이면 결핍, 20 ng/mL는 부족으로 판정하며, 20~160 ng/mL이면 양호, 160 ng/mL 이상이면 과잉으로 판정한다. 혈청 25-OH-D 농도는 계절, 직업, 나이 등 일조량에 영향 미치는 다른 요인에 의해서도 영향을 받으므로 해석에 주의한다. 국민건강영양조사 결과, 우리나라 국민의 비타민 D 결핍 또는 부족 비율이 매우 높은 것으로 조사되었다. 최근 혈중 비타민 D 수치가 낮을 경우 뼈 건강 외에도 제2형 당뇨, 암, 비만, 호흡기 질환 위험이 커지고 폐기능 약화와 관련 있는 것으로 보고된 것으로 보아 한국인의 비타민 D 영양상태에 영향을 미치는 요인 및 개선방안에 대한 연구가 필요하다.

혈청 알칼리 포스파테이스 혈청 알칼리 포스파테이스alkaline phosphatase, ALP는 골연화증, 구루병 및 기타 골질환자에서 활성이 증가된다. 비타민 D 결핍 시에는 ALP가 증가하며, 비타민 D를 보충하면 감소한다.

(3) 비타민 E

비타민 E는 4종류의 토코페롤과 4종류의 토코트리엔올 등 총 8종류의 이성질체가 있다. 이 중 α-토코페롤이 가장 생물활성이 높다. 비타민 E의 영양판정은 혈청 토코페롤과 적혈구, 혈소판, 조직의 토코페롤 농도를 측정하는 성분검사와 적혈구 용혈반응 검사와 같은 기능검사를 통해 할 수 있다.

혈청 토코페롤 혈청 토코페롤 농도 측정이 비타민 E 영양판정을 위해 가장 보편적으로 이용된다. 그러나 비타민 E는 혈청에서 LDL에 의해 이동되므로 혈청 총 지질이나 콜레스테롤이 높은 사람은 비타민 E 농도가 같이 높다. 혈청 총 토코페롤 함량이 성인 0.8 mg/g 지질, 영아는 0.6 mg/g 지질 이상이면 양호한 것으로 판정한다.

혈소판, 적혈구, 조직의 토코페롤

- 혈소판의 토코페롤

혈청이나 적혈구 내의 토코페롤보다 식사의 비타민 E 섭취량이 잘 반영된다. 또한 혈청 지질량에 영향을 받지 않고 조직의 저장량을 잘 반영하므로 비타민 E의 영양판정 지표로 유용하다. 정상인의 혈소판 토코페롤 함량은 30 μg/g 정도이다.

- 적혈구 토코페롤

농도는 매우 낮아 측정하기 어렵고 비타민 E 영양판정 지표로서 활용도도 낮다.

- 지방조직의 토코페롤

비타민 E의 주요 저장고인 지방조직의 토코페롤 함량을 측정함으로써 체내 비타민 E의 저장상태를 알 수 있다. 지방조직은 정상인에서도 채취가 가능한 장점이 있으나 많은 사람을 대상으로 조사하기는 어렵다. 정상인의 조직 내 비타민 E 함량은 150 μg/g 정도이다.

적혈구 용혈검사 비타민 E 영양판정에 쓰이는 대표적 기능검사법이다. 이 검사는 비타민 E가 부족하면 적혈구 용혈이 쉽게 일어난다는 점을 이용한다. 시험방법은 적혈구를 분리하여 세척한 후, 3시간 동안 2% 과산화수소 용액에 배양하여 적혈구 용혈로 인해 생성된 헤모글로빈 농도를 측정하고 이것을 증류수로 배양한 적혈구의 용혈 정도와 비교하는 것이다. 정상인의 경우 용혈정도는 대개 5% 미만이다. 적혈구 용혈이 10% 미만이면 양호한 것으로 판단한다.

$$\text{용혈 정도(\%)} = \frac{\text{적혈구를 2\% 과산화수소 용액에서 배양한 후의 헤모글로빈}}{\text{적혈구를 증류수로 배양한 후의 헤모글로빈}} \times 100$$

(4) 비타민 C

비타민 C는 콜라겐 합성에 필요하며 모세혈관과 뼈, 치아의 유지와 철의 흡수 증진 및 비타민과 무기질의 산화 예방에 필요하다. 비타민 C의 영양상태는 이유 전의 어린이, 노인 혹은 알코올 중독자나 흡연자에게 문제가 되며, 우리나라의 경우 평균적으로는 권장섭취량 이상을 섭취하고 있지만 일부 농촌과 저소득층 지역이나 노인, 흡연자에게서 결핍이 나타나는 것으로 나타나 잠재적 문제가 있는 것으로 보인다.

비타민 C의 영양상태를 평가할 때는 혈청과 백혈구의 비타민 C 농도를 측정하는 것이 주된 방법이다. 비타민 C에 대한 기능조사 방법이 제안되고 있지만 현재까지는 많이 사용하지 않는다.

혈청 비타민 C 혈청 비타민 C 농도는 비타민 C 섭취량 및 백혈구 비타민 C 수준과 관련이 있어 비타민 C 영양판정에 가장 일반적으로 사용된다. 혈청 비타민 C는 백혈구 비타민 C 수준보다 최근의 식사섭취를 더 잘 반영하지만 조직의 저장고는 반영하지 못한다.

혈청 비타민 C 농도가 11 μmol/L(0.1 mg/dL) 이하이면 결핍상태로써 임상 증상이 나타난다. 11~23 μmol/L 일 때는 한계 수준이며 임상 증상이 나타날 위험이 상당히 있다. 혈청 비타민 C의 정상범위의 낮은 한계치는 28 μmol/L로 생각된다. 혈청 비타민 C를 측정할 때는 공복상태인지 식후상태인지를 고려해야 하며, 과량의 비타민 C 보충제를 섭취하는 경우에는 혈청 비타민 C 수준이 체내 수준을 반영하지 못한다.

백혈구 비타민 C

백혈구 비타민 C는 세포 내 저장고와 체내 비타민 상태를 더 잘 반영하지만 기술적으로 측정에 어려움이 따르므로 많이 사용하지 않는다. 여성은 남성에 비해 조직과 체액의 비타민 C의 수준이 높다. 성인의 경우 나이는 체내 비타민 C 수준에 영향을 미치지 않는다.

모세혈관 취약성 시험

모세혈관취약성시험capillary fragility test은 비타민 C의 영양상태를 측정하기 위한 기능조사 방법이다. 그러나 모세혈관 취약성에 영향을 주는 요인들이 너무 많아 특이성이 부족하다.

비타민 C 포화도 조사

과량의 비타민 C를 공급한 후 소변으로 배설되는 양을 조사하는 방법으로 비타민 C가 부족한 사람은 배설량이 적으며, 반대로 비타민 C가 충분한 사람은 배설량이 증가한다. 이 방법은 비타민 C의 고갈을 알 수 있는 좋은 지표이나 24시간 소변을 수집해야 하는 어려움이 있다.

(5) 비타민 B_6

비타민 B_6는 식품 중에 피리독신pyridoxine, PN, 피리독살pyridoxal, PL, 피리독사민pyridoxamine, PM 형태로 들어 있고, 간, 적혈구 등 신체조직에는 피리독살 5-인산pyridoxal 5-phosphate, PLP과 피리독사민 인산pyridoxamine phosphate, PMP으로 존재한다. 비타민 B_6 결핍은 건강한 사람에서는 매우 드물지만 노인이나 청소년,

임신부, 경구피임약을 복용하는 경우에 문제될 수 있다. 비타민 B_6의 영양상태는 식사요인 외에 에스트로젠 치료나 알코올 중독, 요독증, 간질환, 경구피임약이나 다른 약물의 복용에 의해 영향을 받는다.

비타민 B_6의 영양상태 평가법은 혈장 PL, 혈장 총 비타민 B_6, 요 4-피리독신산pyridoxic acid, PA, 요 비타민 B_6 농도를 측정하는 직접적 방법이 있고, 트립토판 부하검사, 메싸이오닌 부하검사, 적혈구 활성 측정 등의 간접적 방법이 있다.

혈장과 적혈구 PLP

비타민 B_6의 영양상태 측정에 가장 흔히 사용하는 방법은 공복 혈장의 PLP 농도를 측정하는 것이다. PLP는 혈장 총 비타민 B_6의 70~90%를 차지하고 있으며, 혈장에서의 주된 운반 형태이므로 혈장 PLP 농도는 체내 저장고를 반영하는 좋은 지표이다. 또한 혈장 PLP 수준은 비타민 B_6 섭취 증가에 따라 증가하므로 비타민 B_6 영양상태 판정에 좋은 지표이다. 그러나 혈장 PLP 농도는 단백질 섭취 등 여러 요인에 의해 영향 받으므로(표 6-14) 다른 성분검사 및 기능적 지표와 함께 사용하는 것이 좋다. 현재까지 비타민 B_6 농도를 판정하기 위한 혈장 PLP 기준치는 없으나 30 nmol/L 이상이면 적정한 것으로 본다.

적혈구 PLP 및 PL은 최근의 섭취량보다는 장기적인 영양상태를 반영하는 지표로 이용될 수 있다. 그러나 적혈구가 체조직 전체를 대표하지 못한다는 한계가 있으며, 아직 적혈구 PLP 기준치가 마련되어 있지 않다.

표 6-14
혈장 PLP 농도에 영향을 미치는 요인들

요인들	영향
비타민 B_6 섭취량 증가	증가
단백질 섭취량 증가	감소
포도당 섭취량 증가	감소
혈장량 증가	감소
신체활동 증가	증가
간 이외의 조직으로의 흡수 감소	증가
나이 증가	감소

자료 : Leklem JE, 1990

요 4-피리독신산 배설량

소변을 통해서 배설되는 비타민 B_6는 대부분이 대사물인 4-피리독신산4-PA 형태이며, 최근의 식사 비타민 B_6 섭취량에 따라 민감하게 변하므로 단기간의 비타민 B_6 영양지표로 사용한다.

성인 남자의 4-PA 배설량은 >3.5 μmol/일, 여자는 >3.2 μmol/일이며, 요 배설량이 >3.0 μmol/일이면 비타민 B_6 영양상태를 정상으로 판정한다. 심한 비타민 B_6 결핍에서는 요 4-PA가 거의 검출되지 않는다.

트립토판 부하시험

트립토판 부하시험tryptophan load test은 비타민 B_6 영양상태의 지표로 가장 널리 쓰인다. 이 방법은 트립토판이 니코틴산으로 전환되는 과정에서 PLP가 조효소로 필요한데, 만일 PLP가 없으면 이 과정이 더 이상 진행되지 못해서 중간대사물인 크산튜렌산xanthurenic acid이 축적되는 원리를 이용한 것이다(그림 6-3). 2 g의 L-트립토판을 경구 투여한 후 24시간 후에 요를 채취하여 크산튜렌산 함량을 측정하여 30~40 μmol/일이면 정상, 65 μmol/일 이상이면 불량한 것으로 판정한다.

요 크산튜렌산은 식사요인 이외에 단백질 섭취, 운동, 무지방 체중, 개인차, 투여한 트립토판의 양, 에스트로젠과 경구피임약의 사용, 임신 등의 영향을 받는다. 따라서 이런 영향요인을 잘 조절하면 트립토판 투여시험은 비타민 B_6 상태를 나타내주는 민감한 지표가 될 수 있다.

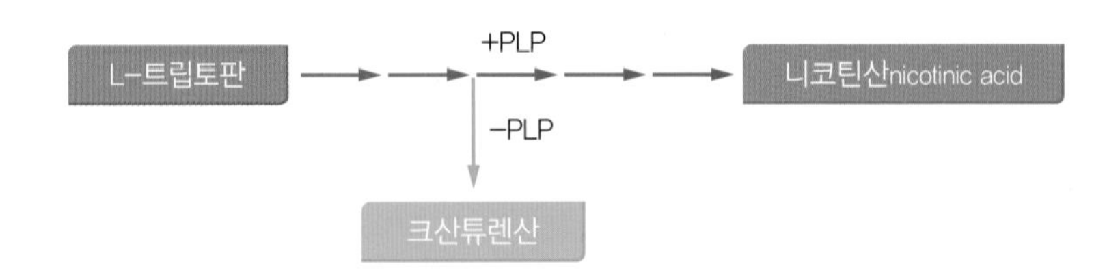

그림 6-3
트립토판의 대사경로 및 비타민 B_6의 역할

메싸이오닌 부하시험

메싸이오닌 부하시험methionine load test은 트립토판 부하시험과 마찬가지로 메싸이오닌이 대사되는 과정에 PLP가 필요하다는 점을 이용한 것이다. 3 g의 메싸이오닌을 투여한 후 그 대사산물인 시스타싸이오닌cystathionine과 시스테인설폰산cysteine sulfonic acid의 배설량을 측정한다. 비타민 B_6가 결핍되면 이들의 배설량이 정상인에 비해 높아진다. 이 방법은 24시간 요를 채취해야 하며, 비타민 이외의 다른 요인에 의해 영향을 받으므로 제한적으로 사용해야 한다. 적정 수준은 350 μmol/일 이하이다.

적혈구 아미노기 전이효소 활성 측정

적혈구의 알라닌 아미노기 전이효소alanine transaminase, ALT; GPT와 아스파트산 아미노기 전이효소aspartic acid transaminase, AST; GOT는 비타민 B_6의 영양상태에 예민하게 반응하는 효소로서 이 효소의 활성은 비타민 B_6의 기능적 지표로 흔히 사용된다. 비타민 B_6의 저장고가 고갈되면 이들 두 효소의 활성은 감소하며 PLP를 보충하면 활성이 증가된다.

조사방법은 적혈구에서 효소를 분리한 후 기초상태의 효소 활성을 측정하고 그 후 과량의 PLP로 처리하여 자극을 준 다음 효소 활성을 측정하여 다음 식과 같이 자극지수(자극받기 전의 활성에 대한 자극후의 활성의 비율)stimulation index를 구한다.

$$\text{자극지수} = \frac{(\text{PLP 자극 후 효소 활성} - \text{기초상태의 효소 활성})}{\text{기초상태의 효소 활성}} \times 100$$

ALT와 AST 중에 ALT가 비타민 B_6의 영양상태를 더 잘 반영한다. 이 방법의 단점은 개인 간 변이가 크며, 리보플라빈 결핍이 동시에 나타날 때도 영향을 받는다는 점이다. 따라서 자료의 해석과 비교가 어렵다. AST가 200% 이상, ALT가 125% 이상이면 비타민 B_6가 부족한 것으로 생각한다.

(6) 엽산

엽산은 아미노산 대사와 핵산 합성에서 단일 탄소의 이동을 위한 조효소로 작용한다. 엽산의 가장 중요한 기능은 퓨린과 피리미딘 합성에 관여하는 것이다. DNA 합성이 저하되면 세포분열의 손상과 단백질 합성의 변화가 나타난다. 이러한 효과는 특히 적혈구나 백혈구와 같이 빠른 속도로 분열하는 세포에서 현저하게 나타난다.

엽산 또는 비타민 B_{12}가 부족하면 거대적아구성 빈혈megaloblastic anemia이 나타난다. 이것은 골수에서 비정상적으로 큰 거대적아구megaloblast가 만들어지고, 혈액에서도 정상 적혈구보다 훨씬 큰 대적혈구macrocytic cell가 나타나는 것이 특징이다. 이때는 헤모글로빈과 헤마토크릿치가 감소하면서 적혈구 수가 적어지는 반면, 적혈구의 부피는 커져서 MCV가 증가하게 된다.

우리나라의 경우 소도시 임신부의 1/3 가량이 저엽산혈증을 보였으며, 미국의 경우에도 가임기 여성에서 엽산 결핍의 위험이 큰 것으로 나타났다. 그 외에 미숙아, 임신 후반기의 여성 및 노인이 위험집단으로 나타났다. 경구피임약은 엽산의 흡수를 억제하므로 이 약을 복용하는 여성은 엽산 결핍증에 걸릴 우려가 있다. 엽산 영양상태 판정을 위해서는 주로 혈청과 적혈구 엽산 농도가 이용된다.

엽산 영양상태는 양의 평형상태, 정상상태 및 음의 평형상태로 나눌 수 있다. 엽산의 결핍상태는 4단계로 구분한다. 1단계는 초기 음의 평형상태로 이때는 혈청 엽산수준이 3 ng/mL 이하로 감소한다. 2단계는 엽산의 고갈로 적혈구와 혈청 엽산 수준이 모두 감소한다. 3단계에서는 엽산 결핍성 조혈작용이 나타나서 간의 엽산이 1.2 μg/일 이하로 감소한다. 4단계에서는 적혈구의 크기가 커지고 형태가 변하는 엽산 결핍성 빈혈이 나타난다. 또한 헤모글로빈 농도가 감소하여 빈혈이 뚜렷이 보인다.

엽산 결핍 시에 적혈구, 백혈구 및 골수에서 나타나는 형태학적인 변화는 비타민 B_{12} 결핍에서와 같고, 엽산 결핍 단계에 대한 정확한 구분은 〈부록 12〉에 제시하였다.

혈청 엽산 혈청 엽산 농도는 빈혈을 판정하기 위한 예민한 지표로서 엽산 결핍 초기에 변화한다. 혈청 엽산은 엽산 섭취가 감소하거나 엽산대사에 변화가 나타나면 바로 변하지만 엽산 저장고를 나타내지는 못한다. 혈청 엽산 농도는 엽산의 섭취 외에 급성신부전, 간질환, 적혈구 용혈과 같은 경우에 증가한다. 반면 알코올 섭취와 흡연, 경구피임약 복용 등은 혈청 엽산 수준을 낮춘다. 일반적으로 혈청 엽산 농도가 3.0 ng/mL(<6.8 nmol/L) 이하이면 엽산 부족, 6.0 ng/mL 이상이면 충분한 것으로 본다.

적혈구 엽산 적혈구의 엽산은 간의 엽산 저장고를 잘 반영하며 엽산의 영양상태 판정에 대한 가장 좋은 지표이다. 그러나 적혈구의 엽산은 골수에서 적혈구가 합성될 때의 엽산 영양상태를 반영하므로 조직의 엽산 저장고가 고갈된 후에야 감소한다. 160 ng/mL(368 nmol/L) 이하일 때 조직의 엽산이 고갈된 것으로 판정한다. 혈청 엽산과는 달리 적혈구 엽산은 식사 섭취로 인한 일시적 변화에 영향을 덜 받는다. 적혈구 엽산 농도는 간 엽산 농도와 상관관계가 있으며 총 체내 저장고를 반영한다. 비타민 B_{12} 결핍일 경우에도 적혈구 엽산 농도가 감소하므로 엽산 결핍증을 정확하게 판정하기 위해서는 적혈구 엽산과 혈청 비타민 B_{12}의 농도를 동시에 측정해야 한다.

히스티딘 부하시험 히스티딘 부하시험histidine load test은 히스티딘이 포미미노 트랜스퍼레이스formimino transferase에 의해 글루탐산으로 전환되는 점을 이용한 것이다. 엽산이 결핍되면 이 반응이 잘 일어나지 않아 중간산물인 포미미노 글루탐산formiminoglutamate, FIGLU이 소변으로 배설된다(그림 6-4). 2~15 g의 히스티딘을 투여 후 FIGLU를 측정하면 엽산이 충분한 사람은 FIGLU를 소량 배설하는 반면, 엽산이 부족한 사람은 다량 배설하게 된다. 따라서 히스티딘을 공급한 후 8시간 동안 소변으로 배설되는 FIGLU의 양을 측정하면 엽산의 영양상태를 알 수 있다.

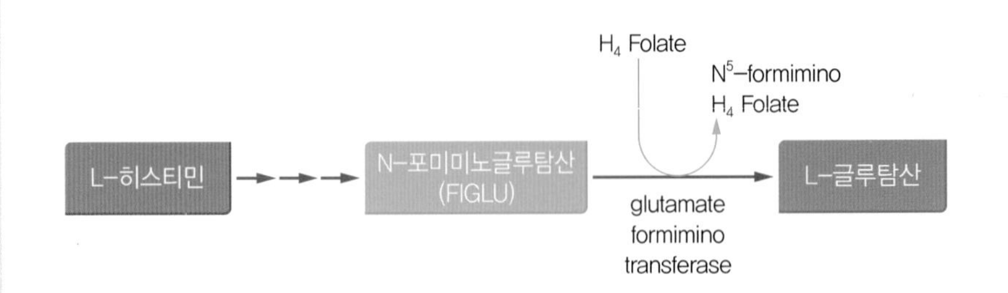

그림 6-4
히스티딘의 대사경로 및 엽산의 역할

이 방법은 체내 엽산의 기능검사로서 분석방법이 매우 복잡하므로 특별한 목적이 있을 때 사용한다. 이 방법의 문제점은 비타민 B_{12}가 결핍되었을 때도 FIGLU 농도가 증가한다는 것이다. 따라서 혈청 엽산 수준과 함께 사용해야 효과적이다.

데옥시 유리딘 억제시험

데옥시유리딘 억제시험deoxyuridine suppression test은 골수나 임파구에서 다량의 데옥시유리딘 존재하에서 방사성 동위원소를 가진 티미딘thymidine이 DNA 합성에 이용된 양을 추적하여 엽산의 결핍 정도를 판정하는 방법이다. 이것은 티미딘 합성효소thymidine synthetase가 엽산 의존효소로서 엽산이 부족하면 이 효소의 활성도가 떨어져 데옥시유리딘에서 티미딘으로의 전환이 감소되는 원리를 이용한 것이다. 이 방법은 분석방법이 매우 복잡하고 비타민 B_{12}에 의해서도 이 효소 활성이 감소하므로 많이 이용되지 않는다.

(7) 비타민 B_{12}

비타민 B_{12}는 코발트를 포함하고 있는 분자로 박테리아나 곰팡이, 조류algae에 의해 합성되지만 효모나 식물 및 동물에서는 합성되지 않는다. 비타민 B_{12}는 수용성 비타민 중에서 유일하게 체내 저장이 가능하여 주로 간에 저장된다. 비타민 B_{12} 결핍의 초기 증상은 엽산 결핍에서처럼 거대적아구성 빈혈이며 헤모글로빈 수치가 감소한다. 비타민 B_{12} 결핍의 최종 영향은 신경계에 나타난다. 말초신경, 척수 및 뇌의 탈수초화demyelination가 나타나며 결국은 회복될 수 없는 손상이 생긴다. 비타민 B_{12} 결핍증은 엽산 결핍 시에도 나타나므로 비타민 B_{12} 영양상태 판정을 위해서는 비타민 B_{12}과 엽산 둘 다 조사해야 한다.

혈청 비타민 B_{12}

비타민 B_{12}의 영양상태 판정을 위해서는 혈청 비타민 B_{12} 농도를 측정하는 것이 가장 정확한데, 이는 혈청 비타민 B_{12}가 체내 저장량을 반영할 수 있기 때문이다. 혈청 비타민 B_{12}가 100 pg/mL 이하면 결핍증으로 판정한다.

실링검사

비타민 B_{12} 결핍증은 대부분 내재인자intrinsic factor, IF의 부족으로 인한 흡수불량이 원인이다. 내재인자는 위의 벽세포에서 합성되는 당단백질로 위점막이 위축되면 합성되지 않아 위축성 위염 환자, 노인, 위절제술을 한 경우에 내재인자가 부족할 수 있다. 비타민 B_{12}의 흡수 불량에 의한 악성빈혈을 진단하는 방법으로는 실링검사Schilling test가 있다. 이것은 코발트의 방사성 동위원소(Co^{57} 또는 Co^{58})를 함유한 소량(약 0.5~2.0 μg)의 비타민 B_{12}를 경구 투여하고 1시간 후에 다량(약 1 mg)의 비타민 B_{12}를 근육 또는 피하에 주사하면 정상인의 경우에는 2시간 이내에 방사성 물질이 소변으로 상당량 배설되나, 내재인자의 결핍에 의한 악성빈혈인 경우에는 소변으로 배설되는 방사성 물질이 거의 없는 점을 이용한 것이다.

(8) 티아민

티아민의 영양상태는 혈액, 소변, 적혈구, 백혈구의 티아민 농도를 측정하여 판정할 수 있다. 그러나 혈액과 요 중 티아민 농도는 최근의 섭취량을 반영할 뿐 조직의 티아민 영양상태는 반영하지 못하므로 좋은 지표는 아니다. 티아민 영양판정을 위해 좋은 지표로는 TPPthiamin pyrophosphate를 조효소로 필요로 하는 트랜스케톨레이스transketolase, TK의 활성도 측정을 들 수 있다.

요 티아민 배설량 가장 많이 쓰이는 방법으로 식사섭취량은 잘 반영하나 조직 저장량은 반영하지 못한다.

적혈구 트랜스케톨레이스 활성 티아민의 조효소 형태인 TPP를 첨가하기 전과 후의 트랜스케톨레이스 활성 증가 비율로 티아민 영양상태를 판정하는 방법이다. 티아민이 부족하면 TK 활성증가율이 높아지며, 20~25% 이상 증가할 때 티아민 부족, 15% 이하일 때 정상으로 판정한다.

(9) 리보플라빈

리보플라빈의 영양상태도 혈장, 적혈구, 소변의 리보플라빈 농도를 측정하여 판정할 수 있으나 이 수치들이 최근의 섭취량만을 반영할 뿐 체내 저장량을 반영하지는 못한다. 리보플라빈의 영양판정을 위해 가장 좋은 지표는 FAD flavin adenine dinucleotide를 조효소로 사용하는 적혈구의 글루타싸이온 환원효소 glutathione reductase, GR의 활성을 측정하는 것이다.

요 리보플라빈 배설량 리보플라빈의 영양상태 판정에 가장 많이 사용되는 생화학적 방법으로서 24시간 소변에서 리보플라빈 배설량을 측정하는 것이다. 리보플라빈 영양상태가 나쁘면 배설량이 감소한다.

적혈구 글루타싸이온 환원효소 활성 리보플라빈의 조효소형태인 FAD 첨가 전후의 적혈구 글루타싸이온 환원효소의 비율로 판정한다. 활성계수가 1.2 이상일 때 결핍의 위험이 있다.

(10) 니아신

니아신은 니아신 대사물의 형태로 요로 배설되므로 니아신 영양상태를 알기 위해서는 요의 니아신 대사물을 측정한다. 즉, 50 mg의 니코틴아마이드를 투여한 후 4~5시간 후 소변으로 배설되는 니아신 대사물질인 2-피리돈/N′-메틸 니코틴아마이드의 비를 측정한다. 니아신 대사물질의 배설량이 적을 때 니아신 결핍으로 판정한다.

3. 혈액화학 검사 지표

혈액화학 검사란 혈청이나 혈장을 표본으로 하여 질병의 진단과 관리에 필요한 여러 성분을 생화학적으로 분석하는 검사이다. 현재는 많은 병원과 임상실험실에서 이 검사를 빠른 시간 내에 동시에 분석할 수 있는 자동화된 기기를 구비하고 있다. 분석 결과는 각 항목의 정상범위와 함께 자동적으로 인쇄된다. 혈액화학 검사 지표 종류별 정상범위는 〈표 6-15〉에 나타냈다.

표 6-15
혈액화학 검사 지표

혈액화학 지표	증가하는 경우	감소하는 경우	정상범위
포도당	–	–	60~115 mg/dL(3.3~6.4 mmol/L)
중성지질 TG	유전적 요인, 비만, 신체활동 적을 때, 흡연, 알코올 과다 섭취, 고탄수화물 식사, 제2형 당뇨, 만성신부전, 신경증상, 특정 약물 사용 시	–	정상범위: <150 mg/dL(<1.69 mmol/L) 약간 높은 수준: 150~199 mg/dL(1.69~2.25 mmol/L) 높은 수준: 200~499 mg/dL(2.26~5.63 mmol/L) 아주 높은 수준: ≥500 mg/dL(5.64 mmol/L)
콜레스테롤	–	–	<200m g/dL(5.17 mmol/L)
알부민 & 총 단백질	단백질 섭취 증가 시	단백질 섭취 감소 시	Albumin 35~50 g/L(3.5~5.0 g/dL) Globulin 23~35 g/L(2.3~3.5 g/dL) Total protein 60~84 g/L(6.0~8.4 g/dL)
염기성 인산분해효소 ALP	• 어린이, 사춘기, 임신기 • 부갑상샘기능항진, 관절치료, 골종양	–	0.22~0.65 μkat/L(13~39 units/L)

(계속)

혈액화학 지표	증가하는 경우	감소하는 경우	정상범위
아미노기 전이효소 ALT(GPT)	간염, 간경변, 담관폐색 등으로 간이 손상되었을 때	만성 신장 투석 시	0.02~0.35 μkat/L(1~21 units/L)
아미노기 전이효소 AST(GOT)	심근경색, 간염, 간질환, 췌장염 골격근육 손상, 독물질 노출		0.12~0.45 μkat/L(7~27 units/L)
젖산 탈수소효소 LDH	•골격근육, 심장근육, 간, 췌장, 비장, 뇌 손상 •간염, 암, 신장 질환, 화상 및 외상 시	–	45~90 units/L(0.75~1.50 μkat/L)
크레아티닌	신장 네프론의 반 이상 파괴 시	–	남성 0.8~1.2 mg/dL(70~110 μmol/L) 여성 0.6~0.9 mg/dL(50~80 μmol/L)
빌리루빈	•결합 빌리루빈이 합성되지 않을 때 •빌리루빈이 배설되지 않을 때	–	총 빌리루빈: 1.7~20.5 μmol/L(0.1~1.2 mg/dL) 결합 빌리루빈: 5.1 μmol/L(0.3 mg/dL) 유리 빌리루빈: 1.7~17.1 μmol/L(0.1~1.0 mg/dL)
혈액요소질소 BUN	신부전, 탈수, 위장관 출혈, 심부전, 고단백식사, 신혈류 부족, 요도 봉쇄	간질환, 수분중독, 영양 부족, 스테로이드 사용	8~25 mg/dL(2.9~9.8 mmol/L)
이산화탄소	대사성 알칼리증 metabolic alkalosis	대사성 산증 metabolic acidosis	24~30 mEq/L(24~30 mmol/L)
칼슘	부갑상샘 장애, 신부전, 암	–	총 칼슘: 8.5~10.5 mg/dL(2.1~2.6 mmol/L) 칼슘이온: 2.0~2.4 mEq/L(1.0~1.2 mmol/L)
인	신부전, 부갑상샘 기능저하, 갑상샘 기능항진, 인산 포함 하제나 관장제 사용으로 인해 인 섭취가 높을 때	부갑상샘 기능항진, 구루병, 골연화증, 만성 제산제 사용 시	3.0~4.5 mg/dL(1.0~1.5 mmol/L)
칼륨	신부전, 부신 기능 불충분할 때, 심한 화상과 손상 시	하제와 정맥주사, 구토, 설사, 식사섭취 이상	3.5~5.0 mEq/L(3.5~5.0 mmol/L)
나트륨	탈수, 설사나 구토 등으로 인한 수분 과다손실, 항이뇨호르몬 조절이 안 될 때	나트륨 손실, 심부전, 신장질환, 수분 중독 시	135~145 mEq/L(135~145 mmol/L)
염소	신장질환, 갑상샘 기능항진증, 빈혈, 심장질환 시	혈청 칼륨 수준이 낮거나 알칼리증이 있을 때	100~106 mEq/L(100~106 mmol/L)

함께 풀어 봅시다

6-1 성분조사와 기능조사의 차이점은 무엇인지 비교해 보자.

6-2 단백질 영양상태를 판정하기 위한 혈청 지표 중에 단백질 결핍의 초기 단계를 예민하게 나타내는 지표는 무엇이며, 조사 분석이 간편한 지표는 무엇인지 알아보고 비교해 보자.

6-3 우리나라 사람들의 철 영양상태를 조사한 자료들을 찾아서 철 영양상태를 판정해 보고 개선방안을 이야기해 보자.

6-4 성인을 대상으로 하는 건강검진 시에 조사하는 기본적 혈액화학 지표들과 한층 세밀한 조사를 위한 심층적 혈액화학 지표들을 알아보자. 건강검진 결과 제시된 혈액화학 분석치를 보고 분석된 항목들이 각각 무엇을 조사하기 위한 것인지 알아보자.

참고문헌

R E F E R E N C E

보건복지부, 질병관리청. 2019 국민건강통계 - 국민건강영양조사 제8기 1차년도(2019)

보건복지부, 한국영양학회. 2020 한국인 영양소 섭취기준, 2020

Alcock NW. Laboratory tests for assessing nutritional status: In Ross AC, Caballero B, Cousins RJ, Turker KL, Ziegler TR. eds. ***Modern Nutrition in Health and Disease***, 11th ed. Baltimore: Williams & Wilkins, 2012

Bates CJ, Thurnham DI, Bingham SA, Margetts BM, Nelson M. Biochemical markers of nutrient intake. In: Margetts BM, Nelson M. eds. ***Design Concepts in Nutritional Epidemiology***. Oxford University Press, Oxford, 1997

Blackburn GL, Bistrian BR, Maini BS, Schlamn HT, Smith MF. Nutritional and metabolic assessment of the hospitalized patient. ***Parenteral and Enteral Nutrition*** 1: 11~12, 1977

Choi CJ, Seo M, Choi WS, Kim KS, Youn SA, Lindsey T, Choi YJ, Kim CM. Relationship between serum 25-hydroxyvitamin D and lung function among Korean adults in Korea National Health and Nutrition Examination Survey (KNHANES), 2008-2010. ***J Clin Endocrinol Metab***. 98(4): 1703~1710, 2013

Gibson RS. ***Principles of Nutritional Assessment***, 2nd ed. Oxford University Press, Oxford, 2005

Lee RD, Nieman DC. ***Nutritional Assessment***, 5th ed. McGraw-Hill Higher Education, Boston, 2010

Leklem JE. Vitamin B_6: A status report. ***J Nutr*** 120: 1503~1507, 1990

Life Science Research Office, Federation of American Societies for Experimental Biology, 1989

Looker AC, Dallman PR, Carroll MD, Ganter EW, Johnson CL. Prevalence of iron deficiency in the United States, ***JAMA*** 277: 1135~1139, 1997

Mary A. Williamson MT, Snyder LM. ***Wallach's Interpretation of diagnostic tests***, 9th ed. Lippincott Williams & Wilkins, 2011

Parslow TG, Stites DP, Terr AI, Imboden JB (eds). ***Medical Immunology***, 10th ed.

McGraw-Hill, New York, 2001
Ravel R. *Clinical laboratory medicine: Clinical application of laboratory data*, 6th ed. Mosby, St. Louis, 1994
Tilkian SM, Conover MB, Tilkian AG. *Clinical implications of laboratory tests*, 4th ed. St. Louis: Mosby, 1987
Tome D. Criteria and markers for protein quality assessment-a review. *Br J Nutr.* 108 Suppl 2: S222~229, 2012

7 임상조사

1 임상조사의 장단점

2 임상조사에 필요한 자료

3 영양상태 임상평가표

4 임상징후 조사

5 영양불량의 진단

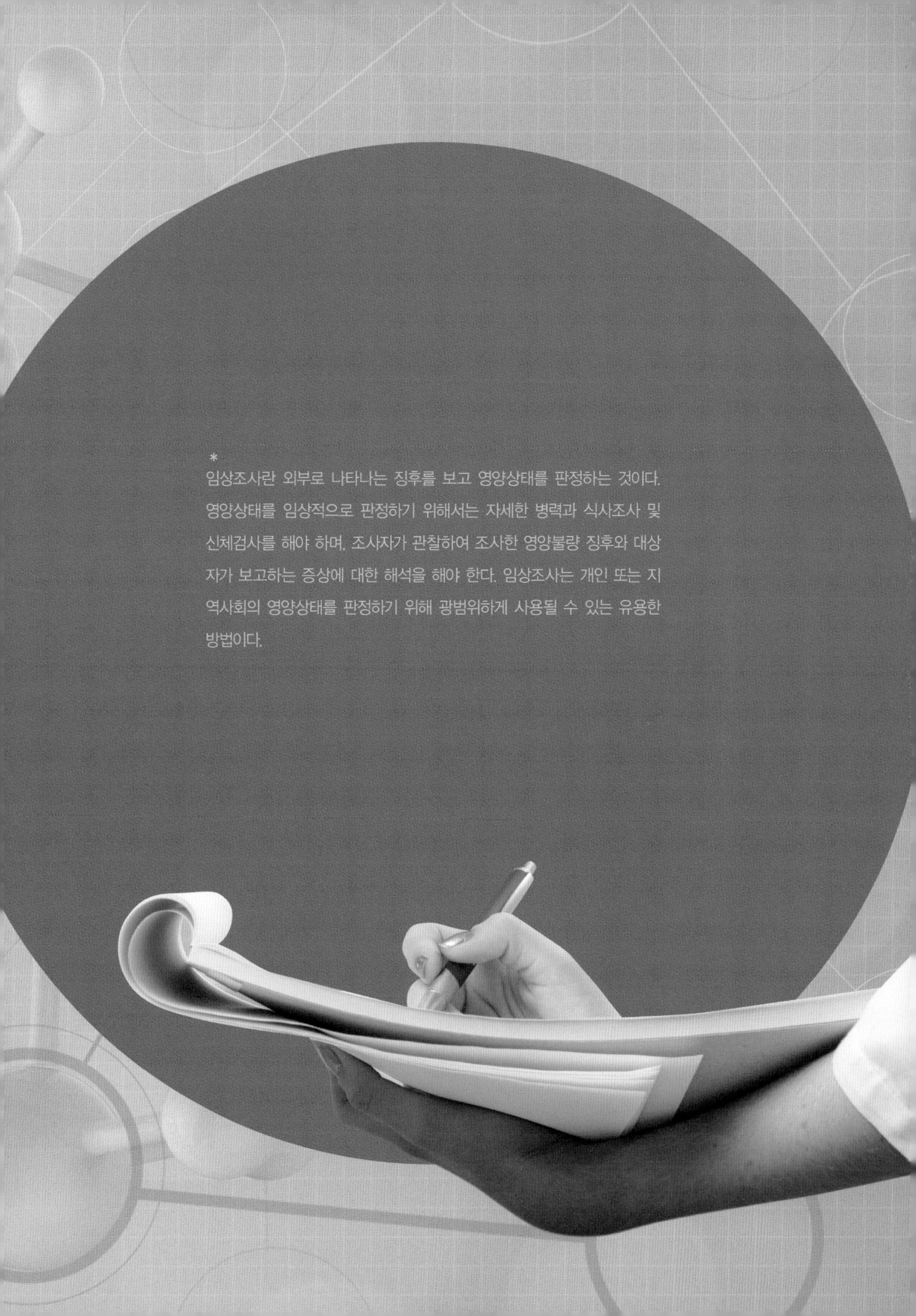

*
임상조사란 외부로 나타나는 징후를 보고 영양상태를 판정하는 것이다. 영양상태를 임상적으로 판정하기 위해서는 자세한 병력과 식사조사 및 신체검사를 해야 하며, 조사자가 관찰하여 조사한 영양불량 징후와 대상자가 보고하는 증상에 대한 해석을 해야 한다. 임상조사는 개인 또는 지역사회의 영양상태를 판정하기 위해 광범위하게 사용될 수 있는 유용한 방법이다.

CHAPTER 7

Clinical Assessment

임상조사

임상조사란 외부로 나타나는 징후를 보고 영양상태를 판정하는 것이다. 영양상태를 임상적으로 판정하기 위해서는 자세한 병력과 식사조사 및 신체검사를 해야 하며, 조사자가 관찰하여 조사한 영양불량 징후sign와 대상자가 보고하는 증상symptom에 대한 해석을 해야 한다. 임상조사는 개인 또는 지역사회의 영양상태를 판정하기 위해 광범위하게 사용될 수 있는 유용한 방법이다.

특정 영양소의 영양상태가 불량해지면 체내 저장량에 변화가 생기고 이들 영양소의 혈중 농도나 조직에 해부학적인 변화를 초래하게 되어 얼굴, 머리, 피부, 근육 등 신체의 각 부위에서 외적 징후가 나타난다. 조사대상자와의 면담 시 이런 이상 여부를 관찰하여 영양상태를 추정할 수 있다.

1. 임상조사의 장단점

임상조사는 비싼 기계나 기구 없이 비교적 저렴한 비용으로 단시간에 많은 사람을 조사할 수 있다. 심한 영양불량이 만연한 지역에서는 임상조사만으로도 의미 있는 유용한 정보를 얻을 수 있다. 임상조사는 식사조사나 생화학적 조사로 나타나지 않는 영양결핍 증세가 나타날 수 있으며 이럴 경우 다른 영양불량에 대한 단서가 될 수 있다. 또한 임상조사로 다른 질병의 징후를 찾아낼 수도 있으므로 질병의 진단과 치료에 도움을 줄 수 있다.

그러나 영양불량 초기에는 임상징후가 나타나지 않기 때문에 영양상태가 양호한 지역에서는 임상조사의 의미가 크지 않다. 영양불량으로 나타나는 징후들은 대개 특이성이 없으며, 결핍뿐만 아니라 회복기에도 나타날 수 있고 복합적이며, 여러 신체적 징후가 동시에 나타날 수 있고, 영양불량이 아닌 다른 원인에 의해서도 나타날 수 있으므로 해석에 주의해야 한다. 또한 임상조사에는 잘 훈련된 전문가가 필요하다. 같은 징후에 대해서 조사자마다 다른 판정을 할 수 있으므로 조사자 편차가 존재한다. 조사자 편차는 기준의 표준화와 조사자의 교육, 훈련을 통해 줄일 수 있다.

2. 임상조사에 필요한 자료

임상조사를 위해서는 병력, 신체검사 자료, 생화학적 검사자료, 그리고 식사력과 관련된 자료들을 통합하여 분석해야 한다.

병력 조사

영양상태를 임상적으로 조사하기 위해서는 우선 환자의 병력에 대해 조사해야 하며, 개개인의 병력에 대한 정보는 설문지나 의학기록을 이용하여 얻을 수 있다. 가장 좋은 방법은 환자의 의무기록을 검토하고 과거의 병력을 조사하는 것이다. 영양상태와 관련된 병력조사 내용은 다음과 같다(표 7-1).

- 일반적인 내용: 조사대상자 및 그와 관련된 환경적·사회적·가족적인 요인에 대해 조사한다.
- 병력에 대한 내용: 과거와 현재의 질병력, 건강상태와 약물 복용, 개인정보와 가족력에 대한 정보를 수집한다. 당뇨병, 신장질환, 각종 암, 관상심장질환, 간질환, 담낭질환, 후천성면역결핍증AIDS, 궤양, 수술 등 여러 질병이 영양상태에 영향을 줄 수 있다.
- 영양상태에 영향을 줄 수 있는 요인들: 씹거나 삼키는 능력, 식욕, 구토나 설사, 변비, 부종, 복부 팽만, 소화불량 등도 조사한다. 빈혈과 만성질병에 대해서도 조사하며 일상 체중과 최근의 체중 변화도 조사한다. 의사의 처방전과 비타민과 무기질 보충제의 복용 여부, 민간요법에 의한 치료 여부도 조사한다. 차, 커피, 알코올 섭취량, 흡연, 골절의 발생 빈도, 육체적 활동과 운동량도 조사한다.
- 사회심리적 요인: 대상자의 연령, 직업, 교육수준, 결혼상태, 수입, 주거상태, 가족 수, 음주와 흡연상태, 약물 복용상태 및 사회적이고 감정적인 지원상태와 건강관리를 위한 비용지불 능력도 조사한다.

표 7-1
병력과 식사력 조사내용

영양소 섭취와 관련된 사항
- 식욕 부진
- 과거와 현재의 영양상태 조사
- 영양결핍증 여부
- 약물 복용 및 약물과 영양소와의 관련성
- 섭취나 소화, 흡수에 영향을 주는 소화기관의 이상
- 일상적 식사 형태
- 식욕과 포만감
- 식사 후의 불편한 느낌
- 씹거나 삼키는 능력
- 기호도
- 입맛의 변화
- 식품에 대한 알레르기나 특이 체질
- 구토, 설사, 변비 지방변과 같은 대장 증상
- 생활조건
- 간식 섭취
- 영양 보충제 복용 실태
- 알코올이나 약물사용 실태
- 과거의 식사 제한
- 수술이나 만성질환
- 식품의 구매력이나 준비 가능성
- 건강관리를 위한 지불력

영양상태에 영향을 주는 병리적 사항
- 만성감염이나 감염 상황
- 종양
- 내분비샘의 이상
- 만성질환: 폐질환, 경화나 신부전 등

기타 사항
- 이화작용하는 약제나 치료: 스테로이드, 면역억제제, 방사선치료나 화학치료
- 유전적 요인 : 부모, 형제, 가족의 체형
- 다른 약물 복용 : 이뇨제, 설사제

식사력 조사

영양판정을 위한 임상조사를 위해서는 조사대상자의 식사력dietary history이 포함되어야 한다. 여기에는 식사와 간식 섭취 등 일상의 식사 형태에 대한 것뿐 아니라 기호도, 알레르기, 식품 구매력, 음식 조리 능력, 비타민과 무기질 보충제 및 다른 건강기능식품 사용 여부 등이 포함된다. 식욕, 저작능력, 치아나 구강의 문제, 삼키기, 식품에 대한 기호, 포만감, 식사와 관련된 통증이나 불편함은 없는지 조사한다. 대상자의 배변습관, 변비나 설사, 특히 장내 가스가 차는지 어부와 변의 상태와 색상에 대해 묻는다(표 7-1). 식사력 조사를 통해서 찾아야 할 영양적 위험을 일으킬 수 있는 원인과 이로 인해 유발될 수 있는 영양결핍 상태를 체계적으로 접근하는 방법은 〈표 7-2〉에 제시하였다.

표 7-2
영양적 위험을 일으킬 수 있는 원인과 상태

자료: Weinsier RL, 1993

결핍의 원인	조사대상자의 실태		결핍이 의심되는 항목
불충분한 섭취로 인한 결핍 (양적·질적 결핍)	알코올 중독		에너지, 단백질, 티아민, 니아신, 엽산, 피리독신, 리보플라빈
	과일, 채소, 곡류의 기피		비타민 C, 티아민, 니아신, 엽산
	육류, 유제품, 난류의 기피		단백질, 비타민 B_{12}
	변비, 게실염		식이섬유
	외로움, 가난, 치아질환, 식품에 대한 특이체질		각종 영양소
	체중 감소		에너지와 다른 영양소
흡수 불량으로 인한 결핍	약물 (특히 제산제, 항경련제, 콜레스티라민, 설사제, 네오마이신, 알코올)		약물과 영양소의 상호 관련에 따른 여러 영양소
	흡수 불량 (설사, 체중 감소, 지방변)		비타민 A·D·K, 에너지, 단백질, 칼슘, 마그네슘 등
	기생충		철, 비타민 B_{12}
	악성빈혈		비타민 B_{12}
	수술	위 절제	비타민 B_{12}, 철
		소장 절제	비타민 B_{12}, 다른 영양소 흡수불량

(계속)

결핍의 원인	조사대상자의 실태	결핍이 의심되는 항목
이용 저하로 인한 결핍	약물(항경련제, 경구피임약, 항결핵제, 알코올), 선천성 대사 이상	약물과 영양소의 상호작용에 따른 여러 영양소
손실 증가로 인한 결핍	알코올 남용	마그네슘, 아연
	혈액 손실	철
	천자(복수, 흉막)	단백질
	당뇨병	에너지
	설사	단백질, 아연, 전해질
	상처	단백질, 아연
	신장질환	단백질, 아연
	신장투석	단백질, 수용성 비타민, 아연
요구량의 증가로 인한 결핍	발열	에너지
	갑상샘 기능항진	에너지
	생리적 요구량 증가(유아, 청소년, 임신, 수유기)	여러 영양소
	수술, 화상, 감염, 외상	에너지, 단백질, 비타민 C, 아연
	조직저산소증	에너지(비효율적 이용)
	흡연	비타민 C, 엽산

3. 영양상태 임상평가표

임상적 징후는 비특이적으로 나타나고 판정의 기준이 불분명하기 때문에 임상조사로 영양판정을 하는 것은 쉽지 않다. 따라서 이러한 문제를 줄이고 더욱 표준화된 임상평가를 하기 위해서 평가표를 이용하여 평가를 한다.

많이 사용되는 임상적 평가표로서 주관적 종합평가subjective global assessment, SGA가 있다. 이는 대상자의 과거 건강상태와 신체조사를 통해 조사대상자의 영양상태를 평가하는 임상적 기법이다. 객관적 체위 측정치와 생화학적 수치에만 의존했던 전통적 방법과는 달리 SGA에서는 대상자의 과거 건강상태 관련 4가지 조사와 신체 관련 3가지 임상징후 조사 결과를 기초로 한다. 과거 건강상태 관련 4가지 요인은 최근의 체중 변화, 식사섭취량 변화, 위장관 증상, 그리고 기능적 어려움 여부를 말한다. 신체 관련 임상징후 3가지 조사는 피하지방의 손실, 근육 손실, 그리고 부종이나 복수 여부 등을 말한다. 이러한 조사내용은 한 장의 종이에 쓰여서 영양상태의 판정을 위해 사용된다(표 7-3). 〈표 7-4〉에는 SGA 평가표에 의한 조사 및 영양판정 기준이 나와 있다. 〈부록 13〉에는 환자를 위한 주관적 종합평가표(PG-SGA)의 예를 제시하였다.

표 7-3
주관적 종합평가(SGA)에 기초한 영양상태 임상평가표

자료 : Detsky AS, 1987.

1. 체중의 변화				
최대 체중	kg			
6개월 전의 체중	kg			
현재 체중	kg			
지난 6개월간의 총 체중감소량	kg			
지난 6개월간의 체중감소율	%			
$\text{체중감소율(\%)} = \frac{\text{6개월 전의 체중} - \text{현재 체중}}{\text{6개월 전의 체중}} \times 100$				
2주간의 변화	______ 증가 ______ 변화 없음 ______ 감소			
2. 식사섭취량의 변화				
변화 없다	______			
변했다	______	기 간	______ 주	
		변화내용	섭취가 증가했다.	______
			고체식만 했다.	______
			유동식만 했다.	______
			IV 또는 저칼로리 식사	______
			굶었다.	______
3. 위장관의 증상(2주 이상)				
없었다. ______				
있었다. ______ 구토 ______ 메스꺼움 ______ 설사 ______ 식욕 부진 ______				

(계속)

4. 기능적인 문제					
없다.	______				
있다.	______	있었다면 기간		______주	
		형 태	일을 잘 못했다.		______
			걸을 수 있었다.		______
			누워 있었다.		______

5. 임상징후 조사			
각 항목에 대한 조사결과 정상이면 0점, 경미하면 1점, 중등 정도이면 2점, 심각하면 3점을 준다.			
피하지방의 손실 (어깨, 가슴, 손 등)	______	손, 발목의 부종	______
근육 손실	______	복수	______

6. 전반적인 평가		
A	영양상태 양호	______
B	중등 정도의 영양불량	______
C	심한 영양불량	______

표 7-4
SGA 평가표에 의한 조사 및 영양판정 기준

과거 건강상태 조사	
체중 변화 조사	대상자의 최근 6개월간 체중 변화를 조사한다. 체중 감소가 5% 이하이면 큰 문제없으나 5~10% 감소되었다면 의미 있는 변화이다. 체중 감소가 10% 이상이라면 심각하다.
식사섭취량 조사	대상자가 평상시 식습관을 유지하는지 조사한다. 식습관에 변화가 있었다면 변한 식습관의 유지기간과 변화의 내용을 조사한다. 식사량 증가나 고체식과 유동식 혹은 정맥영양 및 저칼로리 식사, 지속적 기아 여부 등을 조사한다. 평상시 아침, 점식, 저녁의 형태를 조사하고 이를 6개월~1년 전의 식습관과 비교해 본다.
위장관 증상 조사	2주일 이상 지속된 위장관 증상이 있는지 조사한다. 단기간의 설사나 가끔 있는 구토는 크게 문제되지 않는다.
기능적 어려움 조사	일상생활을 수행하는 데 기능적 어려움이 있는지 조사한다. 어려움이 있다면 어떤 어려움이며 이것이 얼마나 지속되었는지도 조사한다.

(계속)

신체 관련 임상징후 조사	
피하지방 손실	피하지방의 손실은 어깨, 삼두근, 가슴과 손의 4부위에서 조사한다.
근육손실 조사	근육손실 정도를 알기 위해 어깨 쪽에 있는 삼각근deltoid 근육과 허벅지 앞부분에 있는 사두근quadroceps 근육을 조사한다. 어깨의 피하지방이 손실되고 삼각근 근육도 소진되면 반듯한 어깨 모양이 비틀어진다. 피하지방과 근육 손실은 정상, 경미한 변화, 중등 변화, 심한 변화로 구분하여 적는다.
부종과 복수	발목과 천골sacrum에 부종이 있는지 조사한 후 정상, 경미, 중등, 심각 등의 단계로 나누어 적는다.

종합 영양상태 평가 위에서 두 가지 조사결과가 수집되면 종합적 영양상태 평가를 할 수 있다.	
C단계	대상자에게 10% 이상의 체중 감소가 계속 나타나거나 식사섭취가 불충분하거나 피하지방의 손실과 근육손실이 함께 나타나면 심각한 영양불량 상태로 분류한다.
B단계	최소한 5%의 체중 감량과 식사섭취량의 감소가 나타나고 경미하거나 중등 정도의 피하지방 손실과 근육 손실이 나타날 때는 중등 정도의 영양불량으로 분류한다.
A단계	6개월간 평균 체중이 5~10%가량 감소하였더라도 최근에 부종이 아닌 실질 체중 증가가 있을 때는 A단계로 분류한다. 이렇게 SGA 접근방법을 통해 조사·평가하면 임상적으로 비교적 정확하게 영양불량을 판정할 수 있다.

4. 임상징후 조사

임상징후 조사physical examination란 의학적 조사를 더 확실하게 하기 위해 수행하는 추가조사를 말한다. 대상자의 임상징후와 증상을 조사한 결과는 영양상태를 판정하는 중요한 도구로 사용되며, 영양보충 후 회복하는 속도를 평가하는 데 사용되기도 한다.

신체 임상징후 조사란 불충분한 영양상태와 관련된 변화들로, 특히 피부, 눈, 모발, 볼 점막, 귀밑샘, 갑상샘처럼 신체 표면에 가까운 기관의 표면적인 상피세포에서 느껴지거나 나타나는 변화를 조사하는 것이다. 영양불량과 관련된 신체적 변화는 〈표 7-5〉와 같다.

표 7-5
임상징후를 통해 조사할 수 있는 영양불량

자료 : Detsky AS, 1994

신체기관	정상 상태	영양불량일 때의 변화	결핍이 의심되는 영양소	과잉이 의심되는 영양소	발생 빈도
입 주위		구내염	리보플라빈, 피리독신, 니아신		가끔
		구순구각염(건조하고, 각질이 생기며, 궤양이 나타남)	리보플라빈, 피리독신, 니아신		드묾
머리카락	윤기가 나며 탄력이 있고 잘 부스러지지 않음	건조하고 탈색됨 색 변화로 깃발무늬가 나타남	단백질		드묾
		모발이 쉽게 빠짐	단백질, 아연, 비오틴, 필수지방산		흔함
		숱이 적어지고 성긴 머리	단백질, 비오틴, 아연	비타민 A	가끔
		모발이 나사처럼 꼬임	비타민 C		흔함
손톱	단단하고 핑크빛이 나며 윤이 남	가로로 솟아올라 고랑이지는 스푼형 손톱	단백질, 철		가끔
얼굴	피부색이 균일하며 부드럽고 건강한 모습, 붓지 않음	피부색이 창백하며 눈 아래와 볼 주위가 검음, 코와 입 주위가 부풀고 각질이 많으며 전체적으로 부음, 귀밑샘의 부종	철, 니아신		
피부	부드럽고 촉촉하며 혈색이 좋음. 흠집이나 검은 점이 없고 부기 없음	창백	철, 엽산	비타민 A	가끔
		각화증	비타민 A, 아연		
		박편 피부염	필수지방산		
		색소의 침착			
		셀로판 모양	단백질		가끔
		틈, 피부병	단백질		드묾
		낭포성 각질화	비타민 A·C		가끔
		낭포 주위의 점상출혈	비타민 C		가끔
		자반병	비타민 C·K		흔함
		색소 침착, 햇빛에 노출된 부위의 피부가 벗겨짐	니아신		드묾
		눈의 공막에 약간의 황색소 침착		카로틴	흔함

(계속)

신체기관	정상 상태	영양불량일 때의 변화	결핍이 의심되는 영양소	과잉이 의심되는 영양소	발생 빈도
눈	밝고 깨끗하며 빛이 남, 막은 건강한 분홍빛이며 젖어 있음, 충혈되지 않음	야맹증, 안구건조증, 비톳점	비타민 A		드묾
구강	혀의 외양이 붉은색이고 부어 있거나 부드럽지 않음	설염(혀가 붉어지며 아픔) 미뢰의 수가 감소하거나 없어지고 위축됨	리보플라빈, 니아신, 엽산, 비타민 B_{12}, 단백질, 철		흔함
	잇몸은 건강하고 붉은색이며 출혈 없음, 붓지 않음	잇몸 출혈	비타민 C		
		잇몸 출혈, 후각 감퇴	아연		가끔
		잇몸이 붓고 출혈성 점액질 분비	비타민 C		가끔
뼈와 관절	근육강도가 유지되며 피하지방이 약간 있음	늑골주상 형성, 만각	비타민 D		드묾
	통증 없이 뛰거나 걸을 수 있음	아동에게서 골막하의 출혈	비타민 C		드묾
신경계	심리적으로 안정됨	두통		비타민 A	
	정상적인 반사와 반응을 보임	구토, 졸음, 무기력		비타민 A·D	
		치매	엽산, 피리독신, 비타민 B_{12}		
		방향감각 상실 코르사코프성 신경증	티아민		드묾
		안근마비	티아민, 인		드묾
		말초신경증(허약, 지각이상, 운동실조, 힘줄의 반사 감소)	티아민, 피리독신	비타민 B_{12}, 피리독신	드묾
		테타니	칼슘, 마그네슘		드묾
기타		귀밑샘 확대	단백질		드묾
		심장 확대	티아민(습성각기), 인		드묾
		급작스런 심부전, 사망	비타민 C		드묾
		간종	단백질	비타민 A	드묾
		부종	단백질, 티아민		드묾
		상처치유 지연, 궤양	단백질, 비타민 C, 아연		드묾

5. 영양불량의 진단

영양결핍증에 대한 임상적 판정

모든 연령층 또는 모든 국가에 일률적으로 적용할 수 있는 보편적 임상증상은 없다. 특정 영양소의 결핍과 관련된 신체 손상의 형태는 유전적 요인이나 활동 정도, 환경과 식사형태, 연령, 영양불량 정도, 기간, 진행속도 등에 따라 달라진다. 임상조사 결과의 해석을 용이하도록 한 방법으로 신체징후와 증상들을 영양소 결핍상태와 관련하여 그룹으로 묶어서 평가할 수 있다. 〈표 7-6〉은 캐나다의 영양조사 시 사용된 임상징후의 조합으로서, 연령에 따라 특정 영양소 결핍의 위험군을 한 개의 신체징후보다는 신체징후의 조합에 따라 분류한 것을 볼 수 있다.

표 7-6
영양결핍증에 대한 임상적 판정의 예

자료: Health and Welfare Canada, 1973

임상징후	연령	고위험군	중위험군	저위험군
단백질-에너지 영양불량 1. 부종(경골 전방의 요입성 부종) 2. 심한 저체중 3. 약간의 저체중 4. 탈모(머리카락이 아프지 않게 빠짐)	0~5세 아동	징후 1 또는 2	징후 3 또는 4	징후 4 또는 징후 없음
비타민 C 결핍증 1. 괴혈병성 염주 2. 잇몸 출혈 3. 자반병이나 점상출혈 또는 팔과 등의 포낭성 각화증	0~5세 아동	징후 1 또는 징후 2+3	징후 2 또는 징후 3	징후 없음
	6세 이상 아동	징후 2+3	징후 2+3	징후 없음
구루병(비타민 D 결핍증) 1. 구루병성 염주 2. 두개 연화증 3. O형으로 휜 다리 4. 잘 걷지 못함(18개월 이상까지 못 걸음)	0~1세 아동	징후 1+2를 포함한 다른 징후들	징후 1+4를 포함한 다른 징후들	모든 다른 조합들
	2~5세 아동	징후 1+3	징후 1+4	모든 다른 조합들

단백질-에너지 영양불량의 임상적 판정

영양불량의 정도는 대개 이전 체중 대비 현재 체중이 얼마나 감소하였는지 또는 성장기 어린이의 경우 체중 증가가 얼마나 부족한지 등 체중을 근거로 측정한다. 만일 이전 체중을 정확히 알 수 없으면 단지 체중만으로 영양불량을 판정하는 것은 부정확하므로 다른 임상 또는 생화학적 분석 결과를 참고해야 한다. 만일 관찰된 체중이 참고치의 평균보다 '표준편차 3배' 이상이면 심각한 영양불량, '표준편차 2~3배'면 중 정도의 영양불량, '표준편차 1~2배'면 약한 영양불량으로 판정한다. 국제질병분류기준(ICD-10)에서는 영양불량(E40-E46)을 〈표 7-7〉와 같이 분류하고 있다.

표 7-7
국제질병분류기준에 의한 영양불량의 분류 및 진단

자료: International Statistical Classification of Diseases and Related Health Problems 10th Revision (ICD-10) Version for 2010

질병 분류 번호	질병명	진단
E40	콰시오커 kwashiorkor	피부와 머리카락의 탈색을 동반한 영양성 부종을 나타내는 심각한 영양불량
E41	영양성 마라스무스 nutritional marasmus	마라스무스를 동반한 심한 영양불량
E42	마라스무스성 콰시오커 marasmic kwashiorkor	콰시오커와 마라스무스 증상을 동시에 보이는 심한 PEM
E43	비특이성 심한 PEM unspecified severe protein-energy malnutrition	아동 또는 성인에서 나타나는 심각한 체중 감소 또는 아동에서 체중 증가의 부족이 최소한 기준치의 평균보다 표준편차 3배 이상일 때
E44	중등도와 경도 PEM protein-energy malnutrition of moderate and mild degree	아동 또는 성인의 체중 감소 또는 아동의 체중 증가의 결핍이 기준치 평균보다 표준편차 2~3배 또는 표준편차 1~2배 이내로 낮을 때
E45	PEM에 따른 성장지체 retarded development following protein-energy malnutrition	영양성 저신장, 성장 지체, 영양불량으로 인한 신체적 지체
E46	비특이성 PEM unspecified protein-energy malnutrition	달리 명시되지 않는 영양불량, 달리 명시되지 않은 단백질-에너지 영양불량

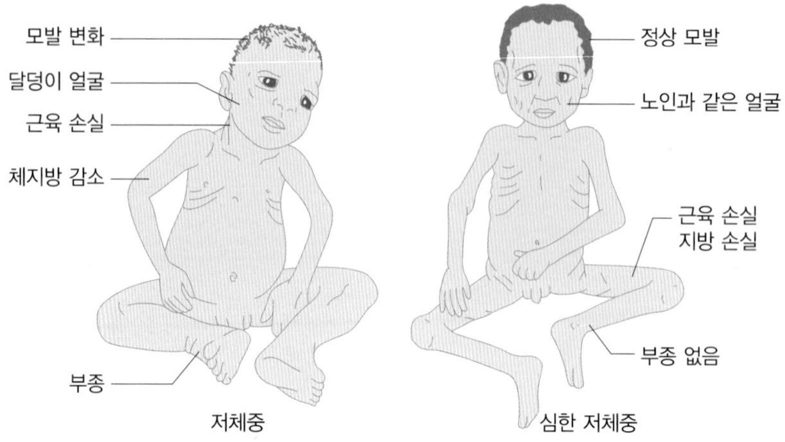

모발 변화
달덩이 얼굴
근육 손실
체지방 감소
부종
저체중
(a) 콰시오커

정상 모발
노인과 같은 얼굴
근육 손실
지방 손실
부종 없음
심한 저체중
(b) 마라스무스

그림 7-1
콰시오커와 마라스무스의 증상 비교

자료: Jellife DB, 1968

단백질-에너지 영양불량PEM은 대부분 콰시오커와 마라스무스의 형태로 나타난다. 콰시오커는 단백질 결핍이 주원인이고, 마라스무스는 에너지 결핍이 주원인이다. 콰시오커는 비교적 체중은 정상을 유지하고 골격근육도 그대로인 반면, 혈청 단백질 농도가 감소되는 것이 특징이다(그림 7-1). 일반적 증상은 부종으로서 발과 다리, 복부와 상체, 그리고 심한 경우에는 얼굴에까지 부종이 나타난다. 모발은 건조해지며, 부서지기 쉽고, 윤기가 없으며 당겨보면 통증이 없이 쉽게 빠진다. 콰시오카의 또 다른 징후는 '깃발징후'라 부르는 머리카락의 탈색과 성장 부진이다. 깃발 징후는 모발의 단백질 영양상태가 상대적으로 좋았던 시기와 좋지 않은 시기에 따라 정상 색상과 탈색된 색상이 반복되면서 나타나는 무늬를 말한다. 즉, 단백질 섭취상태가 좋지 않았던 시기에 자란 모발은 탈색되어 흐릿한 살색이나 붉은색 혹은 노란색을 띤 흰색으로 변한다. 이러한 깃발징후는 특히 검고 긴 모발에서 분명하게 나타난다(그림 7-2).

마라스무스의 경우에는 체중 감소가 심하며 골격근육과 지방조직의 양이 감소하지만 혈청 단백질 농도는 비교적 정상으로 유지된다. 콰시오커와 마라스무스 그리고 심한 PEM의 특징은 〈표 7-8〉과 같다.

그림 7-2
불충분한 단백질 섭취로 인해 나타나는 모발의 '깃발 징후'

자료: Jellife DB, 1968

심한 PEM은 콰시오커와 마라스무스 증상이 복합적으로 나타나며 감염률이 증가한다. 이것은 후천성면역결핍증, 특정 암, 위장관 질환, 알코올 중독, 약물 과용 또는 마라스무스 상태에서 외상, 수술, 급성질환 등의 스트레스원에 노출되었을 때 나타날 수 있다.

표 7-8
콰시오커와 마라스무스의 특징

자료: International Classification of Disease, 9th Revision, Clinical Modification, 1975

구분	콰시오커	마라스무스	심한 PEM
체중	비교적 정상 (표준체중의 >90%)	감소 (표준체중의 <80% 또는 지난 6개월간 10% 이상 근육 소모가 동반된 체중 감소)	표준체중의 <60%
혈청 단백질	심각한 감소 (혈청 알부민<3.0 g/dL, 트랜스페린<180 mg/dL)	비교적 정상 (혈청 알부민>3.0 g/dL)	혈청 알부민<3.0 g/dL
골격근육	뚜렷한 감소	감소	감소
지방조직	유지됨	감소	감소
부종	피부와 모발의 탈색과 함께 영양성 부종	없음	피부와 모발의 탈색이 동반되지 않은 부종
면역기능	감소	감소	감소
질병의 원인	에너지는 충분하나 단백질 결핍	기아상태/단백질과 총 에너지 섭취의 부족	심한 PEM, 마라스무스 환자가 스트레스에 노출(외상, 수술 등)

함께 풀어 봅시다

다음 사례들을 잘 읽고 임상영양평가표를 이용해서 이들의 영양상태에 대해 평가해 보자.

7-1 [사례 1] 73세의 박씨 할머니는 지난 6주간 식욕이 없고 금방 포만감을 느낀다고 하면서 병원에 입원하였다. 지난 3일간 할머니는 섭취한 음식과 음료수를 모두 토했다. 이 할머니는 걸어 다닐 수는 있으나 매우 허약한 상태이고 지난 2주일 동안 일상생활을 수행할 수 없었다. 이 할머니에 대한 신체조사 결과 상완둘레와 어깨, 그리고 목 부위에 피하지방의 중등 정도의 손실이 나타났다. 발목에서 중등 정도의 부종이 있었으나 복수는 나타나지 않았다. 지난 10년 이상 할머니의 체중은 변함 없이 약 67 kg을 유지하고 있었지만 최근 4개월은 체중이 꾸준히 감소하였다. 이 할머니의 현재 체중은 56 kg이다. SGA를 이용하여 이 할머니의 영양상태를 판정해 보자.

7-2 [사례 2] 고씨는 61세 남자인데, 결장과 직장암으로 결장과 직장 절제수술을 받았다. 이 환자의 경우 밝고 붉은색의 혈변이 있었으며 출혈 이외의 위장 증상은 없었다고 한다. 이 사람은 어떠한 기능적 변화도 싫어하며 최대체중은 46세에 76 kg이었다. 40대 후반에 약 7 kg의 체중이 줄었으며 지난 12년간 약 69kg의 체중을 유지하였다. 입원하기 2~6개월 전에 식욕이 줄었으며 점차 체중이 줄어서 6 kg이 빠졌다. 그러나 지난 2개월 동안 식욕이 나아져서 2~3 kg이 증가하였다. 신체조사에서는 피하지방의 손실이나 근육 손실, 부종이나 복수는 발견되지 않았다. SGA를 이용하여 고씨의 영양상태를 판정해 보자.

참고문헌

REFERENCE

대한영양사협회. 임상영양관리지침서, 3판. 메드랑, 2008

양은주, 원혜숙, 이현숙, 이은, 박희정, 이선희. 새로 쓰는 임상영양학. 교문사, 2019

Detsky AS, McLaughlin JR, Baker JP, Johnson N, Whittaker S, Mendelson RA, Jeejeebhoy KN. 1987. What is subjective global assessment of nutritional status? *Journal of Parenteral and Enteral Nutrition* 11: 8~13.

Detsky AS, Smalley PS, Change J. 1994. Is this patient malnourished? *J Am Med Assoc* 271: 54~58

Gibson RS. *Principles of Nutritional Assessment*, 2nd ed. Oxford University Press, Oxford, 2005

Ho LM, McGhee SM, Hedley AJ, Leong JC. The application of a computerized problem-oriented medical record system and its impact of patient care. *International Journal of Medical Informatics* 55: 47~59, 1999

International Statistical Classification of Diseases and Related Health Problems 10th Revision (ICD-10) Version for 2010

Jellife DB. Clinical nutrition in developing countries. Washington, DC: US Department of Health, Education, and Welfare, 1968

Jelliffe DB, Jelliffe EFP. *Community Nutritional Assessment with Special Reference to Less Technically Developed Countries*. Oxford University Press, 1989

Lee RD, Nieman DC. *Nutritional Assessment*, 5th ed. McGraw-Hill Higher Education, Boston, 2010

Newton JM, Halsted CH. Clinical and functional assessment of adults.: In Shils ME, Olson JA, Shike M, Ross AC (eds). *Modern Nutrition in Health and Disease*, 9th ed. Williams & wilkins, Baltimore, 1999

Steenson J, Vivanti A, Isenring E. Inter-rater reliability of the Subjective Global Assessment: a systematic literature review. *Nutrition* 29(1): 350~352, 2013

Weinsier RL, Morgan SL, Perrin VG. *Fundamentals of Clinical Nutrition*, St. Louis: Mosby, 1993

Whitney EN, Cataldo CB, Debruyne LK, Rolfes SR. *Nutrition for Health and Health Care*. West Publishing Co., 1996

Zeman FJ. *Clinical Nutrition and Dietetics*, 2nd ed. Macmillan Publishing Co., New York, 1991

CHAPTER

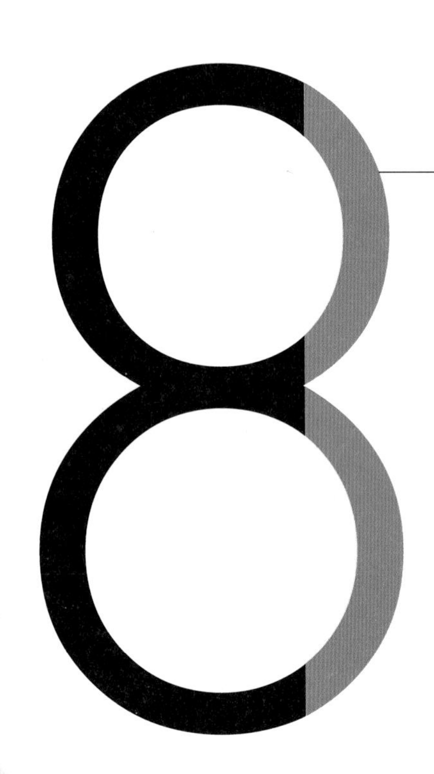

연령에 따른 영양판정

1 임신부와 태아의 영양상태 판정

2 유아와 아동의 영양상태 판정

3 청소년의 영양상태 판정

4 성인의 영양상태 판정

5 노인의 영양상태 판정

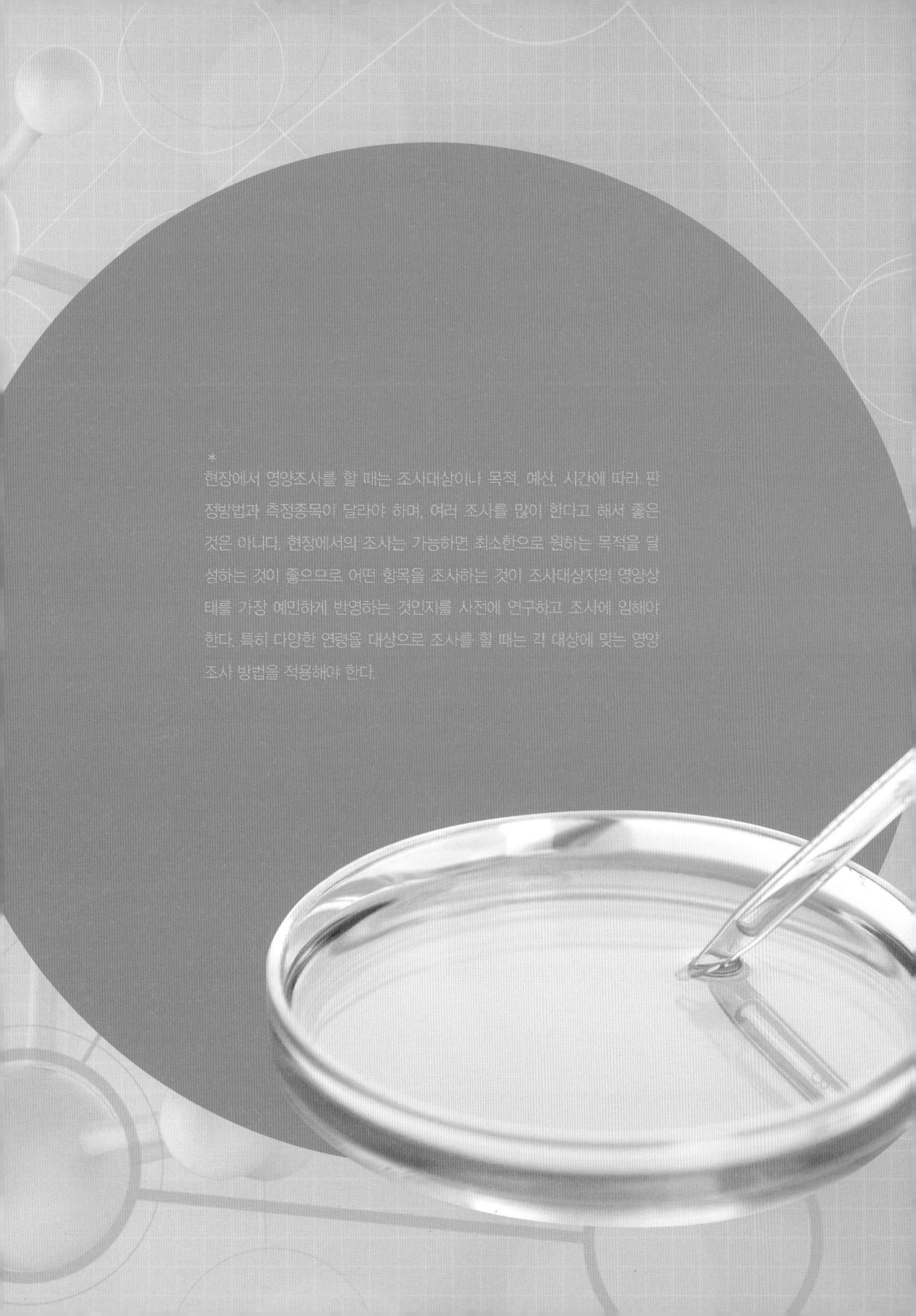

*

현장에서 영양조사를 할 때는 조사대상이나 목적, 예산, 시간에 따라 판정방법과 측정종목이 달라야 하며, 여러 조사를 많이 한다고 해서 좋은 것은 아니다. 현장에서의 조사는 가능하면 최소한으로 원하는 목적을 달성하는 것이 좋으므로 어떤 항목을 조사하는 것이 조사대상자의 영양상태를 가장 예민하게 반영하는 것인지를 사전에 연구하고 조사에 임해야 한다. 특히 다양한 연령을 대상으로 조사를 할 때는 각 대상에 맞는 영양조사 방법을 적용해야 한다.

CHAPTER

Nutritional Assessment by Age

8 연령에 따른 영양판정

현장에서 영양조사를 할 때는 조사대상이나 목적, 예산, 시간에 따라서 판정방법과 측정종목이 달라야 하며, 여러 조사를 많이 한다고 해서 좋은 것은 아니다. 현장에서의 조사는 가능하면 최소한으로 원하는 목적을 달성하는 것이 좋으므로 어떤 항목을 조사하는 것이 조사대상자의 영양상태를 가장 예민하게 반영하는 것인지를 사전에 연구하고 조사에 임해야 한다. 특히 다양한 연령을 대상으로 조사를 할 때는 각 대상에 맞는 영양조사 방법을 적용해야 한다. 연령에 따라 필요로 하는 영양소의 수준이 다르며 영양불량의 위험도, 영양불량을 나타내는 임상징후도 다르다. 예를 들어, 신체 성장이 활발한 성장기에는 신체계측을 하는 것이 단백질-에너지 영양상태를 판정하는 데 매우 중요하지만 성장이 끝난 성인의 경우에는 그렇지 않다. 따라서 연령에 따라 다른 영양문제가 나타나기 때문에 각 대상에 따라 영양판정을 위한 조사내용도 달라야 한다.

1. 임신부와 태아의 영양상태 판정

임신과 출산기간에 모체와 태아의 영양상태는 매우 중요하다. 모체의 영양상태는 태아의 영양상태에 영향을 주며 출생 후의 체중과 성장에도 영향을 미친다. 따라서 임신기와 신생아기의 영양상태를 판정함으로써 출생 후의 태아와 산모의 건강을 유지하는 데 도움을 줄 수 있다.

임신부 영양판정의 중요성

임신기의 영양불량은 모체는 물론 태아의 성장발육에 영향을 미친다. 특히 과거에는 저체중으로 태어난 아기도 따라잡기 성장catch-up growth을 통해 정상체중아와 같은 성장발달이 가능한 것으로 알려져 있었으나, 최근 연구결과 출생 시 저체중인 경우 소아비만이 될 확률이 더 높고, 성인이 되어 고혈압, 당뇨 등 성인병 발병률이 높다는 것이 밝혀져 임신기 영양의 중요성이 강조되고 있다. 또한 태아의 성장발달은 모체의 임신 전 영양상태에 의해서도 영향 받으므로 태아의 영양불량을 예방하기 위해서는 가임기 여성의 영양과 건강증진이 필요하다.

〈표 8-1〉에는 임신부의 영양적 위험요인을 제시하였다. 임신부는 영양위험 집단이며, 특히 사회경제적 상태에 따라 영향을 많이 받는다. 산모의 영양상태는 모체와 태아 두 가지 관점에서 평가되어야 한다. 그러나 태아의 영양상태를 측정하는 것은 기술적 어려움이 클 뿐만 아니라 태반이나 자궁과 양수의 발달을 위해 필요한 영양소를 측정하는 것은 매우 복잡하다. 또한 임신기에는 평상시와는 달리 철의 흡수율이 증가하는 등 생리적 적응력의 변화가 나타나므로 임신부의 영양판정은 더욱 어렵다.

표 8-1
임신부의 영양적 위험 요인

구분	위험 요인
연령	• 15세 이하 또는 35세 이상의 임신
체중	• 임신 전 체중이 표준체중의 <85% 또는 >120% • BMI가 <19.8 또는 >26.0일 때 • 임신 제1기 이후에 매달 1 kg 이하의 불충분한 체중 증가 • 임신 제1기 동안에 매주 1 kg 이상의 지나친 체중 증가
과거의 임신력	• 2년간 3회 이상의 잦은 임신 • 미숙아나 조산아의 출산 경험 • 쌍생아 임신
영양과 건강상태	• 일상적으로 부적합한 식사 섭취로 육류, 생선 등 동물성 식품의 기피나 심한 편식 • 유당불내증lactose intolerance이 있을 때 • 영양지식이 부족하거나 적절한 음식을 구매할 경제적 능력이 없을 때 • 흡연을 하거나 음주 혹은 약물을 복용할 때 • 만성질병으로 치료식을 섭취해야 할 때 • 헤모글로빈이 <12.0 g/dL 또는 헤마토크릿이 <35%일 때 • 당뇨병, 결핵이나 약물을 복용할 때
사회경제적 상태	• 식품의 구매력이 낮은 빈곤층 • 낮은 교육수준

임신부에 대한 조사를 할 때는 지역적으로는 그 지역 임산부들의 연령 분포나 사회경제적인 수준을 조사해야 하며, 영양상태나 식사 섭취 상태 외에도 산전관리 수준, 보건진료시설, 임신과 출산에 도움을 받을 수 있는 전문가들에 대한 정보도 필요하다. 그 지역의 조산아나 미숙아를 출산하는 비율, 신생아 사망률도 조사한다.

임산부에 대한 금기식품으로 식품 섭취가 제한되는 경우도 있다. 금기식품은 대부분이 단백질 식품류로 일부 지역에서는 닭고기나 계란, 양고기, 생선 등을 금하고 있다. 일부 저소득층에서 임신부의 PEM이 문제가 되며 칼슘, 아연, 구리, 비타민 A의 섭취가 부족한 반면, 나트륨 섭취 수준은 과다하다는 보고가 있다. 한편 임신기의 심한 비만은 정상 분만을 어렵게 하며 4 kg 이상의 거대아의 경우 출생 시 사망률이 높을 뿐만 아니라 아동기의 비만과도 관련이 있으므로 임신부의 정상체중 유지는 매우 중요하다.

불규칙적인 식습관이나 임신부에서 나타날 수 있는 이식증pica은 임신부의 식사 섭취 상태에 영향을 줄 수 있다. 또한, 저체중이나 과체중, 각종 질병과 약물 복용 등 임신 전의 영양상태나 건강상태가 임신부에 영향을 준다. 임신기간 중 체중 증가가 불규칙하거나 증가하지 않는 사람도 영양적 문제가 있으며, 10대 임신은 임신에 필요한 영양소 섭취 상태를 적절히 유지하는 데 관심을 기울이기 어렵기 때문에 영양문제가 생기기 쉽다.

임신부의 영양상태 평가방법

(1) 식사섭취조사

임신으로 인한 식사 섭취 변화 상태, 금기식품, 영양소 섭취량 등을 조사한다. 특히 임신 중에 필요량이 계속 증가하거나 부족할 수 있는 영양소에 중점을 두고 조사한다.

- 임신 전·후의 식품이나 음식에 대한 수용도$_{acceptability}$나 기호도 변화 조사: 임신으로 인한 입맛의 변화를 조사해서 임신 전에는 먹지 않았던 것을 먹거나 좋아하게 되는 변화를 알아본다. 또한 입덧 여부와 입덧의 심각성을 조사하여 입덧이 너무 심해서 필요한 최소한의 영양소 섭취가 어려울 때는 정맥영양을 고려해야 한다.
- 금기식품 조사: 지역의 습관으로 인한 혹은 개인적 금기식품을 조사한다.
- 칼슘 함유식품의 섭취 실태 조사: 우유 등
- 무기질 및 비타민 보충제 복용상태를 조사한다.
- 임신 전의 다이어트 상태 조사: 임신 전의 심한 다이어트로 인한 영양소 저장고의 고갈상태를 조사한다.
- 나트륨 섭취량 조사: 임신중독증과도 관련이 되므로 임신부의 식사 섭취 조사에서 고려해야 하는 영양소이다. 각 식품 중의 나트륨 함량과 섭취량을 모두 조사하는 데 어려움이 있다면 나트륨이 많이 함유되어 있는 간장이나 된장, 햄 등 몇몇 식품의 섭취량을 조사하며 짜게 먹는 정도를 알아보도록 한다.
- 기타: 임신부의 흡연 및 음주 정도도 조사한다.

(2) 신체계측조사

임신부의 영양상태를 조사하기 위해서는 임신 초기의 체위와 임신기간의 체위 변화의 두 부분에 대한 조사가 필요하다.

임신 초기의 신체계측

태아의 성장이 빨라지기 전인 임신 1~3개월 이전에 신장에 대한 체중의 비율(체중/신장)을 측정한다. 모체의 체지방 저장량은 삼두근 피부두겹두께 측정으로 대략 추정할 수 있다. 상완둘레와 삼두근 피부두겹두께를 측정하여 상완의 지방과 근육면적을 계산할 수 있다.

임신기의 체중 변화

임신기의 체중 증가는 세 단계에 걸쳐서 나타난다. 임신 제1기에는 약간의 체중 증가가, 제2기에는 모체의 조직과 저장을 위한 증가가 나타나며, 제3기에는 태아와 태반, 양수 및 모체의 조직과 저장이 계속된다. 임신기에는 대개 약 15~25%의 체중이 늘어나 약 11~12.5 kg의 체중이 증가한다. 이 중 6 kg은 3~4 kg의 체지방 증가분을 포함한 모체의 증가분이고, 5kg은 태아로 인한 증가분이다. 이러한 체중 증가의 대부분은 마지막 6개월에 나타나며 이때는 일주일에 약 350~400 g의 체중이 증가하게 된다(그림 8-1).

모체의 체중 증가를 이용해서 영양상태를 판정할 때는 임신 전의 체중을 고려해야 하므로 단순한 체중 증가량보다는 체중 증가율(15~25%)을 사용하는 것이 더 좋다. 임신 2기와 3기 동안에 한 달간 1 kg 이하의 체중 증가가 나타날 때는 임산부의 체중 증가율이 부적합한 것으로 본다.

상완둘레의 측정

임신기간에 상완둘레를 계속 측정하면 태아와는 전혀 관계없이 모체만의 영양상태에 대한 정보를 얻을 수 있다. 이 경우에는 조사치의 정확성이 요구된다.

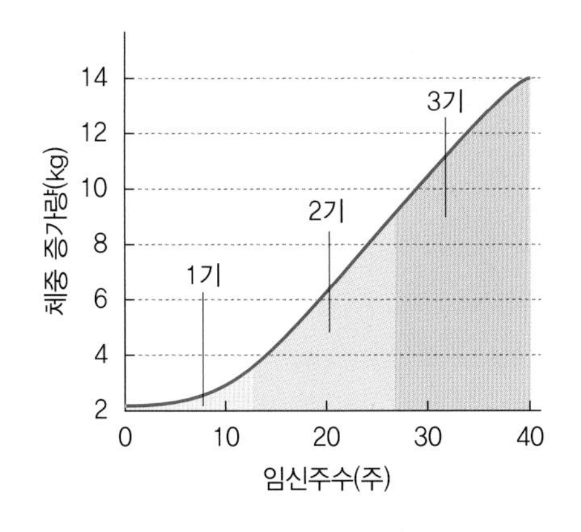

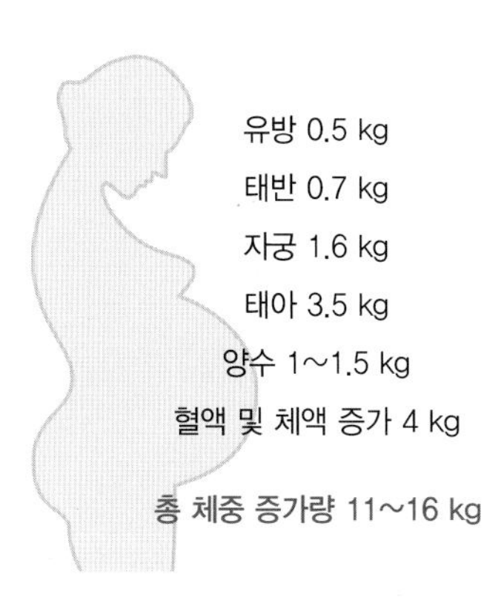

그림 8-1
임신 중의 체중 변화와
임신 중 체중 증가 요인

(3) 생화학적 조사

임신부의 헤모글로빈 농도를 측정함으로써 이들의 철 영양상태를 쉽게 평가할 수 있다. 임신기의 빈혈은 저개발국가뿐만 아니라 전 세계적으로 광범위하게 나타난다. 우리나라에서도 임산부의 빈혈 정도가 심각한 것으로 보고되었는데, 이는 젊은 여성의 불규칙한 식생활과 관련이 있는 것으로 보인다.

임신기의 빈혈은 보통은 철 결핍으로 인해 나타나지만 엽산이나 비타민 B_{12}의 부족이 원인인 경우도 있으며, 철과 엽산 결핍이 동시에 나타날 수도 있다. 철 결핍의 경우에는 빈혈의 정도에 따라서 태아와 산모의 사망률이 상관관계가 있다고 보고되고 있다. 〈표 8-2〉에는 성인 여성에서 혈액 분석치를 이용한 위험군 판정기준을 나타내었다.

표 8-2
가임기 여성에서 혈액 분석치를 이용한 위험집단의 판정기준

자료: Williams CD et al, 1994

분석내용		판정 수준
헤모글로빈	임신 1기	<11.0 g/dL
	임신 2기	<10.5 g/dL
	임신 3기	<11.0 g/dL
	비임신부	<12 g/dL
헤마토크릿	임신부	<33%
	비임신부	<36%
혈청 철		<50 μg%
트랜스페린 포화도		<15%
혈청 엽산		<3 ng/mL
혈청 비타민 B_{12}		<80 pg/mL

(4) 임상조사

임신기에 중요한 것은 체중의 변화이다. 임신부의 체중은 임신 전의 체중부터 고려해야 하며 그 다음으로 임신 후의 체중 증가 패턴을 조사해야 한다. 특히 임신 후반기에는 체중 증가에 부종이 영향을 주지 않았는지도 유의해서 조사해야 한다.

구각염, 골연화증으로 인한 뼈의 통증(특히 허리 아랫부분의 지속적이고 심한 통증이 있을 때), 경골 주위의 부종 등과 임신성 당뇨에 대한 조사도 해야 한다. 최근에는 임신성 고혈압도 종종 나타나기 때문에 혈압 측정도 필요하다. 임신성 고혈압의 위험요인은 〈표 8-3〉과 같다.

표 8-3
임신성 고혈압의 위험 요인

- 유전적 요인
- 초산부
- 가족 중 임신성 고혈압 산모가 있었던 경우
- 다태
- 임신당뇨(인슐린 저항증)
- 신장질환
- 고혈압
- 비만
- 포상기태
- 초음파 검사에서 태아수종
- 영양결핍: 칼슘, 마그네슘, 아연 섭취 부족

2. 유아와 아동의 영양상태 판정

영아기의 영양상태는 수유형태와 방법뿐만 아니라 임신기간의 태아와 모체의 영양상태와 산모의 과거와 현재의 영양상태에 의해 영향을 받는다. 영아기는 일생에서 성장이 가장 빠른 시기이므로 성장속도가 중요하다. 영유아기는 영양불량의 위험이 크고 철 결핍성 빈혈은 가장 흔한 영양문제이다. 만성적인 영양결핍 시 성장 저하가 나타난다.

아동기에는 유아기에 비해 성장률이 감소하지만 각 영양소의 절대적 필요량은 증가한다. 따라서 이 시기에는 아동의 성장에 필요한 영양소의 공급이 충분히 이루어지고 있는지를 평가해야 한다. 아동의 성장에 따른 장기 연구도 필요하며, 이러한 연구결과를 학교급식 프로그램 등에 반영하여 아동의 영양상태를 향상시켜야 한다. 아동기는 식습관이 형성되기 시작하므로 좋아하고 싫어하는 식품에 대한 고집이 생기게 된다. 이 시기에는 지적 수준도 달라지고 유치원이나 학교생활을 통해서 생활습관도 규칙적으로 되면서 간식시간이나 형태, 학교급식과 같은 식사의 종류에서도 변화가 생겨서 식생활의 변화가 나타난다. 부모, 특히 어머니의 영향을 주로 받았던 유아기에 비해 이 시기에는 친구로부터 식생활에 영향을 받는 부분이 커지므로 식습관에 영향을 주는 요인도 조사한다. 유아와 아동기에서 영양적 위험과 관련된 건강문제는 〈표 8-4〉에 요약하였다.

표 8-4
유아와 아동의 영양 및 건강문제

건강문제	영양적 위험
성장 지연, 저체중	부적절한 식사 섭취
혈청 콜레스테롤 증가	총 지방, 포화지방 및 콜레스테롤의 과잉 섭취
충치	당 섭취 증가, 불소 부족, 우유병에 의한 유치 손상
철 결핍성 빈혈	영양불량, 철 섭취 부족
감염	영양불량
비만	에너지 과잉 섭취
변비	식이섬유 섭취 부족

식사섭취조사

(1) 영유아의 식사섭취조사

유아의 식사 섭취량을 조사하기 위해서는 우선 수유형태를 조사해야 한다. 2014년 국민건강영양조사에 의하면 우리나라 모유 수유 경험률은 90.4%였으며, 조제분유 수유경험률은 75.4%였다. 1개월령의 완전모유 수유율은 50.2%였으나 6개월령과 12개월령은 각각 45.6%와 35.9%로 감소하였다. 우리나라 모유 수유율은 1978년 19%에서 점차 증가하고 있는 추세이긴 하지만 여전히 매우 낮다.

모유영양아의 조사 모유영양아의 경우 모유 수유기간과 분량을 측정해야 한다. 건강한 산모의 경우 모유 속에는 충분한 양의 에너지와 단백질, 비타민과 각종 면역물질이 포함되어 있으므로 4~6개월 정도는 모유 수유만으로도 아기의 성장이 충분하다. 아기의 모유 섭취량을 정확히 측정하는 것은 쉽지 않으나, 모유 섭취 전과 후의 체중 변화량(g)을 측정하고 이것을 우리나라 모유의 비중치(1.03)를 이용하여 용량단위(mL)로 환산함으로써 간접 측정이 가능하다. 아기의 성장이 정상적인 경우에는 충분량의 모유를 섭취하고 있는 것으로 볼 수 있다. 그 외에 수유부의 병력이나 식사력, 식습관과 식사 섭취량, 흡연, 알코올 섭취 및 카페인과 약물 섭취 등에 대해 조사한다. 산모가 영양불량이거나 빈혈 혹은 감염이 있을 때는 모유 수유기간을 단축할 수 있다.

인공영양아의 조사 양보다는 질적 평가에 더 관심을 두어야 하며, 아이마다 먹는 양이 다르지만 성장이 줄지 않는 한 큰 문제가 되지는 않으며 반드시 시간에 맞추어서 먹여야 할 필요도 없다.

인공영양아에서는 수유횟수와 분량, 사용하고 있는 제품의 종류, 수유방법, 수유과정의 위생적인 관리실태, 이유시기와 이유식의 종류, 식품 알레르기(특정한 식품에 대한 과민반응조사 등)에 관하여 조사한다. 또한 엄마와 가족의 식습관(편식, 먹지 않는 식품의 종류 등)도 포함한다.

이유식 조사 이유식을 시작해야 하는 시기에 철이 함유된 음식을 먹이지 않고 계속 과량의 우유만 먹이면 우유빈혈milk anemia이 나타날 수 있다. 인공영양아의 경우에는 또한 조제분유나 우유, 과일주스나 다른 탄수화물이 풍부한 음식을 우유병에 넣어서 계속 먹이면 우유병 증후군nursing bottle syndrome이 발생한다. 따라서 적절한 시기에 이유식을 시작하고 젖병을 떼었는지에 대해서도 조사를 해야 한다. 이유식은 도입시기와 종류 및 유아의 섭취량에 대해서 조사를 하며, 충분한 양의 철과 비타민 C가 공급되고 있는지의 여부와 아기의 치아 발달을 위한 음식이 공급되는지를 조사한다. 이유식은 영양밀도가 높아야 하며, 위생적으로 준비되어야 한다. 또한 특정 식품에 대한 알레르기가 있는지를 조사하고, 영양제의 보충 여부도 조사해야 한다.

(2) 아동기의 식사섭취조사

식사의 규칙성 조사 이 시기는 1일 3식의 규칙성이 확립되면서 전체 영양소 섭취에서 간식이 차지하는 비중이 큰 시기이므로 식사시간과 양, 종류뿐만 아니라 간식의 섭취량, 종류 및 횟수를 조사한다.

식습관 조사 아동기는 자신만의 특별한 식습관이 형성되는 시기이므로 아동의 특별한 식습관과 전체 식사패턴을 조사한다. 또한 이식증pica이 있는지를 확인한다. 우유를 싫어하거나 특정 채소를 먹지 않는 경우 영양소 섭취량에 영향을 줄 수 있으므로 식품기호도 알아보아야 한다. 아침 결식은 아동의 영양소 섭취에 미치는 영향이 크므로 결식횟수와 아침식사 습관도 조사해야 한다. TV시청 시간이나 습관, TV 광고 등이 아동의 식사와 간식 섭취에 영향을 주므로 조사해야 한다. 또한 최근에는 아동의 알코올 섭취, 흡연, 약물 복용에 대해 조사할 필요가 대두되고 있다. 아동의 식사 섭취 실태를 조사할 때는 아이들에게 부족하기 쉬운 영양소의 섭취 상태를 정확히 조사해야 한다. 에너지, 단백질, 철, 칼슘 등의 급원식품 사용과 섭취량에 중점을 두고 조사한다.

식품의 유용성 및 영양강화식품 섭취 조사

지역별로 아동이 사용할 수 있는 유용한 식품의 종류를 조사하며 가정에서 아동을 위한 식품을 구매할 수 있는 구매력이 있는지도 조사한다. 아동에게 공급되는 음식 중에서 영양소가 강화된 식품이 있는지를 조사하며, 특히 아동의 성장과 관련된 칼슘이나 철, 비타민 C와 같은 영양소를 중점적으로 조사한다.

이러한 조사는 아동의 전반적인 영양소 섭취 상황을 파악할 수는 있으나 정확한 식사 섭취량을 추정할 수는 없다. 아동의 섭취 실태를 더욱 자세히 조사할 경우에는 영양소별 섭취량을 조사하도록 한다. 유아나 저학년 아동의 경우에는 24시간 회상법을 사용하기 어렵기 때문에 어머니나 선생님을 통한 조사를 하거나 사진이나 비디오를 이용한 간접조사가 가능하다. 그러나 초등학교 고학년의 경우에는 회상법을 통한 직접 식사섭취 조사가 가능하다.

신체계측조사

생후 1년 동안은 유아의 신체 성장이 가장 빨리 일어나는 시기이므로 정기적으로 체중과 신장, 두위와 흉위를 측정하여 비교해 보면 정상 성장 여부를 알 수 있다. 측정된 아동의 체위는 소아체위 기준치와 비교하여 판정한다. 아동의 경우 체중, 신장, 두위와 흉위, 피부두겹두께 등을 측정한다. 이들 체위 측정치로부터 신장-대비-체중, 나이-대비-신장, 나이-대비-체중, 나이-대비-머리둘레, 가슴-머리둘레 비율 등을 구하여 정상적인 성장 여부를 판정한다.

가슴-머리둘레 비율은 나이가 증가할수록 커진다. 영양상태가 적절한 경우 6개월 이후에 아동은 가슴둘레가 머리둘레보다 크다. PEM의 경우 아동의 가슴둘레는 감소하고 상대적으로 머리둘레는 커져 가슴-머리둘레 비율이 1 이하가 된다.

소아청소년 비만은 성인비만으로 이행하기 쉬우며 소아청소년 및 성인기의 만성질환을 유발할 가능성이 크므로 이에 대한 예방과 치료가 필요하다. 대한비만학회에 의하면, 소아청소년 비만의 진단기준은 2세 이상의 모든 소아청소년에서 2017년 소아청소년 표준성장도표를 기준으로 성별, 연령에 비교하여 체질량지수 85~94 백분위수이면 과체중군으로 추적관찰할 대상으로 분류하고, 95 백분위수 이상 혹은 25 kg/m^2 이상이면 비만으로 분류한다. 한편 성별, 연령별, 신장별 체중 50 백분위수를 표준 체중으로 비만도[비만도(%) = (실측 체중 - 신장별 표준 체중) / 신장별 표준 체중 × 100]를 계산하여 20% 이상을 비만으로 정의하며, 이 중에서 20~29%는 경도 비만, 30~49% 중등도 비만, 50% 이상을 고도 비만으로 분류한다.

생화학적 조사

빈혈은 아동기에 가장 흔히 나타나는 영양문제이다. 우리나라 유아의 빈혈이환율은 80년대 이후 감소하는 추세이나 아직도 중요한 영양문제로서, 1세 이하의 영아나 도시 영세민과 저소득층에서는 여전히 높은 비율을 보인다. 철은 성장뿐만 아니라 아동의 지능발달과 면역능력을 유지하는 데 필요하다. 아동의 철 결핍은 혈액 중의 헤모글로빈과 헤마토크릿치로 파악할 수 있다(표 6-8). 아동들의 헤모글로빈과 헤마토크릿 기준치는 〈표 6-8〉에 나타낸 바 있다.

최근에는 동맥경화증이 아동기에 시작되기 때문에 아동의 콜레스테롤 수준은 성인기의 예측치가 되므로 아동의 콜레스테롤 측정이 필요하다는 주장이 있다. 그러나 전체 아동의 콜레스테롤치를 선별하여 조사해야 하는지에 대해서는 논란이 있다.

임상조사

아동에 대한 임상조사는 피부의 색, 형태, 탄력성, 혀와 입술의 상태 및 안구의 상태를 조사하며, 비타민 B군과 비타민 A의 영양상태를 조사한다. 충치

조사는 반드시 필요하며, 고학년의 경우에는 혈압을 측정하기도 한다. 아동의 현재 혈압보다는 가족 중에 고혈압 환자가 있는지를 조사하며, 고혈압과 이상지질혈증의 가족력이 있는 경우에는 혈압과 피부두겹두께 등을 측정하여 이상지질혈증이나 당뇨병의 위험을 예방 차원에서 조사한다.

3. 청소년의 영양상태 판정

청소년기는 아동에서 성인으로 변화하는 시기로 신체적·생리적·생화학적 변화와 함께 호르몬과 심리적 변화도 나타난다. 이 시기는 유아기 이후 성장속도가 가장 빠른 시기로 성장속도의 증가와 함께 식욕도 왕성해지고 식사량도 증가한다. 따라서 이 시기에 충분한 영양을 섭취하지 못하면 성장속도가 저하될 뿐만 아니라 성숙속도도 지연된다. 청소년기에는 남성과 여성의 구분이 뚜렷해지면서 남학생은 근육량이 증가하고 여학생은 지방층이 증가하면서 초경을 시작한다. 또한 심리적으로도 외모에 대한 관심이 증가하면서 비만에 대한 관심도 증가하고 이것이 식습관에 영향을 주어서 의식적으로 식사량을 조절하는 경우도 생긴다. 심한 경우에는 신경성 식욕부진증anorexia nervosa이 나타나기도 하는데, 이것은 심각한 영양불량을 초래하기 쉽다.

● ● 식사섭취조사

24시간 회상법을 비롯한 다양한 방법으로 각 영양소의 섭취량을 조사할 수 있다. 아침, 점심, 저녁과 간식을 섭취하는 식사패턴을 조사하며, 식사구성안의 식품군에 속한 식품을 고르게 섭취하고 있는지도 조사한다. 청소년기에는 일반적으로 생활이 규칙적이므로 섭취한 식사나 간식의 종류와 양을 비교적 쉽게 기억할 수 있으므로 조사의 어려움은 없다.

성장기이므로 단백질과 철, 칼슘을 비롯한 미량 영양소의 섭취를 중점적으로 조사하며, 에너지의 경우에는 비만을 일으킬 위험이 있는지를 알아보기 위해 튀김이나 피자와 같이 에너지가 높은 음식의 섭취 실태를 조사한다. 약물 복용이나 알코올 섭취 실태 및 생활의 규칙성도 조사한다.

신체계측조사

청소년기의 체위조사는 전체적인 균형과 함께 일반적인 체위조사를 할 수 있다. 신장, 체중, 삼두근 피부두겹두께 등 성인에서와 같은 체위조사를 하며, 이것을 성별, 연령별 체중기준치와 신장기준치, 신장-대비-체중 비율과 비교한다. 또한 상완둘레와 삼두근 피부두겹두께를 기준치와 비교한다.

생화학적 조사

청소년기에도 철 결핍이 흔하게 나타나기 때문에 헤모글로빈과 헤마토크릿치를 조사하여 빈혈에 대한 조사를 하며, 당뇨나 신장질환이 나타날 수 있는 연령이므로 요당과 요단백을 조사한다. 또한 가족 중에 심혈관질환의 위험이 있는 경우에는 혈청 콜레스테롤을 측정하도록 한다. 청소년의 헤모글로빈과 헤마토크릿치의 정상 수준은 6장의 〈표 6-8 및 6-9〉와 같다.

최근에는 청소년의 알코올 섭취와 흡연, 각종 약물의 복용이 급증하고 있으므로 혈액이나 요 검사를 통해 약물 복용 여부를 조사할 필요가 있다.

임상조사

청소년기 여성의 초경이 시작된 시기를 조사하며 피부의 탄력성과 색상을 조사한다. 청소년기는 생활습관병이 시작될 수 있으므로 고혈압의 위험이 있는지를 조사하기 위해 혈압을 측정한다. 청소년기의 고혈압 판정 기준치는 〈표 8-5〉와 같다. 이 시기는 외모에 대한 관심이 증가하며 입시에 대한 스트레스 등 심리적인 요인으로 인한 각종 섭식장애가 나타나기 쉬운 시기이므로 섭식장애로 인한 영양불량이 나타나지 않는지 잘 관찰하여 조사해야 한다.

표 8-5
청소년의 고혈압 판정기준치

위험 정도	판정기준치
정상	수축기와 이완기 혈압이 연령과 성별 기준치의 90번째 백분위수 이하일 때
정상의 높은 한계치	수축기나 이완기 혈압이 연령과 성별 기준치의 90~95번째 백분위수일 때 • 10~12세: 119/77 mmHg • 13~15세: 126/78 mmHg • 16~18세: 134/83 mmHg
높음	수축기나 이완기 혈압이 연령과 성별 기준치의 95번째 백분위수 이상일 때 • 10~12세: 126/82 mmHg • 13~15세: 136/86 mmHg • 16~18세: 142/92 mmHg

4. 성인의 영양상태 판정

성인기는 19~64세에 이르는 일생의 가장 긴 기간이다. 이 기간은 청소년기와 노인기의 중간에 있으며, 이 시기의 영양상태는 건강한 활동을 영위하고 삶의 질을 유지하는 데 필수적인 요소일 뿐 아니라 더 나아가 노년기의 건강한 삶을 위한 전제가 되므로 성인기의 영양상태를 판정하고 조기에 질병과 건강의 위험요소를 찾아내어 예방하는 것이 중요하다.

식사섭취조사

회상법이나 빈도법을 이용하여 영양소 섭취량과 식사의 질을 평가할 수 있다. 성인기에는 직장생활과 잦은 회식과 음주 및 이로 인한 아침식사 결식 등 식사의 규칙성이 문제가 되며 외식도 잦아 식생활의 균형을 이루기가 어렵다. 따라서 성인기의 식사 섭취를 조사할 때는 세끼의 규칙성을 조사하고, 식사장소와 내용, 외식의 빈도와 종류에 대해 조사한다. 이러한 식사패턴에 대한 조사를 하면 대략적인 식사 섭취 실태를 알 수 있다. 또한 술과 담배, 커피는 식사 섭취에 영향을 주며 영양상태에도 영향을 미치기 때문에 음주습관과 흡연 실태, 커피와 기호식품의 섭취에 대해서도 조사해야 한다.

생활패턴과 식품과 영양에 대한 태도, 건강식품에 대한 태도와 영양보충제 복용 여부를 조사하고 경제상태를 파악하여 식품을 구매할 수 있는 구매력이 있는지를 조사한다.

신체계측조사

비만과 복부비만의 측정이 중요하다. 성인의 비만율은 판정지표에 따라 차이가 있다. 따라서 성인의 체위조사를 통해 영양상태를 평가할 때는 성인의 체위를 반영할 타당한 지표를 개발하고 적용해야 한다. 일반적으로 성인의 체위측정을 위해서는 체중, 신장과 상완둘레 및 체지방 측정이 필요하며, BMI를 계산하고 허리/엉덩이둘레의 비율을 구하여 체지방 분포를 알아본다.

생화학적 조사

빈혈은 성인기에도 문제가 되므로 빈혈 판정을 위한 혈액 내의 지표들을 조사해야 한다. 연령 증가에 따라 혈청 콜레스테롤이 증가하므로 성인을 대상으로 생화학적 조사를 할 때는 혈청 내의 총 지방과 콜레스테롤 함량을 조사하여 심혈관계 질환의 위험요인을 조사한다. 또한 당뇨의 발생이 증가하므로 혈당과 요당을 조사하고 혈압과 요단백도 조사한다.

임상조사

병력과 신체검사, 혈압, 만성질환의 가족력과 스트레스 요인, 운동능력에 대한 조사를 한다. 치아 상태도 조사하며 피부, 모발, 치아, 잇몸과 구강 및 눈의 건강을 검사한다. 여성과 중년 이후의 연령에서는 골밀도검사를 통해 골다공증의 위험을 찾아내도록 한다.

5. 노인의 영양상태 판정

최근 노인인구가 급증하고 있다. 이 시기는 영양결핍이나 과잉 또는 불균형의 위험이 가장 크다. 노인의 영양상태를 평가하고 문제점을 조기에 찾아내어 개선하는 것은 노년기의 건강 유지와 사회적 의료비용 절감 차원에서 매우 중요하다. 노인의 경우 여러 요인이 영양상태에 영향을 미친다(표 8-8). 노인의 경우 양적·질적으로 부적합한 식사 섭취를 하고 있거나 각종 질병과 만성질환으로 인해 식사섭취의 어려움이 있으면 영양불량의 위험이 커진다. 노인에게 흔한 우울증은 식욕이나 소화능력, 에너지 수준이나 체중과 삶의 질에 큰 영향을 준다.

치아 손실이나 의치 사용, 구강의 질병은 섭취할 수 있는 음식의 종류를 제한한다. 독거노인, 사회활동이 저조한 노인, 건강문제로 인해 약물을 복용하는 노인의 경우 식욕 변화, 입맛의 변화, 변비, 쇠약, 설사나 구토 등 영양불량 요인이 더 자주 발생한다. 비타민이나 무기질을 과량으로 섭취하는 것 역시 약물 과다복용과 같이 해로울 수 있으므로 전문가와의 상담이 필요하다.

과체중이나 저체중은 건강문제를 일으킬 수 있으므로 정상체중을 유지하도록 노력해야 한다. 노인 중에서도, 특히 80세 이상의 고령 노인들은 쇠약과 건강문제가 많아지므로 영양·건강상태를 계속 점검해야 한다.

노인 개개인의 영양상태는 다른 연령에서와 마찬가지로 식사섭취조사나 체위조사, 생화학적 조사, 임상조사를 통해서 판정할 수 있으나 기준과 방법에는 차이가 있다. 노인의 영양상태는 영양적 요인 이외에도 사회적 요인이나 심리적 요인과 같은 영양 외적 요인에 의한 영향도 많이 받고 영양상태에 대한 판정 기준치가 성인과 다르기 때문에 해석하는 데 어려움이 있다.

표 8-6
노인의 영양불량과 관련된 위험 요인

• 부적절한 식사 섭취	• 급성과 만성 질병
• 사회적인 고립	• 거동의 부자유
• 가난	• 만성적 약물의 사용
• 고령(80세 이상)	

식사섭취조사

노인의 식사섭취조사는 기억력 저하와 식욕 감소 및 낮은 교육수준으로 인해 조사의 어려움이 있다. 24시간 회상법의 경우에는 개인에 따라 기억력의 차이가 있지만 나이가 들면서 장기간의 식사내용을 기억하기가 어려워지는지에 대한 분명한 증거는 없다. 과거의 식사섭취를 기억하는 능력은 나이 자체보다는 자기가 먹은 것을 의식하는 정도에 따라 달라질 수 있는데, 즉 자기가 섭취하는 식품에 대한 아무런 의식 없이 기계적으로 식사를 하는 사람들은 회상하기가 힘들다. 이런 현상은 식사를 준비하는 여성보다는 남성에게 더 흔히 나타난다. 식사섭취조사 결과는 식사지침이나 식사구성안을 기준으로 평가할 수 있다.

신체계측조사

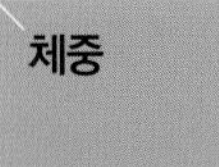

건강한 사람의 체위는 간단하고 쉽게 측정할 수 있다. 그러나 노인, 특히 고령의 노인은 거동이 불편한 경우가 많으며 이런 경우에는 침대용 저울bed beam이나 눈금이 있는 휠체어

calibrated wheelchair를 이용해야 한다. 부종이나 심한 탈수가 있을 때는 정확한 체중을 알기 어렵고 조사 결과를 다르게 해석할 수 있다.

신장 체중에 비해서 노인의 신장 측정은 더 어렵다. 신장계를 이용해서 신장을 재려면 반듯이 서서 정면을 바라보아야 하지만, 똑바로 설 수 없거나 척추후만kyphosisdowager's hump, 척추만곡scoliosis, curvature이 있는 경우 또는 움직일 수 없을 때는 신장 측정이 어렵다. 이런 경우에도 장골의 길이는 변하지 않고 유지되므로 서있는 키를 측정하기 어려울 때는 팔길이, 팔폭이나 무릎길이를 측정하여 신장을 추정한다.

무릎길이 신장과 매우 밀접한 관계가 있으므로 움직일 수 없는 노인의 신장 추정을 위해 사용될 수 있다. 무릎길이knee height는 90°로 양쪽 끝으로 이동할 수 있는 날이 달린 인체 측정용 캘리퍼를 사용하여 측정한다.

신장 대비 체중 성별, 연령별 기준치와 비교하여 15% 이하면 저체중으로, 15~84%이면 정상으로, 85% 이상이면 과체중이나 비만으로 판정한다.

체중의 변화 노인의 체중 변화는 건강에 영향을 주며 일주일 내에 1~2%의 체중이 감소하거나 1개월에 5%, 3개월에 7.5%, 6개월 내에 10%가 감소하면 분명한 체중 감소가 있는 것이다. 이 범위 이상의 체중 감소는 심각한 영양불량을 의미한다.

체질량지수 체질량지수는 노인비만 판정에 많이 사용된다. BMI가 24 kg/m^2 이하면 영양불량의 위험이 있으며, 27 kg/m^2 이상이면 비만으로 판정한다. 노인은 노화에 따른 신장의 감소로 인해 신장에 대한 이상체중을 써서 구하는 비만지수 혹은 이상체중비가 높게 나타나 실제보다 비만율이 높아지므로 비만지수를 노인의 비만판정에 사용하는 것은 부적합하다.

체지방 측정 노인의 상완둘레 측정은 나이가 들면서 지방축적이 말초에서 중앙으로 변하는 것을 나타내는 좋은 지표이다. 허리둘레와 허리/엉덩이둘레 비는 복부비만 여부를 알 수 있는 좋은 지표이다. 삼두근 피부두겹두께를 측정하여 체지방량을 구하고, 생체전기저항분석법bioelectrical impedance analysis을 이용하여 체지방과 수분 등을 측정할 수 있다.

생화학적 조사

노인에게 PEM과 이상지질혈증, 철과 엽산 결핍성 빈혈은 흔히 나타나는 영양문제이다. 그러므로 혈장 단백질, 지질성분, 빈혈 지표를 측정한다. 또한 혈당, 요당 등을 측정하여 당뇨병의 유무를 판단한다.

임상조사

노인에 대한 임상조사는 노화로 인한 당연한 결과로 생각하고 조사대상자가 증상이나 기능 변화를 말하지 않는 경우가 많으며, 기억력 감소 등 정신적 혼란으로 증상과 징후를 분명히 말하기 어려운 경우가 많기 때문에 전문가가 조사해야 한다.

(1) 임상징후조사

노인에게서 나타날 수 있는 임상징후로는 야윈 얼굴, 부종, 창백한 피부, 전반적인 허약, 무기력, 피부 손상, 입 주위의 염증 등이며, 이러한 증상은 노인의 경우 영양 이외의 원인에 의해서도 나타날 수 있으므로 주의해야 한다. 예를 들면, 자반병purpura은 피하조직에서 용혈이 나타나는 것으로 비타민 C 결핍증인 괴혈병과 비타민 K 결핍증으로 인해 나타나는 증상이지만 노인에게는 피부의 노화로 인해서 나타날 수도 있다. 야맹증도 비타민 A 결핍증보다는 백내장으로 인해서 나타난다. 구각염도 리보플라빈 결핍증보다는 침을 흘려서 나타나는 경우도 있다. 따라서 노인에게 나타나는 임상징후는 다른 영양상태 평가방법을 통해 확인해야 한다.

(2) 기능과 인지능력 조사

노인에서 기능과 인지능력의 저하는 영양상태에 영향을 준다. 따라서 일상생활활동activities of daily living, ADLs과 일상생활의 도구적인 활동instrumental activities of daily living, IADLs을 측정하는 두 가지의 기능적 지표가 많이 사용된다(표 8-7).

표 8-7
노인의 기능 측정도구

기능 지표	내용
일상생활 활동(ADLs)	
목욕하기	혼자서 목욕을 할 수 있다.
옷 입기	혼자서 옷을 꺼내어 입고 잠글 수 있다.
화장실가기	혼자서 화장실을 사용하고 위생적으로 처리한다.
이동하기	다른 사람의 도움 없이 침대와 의자에서 일어날 수 있다.
자제력 유지하기	스스로 통제할 수 있다.
음식물 섭취하기	식기에서 입으로 음식물을 가져갈 수 있다.
일상생활에서 도구 사용(IADLs)	
전화 사용	전화를 사용하려고 번호를 볼 수 있다.
물건 구매	필요한 물건을 살 수 있다.
식사 준비	식사를 계획하고 준비하고 배식할 수 있다.
집안 돌보기	혼자서 집안 관리를 할 수 있다.
세탁하기	스스로 세탁을 할 수 있다.
이동하기	대중교통수단이나 차를 이용하여 혼자서 여행을 할 수 있다.
약 복용하기	약 복용시간을 지켜서 약을 복용할 수 있다.
재무관리하기	돈을 관리할 수 있다.

많은 노인이 치매나 만성 인지능력의 손상을 경험하고 있다. 인지능력이란 기억이나 언어, 읽기, 쓰기, 시간적 순서, 장소, 사람에 대한 기억 등과 같은 개개인의 지적 능력을 말한다. 인지능력의 저하는 영양불량의 원인이 된다. 노인의 인지능력을 조사하기 위해서는 간단한 정신상태 판정 도구인 미니 정신상태 조사방법Mini-Mental-State Examination이 가장 효과적이라고 알려져 있다. 노인에게 많이 나타나는 우울증도 식욕이 저하되고 식품 섭취가 부적절해지므로 영양불량의 원인이다. 우울증은 대사 이상이나 약물 중독, 탈수, PEM 및 배우자의 죽음이나 생활의 변화로 인해 나타날 수 있다.

노인에서의 영양검색

노인에서 영양중재 또는 심화된 영양상태 판정을 필요로 하는 사람을 선별하는 방안이 필요하다. 〈표 8-8〉는 노인의 영양적 위험을 간단히 판정하기 위해 사용되는 간이영양평가표의 예이다.

또 〈표 8-9〉은 노인이 스스로 영양상태를 판정할 수 있는 자가점검표이다. 이러한 점검표는 영양문제를 갖고 있는 개개인을 찾아내는 데 도움이 된다. 이러한 점검표의 목적은 일차적으로는 사람들에게 빈약한 영양상태가 나타내는 특징에 관한 정보를 제공하며, 두 번째로는 사람들로 하여금 건강관리자에게 자신의 영양상태에 대해 설명할 수 있도록 해주는 것이다. 이러한 점검표를 사용함으로써 기본 영양정보를 이용해서 문제가 되는 영양상태의 지표와 주요 위험 요인을 알 수 있다.

표 8-8
노인을 위한 간이영양평가표

점검 항목	해당이 될 때 0 표시하고 점수로 환산할 것
A. 지난 3개월 동안 밥맛이 없거나 소화가 잘 안되거나 씹고 삼키는 것이 어려워서 식사량이 줄었습니까?	0=예전보다 많이 줄었다
	1=예전보다 조금 줄었다
	2=변화없다
B. 지난 3개월 동안 몸무게가 감소했습니까?	0=3 kg 이상의 체중 감소
	1=모르겠다
	2=1 kg에서 3 kg 사이의 체중 감소
	3=줄지 않았다
C. 집밖으로 외출할 수 있습니까?	0=외출할 수도 없고, 집안에서도 주로 앉거나 누워서 생활한다
	1=외출할 수는 없지만 집에서는 활동을 할 수 있다
	2=외출할 수 있다
D. 지난 3개월 동안 많이 괴로운 일이 있었거나 심하게 편찮으셨던 적이 있습니까?	0=예
	2=아니요
E. 신경 정신과적 문제	0=중증 치매나 우울증
	1=경증 치매
	2=특별한 증상 없음
F. 체질량지수(BMI)=[몸무게(kg)/신장(m)^2]	0=BMI < 19
	1=19 < BMI < 21
	2=21 ≤ BMI ≤ 23
	3=BMI ≥ 23
중간점수 I (A–F) 합계 : ______________ *12점 이상 : 보통, 위험도 없음, 평가 불필요 *11점 이하 : 영양불량 위험군, 평가 필수	
G. 평소에 어르신 댁에서 생활하십니까?	0=예
	1=아니오
H. 매일 3종류 이상의 약을 드십니까?	0=예
	1=아니오
I. 피부에 욕창이나 궤양이 있습니까?	0=예
	1=아니오
J. 하루에 몇 끼의 식사를 하십니까?	0=1끼
	1=2끼
	2=3끼

(계속)

점검 항목	해당이 될 때 0 표시하고 점수로 환산할 것
K. 단백질 식품의 섭취량 • 우유나 떠먹는 요구르트, 유산균 요구르트 중에서 매일 한 개 드시는 것이 있습니까?	예 아니요
• 콩으로 만든 음식(두부 포함)이나 계란을 일주일에 2번 이상 드십니까?	예 아니요
• 생선이나 육고기를 매일 드십니까?	예 아니요
0.0=0 또는 1개 '예', 0.5=2개 '예', 1.0=3개 '예'	________
L. 매일 3번 이상 과일이나 채소를 드십니까?	0=아니오
	1=예
M. 하루에 몇 컵의 물이나 음료수, 차를 드십니까?	0.0=3컵 이하
	0.5=3컵에서 5컵 사이
	1.0=5컵 이상
N. 혼자서 식사할 수 있습니까?	0=다른 사람의 도움이 항상 필요
	1=혼자서 먹을 수 있으니 약간의 도움 필요
	2=도움 없이 식사할 수 있음
O. 어르신의 영양상태에 대해 어떻게 생각하십니까?	0=좋지 않은 편이다
	1=모르겠다
	2=좋은 편이다
P. 비슷한 연세의 다른 할아버지, 할머니들과 비교했을 때, 어르신의 건강상태가 어떻습니까?	0.0=나쁘다
	0.5=모르겠다
	1.0=비슷하다
	2.0=자신이 더 좋다
Q. 상완위 둘레(MAC)(cm)	0.0=MAC < 21
	0.5=21 ≤ MAC ≤ 22
	1.0=MAC ≥ 22
R. 장단지 둘레(CC)(cm)	0=CC < 31
	1=CC ≥ 31
중간점수 II(G-R) 합계 : ________ 총 점수 합계 : ________ *1=24점 이상(정상) *2=17~23.5점(영양불량 위험) *3=16.6점 이하(영양불량)	

표 8-9
영양·건강상태의 자가점검조사표

자료: Nutrition Screening Initiative, a project of the American Academy of Family Physicians, the American dietetic Association, and the National Council on Aging.

점검 항목		해당이 될 때 O표시 하고 점수로 환산할 것
나는 질병이 있거나 음식의 섭취량이나 종류에 변화를 주는 상태이다.		2
나는 하루에 2끼 이하로 섭취한다.		3
나는 과일이나 채소, 우유나 유제품을 거의 먹지 않는다.		2
나는 거의 매일 3회 이상 맥주나 포도주, 소주 등을 마신다.		2
나는 이가 아프거나 입 안의 염증으로 식사하는 데 불편하다.		2
나는 필요한 음식을 살 만한 돈이 충분하지 않다.		4
나는 대부분 혼자서 식사한다.		1
나는 하루에 3번 이상 의사가 처방한 또는 처방하지 않은 약을 먹는다.		1
나는 지난 6개월간 원하지 않았는데도 체중이 5 kg 줄거나 늘었다.		2
나는 항상 혼자서는 장을 보거나 음식을 조리하거나 먹을 수 없다.		2
합 계		
평가	총점 0~2점	영양상태가 좋습니다. 6개월 이내에 다시 점검해 보세요.
	총점 3~5점	당신은 숭등 정도의 영양적 위험이 있습니다. 당신의 식습관과 생활습관을 개선하기 위해서 노력하세요. 주변의 영양사나 건강관리자의 도움을 청하세요. 3개월 이내에 당신의 영양점수를 다시 점검해 보세요.
	총점 6점 이상	당신은 고위험군에 속합니다. 다음에 의사나 영양사, 건강전문가를 만나러 갈 때 이 점검표를 가지고 가세요. 당신의 영양문제에 대해 상담하고 이것을 개선하기 위한 도움을 얻도록 하세요.

8-1 [체중에 문제가 있는 임산부] 김씨는 24세의 주부로 임신 4개월이다. 이번이 첫 번째 임신이며 현재의 신장은 160 cm, 체중은 67.5 kg이다. 임신 초기의 체중은 66.5 kg이었다. 이 산모는 체중 증가에 매우 신경을 많이 쓰고 있다.

함께 풀어 봅시다

1) 이 산모의 체중을 평가하고 임신을 하지 않았다면 이상체중이 얼마나 되는지 조사해 보자.

2) 이 산모는 1 kg의 체중이 증가한 것에 대해 신경을 많이 써야만 할까? 그렇다면 그 이유는 무엇인가?

3) 임신기간의 체중 증가에 대해 이 산모에게 해줄 수 있는 조언은 어떤 것이 있는가?

4) 식생활에 대한 다른 조언으로는 어떤 것이 있을지 생각해 보자.

참고문헌

REFERENCE

보건복지부, 질병관리청. 2019 국민건강통계 - 국민건강영양조사 제8기 1차년도(2019)

Aliani M, Udenigwe CC, Girgih AT, Pownall TL, Bugera JL, Eskin MN. Zinc deficiency and taste perception in the elderly. *Crit Rev Food Sci Nutr.* 53(3): 245~250, 2013

American Academy Of Pediatrics. *Caring for Your Baby and Young Child*, 5th Edition: Birth to Age 5. Bantam Books, 2009

Brown JE, Isaacs J, Krinke B, Lechtenberg E. *Nutrition Through the Life Cycle*, 4th ed. Wadsworth, 2010

Brown JE. *Nutrition through the life cycle.* 4th ed. Cengage, 2011

Jelliffe DB, Jelliffe EFP. *Community Nutritional Assessment*, Oxford University Press, 1989

Ernst IM, Pallauf K, Bendall JK, Paulsen L, Nikolai S, Huebbe P, Roeder T, Rimbach G. Vitamin E supplementation and lifespan in model organisms. *Ageing Res Rev.* 12(1): 365~375, 2013

Mannu GS, Zaman MJ, Gupta A, Rehman HU, Myint PK. Update on guidelines for management of hypercholesterolemia. *Expert Rev Cardiovasc Ther.* 10(10): 1239~1249, 2012

McGuire C. Turn Back Time (Natural Anti Aging, Nutrition and Longevity), 2012

Oddy WH. Infant feeding and obesity risk in the child. *Breastfeed Rev.* 20(2): 7~12, 2012

US Department of Health and Human Services: Expert panel on blood cholesterol levels in children and adolescents. *Pediatrics* 89: 495, 1992

Volkert D, Sieber CC. Protein requirements in the elderly. *Int J Vitam Nutr Res.*

81(2-3): 109~119, 2011

Williams CD, Baumslag N, Jelliffe DB. Mother and child health. 3rd ed. Oxford University Press, 1994

Nutrition Screening Initiative. file:///C:/Users/USER/AppData/Local/Microsoft/Windows/INetCache/IE/IH1ULY3T/DetermineNutritionChecklist.pdf

CHAPTER

환자의 영양판정

1 환자의 영양판정에 필요한 자료

2 환자의 영양판정 기준 및 척도

3 환자의 영양판정 단계

4 환자의 질환별 영양판정 방법

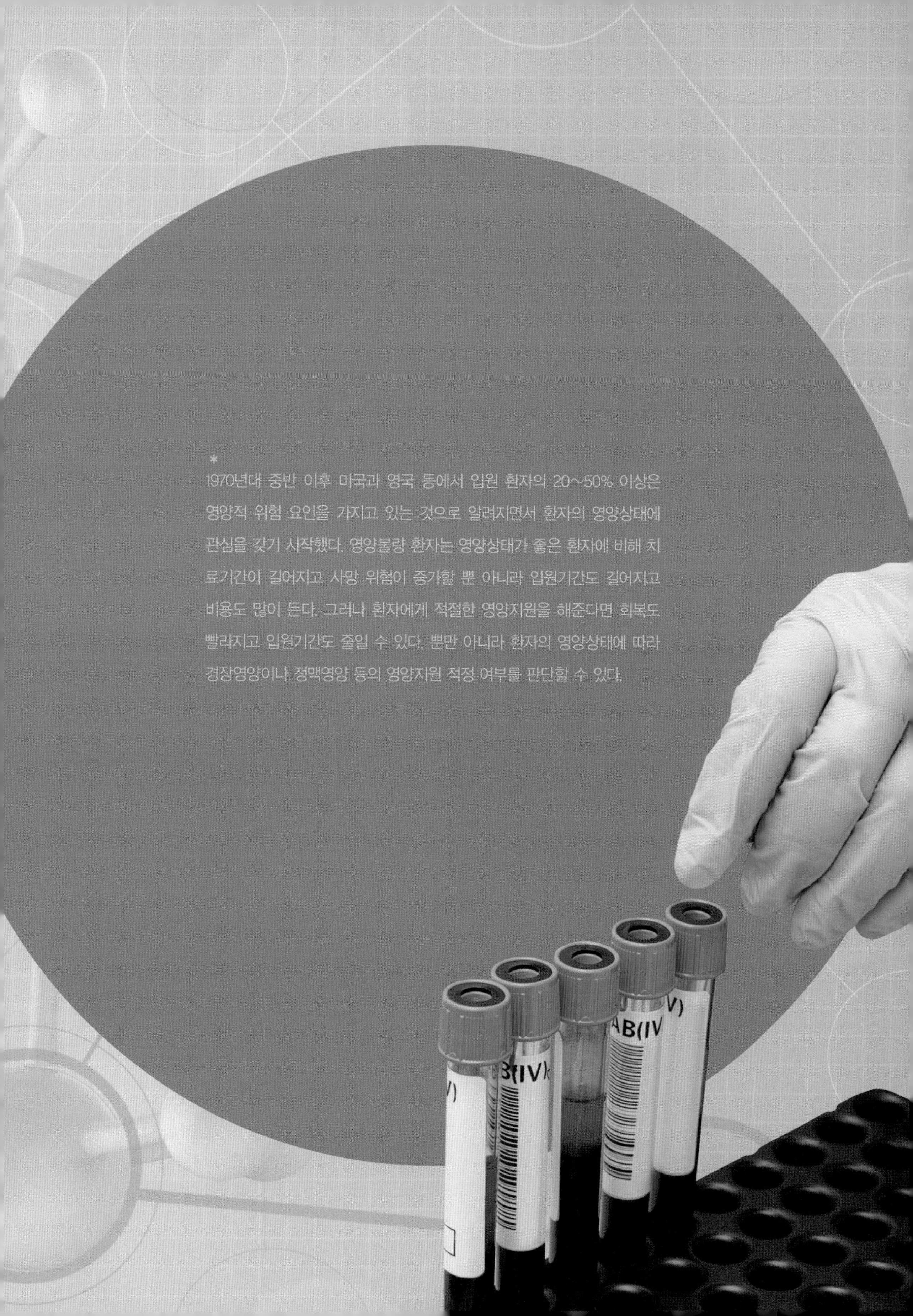

*

1970년대 중반 이후 미국과 영국 등에서 입원 환자의 20~50% 이상은 영양적 위험 요인을 가지고 있는 것으로 알려지면서 환자의 영양상태에 관심을 갖기 시작했다. 영양불량 환자는 영양상태가 좋은 환자에 비해 치료기간이 길어지고 사망 위험이 증가할 뿐 아니라 입원기간도 길어지고 비용도 많이 든다. 그러나 환자에게 적절한 영양지원을 해준다면 회복도 빨라지고 입원기간도 줄일 수 있다. 뿐만 아니라 환자의 영양상태에 따라 경장영양이나 정맥영양 등의 영양지원 적정 여부를 판단할 수 있다.

CHAPTER

nutritional assessment of hospital patient

9 환자의 영양판정

1970년대 중반 이후 미국과 영국 등에서 입원환자의 20~50% 이상은 영양적 위험 요인을 가지고 있는 것으로 알려지면서 환자의 영양상태에 관심을 갖기 시작했다. 영양불량 환자는 영양상태가 좋은 환자에 비해 치료기간이 길어지고 사망 위험이 증가할 뿐 아니라 입원기간도 길어지고 비용도 많이 든다. 그러나 환자에게 적절한 영양지원을 해준다면 회복도 빨라지고 입원기간도 줄일 수 있다. 뿐만 아니라 환자의 영양상태에 따라 경장영양이나 정맥영양 등의 영양지원 적정 여부를 판단할 수 있다.

1. 환자의 영양판정에 필요한 자료

환자의 영양상태 판정을 위해서 필요한 자료로는 환자의 병력 및 사회력, 식사 섭취에 관한 정보, 신체계측 자료, 임상조사 자료, 생화학적 자료가 있다(표 9-1).

표 9-1
환자의 영양판정에 필요한 조사 내용

구분	조사내용
병력 조사	• 진단명, 치료 • 약물상태: 처방약의 종류, 약물의 과다 사용 또는 중복 및 남용 여부 • 장기간 약물 복용 • 영양보충제 및 건강기능식품 섭취 여부 • 대사 요구량이 증가되는 질환의 유무 확인(발열, 감염, 외상, 화상, 갑상샘기능항진증, 임신 여부, 영유아기 등) • 영양소 손실이 증가되는 질환의 유무 확인(만성 신투석, 누공, 상처, 농양, 삼출성 장질환에 의한 단백질 손실) • 만성질환의 유무 확인(당뇨병, 이상지질혈증, 고혈압, 만성 폐질환, 만성 신질환, 만성 간질환, 심부전, 암, 간질, 류머티스성 관절염, 소화성 궤양, 정신질환 등) • 최근 수술 및 질환 여부 확인, 신체장애 여부 • 장기간의 혼수상태 유무 확인 • 약물 또는 알코올 중독 • 소화기 질환 유무 확인(선천성 기형, 췌장기능부전, 심한 설사, 장피누공, 실리악병, 크론씨병, 기생충 감염, 악성빈혈 등) • 소화기 수술 여부(위 또는 장절제술, 장우회술 등)
사회력 조사	• 수입 정도, 식품구매 능력 • 가족구성원 • 약물 또는 알코올 중독, 흡연 여부 • 노인의 경우: 환경에 따른 적응 여부, 주거 및 가족 상황, 정신적 문제, 빈곤 여부
식사섭취 조사	• 평소 식사 섭취량, 섭취량의 적절성 여부 • 식욕, 입맛의 변화 여부 • 식사 시 문제점: 구토, 메스꺼움, 연하곤란, 저작곤란, 설사, 변비, 갈증, 복통, 의치 여부 • 편식이나 유행식품의 남용 여부 • 부적절한 식습관, 불충분한 영양지식 • 질병에 따른 식사제한 여부 • 신경성 식욕부진 여부 • 두경부의 외상 및 수술 여부 • 문화 및 종교에 따른 식품선택의 제한 여부 • 장기간의 금식 여부(정맥영양 및 항생제 과다 투여 여부) • 약과 영양소와의 상호작용 • 현재 식사요법 • 과거 식사교육
신체계측 조사	• 신장, 체중, %표준체중, 평소체중, %체중변화, 상완둘레 • 평소체중과 표준체중 비교
임상조사	• 몹시 여윔, 근육 소모, 부종, 복수, 욕창, 비만
생화학적 조사	• 헤모글로빈, 알부민, 프리알부민, 트랜스페린, 총 임파구 수, 기타 관련 검사

병력 조사

환자의 병력 조사는 영양상태의 임상적 판정의 첫 단계이다. 환자의 병력은 의무기록, 환자 혹은 환자 가족과의 면담을 통해 얻을 수 있다. 의무기록은 질병치료 경력, 의사, 간호사, 영양사 등 진료팀이 적어 놓은 기록을 포함한다. 그 외에도 환자의 과거와 현재 건강상태에 관한 사실들, 의약품 복용 경력, 환자 개인이나 가족의 건강정보 등이 포함된다.

식사섭취조사

식사 섭취에 관한 정보에는 환자의 식품 기호, 알레르기 식품이나 못 먹는 식품이 무엇인지 그리고 평상적인 식사패턴(식사시간, 장소, 간식 섭취 여부) 등이 포함된다. 또 비타민·무기질 영양제 사용에 관한 정보도 포함된다.

24시간 회상법이나 식품섭취빈도법 등을 통해 평상시의 식습관과 식사섭취에 관한 자료를 얻을 수 있다. 퇴원 후 후속 관리를 위해 병원을 찾은 환자에게는 식품섭취빈도조사나 3일간의 식사기록조사 등을 실시한다. 병원 입원 환자의 식사섭취조사는 환자용으로 제공된 병원식사 중 하루나 이틀 정도 환자가 실제로 섭취한 양에 대해 에너지와 영양소의 섭취량을 분석하여 평가한다.

신체계측조사

(1) 체중

신체계측 자료 중 가장 중요한 자료는 체중이다. 주기적으로 체중을 측정하면 신체 구성성분의 변화를 알아볼 수 있으며 체중의 손실이 눈에 띄게 나타나면 심각한 질병의 징후로 본다. 체중은 일반 체중계를 이용하여 측정한다. 걸을 수 없는 환자의 체중은 침대나 휠체어용 저울(그림 9-1)을

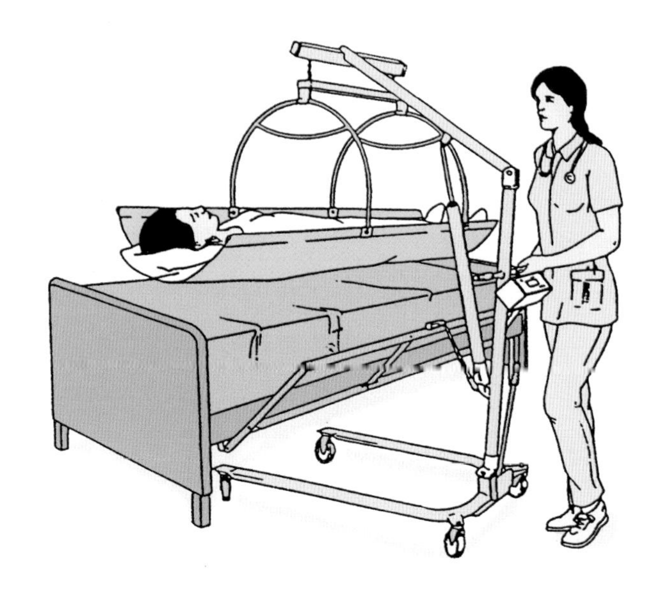

그림 9-1
누워 지내는 환자의 체중 측정

이용하여 측정할 수도 있다.

환자가 깁스를 하고 있거나 골절치료를 위한 견인장치를 달고 있거나 생명보조장치를 부착하고 있는 경우, 혹은 적절한 침대나 휠체어 저울이 없어 환자의 체중을 직접 측정할 수 없을 경우에는 무릎길이, 상완둘레, 종아리둘레, 피부두겹두께 등 여러 신체계측치를 이용한 계산식을 이용하여 환자의 체중을 추정할 수 있다. 우리나라에서도 거동이 제한된 노인의 자료를 이용한 체중 추정식이 개발되었다. 이 추정치는 서양인을 위해 개발된 체중 추정치보다 정확도와 타당도가 더 좋다고 평가되었다. 신장과 체중으로부터 신장/체중 표준치를 사용하여 비교하고, 상대체중과 BMI도 계산하여 여러 표준과 비교해 볼 수 있다. 〈표 9-2〉에는 여러 신체계측치를 이용하여 체중을 계산하는 공식의 예를 제시하였다.

표 9-2
신체계측치로부터 체중을 구하는 공식의 예

자료: [1]Chumlea WC, 1988
[2]한경희, 1995

예 1) 신체계측치로부터 65세 이상 노인의 체중을 추정하는 계산식[1] (단위: cm)

구분	계산식
남자	몸무게=(상완둘레 × 2.31)+(종아리둘레 × 1.50)−50.10 몸무게=(상완둘레 × 1.92)+(종아리둘레 × 1.44) +(견갑골 피부두겹두께 × 0.26)−39.97 몸무게=(상완둘레 × 1.73)+(종아리둘레 × 0.98) +(견갑골 피부두겹두께 × 0.37)+(무릎길이 × 1.16)−81.69
여자	몸무게=(상완둘레 × 1.63)+(종아리둘레 × 1.43)−37.46 몸무게=(상완둘레 × 0.92)+(종아리둘레 × 1.50) +(견갑골 피부두겹두께 × 0.42)−26.19 몸무게=(상완둘레 × 0.98)+(종아리둘레 × 1.27) +(견갑골 피부두겹두께 × 0.40)+(무릎길이 × 0.87)−62.35

예 2) 우리나라 노인을 위해 개발된 체중 추정식[2]

구분	추정식
신체둘레 측정과 무릎길이를 이용한 체중 추정식	
남자 노인	체중=(0.37 × 허리둘레)+(1.25 × 상완둘레)+(0.75 × 종아리둘레) +(0.91 × 무릎길이)−73.27
여자 노인	체중=(0.29 × 허리둘레)+(0.91 × 상완둘레)+(1.21 × 종아리둘레) +(0.53 × 무릎길이)−57.00
신체둘레 측정만 가능할 때의 체중 추정식	
남자 노인	체중=(0.50 × 허리둘레)+(1.71 × 상완둘레)−27.10
여자 노인	체중=(0.31 × 허리둘레)+(0.89 × 상완둘레)+(1.26 × 종아리둘레)−35.61

최근의 체중 변화는 환자의 영양상태 평가에 있어 중요하다. 환자의 체중 증가는 근육과 지방조직이 재생될 때, 비만해질 때 혹은 부종, 복수, 정맥주사로 인한 체액의 비정상적 축적이 있을 때 나타난다. 이에 비해 체중 감소는 질병이 있거나 영양장애가 있는 환자 또는 설사제를 투여 받는 환자에게 나타난다. 환자의 근육 감소는 다른 질병으로 인한 체액의 증가로 인해 가려질 수 있다. 따라서 환자의 체중은 주의하여 측정해야 한다.

체중의 변화를 알아보기 위해서는 먼저 환자의 평상시 체중을 알아야 한다. 평상시 체중에 대한 정보는 환자나 환자 가족 또는 의료기록을 통해 얻을 수 있다. 체중 감소가 5% 이하일 때는 별로 문제되지 않으나 5~10%에 달한다면 잠재적으로 위험하다. 체중이 10% 이상 감소되면 심각한 문제가 있는 것이다. 체액의 이동으로 인해 하루 체중 변화가 0.5 kg 이상 나타날 수 있으며, 이는 체중의 진정한 변화로 간주되지 않는다.

(2) 신장

환자의 신장은 신장계로 쉽게 측정할 수 있다. 그러나 혼자 똑바로 서 있을 수 없는 환자들의 경우는 신장 측정이 불가능하므로 신장을 추정할 수밖에 없다. 무릎길이가 신장을 가장 잘 나타내므로 환자의 무릎길이로부터 신장을 추정하는 방법을 가장 많이 사용한다. 우리나라에서도 노인 중 거동이 제한된 노인을 대상으로 개발한 한국인에 맞는 추정식이 소개되었다(표 9-3). 누워 있는 환자 중 골격의 비정상이나 근육 경축의 증상이 없이 똑바로 누워 있을 수 있는 환자의 경우는 누운 키를 측정한다.

표 9-3
신체계측치로부터
신장을 구하는 공식의 예

무릎길이와 총 팔길이를 이용한 신장 추정식	
남자 노인	신장=(1.44×무릎길이)+(0.62×총 팔길이)−(0.15×연령)+58.71
여자 노인	신장=(1.08×무릎길이)+(0.65×총 팔길이)−(0.27×연령)+77.91
무릎길이만 측정이 가능할 때의 신장 추정식	
남자 노인	신장=(1.94×무릎길이)−(0.15×연령)+78.56
여자 노인	신장=(1.74×무릎길이)−(0.24×연령)+89.63
총 팔길이만 측정이 가능할 때의 신장 추정식	
남자 노인	신장=(1.23×총 팔길이)−(0.13×연령)+89.63
여자 노인	신장=(1.22×총 팔길이)−(0.31×연령)+91.37

자료: 한경희, 1995

(3) 기타 신체계측 자료

체중과 신장 외에 환자의 영양상태를 알아보기 위해 필요한 신체계측 자료로는 무릎길이, 피부두겹두께, 상완둘레, 종아리둘레, 상완근육면적 등이 있다.

임상조사

환자의 영양상태를 알아볼 수 있는 임상조사 항목에는 체온, 심장, 호흡, 장의 소리, 머리와 목, 인두, 복부, 사지, 피부, 머리카락, 손·발톱, 신경과 순환계의 검사 등이 포함된다. 이런 정보 환자가 처음 병원에 입원할 때 임상조사나 신체검사를 통해 수집한다.

생화학적 조사

병원에서 일반적으로 조사하는 생화학적 지표로는 헤모글로빈, 헤마토크릿, 총 임파구 수, 혈청 단백질, 전해질과 무기질, 혈액 요소질소, 혈청 지질, 각종 혈청 내 효소 등이 있다(표 9-4).

표 9-4
병원에서 일반적으로 조사하는 생화학적 지표

생화학적 지표		조사목적
혈액학적 분석 hematology	헤모글로빈Hb	빈혈과 탈수상태 조사
	헤마토크릿Hct	빈혈과 탈수상태 조사
	백혈구WBC	감염 여부와 임파구 수 조사
	평균혈구부피MCV	빈혈 및 원인 조사
	평균혈구혈색소MCH	빈혈 및 원인 조사
	평균혈구혈색소농도MCHC	빈혈 및 원인 조사
단백질	총 단백질	PEM과 여러 영양소의 불균형 조사
	알부민	PEM과 탈수상태 조사
	트랜스페린	PEM과 회복식이에 대한 반응 소사
전해질	나트륨	탈수상태 조사
	칼륨	산–염기 균형과 신장기능 조사
	염소	산–염기 균형과 구토 등으로 인한 염소 손실 조사
	이산화탄소	산–염기 균형
포도당		당뇨병, 포도당 내성, 스트레스 및 췌장염 조사
혈액 요소질소BUN		신장기능 조사 및 탈수상태 조사
칼슘		호르몬 불균형, 특정 암과 지방변 조사
인		호르몬 불균형, PEM, 간경화 및 회복식이에 대한 반응 조사
마그네슘		신장기능 및 PEM 조사
콜레스테롤		심장병의 위험 및 황달 가능성 조사
요산		통풍 및 탈수상태 조사
혈청 내 효소	크레아틴 인산화효소CPK	심장기능 조사
	젖산 탈수소효소LDH	심장과 신장기능 조사
	알라닌 아미노전이효소 ALT, SGPT	심장과 간기능 조사
	아스파탐 아미노전이효소 AST, SGOT	심장과 간기능 조사
	염기성 인산분해효소ALP	간기능 조사
	아밀레이스	췌장기능 조사
	라이페이스	췌장기능 조사

2. 환자의 영양판정 기준 및 척도

환자의 영양상태를 평가하기 위한 기준은 대체로 체지방 축적의 정도, 체단백 및 내장단백의 감소 정도, 그리고 면역기능의 저하 정도 등 4가지를 들 수 있으며 각 기준에 사용되는 척도는 〈표 9-5〉와 같다. 〈표 9-6〉에는 영양결핍 정도를 결정하는 지표의 범위를 나타내었다. 이 지표에 근거하여 환자의 영양결핍 정도를 판단할 수 있다. 영양불량의 종류에 따라 이 지표가 어떻게 변화는지 〈표 9-7〉에 제시하였다. 또한 체중의 변화와 혈청 알부민 수치로 영양상태를 판정할 수 있는 진단기준은 〈표 9-8〉과 같다.

표 9-5
환자의 영양판정 기준 및 척도

기준	척도
체지방 축적fat reserves	피부두겹두께
체단백somato protein	%표준체중 %체중감소 상완근육면적 크레아티닌 신장지표CHI
내장단백visceral protein	알부민 트랜스페린 프리알부민
면역기능immune competence	총 임파구 수 지연된 피부과민반응(항원피부검사)

표 9-6
영양결핍 정도를 결정하는 지표의 범위

자료: 서울중앙병원, 1995

척도	수치	결핍 정도			
		없음	약간	보통	심함
%표준체중[1]		≥90%	89~80%	79~70%	<70%
%체중감소[2]		0~4%	5~9%	10~20%	>20%
알부민		≥3.5	3.4~2.8	2.7~2.1	<2.1
트랜스페린(TIBC÷1.45)		≥200	199~150	149~100	<100
프리알부민		≥16	15~10	9~5	<5
총 임파구 수[3]		≥1,500	1,499~1,200	1,199~800	<800
기타[4]					

1) $\%\text{표준체중} = \frac{\text{현재 체중}}{\text{표준체중}} \times 100$

2) $\%\text{체중감소} = \frac{(\text{평소 체중} - \text{현재 체중})}{\text{평소체중}} \times 100$

3) $\text{총 임파구 수(TLC)} = \frac{\%\text{임파구} \times \text{WBC}}{100}$

4) 기타: 질소균형, IGF-1, 상완둘레, 삼두근 피부두겹두께

표 9-7
영양결핍증의 종류와 척도의 변화

척도	콰시오커	마라스무스	심한 PEM
%표준체중	정상	↓	↓
%체중감소	↓	↓	↓
알부민	↓	정상	↓
트랜스페린	↓	정상	↓
프리알부민	↓	정상	↓
총 임파구 수	↓	↓	↓

표 9-8
체중과 혈청 알부민에 근거한 영양불량의 진단기준

자료: 서울중앙병원, 1995

혈청 알부민 (g/dL)	%표준체중			
	<60%	60~75%	76~90%	>90%
<2.5	심한 단백질-열량 영양불량	단백질-열량 영양불량	중간 정도 영양불량	콰시오커형 영양불량
2.5~3.0	단백질-열량 영양불량	중간 정도 영양불량	중간 정도 영양불량	콰시오커형 영양불량
3.1~3.5	중간 정도 영양불량	중간 정도 영양불량	경미한 영양불량	경미한 영양불량
>3.5	마라스무스형 영양불량	마라스무스형 영양불량	경미한 영양불량	영양 충분

3. 환자의 영양판정 단계

환자의 영양상태 평가는 단계적으로 이루어진다. 환자가 병원에 입원하면 우선적으로 영양판정의 첫 단계인 영양검색nutrition screening을 실시하여 영양문제가 있는지 또는 영양 위험인자가 있는지를 선별한다. 영양검색 결과, 영양문제나 영양 위험인자가 있는 것이 밝혀지면, 그 다음 단계로 초기 영양판정initial nutrition assessment을 실시하여 영양부족이나 영양과잉 상태를 확인한 후 영양관리 계획을 세워 적절한 영양중재를 실시하고, 추후 영양중재 효과를 판정하는 과정을 거쳐야 한다. 초기 영양판정 결과 고위험군으로 밝혀지면 대사영양프로필metabolic/nutritional profile을 실시하여 영양중재와 그에 대한 평가를 한다(그림 9-2).

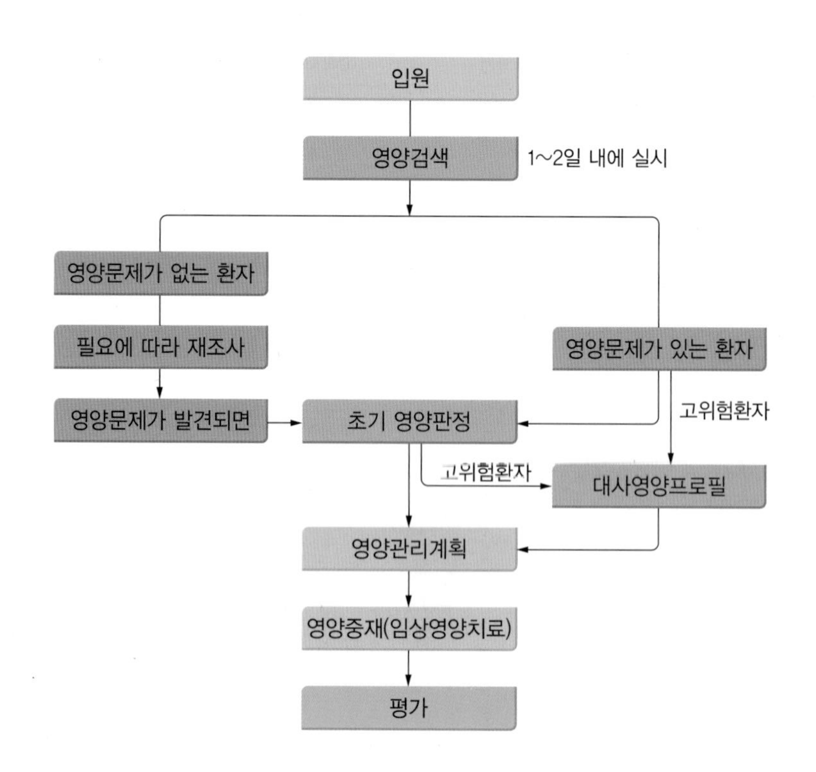

그림 9-2
환자 영양관리의 모델

영양검색

영양검색은 의료기관에서 일반적으로 환자가 입원한 후 1~2일 내에 영양위험도가 있는 환자를 선별하여 이후 구체적인 영양판정이 필요한지의 여부를 판단하기 위한 과정이다.

(1) 영양검색 지표

각 의료기관에서 사용하는 영양검색 지표들은 다양한데 주로 객관적인 지표와 주관적인 지표로 구분한다. 가장 많이 사용되는 객관적 지표로는 %표준체중, 체질량지수, 의도하지 않은 체중감소율, 혈중 알부민, 총 임파구 수, 헤모글로빈, 진단명, 섭식형태 등이고, 가장 보편적으로 사용되는 주관적 지표는 식사 시 문제점(연하곤란, 저작곤란), 식욕 저하나 섭취량 감소, 소화기계 이상증상(메스꺼움, 설사, 구토), 근육 및 체지방 소모, 부종이나 복수의 여부 등이다.

효과적인 영양검색을 위해서는 입원 시 일상적으로 행해지는 검사와 자료만으로도 충분하도록 계획되어야 하고, 비용이 저렴하고 최소한의 인력으로 간단하게 검사와 평가가 이루어질 수 있으면서도 정확하게 영양위험환자를 선별할 수 있어야 한다. 영양검색 지표의 종류와 그 기준은 해당 의료기관의 형편과 인력 수준에 알맞게 설정되어야 한다. 무엇보다 중요한 것은 정확하게 영양위험 요인이 있는 환자를 선별할 수 있는지의 여부를 우선적으로 판단해야 한다. 또한 영양과 관련이 없는 요인에 의해 영향을 받지 않는 특이성과 영양위험 요인의 효과를 잘 반영하는 민감성을 갖추어야 한다. 〈표 9-9〉에는 국내 종합병원 입원환자에 대한 영양검색에 사용되는 평가항목 및 기준의 예를 나타내었다.

영양검색은 고도의 영양지식이나 전문성이 요구되는 것은 아니어서 임상영양사 외에 간호사 또는 다른 의료인에 의해서도 시행할 수 있지만 전문영양사에 의해 실시하는 것이 가장 좋다.

표 9-9
영양검색 시 위험 요인 평가항목 및 기준의 예

평가항목	기준	
	위험도	고위험도
섭식 형태	치료식, 경관급식 금식/유동식 5일 이상	정맥영양TPN
진단명	신장, 췌장, 간, 소화기질환, 종양, 신경계질환 등	영양불량증
생화학검사	알부민<3.3 g/dL 총 임파구 수<1500/mm^3	알부민<2.8 g/dL 총 임파구 수<1200/mm^3
체중	이상체중의 75~90%	이상체중의 75% 미만
판정: 1. 두 가지 이상의 위험인자를 가진 경우 위험도 환자로 분류 2. 위험도 환자 중 두 가지 이상의 고위험인자를 가진 경우 고위험도환자로 분류		

(2) 영양검색을 위한 도구

1980년대 후반부터 미국을 비롯하여 여러 나라에서는 영양검색 지표 및 도구를 각자 개발해 왔다. 현재 국제의료기관 평가 시 영양검색 시스템은 의료기관이 갖추어야 할 필수사항이며, 우리나라도 2000년대 초반부터 몇몇 의료기관을 시초로 영양검색 지표 및 프로그램을 개발하여 사용하기 시작했다. 2007년 의료기관 평가 시 영양부문 항목 중의 하나로 영양검색 및 영양불량 환자 관리항목이 마련되어 대부분의 종합병원에서 영양검색이 시행되고 있다.

가장 널리 사용하고 있는 것으로 주관적 종합평가subjective global assessment, SGA(7장, 표 7-3 참조), 환자용 주관적 종합평가patient generated subject global assessment, PG-SGA(부록 13 참조), 영양위험지표nutrition risk index, NRI, 간이영양평가mini nutritional assessment, MNA, 영양위험검색nutrition risk screening, NRS 등이 있다. SGA는 체중 변화, 식품 섭취 변화, 소화기능 상태, 질병, 신체평가에 대한 항목을 점수화시킨 도구이다. PG-SGA는 영양과 관련된 증상과 단기간의 체중 변화, 병력에 대한 내용이 반영되어 있고 평가항목을 구체적으로 점수화시켜 SGA보다 영양불량을 판단하는 도구로 타당도와 신뢰도가 높다. 그러나 전문영양사 등 전문인력이 필요한 단점이 있다. 〈표 9-10〉에는 간단하여 사용하기 쉬운 영양검색 검사지의 한 예를 나타내었다.

표 9-10
영양검색 평가지의 예

자료: Hedberg AM, 1988

영양검색 평가지

생화학적 수치

1. □ 알부민≤2.9 g/dL ______
6. □ 알부민 <3.5 g/dL ______

신체계측치

신장 ______ 입원 당시 체중 ______ 평상시 체중 ______ 이상체중 ______
신체질량지수(BMI) ______ 이상체중 비율(%) ______ 체중 손실률(%) ______

2. □ <80% 이상(理想) 체중
3. □ >10% 체중 손실
7. □ 평상시 체중의 80~90%
8. □ 5~10% 체중 감소

식사상황

4. □ 정맥급식(TPN)/말초정맥급식(PPN) 혹은 관급식
9. □ 식욕감퇴(식사량 $\frac{1}{2}$ 이하)
10. □ 저작, 연하곤란
11. □ NPO, 덱스트로스, 유동식 3일 이상

영양-관련문제/진단

5. □ 영양불량 □ 패혈증 □ 욕창궤양 □ AIDS □ 연하곤란/신장/간으로 인한 식사 제한
12. □ 영양-관련문제/진단
13. □ 혈청 콜레스테롤 ≥ 200 mg/dL
14. □ 혈당 ≥ 200 mg/dL
15. □ BMI ≥ 27 kg/m²(여자) ≥ 28 kg/m²(남자)

□ 더 이상의 영양평가가 필요하지 않음
□ 더 자세한 영양평가가 필요함. 영양사와 의논할 것
□ 1단계 관리수준 □ 2단계 관리수준 □ 3단계 관리수준
□ 영양상담/영양교육 필요(13~15항목 중 1개 이상 해당). 담당의사의 지시를 따를 것

현재 식사요법 ____________________
조사자 : ____________________
일시 : ____________________

초기 영양판정

영양검색에 의해 환자가 영양위험이 있음이 밝혀지면, 그 다음 단계로 그 환자의 영양장애의 심각성과 원인을 알아내고, 이 영양장애가 그 환자의

의료 상황을 악화시키는 요인이 되는지 여부를 평가해 보기 위해 초기 영양판정을 실시한다.

초기 영양판정에 포함되는 것은 환자의 진단명과 치료계획, 현재와 과거의 체중, 신장, 식습관의 기초적인 평가, 의사의 의료기록과 신체검사기록으로부터의 정보, 정규 생화학적 분석치(주로 혈액화학적 분석)들이다. 이 자료들을 가지고 영양상태를 판정하여 영양불량 여부를 판단하고 부족한 영양소와 그 필요량과 보충방법을 구한다. 초기 영양판정에는 영양상담 및 교육, 식사 변경(영양요구량, 영양밀도), 칼로리 계산 등도 포함된다. 초기 영양판정을 위한 검사지의 예를 〈표 9-11〉에 나타내었다.

표 9-11
초기 영양판정 검사지의 예

등록번호		초기 영양판정 (Initial Nutrition Assessment)
이름		
주민등록번호		
나이/성별		

날짜 ____________ 진료과/병실 _______________ 혈압 ______________
식사처방 ____
진단명 ____
약물 ____
신장 ______ cm 체중 _______ kg 표준체중 _______ kg 평소체중_______ kg
신체증후 ☐ 비만 ☐ 부종/복수 ☐ 욕창

검사항목	결 과 /	검사항목	결 과 /	검사항목	결 과 /
Hb/Hct		Na/K			
Cr/BUN		I & Os			

활동 정도	☐ In-bed	☐ Wheel-chair	☐ Ambulation
관급식 공급경로	☐ Nasogastric	☐ Gastrostomy	☐ _________
관급식이 필요한 이유			

(계속)

영양상태					
척도	수치	영양불량 정도			
		없음	약간	보통	심함
%체중감소	1개월	거의 없음	<5%	5%	5%
	3개월		7.5%	7.5%	>7%
	6개월		10%	10%	>10%
%표준체중		≥91%	90~85%	84~75%	<75%
알부민		≥3.3	3.2~2.8	2.7~2.1	<2.1
피하지방/근육 소모		없음	약간 있음	보통 있음	심함
기타					
판정		□ 양호	□ 보통 불량	□ 약간 불량	□ 심한 불량

영양요구량	
기준체중 (평소/표준/현재/조정)	______________________________ kg
기초대사량	
에너지	
단백질	
수분	

평가	
1. 현재 영양섭취량 (Oral/TF/IV)	열 량 _________ kcal, □ 단백질 _________ g
2. 관급식 적응 상태 –불량 이유	□ 양호 □ 불량(구토/설사/변비/복통: 회/일) □ Fast rate □ Volume excess □ 약물 □ Hypoalbuminemia □ 고열/감염 □ ____
3. 대사적 이상	전해질 불균형(Ca/P/K/Na) : ___________ 기타: ____________________________________

목 표
□ 체중(증가/감소/유지): ______________ kg/월 □ 목표체중: ______________ kg □ 알부민 > ___________ g/dL 유지 □ ____

(계속)

<table>
<tr><th colspan="2">제안</th></tr>
<tr><td>Tube feeding 목표량</td><td>________________ mL/일</td></tr>
<tr><td colspan="2">☐ 1st day 1회 half strength 200 mL
2회 3/4 strength 200 mL
3, 4회 full strength 200 mL씩
2nd day full strength 300 mL × 4회
3rd day full strength (   ) mL × 4회
등 적응상태에 따라 점진적으로 목표량에 도달하도록 하세요.</td></tr>
<tr><td colspan="2">☐ Full strength (   ) mL × 4회
☐ 상기 목표량 달성 시 하루 영양섭취량은 _________ kcal ________ g protein입니다.
☐ 구토, 설사 등의 부작용 발생 시 잘 적응하였던 이전 단계로 환원하며, 그 단계에서 다시 서서히 목표량까지 증가시키세요.
☐ ____
____
____
감사합니다. 영양사</td></tr>
</table>

대사영양프로필

영양판정 결과 영양불량 위험이 높다고 판단된 환자는 깊이 있는 의학정보, 식사정보, 신체계측, 신체증후, 생화학적 자료들로부터 얻은 자료를 통해 대사영양프로필 단계를 거쳐 심도 있는 영양판정을 실시한다. 대사영양프로필 평가를 위해서는 초기 영양상태 판정을 위한 지표 외에 더 상세한 신체계측 및 생화학적 검사치 항목이 더 추가되며, 대사적 스트레스의 여부, 영양적 문제와 영양목표, 그리고 영양지원 필요 여부 등이 포함된다. 〈표 9-12〉에는 대사영양프로필 검사지 양식을 수록하였다.

표 9-12
대사영양프로필 검사지의 예

등록번호		대사영양프로필 (Metabolic/Nutritional Profile)
이름		
주민등록번호		
나이/성별		

날짜 ____________ 진료과/병실 _______________ 혈압 ______________
식사처방 ____
진단명 ____
약물 ____
신장 _______ cm 체중 ______ kg 표준체중 ______ kg 평소체중______ kg
식사 시 문제점 ☐ 구토 ☐ 메스꺼움 ☐ 식욕부진 ☐ 연하곤란 ☐ 저작곤란
☐ 설사 ☐ 변비 ☐ 식품 알레르기 ____________________

척도	수치	영양불량 정도			
		없음	약간	보통	심함
%표준체중 (현재/평소)		≥91%	90~81%	80~70%	<70%
%체중감소		≥3.3	3.2~2.8	2.7~2.1	>20%
Albumin		양호하며 변화 없음	약간 감소 (<2주)	불량함 (>2주)	<2.1
Total Lymphocyte Count		≥1,501	1,500~1,201	1,200~800	<800
TSF (% standard)		≥91	90~51	50~30	<30
MAMC (% standard)		≥91	90~81	80~70	<70
피하지방 손실		없음	약간 있음	보통 있음	심함
근육 소모		없음	약간 있음	보통 있음	심함
기타 Labs					

평가	
1. 영양상태	☐ Adequate ☐ Kwashiorkor ☐ Moderate Malnutrition ☐ Marasmus-type ☐ Mild Malnutrition ☐ Protein-Calorie Malnutrition
2. Metabolic Stress	☐ 없음 ☐ 약간 ☐ 보통 ☐ 심함
3. 현재 영양섭취량	Calorie : _________ kcal ☐ 적절 ☐ 과다 ☐ 부족 Protein : ________ g ☐ 적절 ☐ 과다 ☐ 부족
4. 대사적 이상	

(계속)

5. 영양목표	체중/지방 ☐ 충족 ☐ 유지 ☐ 감소	단백질 ☐ 충족 ☐ 유지	기타
6. 지원경로	☐ Oral ☐ Tube feeding	☐ Parenteral	
7. Enteral/Parenteral Nutrition Support가 필요한 이유 : ________________			
영양요구량			
기준체중	________________ kg		
기초대사량	________________ kcal/일		
총 에너지	________________ kcal/일		
단백질	________________ g/일		
Cal : N Ratio	____________ : 1		
수분	________________ mL/일		
Recommendations ________________ ________________			
☐ Dextrose ________ g/일 (________ % ________ mL/일) ☐ Amino acids ________ g/일 (________ % ________ mL/일) ☐ Intralipose (________ %) 500 mL × ________ /week ☐ Tube feeding formula ________ mL/일(________ mL × 4회) ☐ 기타 : 감사합니다. 영양사			

4. 환자의 질환별 영양판정 방법

병원에 입원한 여러 환자의 질환별 영양판정의 방법과 검토사항은 다를 수 있다. 질환별 혹은 증세에 따른 영양판정 항목을 〈표 9-13〉에 정리하였다.

표 9-13 환자의 질환별 영양판정 방법

질환	병력 조사	식사섭취 조사	신체계측 조사	임상 조사	생화학적 조사
연하곤란	• 병리상태 • 저작곤란, 연하곤란의 원인	• 식욕 저하 요인 • 영양소 결핍 가능성 • 영양상태 주기적 판정	• 신장과 체중 • 체중 변화	• 영양소 결핍 증상 • 탈수 증상	• 혈청 알부민 • 혈청 전해질과 혈중 요소질소: 탈수 증상 여부 파악 • 헤모글로빈, 헤마토크릿
위질환	• 소화불량, 메스꺼움, 구토 증상 • 병리상태	• 섭취한 식품과 위의 증상(소화불량, 메스꺼움, 구토)과의 관계 • 영양소(비타민 B_{12}, 엽산, 철, 칼슘) 섭취량의 적정성	• 신장과 체중 • 체중 변화 • 비만도	• 탈수 증상 • PEM 증상 • 빈혈	• 혈청 알부민 • 혈청 전해질, 혈중 요소질소 • 헤모글로빈, 헤마토크릿(전해질 불균형과 탈수 증상)
장질환	• 설사, 흡수불량 • 병리상태	• 에너지, 단백질 섭취 • 식사섭취 정도 • 지방변이 있는 경우 지방섭취 정도 • 영양보충제 섭취 실태	• 신장과 체중 • 저체중 여부	• 영양소 결핍 증상 • 탈수 증상 • 빈혈 증상	• 혈청 알부민 • 혈청 전해질, 혈중 요소질소 • 헤모글로빈, 헤마토크릿 • 지방 흡수불량 확인
관급식(경장영양)	• 관급식 부위, 삽입경로, 관급식 조성 결정하기 위해 의무기록 확인 • 병리상태	• 관급식의 조성이 처방대로 제조·급식되는지 확인	• 체중 매일 측정	• 관의 위치, 내용물의 낙하속도 확인 • 혈압, 체온, 맥박, 호흡상태 확인 • 영양불량 • 탈수 증상	• 혈청과 요의 생화학적 수치(수분, 전해질 불균형 여부) • 혈청 알부민 • 혈청 전해질, 혈중 요소질소

(계속)

질환	병력 조사	식사섭취 조사	신체계측 조사	임상 조사	생화학적 조사
정맥 영양	• 정맥 부위, 삽입경로 결정하기 위해 의무기록 확인 • 병리상태	• 정맥 급식액이 처방대로 제조 · 급식되는지 확인	• 체중 매일 측정	• 도뇨관 삽입 부위의 감염 및 염증 확인 • 정맥 주입액 펌프의 낙하속도 확인 • 혈압, 체온, 맥박, 호흡상태 확인 • 영양불량 • 탈수 증상	• 혈청과 요의 생화학적 수치(수분, 전해질 불균형 여부) • 혈청 알부민 • 혈청 전해질, 혈중 요소질소
간질환	• 간질환 형태와 원인 • 알코올 중독 • 간염, 담즙관 폐색 • 진행성 간질환과 영양불량	• 영양상태 및 영양소 요구량의 충족도 확인 • 영양소 섭취 실태(섭취 가능한 단백질 식품 확인)	• 체중, 허리둘레 측정 • 체액 상태 변화	• 복수, 부종, 황달 • 혈관종, 복부 혈관 팽창 • 떨리는 증상(간 혼수상태 임박 예고)	• 혈청 알부민 • AST, ALT, 암모니아, 빌리루빈 • 혈청 전해질, 혈중 요소질소
당뇨병, 저혈당증	• 당뇨병의 종류, 기간, 합병증, 영양상태 확인 • 저혈당증의 원인과 진단을 위해 의무기록 확인	• 식사섭취량과 활동상태, 혈당 관찰도 • 처방식사 준수 여부	• 신장과 체중 • 에너지 섭취 변화에 따른 체중변화 확인	• 눈과 발 임상조사 결과 • 혈압 • 노인의 경우 탈수 증상	• 혈당, 당화헤모글로빈 • 혈중 지질 • 미세알부민뇨
심순환 및 폐질환	• 위험인자 및 합병증 확인	• 총 에너지 • 포화/단일불포화/다중불포화 지방, 콜레스테롤 섭취량 • 나트륨, 칼륨, 알코올 섭취량 • 탄수화물/지방의 적절한 섭취비율	• 체중, 체지방, 복부지방량	• 영양소 결핍, 에너지 수준, 체액상태의 임상증상 • 혈압, 심장 박동수, 호흡 정도 • 칼륨 불균형 • 숨이 가쁘고, 운동시 가슴 통증 • 부종, 복수	• 혈청 알부민 • 혈중 지질 • 혈청 칼륨

(계속)

질환	병력 조사	식사섭취 조사	신체계측 조사	임상 조사	생화학적 조사
신장 질환	• 신부전 원인 • 병리상태	• 에너지, 단백질, 수분, 나트륨, 칼륨, 인, 칼슘, 비타민, 무기질 섭취량 • 식품섭취조사 기록자료 확인	• 신장과 체중 • 투석환자의 경우 투석치료 직후 체중 측정	• 부종, 탈수 증상 • 철결핍, 요독증 • 골이상 발육, 고칼륨혈증 • 혈압, 맥박, 호흡, 체온	• 혈청 알부민 • 사구체여과율, 전해질, 혈중 요소질소, 크레아티닌 • 혈중 지질
암과 후천성 면역 결핍증	• 암의 종류 • AIDS 단계 • 합병증 여부 • 임상요법 및 증상 확인	• 식욕부진이나 영양관련 합병증에 의해 환자의 섭취 능력 방해 여부 확인 • 영양소 섭취 증가 및 영양상태 개선 위해 노력 필요 • 식욕부진 위한 진통제 · 항구토제의 투여 시기 적절 여부 확인	• 주기별 신장과 체중 : 허약 wasting의 조기 발견 가능	• 영양소 결핍 증상 • 탈수 증상 • 구강궤양의 임상징후 확인	• 수분, 전해질 균형 • 각 기관의 기능 • 임상요법 반응 • 혈청 알부민

함께 풀어 봅시다

9-1 47세 이씨는 자동차 사고로 병원에 입원하였다. 사고로 팔과 코가 부러진 상태이며, 상담을 통해 병력을 조사한 결과 6개월 전에 부인이 사망한 후 7 kg의 체중 감소가 있었다고 하였다. 현재 이 사람은 혼자 살며 잘 맞지 않는 의치를 끼고 있었고 혼자서 조리를 해서 식사를 하고 있었다. 이씨의 체위측정과 생화학적 조사 결과는 다음과 같다.

체중	60 kg	헤모글로빈	12.0 g/dL
신장	173 cm	헤마토크릿	39%
삼두근 피부두겹두께	7.5 mm	혈청 알부민	3.0 g/dL
팔꿈치 너비	7.0 cm	임파구	25%
상완둘레	17.6 mm		

1) 이 환자에게 영양불량이 나타날 수 있는 요인을 조사해 보자.

2) 이 환자의 상완지방면적midarm fat area, 상완근육둘레midarm muscle circum-ference, 상완근육면적midarm muscle area을 계산해 보자.

3) 환자의 MCH, MCV, MCHC를 계산하고 혈액상태를 평가해 보자.

4) 환자의 영양상태를 평가해 보자.

참고문헌
REFERENCE

양은주, 원혜숙, 이현숙, 이은, 박희정, 이선희. 새로 쓰는 임상영양학. 교문사, 2019

대한영양사협회. 임상영양관리지침서, 3판. 메드랑, 2008

보건복지부, 질병관리청. 2019 국민건강통계-국민건강영양조사 제8기 1차년도(2019)

서울중앙병원. 임상영양핸드북. 서울중앙병원 영양실, 1995

양은주, 김화영. 한국노인의 영양상태. 한국노화학회지 15(1): 1~10, 2005

이현숙, 김보은, 조미숙, 김화영. 서울지역 고등학생의 영양소 섭취와 체위 및 혈액 성상. 대한지역사회영양학회지 9(5): 589~596, 2004

최지혜, 김미현, 조미숙, 이현숙, 김화영. 노인에서 체질량지수(BMI)에 따른 영양상태 및 식생활 태도. 한국영양학회지 35(4): 480~488, 2002

한경희. 신체계측방법에 의한 거동이 제한된 노인들의 신장과 체중 추정. 한국영양학회지 28(1): 71, 1995

Chumlea WC, Guo SS, Roche AF, Steinbaugh ML. Prediction of body weight for the nonambulatory elderly from anthropometry. *JADA* 88: 564~568, 1988

Hedberg AM, Garcia N, Trejus IJ, Weinmann-Winkler S, Garbriel ML, Lwtz AL. Nutritional risk screening: Development of a standardized protocol using dietetic technicians. *JADA* 88: 1553~1556, 1988

Ireton-Jones CS, Turner WW. Actual or ideal body weight: Which should be used to predict energy expenditure. *JADA* 91: 193~195, 1991

Lee RD, Nieman DC. *Nutritional Assessment*, 5th ed. McGraw-Hill Higher Education, 2010

Rolfes SR. *Understanding normal and clinical nutrition*, 8th ed. Cengage, 2009

CHAPTER

10 만성질환 예방을 위한 영양판정

1 심혈관계 질환

2 고혈압

3 당뇨병

4 골다공증

5 대사증후군

6 만성질환의 위험요인

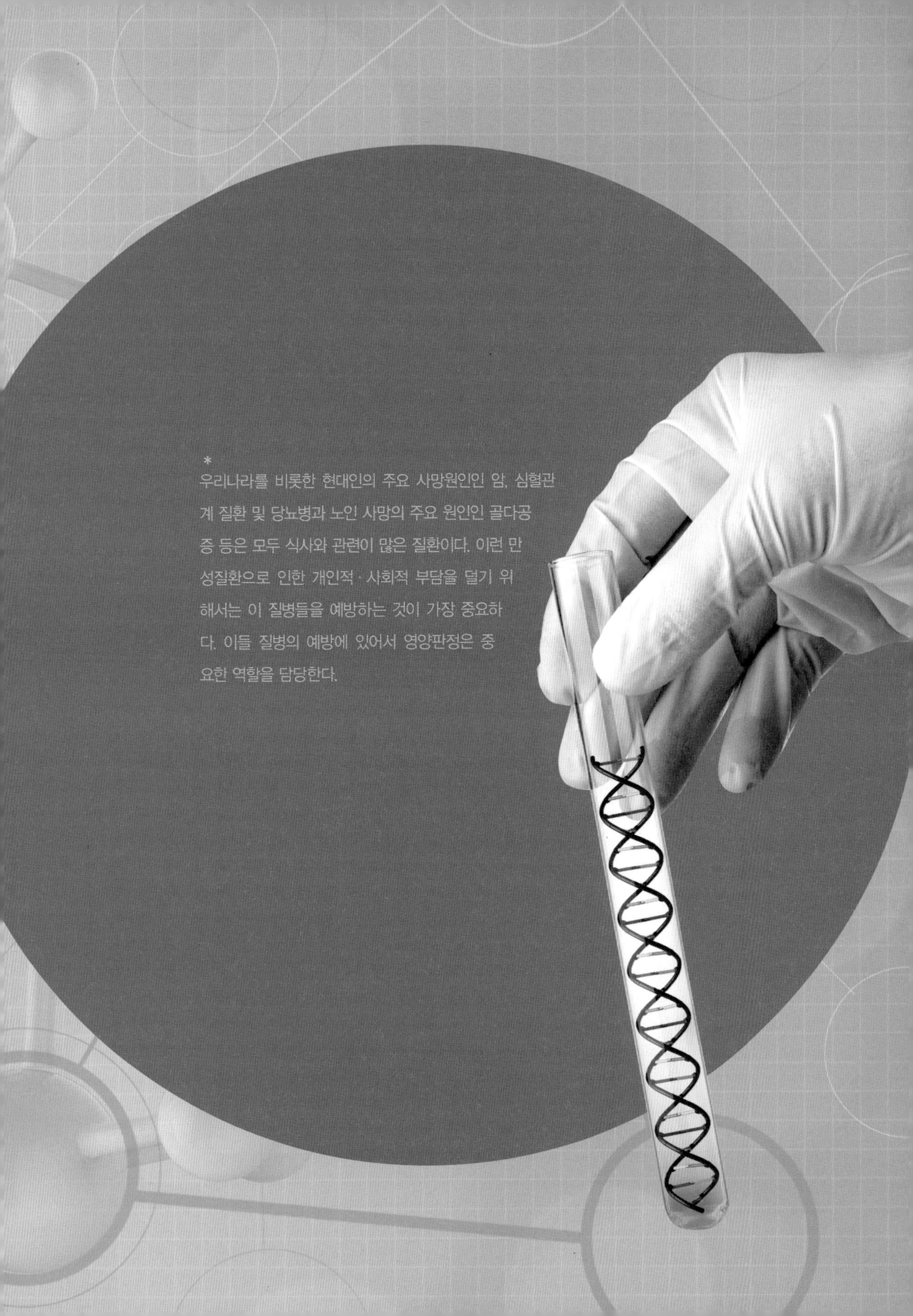

*
우리나라를 비롯한 현대인의 주요 사망원인인 암, 심혈관계 질환 및 당뇨병과 노인 사망의 주요 원인인 골다공증 등은 모두 식사와 관련이 많은 질환이다. 이런 만성질환으로 인한 개인적·사회적 부담을 덜기 위해서는 이 질병들을 예방하는 것이 가장 중요하다. 이들 질병의 예방에 있어서 영양판정은 중요한 역할을 담당한다.

CHAPTER 10

nutritional assessment to prevent chronic disease

만성질환 예방을 위한 영양판정

우리나라를 비롯한 현대인의 주요 사망원인인 암, 심혈관계 질환 및 당뇨병과 노인 사망의 주요 원인인 골다공증 등은 모두 식사와 관련이 많은 질환이다. 이런 만성질환으로 인한 개인적·사회적 부담을 덜기 위해서는 이 질병들을 예방하는 것이 가장 중요하다. 이들 질병의 예방에 있어서 영양판정은 매우 중요한 역할을 담당한다.

1. 심혈관계 질환

심혈관계 질환cardiovascular disease, CVD은 심장과 혈관에 관련된 20여 개 질환의 통칭이다. 이 중 관상심장질환coronary heart disease, CHD은 심장으로 산소와 영양소를 공급하는 관상동맥이 동맥경화로 인해 좁아지고 탄력성이 없어질 때 나타난다. 동맥경화로 인한 국소 빈혈이 심장근육층에 나타나면 협심증, 심근경색, 심장마비로 진행되며, 대뇌동맥이 영향을 받으면 뇌졸중stroke이 일어나기도 한다.

우리나라에서는 1990년 이래 현재까지 뇌혈관질환과 심장질환이 사망

원인 제2, 3순위이다. 그런데 2014년 이후로는 뇌혈관질환보다 심장질환에 의한 사망이 지속적으로 증가하고 있다(그림 10-1).

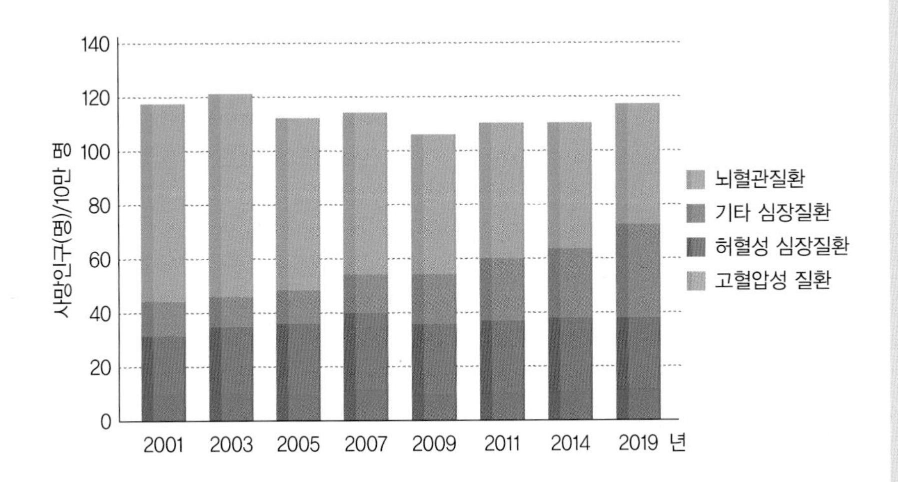

그림 10-1
연도별 심혈관질환의 사망률 추이

자료: 통계청, 2019 사망원인 통계연보, 2020

심장마비의 징후

다음 증상이 나타날 때는 빨리 응급치료를 받아야 한다.

- 언짢은 기분, 긴장, 스트레스, 꽉 찬 느낌, 조여 오는 느낌, 수 분 이상 지속되었다가 없어졌다 하는 가슴의 고통
- 어깨, 목, 팔로 퍼지는 고통
- 머리가 아프고, 기절할 것 같고, 땀이 나고, 구토가 나고, 숨이 짧아지는 증세와 함께 가슴이 답답해짐

심장병 위험 요인

심장병의 위험 요인은 〈표 10-1〉에 나와 있다. 이 중 성별, 연령, 가족력은 교정이 불가능한 것인 반면, 이상지질혈증, 고혈압, 당뇨병, 흡연 등은 교정이 가능하다.

표 10-1
심장병의 주요 위험 요인

	위험 요인	억제 요인
가족력	아버지나 남자 직계가족 중 55세 전, 어머니나 여자 직계가족 중 65세 전에 심장병으로 사망한 가족이 있는 경우	
나이	남자 ≥ 45세, 여자 ≥ 55세	
질병	당뇨병, 동맥경화	
LDL-콜레스테롤	>130 mg/dL	
HDL-콜레스테롤	<40 mg/dL	≥60 mg/dL
흡연	현재 흡연을 하고 있는 경우	
혈압	≥140/90 mmHg이거나 혈압강하제를 사용하는 경우	

심장병과 혈중 지질

(1) 심장병과 혈중 지질

혈청 총 콜레스테롤total cholesterol, TC, 특히 LDL-콜레스테롤LDL-C 수준을 낮추면 심장병 위험을 줄일 수 있다. 혈청 콜레스테롤이 높은 사람은 낮은 사람보다 관상심장질환으로 인한 사망률이 5배나 높다.

혈청 총 콜레스테롤, HDL-콜레스테롤HDL-C, 중성지방TG 수준은 분광광도계로 측정하며, 이것으로 다음 식에 의해 LDL-C 값을 계산한다. 이 식은 중성지방 수준이 400 mg/dL 이상일 때는 사용할 수 없다.

$$\text{LDL-C} = \text{총콜레스테롤} - (\text{HDL-C}) - (\text{중성지방} \div 5)$$

심장병 위험은 총 콜레스테롤이 증가함에 따라 증가한다. 특히 총 콜레스테롤 200 mg/dL 이상부터 심장병 위험이 급하게 증가한다. 총 콜레스테롤이나 LDL-C과는 달리 HDL-C 수준이 올라갈수록 심장병 위험률은 떨어진다. 혈청 총 콜레스테롤이나 LDL-C 수준이 높아도 HDL-C이 높으면 심장병 위험은 상대적으로 낮아진다. 반대로 HDL-C이 낮은 사람은 총 콜레스테롤과 LDL-C이 정상범위에 있다 해도 심장병 위험이 증가한다.

혈청 TG 수준과 심장병 위험과는 양의 상관관계가 있다. TG 수준이 증가하면 혈액응고 인자의 활성이 증가되고 섬유소 용해 활성이 감소되는데, 이들은 모두 동맥경화 진행을 촉진한다. 고당질식사가 혈청 TG 농도를 증가시키므로 한국인의 이상지질혈증 판정에는 혈중 총 콜레스테롤 만큼이나 중성지방 농도도 중요하다.

우리나라와 미국 모두 혈중 TG 수준이 150 mg/dL 미만일 때를 바람직한 수준으로 제안하고 있다(표 10-2). 현재 우리나라 성인의 평균 혈청 TG 농도는 큰 문제 없으나 위험수준(≥200 mg/dL)에 속한 개인의 비율이 높으므로 앞으로 이상지질혈증 예방을 위한 혈중 중성지방 농도의 판정과 조절, 식사지도 등이 필요할 것으로 본다.

(2) 혈중 지질의 분류 및 위험기준치

우리나라는 2015년 개정된 한국인의 이상지질혈증 치료지침에 따라 혈청 총 콜레스테롤 200 mg/dL 미만, HDL-C 40 mg/dL 이상을 권장하고 있으며, 혈청 총 콜레스테롤의 수준이 240mg/dL 이상이면 이상지질혈증 위험군으로 분류하고 있다(표 10-2).

표 10-2
우리나라 혈청 총 콜레스테롤, LDL-C, HDL-C, 중성지방 수준의 분류

자료: 한국지질동맥경화학회, 2015

분류	진단기준(mg/dL)	
총 콜레스테롤	높음	≥240
	경계치	200~239
	정상	<200
LDL-C	매우 높음	≥190
	높음	160~189
	경계치	130~159
	정상	100~129
	적정	100
HDL-C	낮음	≤40
	높음	≥60
중성지방	매우 높음	≥500
	높음	≥200
	경계치	150~199
	정상	<150

최근 심장병 가족력이 있는 아동과 사춘기 청소년의 혈청 콜레스테롤 수준이 높아지면서 아동과 청소년의 혈중 지질을 분류하는 지침의 필요성이 제기되고 있다. 〈표 10-3〉에는 고콜레스테롤혈증이나 심장병 가족력이 있는 아동과 청소년의 혈중 지질 수준의 분류가 나와 있다.

표 10-3
고콜레스테롤혈증이나 심장병 가족력이 있는 아동과 사춘기 청소년의 총 콜레스테롤과 LDL-C의 분류

자료: Daniels SR, 2008

분류	총 콜레스테롤(mg/dL)	LDL-C(mg/dL)
정상	<170	<110
약간 높음	170~199	110~129
위험	≥200	≥130

(3) 한국인의 혈중 지질수준과 이상지질혈증 유병률

국민건강영양조사에 의하면, 혈중 콜레스테롤 농도는 30, 40대에서는 남자가 더 높지만 50대 중반 이후에는 여자에서 더 높다(그림 10-1). 30세 이상 성인에서 고콜레스테롤혈증 유병률(총콜레스테롤 ≥240 mg/dL 또는 치료제 복용)은 1998년 10.0%에서 2019년 21.4%로 계속 증가하고 있다(그림 10-2). 전체 이상지질혈증 유병률은 고콜레스테롤혈증보다 2배 이상 높다. 이상지질혈증은 남자는 20대 초반에서 50대 후반까지 증가하고 이후에는 서서히 감소하는 반면, 여자는 44세 정도까지 낮게 유지되다가 이후 빠르게 증가하여 60대 초반에 남자보다 높아진다(그림 10-3).

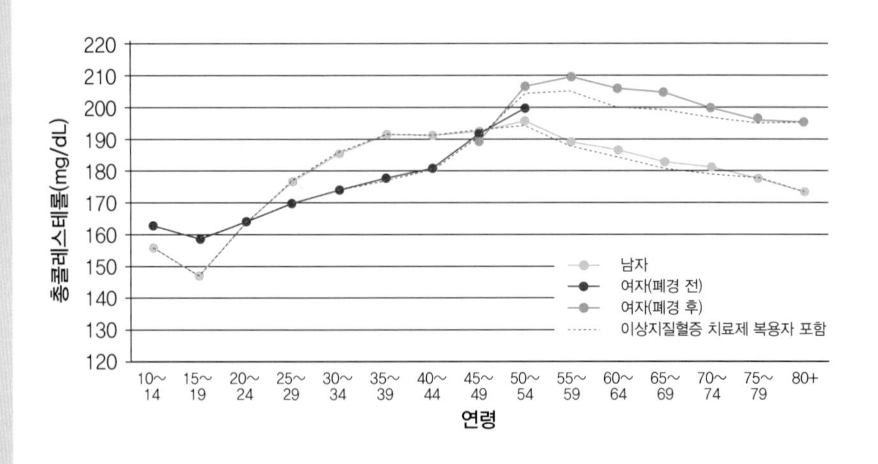

그림 10-2
연령별 혈중 콜레스테롤 농도

자료: 국민건강영양조사, 2018

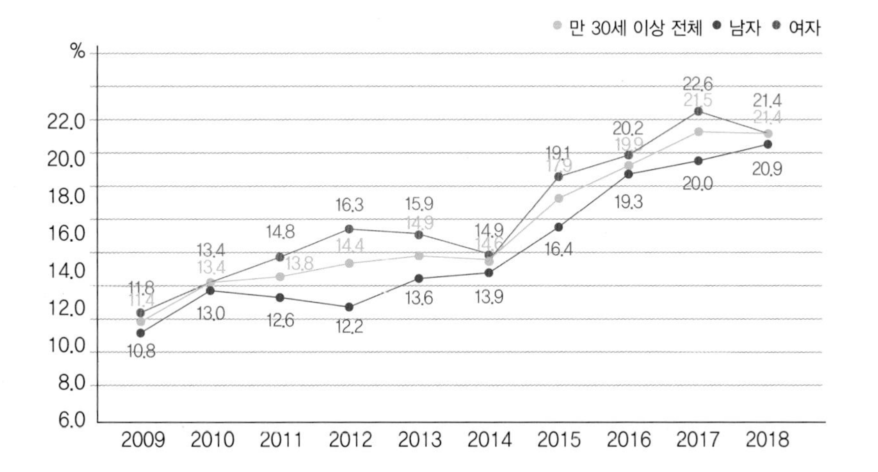

그림 10-3
고콜레스테롤혈증 유병률 추이

자료: 국민건강영양조사 2018

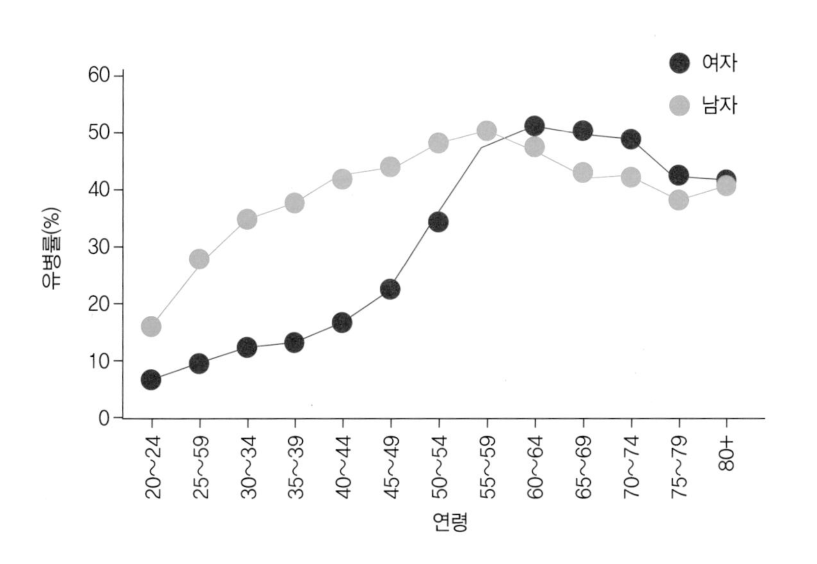

그림 10-4
연령별 이상지질혈증 유병률

자료: 국민건강영양조사 2018

심장병 예측도표

미국의 국가 콜레스테롤 교육 프로그램national cholesterol education program's adult treatment panel III, NCEP-ATP III 2001에서는 프레밍햄 심장연구 자료를 이용하여 향후 10년간 심장병 예측도표를 제시하였다. 이 도표를 이용하면 향후 10년의 심장병 위험 예측이 가능하다. 〈표 10-5〉는 남녀의 심장병 예측도표이다.

표 10-4
향후 10년간 심장병 예측도표

자료: National Cholesterol Education Program, 2001

평가항목	기준	점수(남자)					점수(여자)				
	나이(세)	20~39	40~49	50~59	60~69	70~79	20~39	40~49	50~59	60~69	70~79
총 콜레스테롤 (mg/dL)	<160	0	0	0	0	0	0	0	0	0	0
	160~199	4	3	2	1	0	4	3	3	1	1
	200~239	7	5	3	1	0	8	5	6	2	1
	240~279	9	6	4	2	1	11	6	8	3	2
	≥280	11	8	5	3	1	13	8	10	4	2
흡연 여부	비흡연	0	0	0	0	0	0	0	0	0	0
	흡연	8	5	3	1	1	9	7	4	2	
HDL-콜레스테롤 (mg/dL)	≥60			−1					−1		
	50~59			0					0		
	40~49			1					1		
	<40			2					2		
수축기 혈압 (SBP, mmHg)		조절 안 함			조절함		조절 안 함			조절함	
	<120	0			0		0			0	
	120~129	0			1		0			1	
	130~139	1			2		1			2	
	140~159	1			2		1			2	
	≥160	2			3		2			3	

(계속)

평가항목	기준	점수(남자)					점수(여자)				
	나이(세)	20~39	40~49	50~59	60~69	70~79	20~39	40~49	50~59	60~69	70~79
나이(세)	20~34	-9					-7				
	35~39	-4					-3				
	40~44	0					0				
	45~49	3					3				
	50~54	6					6				
	55~59	8					8				
	60~64	10					10				
	65~69	11					12				
	70~74	12					14				
	75~79	13					16				

평가방법

1. 위의 5개 평가항목의 각각의 점수를 합산하여 총점을 구한다.
   총 콜레스테롤 ________점 + 흡연 ________점 + HDL-C ________점 + SBP ________점 + 나이 ________점 = 총점 ________점

2. 아래의 발병위험률 표와 비교하여 10년 후의 심장병 발병위험률을 예측해 본다.

심장병 발병 위험률

남자				여자			
총 점수	10년 내 발병 위험률(%)	총 점수	10년 내 발병 위험률(%)	총 점수	10년 내 발병 위험률(%)	총 점수	10년 내 발병 위험률(%)
<0	<1	11	8	<9	<1	19	8
0~4	1	12	10	9~12	1	20	11
5~6	2	13	12	13~14	2	21	14
7	3	14	16	15	3	22	17
8	4	15	20	16	4	23	22
9	5	16	25	17	5	24	27
10	6	≥17	≥30	18	6	≥25	≥30

이상지질혈증 식사지침

이상지질혈증 식사지침은 이상지질혈증의 형태, 비만이나 당뇨병 등 다른 질환의 유무, 개인적 기호 등을 참작하여 단계별, 연령별로 작성되어 있다.

혈청 총 콜레스테롤 농도가 높고 총 지방 섭취가 에너지의 30% 이상인 경우(우리나라에서는 흔치 않다), 총 지방 섭취를 낮추면서 P/M/S 지방산과 ω6/ω3 지방산의 균형 섭취를 권장하고 전반적으로 균형 식생활을 강조하며 에너지 과다섭취에 따른 과체중과 비만이 생기지 않도록 하고 운동을 적극 권장한다. 혈청 중성지방 수준도 꾸준히 확인하며 중성지방이 높으면 탄수화물 섭취를 줄인다.

혈청 총콜레스테롤 농도는 높으나 총 지방섭취가 에너지의 30% 이하이면, 혈청 중성지방 농도를 확인한 후 지방산 섭취는 물론 전반적으로 균형 잡힌 식생활을 하도록 하고 운동을 권장한다. 또한 다른 모든 위험요인을 고려하여 개별적으로 접근하는 것이 중요하다. 〈표 10-5〉는 미국과 한국의 고콜레스테롤혈증에 대한 식사요법 원칙을 비교한 내용이다.

표 10-5
이상지질혈증에 대한 한국과 미국의 식사요법 원칙 비교

식사 성분	한국[1, 2]	미국 (NCEP-ATPIII 지침)[3]
총지방량	총에너지의 25% 미만	총에너지의 25~35%
포화지방산	총에너지의 7% 이내	총에너지의 7% 미만
다중불포화지방산	총에너지의 10% 이내 ω-3:ω-6=1:4~10	총에너지의 10% 이내
단일불포화지방산	P:M:S = 1:1~2:1	총에너지의 20% 이내
트랜스지방산	섭취 제한	섭취 제한
콜레스테롤	300 mg/일 이하	200 mg/일 이하
에너지	적정체중 유지할 정도	표준체중 유지할 정도
당질	총에너지의 65% 이내, 단순당줄임 (총에너지의 10% 이내)	총에너지의 50~60%
단백질	총에너지의 15~20%	총에너지의 15% 정도

자료: [1]황환식, 2003
[2]한국지질동맥경화학회, 2015
[3]National Cholesterol Education Program, 2001

2. 고혈압

● ● 고혈압의 분류와 진단

고혈압은 일차성과 이차성 고혈압으로 분류한다. 일차성 고혈압은 혈압 상승의 원인이 불명확한 경우로서 본태성 고혈압이라고도 한다. 이차성 고혈압은 심장병 또는 신장병 등 일차적 질환에 의해 혈압이 상승한 경우이다. 고혈압 환자의 90% 정도는 일차성이고, 10% 미만이 이차성이다.

고혈압은 심장병과 신장병의 위험요인이다. 고혈압이 있으면 심장병, 발작, 울혈성심부전, 신부전, 말초혈관질환 등의 위험이 증가된다. 수축기 혈압$_{SBP}$ 120 mmHg 이상, 이완기 혈압$_{DBP}$ 80 mmHg 이상이면 심장병으로 인한 사망의 위험이 증가하기 시작한다. 정상혈압과 고혈압의 기준은 〈표 10-6〉에 나타내었다.

혈압분류		수축기혈압(mmHg)		확장기혈압(mmHg)
정상혈압*		<120	그리고	<80
고혈압전단계**	1기	120~129	또는	80~84
	2기	130~139	또는	85~89
고혈압	1기	140~159	또는	90~99
	2기	≥160	또는	≥100
수축기단독고혈압		≥140	그리고	>90

*심뇌혈관질환의 발병위험이 가장 낮은 최적혈압

**2기 고혈압전단계의 문제점: 1) 심혈관 생활습관 불량 2) 고혈압으로 진행할 가능성 3) 심뇌혈관질환의 발생위험성.

표 10-6
정상혈압과 고혈압의 기준

자료: 대한고혈압학회. 2013 대한고혈압학회 진료지침, 2015

● ● 고혈압 유병률

2019 국민건강영양조사 결과, 30세 이상에서 고혈압 유병률(수축기 혈압이 140 mmHg 이상이거나 이완기혈압이 90 mmHg 이상 또는 고혈압 약물을 복용한 분율)은 32.9%(남자 34.7%, 여자 31.2%)였고, 지난 10여 년

간 비슷한 수준을 유지하고 있다(그림 10-5).

고혈압 환자를 조기 발견하여 적절한 치료를 하면 이와 관련된 사망률과 질병 이환율을 감소시킬 수 있다. 그러나 고혈압 환자가 자신의 혈압이 고혈압인 것을 잘 모르고 있다는 점이 문제이다. 고혈압은 눈, 심장, 신장과 뇌혈관에 심각한 손상을 초래할 수 있으므로 정기 건강검진이나 혈압 자가측정으로 자신의 혈압상태를 점검하는 것이 중요하다.

최근에는 약국, 보건소, 집에서도 간단히 혈압을 잴 수 있는 간이 혈압계들이 많이 나와 있다. 혈압을 잴 때는 안정된 마음으로 편안히 앉아서 팔을 심장 높이에 두고 측정한다. 측정 전에는 운동을 하거나 흡연 또는 커피 마시는 것을 피한다. 혈압은 하루 중에도 차이가 많으며 아침에 가장 낮고 오후 2~3시에 가장 높다.

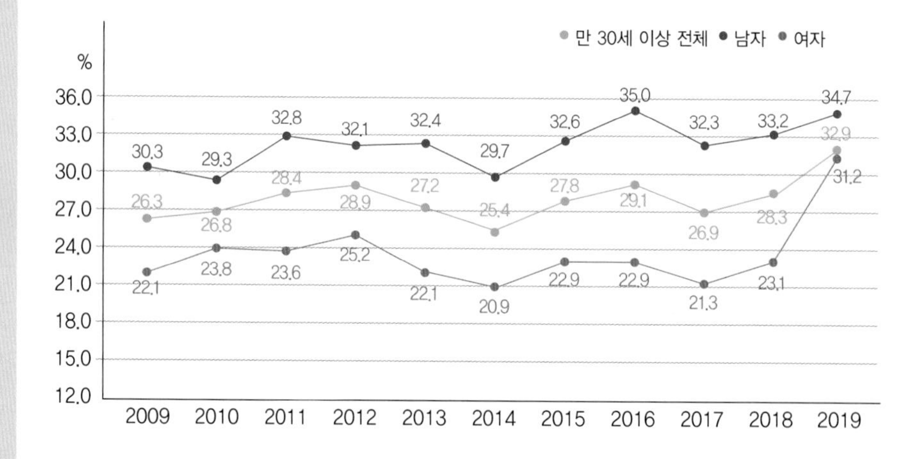

그림 10-5
고혈압 유병률 추이

자료: 국민건강영양조사, 2019

고혈압 위험요인

고혈압 위험요인은 나트륨 과다 섭취, 에너지 과잉 섭취, 운동 부족, 알코올 과다 섭취, 칼륨 섭취 부족 등이다.

(1) 체중

체중과 고혈압은 매우 밀접한 관계가 있다. 고혈압의 20~30%가 과체중 때문인 것으로 추정된다. 과체중인 사람이 체중을 감소시키면 수축기 혈압과 이완기 혈압이 감소되며 그 감소 정도는 체중 감소 정도에 따른다. 체중 감소는 혈압을 낮출 뿐 아니라 지방과 지단백 양상도 개선시키고 제2형 당뇨병과 유방암의 위험도 감소시킨다.

(2) 나트륨

나트륨$_{Na}$ 섭취와 고혈압 위험 사이에는 직접 상관관계가 있다. 우리나라의 Na 섭취량은 하루 4.5 g/일(소금으로 11.4 g/일) 정도로 추정되며, 이 양은 우리 몸의 생리적 필요량보다 많은 양이다.

하루 1.2 g(50 mEq)의 Na을 줄이면 고혈압 환자의 수축기혈압을 평균 7 mmHg 정도, 정상인의 수축기혈압을 평균 5 mmHg 정도 감소시킬 수 있다. 고혈압 환자는 정상인에 비해 Na 섭취 변화에 더 민감하므로 식사 Na 섭취를 조금만 조절해도 효과가 있다. 또 혈압강하제를 복용하는 사람도 식사 Na 섭취량 조절로 혈압강하제의 양을 점차 줄일 수 있다.

(3) 알코올

알코올 섭취와 혈압 간에는 강력한 상관관계가 있다. 알코올 섭취가 감소하면 혈압도 떨어지며 이 혈압강하작용은 고혈압 환자나 정상인 모두에게 효과적으로 나타난다. 따라서 고혈압 증세가 있는 사람은 알코올 섭취를 금해야 한다.

(4) 신체활동량

신체활동과 혈압 사이는 음의 상관관계가 있다. 신체적 활동이 증가하면 수축기혈압과 이완기혈압 모두 6~7 mmHg 정도 감소한다. 경미하거나 중등 정도의 고혈압 환자에게는 최대 운동량 40~60% 정도의 중등도 운동이 혈압 감소에 더 효과적이다. 고혈압 조절을 위한 생활방식의 수정 내용에 대해서는 〈표 10-7〉에 나와 있다.

표 10-7
고혈압 조절을 위한 생활방식의 수정

자료: National High Blood Pressure Education Program, 2004

생활방식의 수정	권장사항	수정에 따른 수축기 혈압 감소 정도
체중 감량	정상체중 유지 (BMI 18.5~24.9 kg/m^2)	(10 kg 체중 감량당) 5~20 mmHg
고혈압 방지 식습관 적용	과일, 채소, 저지방 유제품 섭취	8~14 mmHg
식염 제한	식염 섭취를 ≤2.4 g(소금으로 6 g)/일로 줄임	2~8 mmHg
신체 활동	거의 매일 규칙적 유산소운동 하루 30분 이상 운동하기	4~9 mmHg
알코올 섭취	남성 <2잔/일, 여성 <1잔/일로 제한	2~4 mmHg

고혈압 식사지침

고혈압의 식사치료 목표는 혈압을 정상으로 유지하고 합병증을 예방하는 것이다. 정상체중을 유지하고, 지방, 콜레스테롤, 나트륨의 섭취를 제한하면서 균형식을 하며, 건전한 생활습관을 갖도록 한다.

3. 당뇨병

당뇨병diabetes mellitus은 인슐린 분비 부족과 인슐린에 대한 세포 저항성으로 인해 혈장 포도당 수준이 올라가고 탄수화물과 지방대사가 비정상적으로 일어나는 질병이다. 우리나라의 경우 현재 당뇨병은 사망원인의 6위를 차지하고 있으며, 2018년 국민건강영양조사에서 보면, 30세 이상 성인에서 당뇨병 유병률(공복혈당이 126 mg/dL 이상이거나 의사진단을 받았거나 혈당강하제 복용 또는 인슐린 주사를 투여받고 있는 분율)은 10.4%(남자 12.9%, 여자 7.9%)이다.

당뇨병의 분류

당뇨병은 제1형 당뇨병(인슐린-의존형 당뇨병), 제2형 당뇨병(인슐린-비의존형 당뇨병), 임신성 당뇨병 및 내당능장애IGT, impaired glucose tolerance 등으로 분류할 수 있다. 제1형 당뇨병은 주로 30세 미만의 사람에게 나타난다. 제2형 당뇨병은 일반적으로 30세 이상의 사람에서 나타나며 전체 당뇨병 환자의 90~95%가 이에 속한다. 제2형 당뇨병의 위험인자들은 〈표 10-8〉에 소개한다.

표 10-8
제2형 당뇨병의 위험요인들

- 나이 ≥ 45세
- 과체중(BMI ≥ 25 kg/m^2)
- 당뇨병 가족력
- 습관적 신체 비활동성
- 인종(아프리카, 히스패닉, 아메리칸, 아시안)
- 혈당조절 장애(공복고혈당IFG, 내당능장애IGT)
- 임신성 당뇨병 병력이나 거대아(>4 kg) 출산 경험
- 고혈압(성인의 경우 ≥ 140/90 mmHg)
- HDL-C ≤ 35 mg/dL 또는 중성지방 ≥ 250 mg/dL
- 다낭성 난소증후군polycystic ovary syndrome
- 혈관질환 병력

자료: http://www.mayoclinic.com/health/type-2-diabetes/DS00585/DSECTION=risk-factors; http://diabetes.webmd.com/guide/risk-diabetes

당뇨병의 진단

30세 이상 모든 성인은 당뇨병 조기진단을 받는 것이 바람직하다. 45세 이상의 성인은 2년마다 당뇨병 검사를 실시하는 것이 좋다. 당뇨병 위험인자를 가지고 있는 사람은 이보다 어릴 때부터 더 자주 검사하는 것이 좋다. 혈액검사나 요검사를 통해 당뇨병 여부를 미리 진단하면 조기발견 및 조기치료가 가능하고 합병증도 최소화시킬 수 있다.

(1) 혈당

전형적 당뇨병 증상이 있거나 현저히 높은 공복혈당치를 보일 때 당뇨병으로 진단한다. 전형적인 당뇨병의 증상이란 심한 갈증, 과식, 다뇨, 체중 감소, 침침한 시력, 잦은 감염 등이다. 2011년 대한당뇨병학회가 제시한 당뇨병 진단기준은 〈표 10-9〉와 같다.

표 10-9
당뇨병 진단기준

자료: 대한당뇨병학회, 2011

구분	진단기준
정상혈당	• 공복혈당 <100 mg/dL, 당부하 후 2시간 혈당 <140 mg/dL
당뇨병	• 공복혈당 ≥126mg/dL • 당뇨 증상(다음, 다뇨, 체중 감소) + 보통혈당 ≥200 mg/dL • 75 g 경구당부하검사 후 2시간 혈당 ≥200 mg/dL • 당화혈색소 ≥6.5%
당뇨 위험군	• 공복혈당장애: 공복혈당 100~126 mg/dL • 내당능장애: 당부하 2시간 혈당 140~200 mg/dL • 당화혈색소 5.7~6.5%

경구 내당능 검사

경구 내당능 검사oral glucose tolerance test, OGTT는 포도당 음료를 투여하기 직전에 공복혈당을 측정하고, 75 g의 포도당 음료 투여 2시간 후 혈당을 측정하여 혈당의 변화를 관찰하는 방법이다. 포도당 투여 후 2시간이 지나도 여전히 200 mg/dL 이상이면 당뇨병으로 진단한다.

혈당 자가 진단

당뇨병 환자는 주기적으로 자기혈당량을 측정할 수 있으며, 이 혈당 자가진단 과정은 혈당 수준을 적절한 수준에서 유지하거나 조절하기 위해서 중요하다. 혈당 자가진단은 한쪽 끝에 검사시약이 발라진 시약 띠를 사용하여 실시한다. 혈중 포도당과 검사시약이 반응하면 검사시약 띠의 색이 달라지며, 색이 달라지는 정도는 혈액 중의 포도당의 양과 비례한다. 제1형 당뇨병 환자는 매 식사 전과 잠잘 때 혈당 자가진단을 하는 것이 좋다. 제2형 당뇨병 환자 중 식사와 운동요

법만을 하는 환자는 일주일에 1~2회 실시할 것을 권장한다. 인슐린을 투여받는 제2형 당뇨병 환자는 혈당 자가진단을 하루에 2번 서로 다른 시간에 실시한다. 환자의 운동 습관, 복용 약, 식사, 체중, 증상 등이 달라질 때는 혈당 자가진단을 더 자주 실시한다.

(2) 당화 헤모글로빈

혈당 측정은 검사 시점의 혈당 수준만을 말해 주므로 환자의 지난 몇 달간 혈당 수준을 알아보기 위해서는 당화 헤모글로빈glycosylated hemoglobin, HbA1c 함량을 측정해야 한다. 혈중 포도당이 증가하면 포도당 분자는 적혈구에 있는 헤모글로빈의 아미노산과 결합하여 당화 헤모글로빈을 만든다. 이 결합은 적혈구 수명(120일) 동안 지속되므로 당화 헤모글로빈은 과거 두세 달 동안의 평균 혈당 수준을 나타낸다. 일시적으로 혈당이 떨어져도 당화 헤모글로빈 비율은 감소하지 않으므로 이 검사법은 환자의 과거 혈당 수준을 판정하는 좋은 방법이다.

당뇨병이 없는 사람은 당화 헤모글로빈이 전체 헤모글로빈의 4~8% 정도를 차지한다. 그러나 당뇨병이 있으면 혈당치가 증가해 더 많은 헤모글로빈이 당과 결합하고 당화 헤모글로빈 비율은 증가한다. 당뇨병 환자의 경우 당화 헤모글로빈 비율이 7% 정도면 혈당 조절이 잘되는 것이고, 10%면 중간 정도, 13~20% 정도면 혈당 조절이 잘 안 되고 있는 것이다.

(3) 소변검사

혈당이 일정 수준을 넘으면 요로 배설된다. 작은 검사시약 띠에 소변을 소량 묻혀 색의 변화로 간단히 당뇨검사를 할 수 있다. 그러나 혈당은 180 mg/dL 이상일 때만 소변을 통해 배설되므로 소변검사만 가지고는 초기 당뇨 환자를 선별하기 어려우며 혈당검사에 비해 부정확하다.

● ● 당뇨병 식사지침

당뇨병 환자들을 위한 영양관리 내용은 그동안 많이 변화되었다. 특히 탄수화물 급원의 조절보다는 총 탄수화물 섭취량을 조절하는 것이 더 중요하다. 식이섬유는 하루 20~35 g 정도 섭취할 것을 권장하는데, 이는 혈당 조절뿐만 아니라 혈중 지질 수준을 낮추는 데도 효과적이다.

포화지방산 섭취는 총 섭취 에너지의 10% 이하가 되도록, 불포화지방산의 섭취도 10% 이상을 넘지 않도록 권장한다. 고중성지방혈증이 있는 사람은 탄수화물 섭취에 민감하므로 탄수화물과 포화지방의 섭취를 낮추고 단일 불포화지방산의 섭취를 적절히 증가시키는 것이 좋다. 비만 당뇨환자는 정상체중이 될 때까지 저에너지식을 한다. 콜레스테롤 섭취량은 하루 300 mg 이하로 제한한다. LDL-C 수준이 높은 환자는 식사 콜레스테롤과 포화지방산의 섭취를 더 엄격하게 제한하는 것이 좋다.

하루 2잔 이하의 알코올 섭취는 혈당 수준에 별 영향을 미치지 않으나 인슐린이나 혈당강하제 치료를 받는 환자의 경우 저혈당증 위험을 증가시킬 수 있다. 임신부나 과거 알코올 중독 경력이 있는 사람은 금주해야 하며, 췌장염이나 신장질환이 있는 사람도 금주하거나 알코올 섭취를 줄이는 것이 좋다.

단백질은 섭취 에너지의 10~20% 정도 섭취한다. Na의 권장량은 건강인과 같이 하루에 2.4~3.0 g이다. 그러나 고혈압이 있다면 2.4 g 정도가 바람직하다. 이뇨제를 복용하는 환자의 경우 칼륨 보충이 필요하다.

4. 골다공증

골다공증은 골질량 감소로 인해 골절이 잘 일어나는 질병이다. 골다공증은 많은 사람이 고통을 받고 있는 주요 건강문제 중의 하나이며, 특히 여성과 노인에게 많이 나타나는 질병이다.

30~35세가 되면 사람의 뼈는 최대골질량peak bone mass에 다다르게 되며, 최대골질량 도달 후 뼈무기질은 남녀 모두 매년 0.3~0.5%씩 감소하기 시작한다. 남성은 뼈무기질 감소가 전 생애를 통해 비교적 일정하게 진행되지만, 여성은 폐경을 전후해서 혹은 난소 수술을 받고 난 후 매년 4~8% 정도 빨라진다. 전 생애를 통한 여성의 무기질 손실은 최대골질량의 40~50% 혹은 그 이상도 될 수 있다. 폐경 직후 뼈무기질이 빠른 속도로 손실되는 주요 원인은 폐경 후 에스트로젠 결핍이 현저히 일어나기 때문이다.

골다공증의 분류

골다공증은 남성보다 여성에게서 흔히 볼 수 있는 질병이며 제I형과 제II형 골다공증으로 분류할 수 있다. 제I형 골다공증은 폐경기 골다공증이라고도 부르며 51~75세 폐경 후 여성에게서 흔히 나타난다. 폐경과 함께 에스트로젠 수준이 떨어지고 비타민 D_3 생산과 칼슘 흡수가 감소하여 뼈 손실이 촉진되고 뼈 골절이 자주 일어나게 된다.

제II형 골다공증은 노년기 골다공증으로써 70세 이상의 남녀 노인들에게서 모두 볼 수 있는 골다공증이다. 골다공증에 걸리게 되면 뼈무기질 손실로 인해 주로 엉덩이뼈와 척추뼈에 골절이 잘 일어나고, 척추의 여러 곳에서 골절이 일어나며, 흉곽 척추가 눈에 띄게 굴절된다(그림 10-6).

골다공증 위험요인

골다공증의 여러 위험요인은 〈표 10-10〉에 나와 있다. 비만인 사람은 그 체중을 지지하기 위해 뼈 밀도가 커지므로 골다공증 위험이 적은 편이다. 폐경이 일찍 온 사람은 에스트로젠 보호작용이 줄어 골다공증 위험이 크

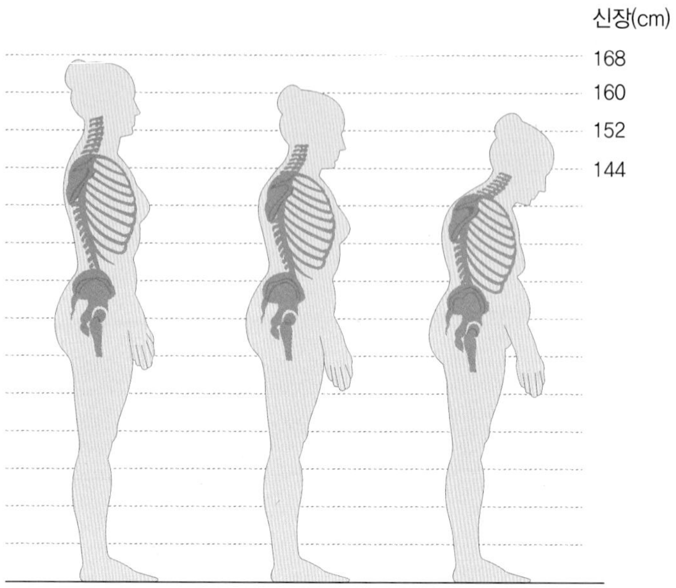

신장(cm)
168
160
152
144

40세 60세 70세

그림 10-6
40세의 정상 척추와 60, 70세에 일어나기 쉬운 노년기 골다공증 발병 시의 척추 비교

이런 변화로 인해 노년기에 10~20 cm 정도의 신장 감소가 일어날 수 있다.

자료: 양은주 등, 2019

다. 또 에너지 섭취는 적으면서 과다한 운동을 하거나(장거리 운동선수, 체조선수, 발레 무용수 등), 섭식장애(거식증, 폭식증 등)가 있을 때 나타나는 월경 불규칙도 골다공증 위험을 증가시킨다. 뼈가 발달할 시기에 최대골질량이 많았던 사람은 골절의 위험이 낮다.

표 10-10
골다공증과 관련된 위험요인

주요 위험요인	기타 위험요인
•골밀도 저하 •성인으로서 골절 경험 •여성 •65세 이상 •코카서스 인종 •45세 이전에 폐경한 경우 •폐경 전 1년 이상 무월경 •3개월 이상 글루코코티코이드 요법 •반복되는 낙상	•시각 손상 •치매 •알코올 중독 •칼슘과 비타민 D 섭취 부족 •좌식생활 •건강상태 불량 •현재 흡연자 •체중 58 kg 미만

골밀도 측정

뼈무기질 함량을 말해주는 골밀도는 골다공증을 초기에 발견하여 치료하는 것뿐 아니라 얼마나 진전이 되었는가를 알아보는 데 중요한 요인이다. 골밀도 검사법에는 방사선흡수법radiographic absorptiometry, RA, 이중에너지 방사선흡수법dual energy X-ray absorptionmetry, DEXA, 정량적 초음파법quantitative ultrasound, QUS, 정량적 전산화단층촬영quantitative computerized tomography, QCT, 말단골 정량적 전산화단층촬영peripheral quantitative computed tomography, pQCT, 정량적 자기공명영상법 등이 있다(5장 참조).

골다공증의 예방과 치료

골다공증은 한번 발병하면 치료하기 어려운 질병이다. 그러므로 골다공증은 어려서부터 예방하는 것이 중요하다. 골다공증의 예방과 치료는 가능한 최대골밀도(골질량)를 달성하는 것과 그 손실을 최소화하는 것이 주안점이다. 골다공증의 예방은 어릴 때 시작하여 최대골밀도치에 도달하게 되는 30대 중반까지 계속하는 것이 좋다. 뼈의 건강에 영향을 주는 세 가지의 요인은 식사, 운동, 에스트로젠이다.

먼저 식사요인을 살펴보면, 단백질, 칼슘, 인, 비타민 D와 비타민 C는 최대골질량에 도달하는 데 특히 중요한 영양소들이다. 어린시절에 칼슘을 충분히 섭취하면 골밀도가 개선되며 이는 최대골질량 증가에 공헌한다. 적어도 폐경 후 5년간 충분한 칼슘을 섭취한다면 뼈무기질이 손실되는 속도를 늦출 수 있다. 식사 중 칼슘과 비타민 D의 섭취를 늘려주는 것은 노인에게도 효과가 있다. 이에 따라 최근 칼슘과 비타민 D의 권장량을 골다공증을 예방하기에 충분한 양으로 증가시킬 것이 제안되고 있다.

우리나라의 칼슘 권장섭취량은 남녀 노인 각각 700 mg, 800 mg으로서 미국의 70세 이상 남녀 노인 1,200 mg에 비하면 상당이 낮다. 그럼에도 불구하고 대부분의 사람이 영양소 섭취기준 미만으로 섭취하고 있다. 또한 우리나라 사람의 혈청 비타민 D 농도는 부족 기준치인 20 ng/mL 미만인 경우가 약 60%에 달하는 것으로 조사되어 뼈 건강을 위해서는 칼슘과 비타민 D 영양상태 개선이 필요하다.

골다공증은 여러 요인을 가진 질병이므로, 뼈의 무기질 손실 정도를 늦추기 위한 식사요법뿐 아니라 폐경 후 여성들을 위한 에스트로젠 대체요법, 체중 하중운동, 금연과 같은 노력도 함께 실시되어야 한다. 한번 손실된 골무기질을 다시 회복시킬 수는 없으나 손실속도는 식사, 운동, 에스트로젠 대체요법 등에 의해 감소시킬 수 있다.

5. 대사증후군

대사증후군이란 심혈관계 질환의 주요 위험요인인 복부비만, 고혈압, 이상지질혈증, 당뇨병 등을 동시 다발적으로 가지고 있는 경우를 말한다. 대사증후군이 있는 경우 심뇌혈관계 질환의 발생위험이 증가한다. 1988년에 처음으로 Reaven이 '인슐린 저항성 증후군' 또는 'Syndrome X'라고 명명하였으나, 1998년 세계보건기구WHO에서는 인슐린 저항성이 모든 위험인자의 원인으로 확실히 정립되지 않았으므로 '대사증후군metabolic syndrome'으로 명명하였다.

대사증후군은 심혈관계질환과 당뇨병을 일으킬 수 있는 여러 가지 신체 상태에 대한 집합이므로 각 기관마다 진단기준을 조금씩 다르게 제시하고 있다. 현재 세계보건기구(WHO), 미국 국가 콜레스테롤 교육프로그램(NCEP), 국제 당뇨재단(IDF) 등에서 제시한 기준이 사용되고 있다. 〈표 10-11〉에 대사증후군 진단기준을 비교하여 제시하였다. 현재 한국의 대사증후군 진단 기준은 NCEP 지침에 복부비만의 기준을 한국인에 맞추어서 사용하고 있다(표 10-12).

진단 기구(연도)	비만 종류	비만 지표		비만 기준
WHO(1998)	비만 또는	체질량지수		≥30 kg/m^2
	복부 비만	허리/엉덩이		남자 ≥0.90, 여자 ≥0.85
NCEP ATP III (2001)	복부 비만	허리둘레		남자 ≥102 cm, 여자 ≥88 cm
NCEP ATP III (2005)	복부 비만	허리둘레	서구	남자 ≥102 cm, 여자 ≥88 cm
			아시아	남자 ≥ 90 cm, 여자 ≥80 cm
IDF(2005)	복부 비만	허리둘레	유럽	남자 ≥ 94 cm, 여자 ≥80 cm
			미국	남자 ≥102 cm, 여자 ≥88 cm
			아시아	남자 ≥ 90 cm, 여자 ≥80 cm
			일본	남자 ≥ 85 cm, 여자 ≥90 cm
			한국	남자 ≥ 90 cm, 여자 ≥85 cm
			남미	아시아 기준 이용
			중동, 아프리카	유럽 기준 이용

표 10-11
대사증후군과 연관된 비만의 지표와 기준

자료: 국가건강정보포털 의학정보

구성 요소	기준
복부비만(허리둘레)	남자 90 cm, 여자 85 cm 이상
고중성지방혈증	중성지방 150 mg/dL 이상
낮은 HDL 콜레스테롤혈증	남자 40 mg/dL, 여자 50 mg/dL 이하
높은 혈압	130/85 mmHg 이상
혈당 장애	공복혈당 100 mg/dL 이상 또는 약물복용

※ 위의 구성요소 중 3가지 이상이 있는 경우를 대사증후군으로 정의한다.

표 10-12
대사증후군 진단 기준

자료: 국가건강정보포털 의학정보

대사증후군의 발생기전에 대해서는 명확하게 밝혀지지 않았지만, 인슐린 저항성이 근본원인으로 제시되었으며 여기에 유전적 요인과 환경적 요인이 상호작용하여 유발하는 것으로 보인다. 바람직하지 못한 식습관과 운동부족 등의 잘못된 생활습관이 복부비만과 인슐린 저항성을 유발하고, 이로 인해 고혈압, 이상지질혈증, 내당능장애 등의 대사장애가 나타난다. 이런 대사장애가 더 발달되어 동맥경화, 심근경색증, 뇌졸중 같은 심혈관계 질환을 발생시킨다. 따라서 만성질환의 근원이 되는 대사증후군을 예방하면 각종 만성질환의 예방효과를 볼 수 있다.

2008~2017년 국민건강영양조사 결과에 의하면, 지난 10년간 대사증후군 유병률 변화에서 뚜렷한 성별 차이를 드러냈다. 성인 남성의 대사증후군 유병률은 2008년 24.5%에서 2017년 28.1%로 증가했다. 성인 여성은 2008년 20.5%에서 2017년 18.7%로 안정세를 보였다. 남녀 모두에서 대사증후군 위험 요인 1위는 비만, 2위는 흡연이었다.

6. 만성질환의 위험요인

앞에서 심장병, 고혈압, 골다공증 및 당뇨병의 예방과 영양판정에 대해 알아보았다. 만성질환은 치료보다 예방이 중요하므로 각 질환의 위험요인을 잘 살펴 영양판정을 하는 것이 필요하다. 또 각 만성질환은 상호 관계를 가지고 있으므로 서로에게 위험요인이 될 수도 있다(그림 10-5). 〈표 10-13〉에는 위에서 다룬 만성질환 외에도 여러 만성질환과 관련된 식습관 위험요인 및 생활방식 위험요인들이 나와 있다.

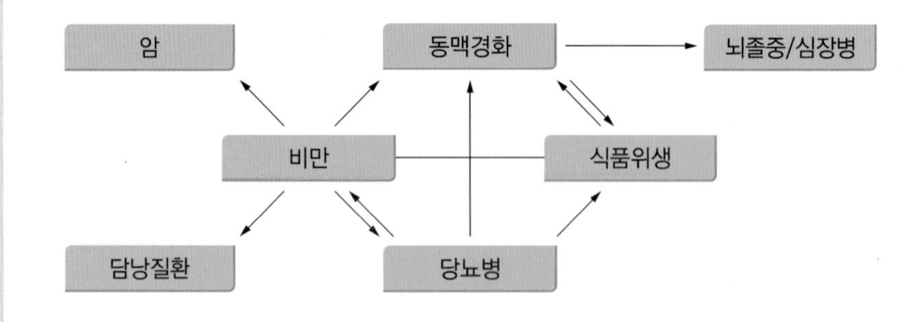

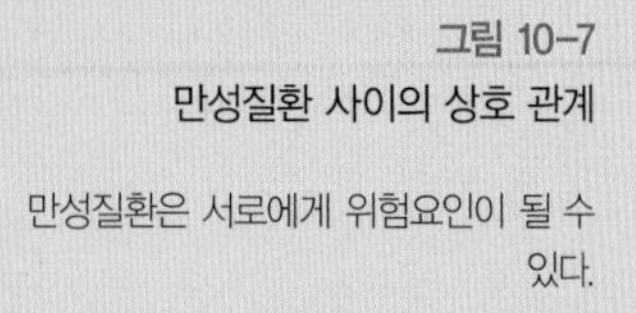
그림 10-7
만성질환 사이의 상호 관계

만성질환은 서로에게 위험요인이 될 수 있다.

표 10-13
만성질환과 관련된 식습관과 생활방식

만성질환	암	고혈압	제2형 당뇨	골다공증	동맥 경화	비만	뇌졸중	게실증	치과질환
식습관 위험요인들									
고지방식사	✓	✓	✓		✓	✓	✓	✓	
과량의 알코올 섭취	✓	✓		✓	✓	✓	✓		
복합 탄수화물이나 식이섬유 섭취 부족	✓		✓		✓	✓	✓	✓	
비타민/무기질 섭취 부족	✓	✓		✓	✓			✓	✓
설탕 과다 섭취						✓			✓
짜고 신 음식 과다 섭취	✓	✓							
생활방식 및 기타 위험요인들									
유전적 요인	✓	✓	✓	✓	✓	✓	✓		✓
나이	✓	✓	✓	✓	✓		✓	✓	
좌식생활 습관	✓	✓	✓	✓	✓	✓		✓	
흡연	✓	✓		✓	✓		✓		✓
스트레스		✓			✓		✓		
환경오염	✓								

함께 풀어 봅시다

10-1 건강진단을 받은 본인 혹은 가족이나 친지로부터 건강진단표를 구하여 몇 가지 임상자료로 심장병의 위험도를 예측해 보자. 필요한 자료는 나이, 성별, 혈청 총 콜레스테롤, HDL-콜레스테롤, 수축기 혈압, 흡연 여부 등이다. 건강진단 수치를 구하지 못했으면 다음과 같은 임상자료를 이용한다.

항목	수치
나이	45세 남성
총 콜레스테롤	223 mg/dL
HDL-콜레스테롤	43 mg/dL
수축기혈압	127 mmHg
흡연 여부	비흡연

1) 〈표 10-4〉의 심장병 위험예측표를 사용하여 각 위험요인에 대한 점수를 계산해 보자. 담배를 조금이라도 피우면 흡연자로 분류한다. 마이너스 점수는 나중에 총점에서 뺀다.

2) 점수를 다 구했으면 10년 내의 심장병 위험률을 판정해 보자.

3) 하나 또는 두 개의 위험인자(예: 흡연여부, 혈압 등)를 바꾸면서 이 예측 수치가 어떻게 변하는지 알아보자.

참고문헌
REFERENCE

대한당뇨학회. 당뇨병 진단기준, 2011

보건복지부, 질병관리본부. 2014 국민통계 I - 국민건강영양조사 제6년 2차년도(2014), 2015

보건복지부, 질병관리본부. 2014 국민통계 II - 국민건강영양조사 제6년 2차년도(2014), 2015

보건복지부, 질병관리청. 2019 국민건강통계-국민건강영양조사 제8기 1차년도(2019)

보건복지부, 한국영양학회. 2020 한국인 영양소 섭취기준, 2020

양은주, 원혜숙, 이현숙, 이은, 박희정, 이선희. 새로 쓰는 임상영양학. 교문사, 2019

통계청. 2019 사망원인 통계연보, 2020

한국지질동맥경화학회, 이상지질혈증 치료지침 제정위원회, 2015

황환식. 심혈관질환의 식이요법, 대한가정의학회지 24: 869~876, 2003

Berglund L, Brunzell JD, Goldberg AC, Goldberg IJ, Sacks F, Murad MH, Stalenhoef AF. Evaluation and treatment of hypertriglyceridemia: an Endocrine Society clinical practice guideline. *J Clin Endocrinol Metab.* 97(9): 2969~2689, 2012

Daniels SR, Greer FR. Lipid screening and cardiovascular health in childhood. *Pediatrics.* 122(1): 198~208, 2008

Gibson RS. *Principles of Nutritional Assessment*, 2nd ed. Oxford University Press, Oxford, 2005

Lee RD, Nieman DC. *Nutritional Assessment*, 5th ed. McGraw-Hill Higher Education, 2010

Levis S, Lagari VS. The role of diet in osteoporosis prevention and management. *Curr Osteoporos Rep.* 10(4): 296~302, 2012

National High Blood Pressure Education Program. The 7th report of the Joint National Committee on Prevention, Detection, Evaluation, and Treatment of High Blood Pressure. U.S. Department of Health and Human Services, National Institutes of Health, National Heart, Lung, and Blood Institute, 2004

부록

1 식품성분표 예
2 2020 한국인 영양소 섭취기준(보건복지부, 2020)
3 Z score
4-1 국민건강영양조사 – 식품섭취조사표
4-2 국민건강영양조사 – 식품섭취빈도조사표
4-3 국민건강영양조사 – 식생활, 식품안정성 조사표
5-1 소아청소년 표준성장도표(2017)
5-2 2017 소아청소년 성장발육도표(신장, 남자 0~35개월)
5-3 2017 소아청소년 성장발육도표(신장, 남자 3~18세)
5-4 2017 소아청소년 성장발육도표(신장, 여자 0~35개월)
5-5 2017 소아청소년 성장발육도표(신장, 여자 3~18세)
5-6 2017 소아청소년 성장발육도표(체중, 남자 0~35개월)
5-7 2017 소아청소년 성장발육도표(체중, 남자 3~18세)
5-8 2017 소아청소년 성장발육도표(체중, 여자 0~35개월)
5-9 2017 소아청소년 성장발육도표(체중, 여자 3~18세)
5-10 2017 소아청소년 성장발육도표(체질량지수, 남자 2~18세)
5-11 2017 소아청소년 성장발육도표(체질량지수, 여자 2~18세)

5-12 2017 소아청소년 성장발육도표(신장별 체중, 남자 0~23개월)

5-13 2017 소아청소년 성장발육도표(신장별 체중, 여자 0~23개월)

5-14 2017 소아청소년 성장발육도표(머리둘레, 남자 0~35개월)

5-15 2017 소아청소년 성장발육도표(머리둘레, 여자 0~35개월)

6 19세 이상 성인의 허리둘레 분포

7 신체밀도 및 체지방 비율의 일반화된 추정 계산식

8 나이와 성별에 따른 신체밀도 추정 계산식

9 다중 피부두겹두께 합을 이용한 체지방 비율 계산도표

10 피부두겹두께 측정에 기초한 체지방 표준치

11 우리나라 성인과 아동을 위해 개발된 체지방률 계산식

12 엽산결핍의 단계

13 PG-SGA 조사 서식의 예

부록 1

식품성분표 예

식품명	일반성분						식이섬유		
	에너지	수분	단백질	지질	회분	탄수화물	총	수용성	불용성
	Kcal	g	g	g	g	g	g	g	g
귀리, 도정곡, 겉귀리 Oat(Covered oat), Polished, Raw	373	9.4	11.4	3.7	2.0	73.5	(12.4)	(0.0)	(12.4)
귀리, 도정곡, 쌀귀리 Oat(Naked oat), Polished, Raw	371	9.7	14.3	3.8	1.8	70.4	(12.4)	(0.0)	(12.4)
귀리, 오트밀 Oat, Oatmeal	382	12.0	13.2	8.2	1.7	64.9	18.8	5.2	13.6
기장, 도정곡 Prosomillet, Polished, Raw	360	11.3	11.2	1.9	1.0	74.6	(1.74)	(0.1)	(1.6)
메밀, 도정곡 Buckwheat, Polished, Raw	363	13.1	13.64	3.38	2.04	67.84	6.3	0.7	5.6
메밀, 도정, 메밀가루 Buckwheat, Polished, Powder	374	10.5	12.96	3.29	1.89	71.36	8.5	1.9	6.6
메밀국수, 말린 것, 말린 것 Buckwheat noodle, Dry noodle	372	8.3	13.58	1.27	2.44	74.41	4.6	0.8	3.8
메밀국수, 말린 것, 삶은 것 Buckwheat noodle, Dry noodle, Boiled, Cooked	114	72.4	4.28	0.40	0.27	22.65	1.5	0.1	1.4
메밀국수, 생 것, 생 것 Buckwheat noodle, Wet noodle	291	28.8	7.59	0.96	1.51	61.14	1.9	0.5	1.4
메밀국수, 생 것, 삶은 것 Buckwheat noodle, Wet noodle, Boiled	124	70.1	3.54	0.44	0.19	25.73	1.7	0.1	1.6
냉면, 메밀냉면, 말린 것 Buckwheat noodle, Nangmyeon, Dry noodle	360	12.1	10.74	1.44	2.06	73.66	3.2	0.8	2.4
메밀, 묵 Buckwheat starch jelly	58	85.6	0.86	0.23	0.51	12.80	1.7	0	1.7
멥쌀, 배아미, 생 것 Rice, White, With embryo, Raw	357	14.9	6.5	2.0	0.7	75.8	1.3	0.3	1.0

자료: 한국영양학회, 식품영양소함량데이터베이스, 2020

무기질					비타민							식염 상당량	폐기율	출처
					A									
칼슘	인	철	칼륨	나트륨	Retinol Activity Equivalent (RAE)*	레티놀	베타 카로틴	B_1	B_2	니아신	엽산			
mg	mg	mg	mg	mg	RE	μg	μg	mg	mg	mg	mg	g	%	
16	175	6.6	574	2	0	0	0	0.13	0.21	2.3	–	0	0	농진청('93), USDA('04)
18	183	7.0	385	3	0	0	0	0.15	0.46	2.2	–	0	0	농진청('93), USDA('04)
60	381	5.8	383	4	0.25	0	3	–	0.07	1.1	–	0	0	농진청('11)
15	226	2.8	233	6	0	0	0	0.42	0.09	2.9	–	0	0	농진청('06), Japan('04)
21	453	2.78	444	1	0.58	0	7	0.458	0.255	5.189	41	0	0	농진청('14)
17	435	2.92	432	1	0.75	0	9	0.341	0.274	1.724	26	0	0	농진청('14)
28	173	2.54	198	707	0	0	0	0.119	0.120	1.475	15	1.8	0	농진청('14)
12	47	0.87	9	35	0	0	0	0.021	0.026	0.246	4	0.1	0	농진청('14)
13	64	0.59	116	455	0	0	0	0.015	0.050	0.998	20	1.2	0	농진청('14)
7	21	0.28	7	38	0.50	0	6	0.009	0.018	0.149	0	0.1	0	농진청('14)
27	109	1.36	176	628	0	0	0	0.021	0.160	0.444	27	1.6	0	농진청('14)
7	24	1.45	38	120	0	0	0	0.016	0.020	–	0	0.3	0	농진청('14)
7	150	0.9	150	1	0	0	0	0.23	0.03	3.1	18	0	0	JAPAN('15)

부록 2

2020 한국인 영양소 섭취기준(자료: 보건복지부, 2020)

• 에너지와 다량 영양소

성별	연령	에너지(kcal/일)				탄수화물(g/일)				식이섬유(g/일)			
		필요 추정량	권장 섭취량	충분 섭취량	상한 섭취량	평균 필요량	권장 섭취량	충분 섭취량	상한 섭취량	평균 필요량	권장 섭취량	충분 섭취량	상한 섭취량
영아	0~5(개월)	500						60					
	6~11	600						90					
유아	1~2(세)	900				100	130					15	
	3~5	1,400				100	130					20	
남자	6~8(세)	1,700				100	130					25	
	9~11	2,000				100	130					25	
	12~14	2,500				100	130					30	
	15~18	2,700				100	130					30	
	19~29	2,600				100	130					30	
	30~49	2,500				100	130					30	
	50~64	2,200				100	130					30	
	65~74	2,000				100	130					25	
	75 이상	1,900				100	130					25	
여자	6~8(세)	1,500				100	130					20	
	9~11	1,800				100	130					25	
	12~14	2,000				100	130					25	
	15~18	2,000				100	130					25	
	19~29	2,000				100	130					20	
	30~49	1,900				100	130					20	
	50~64	1,700				100	130					20	
	65~74	1,600				100	130					20	
	75 이상	1,500				100	130					20	
임신부[1]		+0 +340 +450				+35	+45					+5	
수유부		+340				+60	+80					+5	

성별	연령	지방(g/일)				리놀레산(g/일)				알파-리놀렌산(g/일)				EPA + DHA(mg/일)			
		평균 필요량	권장 섭취량	충분 섭취량	상한 섭취량	평균 필요량	권장 섭취량	충분 섭취량	상한 섭취량	평균 필요량	권장 섭취량	충분 섭취량	상한 섭취량	평균 필요량	권장 섭취량	충분 섭취량	상한 섭취량
영아	0~5(개월)			25				5.0				0.6				200[2]	
	6~11			25				7.0				0.8				300[2]	
유아	1~2(세)							4.5				0.6					
	3~5							7.0				0.9					
남자	6~8(세)							9.0				1.1				200	
	9~11							9.5				1.3				220	
	12~14							12.0				1.5				230	
	15~18							14.0				1.7				230	
	19~29							13.0				1.6				210	
	30~49							11.5				1.4				400	
	50~64							9.0				1.4				500	
	65~74							7.0				1.2				310	
	75 이상							5.0				0.9				280	
여자	6~8(세)							7.0				0.8				200	
	9~11							9.0				1.1				150	
	12~14							9.0				1.2				210	
	15~18							10.0				1.1				100	
	19~29							10.0				1.2				150	
	30~49							8.5				1.2				260	
	50~64							7.0				1.2				240	
	65~74							4.5				1.0				150	
	75 이상							3.0				0.4				140	
임신부								+0				+0				+0	
수유부								+0				+0				+0	

[1] 1,2,3 분기별 부가량

[2] DHA

성별	연령	단백질(g/일)				메티오닌 + 시스테인(g/일)				류신(g/일)			
		평균 필요량	권장 섭취량	충분 섭취량	상한 섭취량	평균 필요량	권장 섭취량	충분 섭취량	상한 섭취량	평균 필요량	권장 섭취량	충분 섭취량	상한 섭취량
영아	0~5(개월)			10				0.4				1.0	
	6~11	12	15			0.3	0.4			0.6	0.8		
유아	1~2(세)	15	20			0.3	0.4			0.6	0.8		
	3~5	20	25			0.3	0.4			0.7	1.0		
남자	6~8(세)	30	35			0.5	0.6			1.1	1.3		
	9~11	40	50			0.7	0.8			1.5	1.9		
	12~14	50	60			1.0	1.2			2.2	2.7		
	15~18	55	65			1.2	1.4			2.6	3.2		
	19~29	50	65			1.0	1.4			2.4	3.1		
	30~49	50	65			1.1	1.4			2.4	3.1		
	50~64	50	60			1.1	1.3			2.3	2.8		
	65~74	50	60			1.0	1.3			2.2	2.8		
	75 이상	50	60			0.9	1.1			2.1	2.7		
여자	6~8(세)	30	35			0.5	0.6			1.0	1.3		
	9~11	40	45			0.6	0.7			1.5	1.8		
	12~14	45	55			0.8	1.0			1.9	2.4		
	15~18	45	55			0.8	1.1			2.0	2.4		
	19~29	45	55			0.8	1.0			2.0	2.5		
	30~49	40	50			0.8	1.0			1.9	2.4		
	50~64	40	50			0.8	1.1			1.9	2.3		
	65~74	40	50			0.7	0.9			1.8	2.2		
	75 이상	40	50			0.7	0.9			1.7	2.1		
임신부[1]		+12 +25	+15 +30			1.1	1.4			2.5	3.1		
수유부		+20	+25			1.1	1.5			2.8	3.5		

성별	연령	이소류신(g/일)				발린(g/일)				라이신(g/일)			
		평균 필요량	권장 섭취량	충분 섭취량	상한 섭취량	평균 필요량	권장 섭취량	충분 섭취량	상한 섭취량	평균 필요량	권장 섭취량	충분 섭취량	상한 섭취량
영아	0~5(개월)			0.6				0.6				0.7	
	6~11	0.3	0.4			0.3	0.5			0.6	0.8		
유아	1~2(세)	0.3	0.4			0.4	0.5			0.6	0.7		
	3~5	0.3	0.4			0.4	0.5			0.6	0.8		
남자	6~8(세)	0.5	0.6			0.6	0.7			1.0	1.2		
	9~11	0.7	0.8			0.9	1.1			1.4	1.8		
	12~14	1.0	1.2			1.2	1.6			2.1	2.5		
	15~18	1.2	1.4			1.5	1.8			2.3	2.9		
	19~29	1.0	1.4			1.4	1.7			2.5	3.1		
	30~49	1.1	1.4			1.4	1.7			2.4	3.1		
	50~64	1.1	1.3			1.3	1.6			2.3	2.9		
	65~74	1.0	1.3			1.3	1.6			2.2	2.9		
	75 이상	0.9	1.1			1.1	1.5			2.2	2.7		
여자	6~8(세)	0.5	0.6			0.6	0.7			0.9	1.3		
	9~11	0.6	0.7			0.9	1.1			1.3	1.6		
	12~14	0.8	1.0			1.2	1.4			1.8	2.2		
	15~18	0.8	1.1			1.2	1.4			1.8	2.2		
	19~29	0.8	1.1			1.1	1.3			2.1	2.6		
	30~49	0.8	1.0			1.0	1.4			2.0	2.5		
	50~64	0.8	1.1			1.1	1.3			1.9	2.4		
	65~74	0.7	0.9			0.9	1.3			1.8	2.3		
	75 이상	0.7	0.9			0.9	1.1			1.7	2.1		
임신부		1.1	1.4			1.4	1.7			2.3	2.9		
수유부		1.3	1.7			1.6	1.9			2.5	3.1		

[1] 단백질: 임신부-2,3분기별 부가량 / 아미노산: 임신부, 수유부-부가량 아닌 절대필요량임.

성별	연령	페닐알라닌 + 티로신(g/일)				트레오닌(g/일)				트립토판(g/일)			
		평균 필요량	권장 섭취량	충분 섭취량	상한 섭취량	평균 필요량	권장 섭취량	충분 섭취량	상한 섭취량	평균 필요량	권장 섭취량	충분 섭취량	상한 섭취량
영아	0~5(개월)			0.9				0.5				0.2	
	6~11	0.5	0.7			0.3	0.4			0.1	0.1		
유아	1~2(세)	0.5	0.7			0.3	0.4			0.1	0.1		
	3~5	0.6	0.7			0.3	0.4			0.1	0.1		
남자	6~8(세)	0.9	1.0			0.5	0.6			0.1	0.2		
	9~11	1.3	1.6			0.7	0.9			0.2	0.2		
	12~14	1.8	2.3			1.0	1.3			0.3	0.3		
	15~18	2.1	2.6			1.2	1.5			0.3	0.4		
	19~29	2.8	3.6			1.1	1.5			0.3	0.3		
	30~49	2.9	3.5			1.2	1.5			0.3	0.3		
	50~64	2.7	3.4			1.1	1.4			0.3	0.3		
	65~74	2.5	3.3			1.1	1.3			0.2	0.3		
	75 이상	2.5	3.1			1.0	1.3			0.2	0.3		
여자	6~8(세)	0.8	1.0			0.5	0.6			0.1	0.2		
	9~11	1.2	1.5			0.6	0.9			0.2	0.2		
	12~14	1.6	1.9			0.9	1.2			0.2	0.3		
	15~18	1.6	2.0			0.9	1.2			0.2	0.3		
	19~29	2.3	2.9			0.9	1.1			0.2	0.3		
	30~49	2.3	2.8			0.9	1.2			0.2	0.3		
	50~64	2.2	2.7			0.8	1.1			0.2	0.3		
	65~74	2.1	2.6			0.8	1.0			0.2	0.2		
	75 이상	2.0	2.4			0.7	0.9			0.2	0.2		
임신부[1]		3.0	3.8			1.2	1.5			0.3	0.4		
수유부		3.7	4.7			1.3	1.7			0.4	0.5		

성별	연령	히스티딘(g/일)				수분(mL/일)					
		평균 필요량	권장 섭취량	충분 섭취량	상한 섭취량	음식	물	음료	충분섭취량		상한 섭취량
									액체	총수분	
영아	0~5(개월)			0.1					700	700	
	6~11	0.2	0.3			300			500	800	
유아	1~2(세)	0.2	0.3			300	362	0	700	1,000	
	3~5	0.2	0.3			400	491	0	1,100	1,500	
남자	6~8(세)	0.3	0.4			900	589	0	800	1,700	
	9~11	0.5	0.6			1,100	686	1.2	900	2,000	
	12~14	0.7	0.9			1,300	911	1.9	1,100	2,400	
	15~18	0.9	1.0			1,400	920	6.4	1,200	2,600	
	19~29	0.8	1.0			1,400	981	262	1,200	2,600	
	30~49	0.7	1.0			1,300	957	289	1,200	2,500	
	50~64	0.7	0.9			1,200	940	75	1,000	2,200	
	65~74	0.7	1.0			1,100	904	20	1,000	2,100	
	75 이상	0.7	0.8			1,000	662	12	1,100	2,100	
여자	6~8(세)	0.3	0.4			800	514	0	800	1,600	
	9~11	0.4	0.5			1,000	643	0	900	1,900	
	12~14	0.6	0.7			1,100	610	0	900	2,000	
	15~18	0.6	0.7			1,100	659	7.3	900	2,000	
	19~29	0.6	0.8			1,100	709	126	1,000	2,100	
	30~49	0.6	0.8			1,000	772	124	1,000	2,000	
	50~64	0.6	0.7			900	784	27	1,000	1,900	
	65~74	0.5	0.7			900	624	9	900	1,800	
	75 이상	0.5	0.7			800	552	5	1,000	1,800	
임신부		0.8	1.0							+200	
수유부		0.8	1.1						+500	+700	

[1] 아미노산: 임신부, 수유부-부가량 아닌 절대필요량임.

• 지용성 비타민

성별	연령	비타민 A(μg RAE/일)				비타민 D(μg/일)			
		평균 필요량	권장 섭취량	충분 섭취량	상한 섭취량	평균 필요량	권장 섭취량	충분 섭취량	상한 섭취량
영아	0~5(개월)			350	600			5	25
	6~11			450	600			5	25
유아	1~2(세)	190	250		600			5	30
	3~5	230	300		750			5	35
남자	6~8(세)	310	450		1,100			5	40
	9~11	410	600		1,600			5	60
	12~14	530	750		2,300			10	100
	15~18	620	850		2,800			10	100
	19~29	570	800		3,000			10	100
	30~49	560	800		3,000			10	100
	50~64	530	750		3,000			10	100
	65~74	510	700		3,000			15	100
	75 이상	500	700		3,000			15	100
여자	6~8(세)	290	400		1,100			5	40
	9~11	390	550		1,600			5	60
	12~14	480	650		2,300			10	100
	15~18	450	650		2,800			10	100
	19~29	460	650		3,000			10	100
	30~49	450	650		3,000			10	100
	50~64	430	600		3,000			10	100
	65~74	410	600		3,000			15	100
	75 이상	410	600		3,000			15	100
임신부		+50	+70		3,000			+0	100
수유부		+350	+490		3,000			+0	100

성별	연령	비타민 E(mg α-TE/일)				비타민 K(μg/일)			
		평균 필요량	권장 섭취량	충분 섭취량	상한 섭취량	평균 필요량	권장 섭취량	충분 섭취량	상한 섭취량
영아	0~5(개월)			3				4	
	6~11			4				6	
유아	1~2(세)			5	100			25	
	3~5			6	150			30	
남자	6~8(세)			7	200			40	
	9~11			9	300			55	
	12~14			11	400			70	
	15~18			12	500			80	
	19~29			12	540			75	
	30~49			12	540			75	
	50~64			12	540			75	
	65~74			12	540			75	
	75 이상			12	540			75	
여자	6~8(세)			7	200			40	
	9~11			9	300			55	
	12~14			11	400			65	
	15~18			12	500			65	
	19~29			12	540			65	
	30~49			12	540			65	
	50~64			12	540			65	
	65~74			12	540			65	
	75 이상			12	540			65	
임신부				+0	540			+0	
수유부				+3	540			+0	

• 수용성 비타민

성별	연령	비타민 C(mg/일)				티아민(mg/일)			
		평균 필요량	권장 섭취량	충분 섭취량	상한 섭취량	평균 필요량	권장 섭취량	충분 섭취량	상한 섭취량
영아	0~5(개월)			40				0.2	
	6~11			55				0.3	
유아	1~2(세)	30	40		340	0.4	0.4		
	3~5	35	45		510	0.4	0.5		
남자	6~8(세)	40	50		750	0.5	0.7		
	9~11	55	70		1,100	0.7	0.9		
	12~14	70	90		1,400	0.9	1.1		
	15~18	80	100		1,600	1.1	1.3		
	19~29	75	100		2,000	1.0	1.2		
	30~49	75	100		2,000	1.0	1.2		
	50~64	75	100		2,000	1.0	1.2		
	65~74	75	100		2,000	0.9	1.1		
	75 이상	75	100		2,000	0.9	1.1		
여자	6~8(세)	40	50		750	0.6	0.7		
	9~11	55	70		1,100	0.8	0.9		
	12~14	70	90		1,400	0.9	1.1		
	15~18	80	100		1,600	0.9	1.1		
	19~29	75	100		2,000	0.9	1.1		
	30~49	75	100		2,000	0.9	1.1		
	50~64	75	100		2,000	0.9	1.1		
	65~74	75	100		2,000	0.8	1.0		
	75 이상	75	100		2,000	0.7	0.8		
임신부		+10	+10		2,000	+0.4	+0.4		
수유부		+35	+40		2,000	+0.3	+0.4		

성별	연령	리보플라빈(mg/일)				니아신(mg NE/일)[1]			
		평균 필요량	권장 섭취량	충분 섭취량	상한 섭취량	평균 필요량	권장 섭취량	충분 섭취량	상한 섭취량 니코틴산/니코틴아미드
영아	0~5(개월)			0.3				2	
	6~11			0.4				3	
유아	1~2(세)	0.4	0.5			4	6		10/180
	3~5	0.5	0.6			5	7		10/250
남자	6~8(세)	0.7	0.9			7	9		15/350
	9~11	0.9	1.1			9	11		20/500
	12~14	1.2	1.5			11	15		25/700
	15~18	1.4	1.7			13	17		30/800
	19~29	1.3	1.5			12	16		35/1000
	30~49	1.3	1.5			12	16		35/1000
	50~64	1.3	1.5			12	16		35/1000
	65~74	1.2	1.4			11	14		35/1000
	75 이상	1.1	1.3			10	13		35/1000
여자	6~8(세)	0.6	0.8			7	9		15/350
	9~11	0.8	1.0			9	12		20/500
	12~14	1.0	1.2			11	15		25/700
	15~18	1.0	1.2			11	14		30/800
	19~29	1.0	1.2			11	14		35/1000
	30~49	1.0	1.2			11	14		35/1000
	50~64	1.0	1.2			11	14		35/1000
	65~74	0.9	1.1			10	13		35/1000
	75 이상	0.8	1.0			9	12		35/1000
임신부		+0.3	+0.4			+3	+4		35/1000
수유부		+0.4	+0.5			+2	+3		35/1000

[1] 1mg NE(니아신 당량)=1mg 니아신=60mg 트립토판

성별	연령	비타민 B_6(mg/일)				엽산(μg DFE/일)[1]			
		평균 필요량	권장 섭취량	충분 섭취량	상한 섭취량	평균 필요량	권장 섭취량	충분 섭취량	상한 섭취량[2]
영아	0~5(개월)			0.1				65	
	6~11			0.3				90	
유아	1~2(세)	0.5	0.6		20	120	150		300
	3~5	0.6	0.7		30	150	180		400
남자	6~8(세)	0.7	0.9		45	180	220		500
	9~11	0.9	1.1		60	250	300		600
	12~14	1.3	1.5		80	300	360		800
	15~18	1.3	1.5		95	330	400		900
	19~29	1.3	1.5		100	320	400		1,000
	30~49	1.3	1.5		100	320	400		1,000
	50~64	1.3	1.5		100	320	400		1,000
	65~74	1.3	1.5		100	320	400		1,000
	75 이상	1.3	1.5		100	320	400		1,000
여자	6~8(세)	0.7	0.9		45	180	220		500
	9~11	0.9	1.1		60	250	300		600
	12~14	1.2	1.4		80	300	360		800
	15~18	1.2	1.4		95	330	400		900
	19~29	1.2	1.4		100	320	400		1,000
	30~49	1.2	1.4		100	320	400		1,000
	50~64	1.2	1.4		100	320	400		1,000
	65~74	1.2	1.4		100	320	400		1,000
	75 이상	1.2	1.4		100	320	400		1,000
임신부		+0.7	+0.8		100	+200	+220		1,000
수유부		+0.7	+0.8		100	+130	+150		1,000

성별	연령	비타민 B_{12}(μg/일)				판토텐산(mg/일)				비오틴(μg/일)			
		평균 필요량	권장 섭취량	충분 섭취량	상한 섭취량	평균 필요량	권장 섭취량	충분 섭취량	상한 섭취량	평균 필요량	권장 섭취량	충분 섭취량	상한 섭취량
영아	0~5(개월)			0.3				1.7				5	
	6~11			0.5				1.9				7	
유아	1~2(세)	0.8	0.9					2				9	
	3~5	0.9	1.1					2				12	
남자	6~8(세)	1.1	1.3					3				15	
	9~11	1.5	1.7					4				20	
	12~14	1.9	2.3					5				25	
	15~18	2.0	2.4					5				30	
	19~29	2.0	2.4					5				30	
	30~49	2.0	2.4					5				30	
	50~64	2.0	2.4					5				30	
	65~74	2.0	2.4					5				30	
	75 이상	2.0	2.4					5				30	
여자	6~8(세)	1.1	1.3					3				15	
	9~11	1.5	1.7					4				20	
	12~14	1.9	2.3					5				25	
	15~18	2.0	2.4					5				30	
	19~29	2.0	2.4					5				30	
	30~49	2.0	2.4					5				30	
	50~64	2.0	2.4					5				30	
	65~74	2.0	2.4					5				30	
	75 이상	2.0	2.4					5				30	
임신부		+0.2	+0.2					+1.0				+0	
수유부		+0.3	+0.4					+2.0				+5	

[1] Dietary Folate Equivalents, 가임기 여성의 경우 400 μg/일의 엽산보충제 섭취를 권장함.
[2] 엽산의 상한섭취량은 보충제 또는 강화식품의 형태로 섭취한 μg/일에 해당됨.

• 다량무기질

성별	연령	칼슘(mg/일)				인(mg/일)				나트륨(mg/일)			
		평균필요량	권장섭취량	충분섭취량	상한섭취량	평균필요량	권장섭취량	충분섭취량	상한섭취량	평균필요량	권장섭취량	충분섭취량	만성질환위험감소섭취량
영아	0~5(개월)			250	1,000			100				110	
	6~11			300	1,500			300				370	
유아	1~2(세)	400	500		2,500	380	450		3,000			810	1,200
	3~5	500	600		2,500	480	550		3,000			1,000	1,600
남자	6~8(세)	600	700		2,500	500	600		3,000			1,200	1,900
	9~11	650	800		3,000	1,000	1,200		3,500			1,500	2,300
	12~14	800	1,000		3,000	1,000	1,200		3,500			1,500	2,300
	15~18	750	900		3,000	1,000	1,200		3,500			1,500	2,300
	19~29	650	800		2,500	580	700		3,500			1,500	2,300
	30~49	650	800		2,500	580	700		3,500			1,500	2,300
	50~64	600	750		2,000	580	700		3,500			1,500	2,300
	65~74	600	700		2,000	580	700		3,500			1,300	2,100
	75 이상	600	700		2,000	580	700		3,000			1,100	1,700
여자	6~8(세)	600	700		2,500	480	550		3,000			1,200	1,900
	9~11	650	800		3,000	1,000	1,200		3,500			1,500	2,300
	12~14	750	900		3,000	1,000	1,200		3,500			1,500	2,300
	15~18	700	800		3,000	1,000	1,200		3,500			1,500	2,300
	19~29	550	700		2,500	580	700		3,500			1,500	2,300
	30~49	550	700		2,500	580	700		3,500			1,500	2,300
	50~64	600	800		2,000	580	700		3,500			1,500	2,300
	65~74	600	800		2,000	580	700		3,500			1,300	2,100
	75 이상	600	800		2,000	580	700		3,000			1,100	1,700
임신부		+0	+0		2,500	+0	+0		3,000			1,500	2,300
수유부		+0	+0		2,500	+0	+0		3,500			1,500	2,300

성별	연령	염소(mg/일)				칼륨(mg/일)				마그네슘(mg/일)			
		평균필요량	권장섭취량	충분섭취량	상한섭취량	평균필요량	권장섭취량	충분섭취량	상한섭취량	평균필요량	권장섭취량	충분섭취량	상한섭취량[1]
영아	0~5(개월)			170				400				25	
	6~11			560				700				55	
유아	1~2(세)			1,200				1,900		60	70		60
	3~5			1,600				2,400		90	110		90
남자	6~8(세)			1,900				2,900		130	150		130
	9~11			2,300				3,400		190	220		190
	12~14			2,300				3,500		260	320		270
	15~18			2,300				3,500		340	410		350
	19~29			2,300				3,500		300	360		350
	30~49			2,300				3,500		310	370		350
	50~64			2,300				3,500		310	370		350
	65~74			2,100				3,500		310	370		350
	75 이상			1,700				3,500		310	370		350
여자	6~8(세)			1,900				2,900		130	150		130
	9~11			2,300				3,400		180	220		190
	12~14			2,300				3,500		240	290		270
	15~18			2,300				3,500		290	340		350
	19~29			2,300				3,500		230	280		350
	30~49			2,300				3,500		240	280		350
	50~64			2,300				3,500		240	280		350
	65~74			2,100				3,500		240	280		350
	75 이상			1,700				3,500		240	280		350
임신부				2,300				+0		+30	+40		350
수유부				2,300				+400		+0	+0		350

[1] 식품외 급원의 마그네슘에만 해당

• 미량무기질

성별	연령	철(mg/일)				아연(mg/일)				구리(μg/일)			
		평균 필요량	권장 섭취량	충분 섭취량	상한 섭취량	평균 필요량	권장 섭취량	충분 섭취량	상한 섭취량	평균 필요량	권장 섭취량	충분 섭취량	상한 섭취량
영아	0~5(개월)			0.3	40			2				240	
	6~11	4	6		40	2	3					330	
유아	1~2(세)	4.5	6		40	2	3		6	220	290		1,700
	3~5	5	7		40	3	4		9	270	350		2,600
남자	6~8(세)	7	9		40	5	5		13	360	470		3,700
	9~11	8	11		40	7	8		19	470	600		5,500
	12~14	11	14		40	7	8		27	600	800		7,500
	15~18	11	14		45	8	10		33	700	900		9,500
	19~29	8	10		45	9	10		35	650	850		10,000
	30~49	8	10		45	8	10		35	650	850		10,000
	50~64	8	10		45	8	10		35	650	850		10,000
	65~74	7	9		45	8	9		35	600	800		10,000
	75 이상	7	9		45	7	9		35	600	800		10,000
여자	6~8(세)	7	9		40	4	5		13	310	400		3,700
	9~11	8	10		40	7	8		19	420	550		5,500
	12~14	12	16		40	6	8		27	500	650		7,500
	15~18	11	14		45	7	9		33	550	700		9,500
	19~29	11	14		45	7	8		35	500	650		10,000
	30~49	11	14		45	7	8		35	500	650		10,000
	50~64	6	8		45	6	8		35	500	650		10,000
	65~74	6	8		45	6	7		35	460	600		10,000
	75 이상	5	7		45	6	7		35	460	600		10,000
임신부		+8	+10		45	+2.0	+2.5		35	+100	+130		10,000
수유부		+0	+0		45	+4.0	+5.0		35	+370	+480		10,000

성별	연령	불소(mg/일)				망간(mg/일)				요오드(μg/일)			
		평균 필요량	권장 섭취량	충분 섭취량	상한 섭취량	평균 필요량	권장 섭취량	충분 섭취량	상한 섭취량	평균 필요량	권장 섭취량	충분 섭취량	상한 섭취량
영아	0~5(개월)			0.01	0.6			0.01				130	250
	6~11			0.4	0.8			0.8				180	250
유아	1~2(세)			0.6	1.2			1.5	2.0	55	80		300
	3~5			0.9	1.8			2.0	3.0	65	90		300
남자	6~8(세)			1.3	2.6			2.5	4.0	75	100		500
	9~11			1.9	10.0			3.0	6.0	85	110		500
	12~14			2.6	10.0			4.0	8.0	90	130		1,900
	15~18			3.2	10.0			4.0	10.0	95	130		2,200
	19~29			3.4	10.0			4.0	11.0	95	150		2,400
	30~49			3.4	10.0			4.0	11.0	95	150		2,400
	50~64			3.2	10.0			4.0	11.0	95	150		2,400
	65~74			3.1	10.0			4.0	11.0	95	150		2,400
	75 이상			3.0	10.0			4.0	11.0	95	150		2,400
여자	6~8(세)			1.3	2.5			2.5	4.0	75	100		500
	9~11			1.8	10.0			3.0	6.0	80	110		500
	12~14			2.4	10.0			3.5	8.0	90	130		1,900
	15~18			2.7	10.0			3.5	10.0	95	130		2,200
	19~29			2.8	10.0			3.5	11.0	95	150		2,400
	30~49			2.7	10.0			3.5	11.0	95	150		2,400
	50~64			2.6	10.0			3.5	11.0	95	150		2,400
	65~74			2.5	10.0			3.5	11.0	95	150		2,400
	75 이상			2.3	10.0			3.5	11.0	95	150		2,400
임신부				+0	10.0			+0	11.0	+65	+90		
수유부				+0	10.0			+0	11.0	+130	+190		

성별	연령	셀레늄(μg/일)				몰리브덴(μg/일)				크롬(μg/일)			
		평균 필요량	권장 섭취량	충분 섭취량	상한 섭취량	평균 필요량	권장 섭취량	충분 섭취량	상한 섭취량	평균 필요량	권장 섭취량	충분 섭취량	상한 섭취량
영아	0~5(개월)			9	40							0.2	
	6~11			12	65							4.0	
유아	1~2(세)	19	23		70	8	10		100			10	
	3~5	22	25		100	10	12		150			10	
남자	6~8(세)	30	35		150	15	18		200			15	
	9~11	40	45		200	15	18		300			20	
	12~14	50	60		300	25	30		450			30	
	15~18	55	65		300	25	30		550			35	
	19~29	50	60		400	25	30		600			30	
	30~49	50	60		400	25	30		600			30	
	50~64	50	60		400	25	30		550			30	
	65~74	50	60		400	23	28		550			25	
	75 이상	50	60		400	23	28		550			25	
여자	6~8(세)	30	35		150	15	18		200			15	
	9~11	40	45		200	15	18		300			20	
	12~14	50	60		300	20	25		400			20	
	15~18	55	65		300	20	25		500			20	
	19~29	50	60		400	20	25		500			20	
	30~49	50	60		400	20	25		500			20	
	50~64	50	60		400	20	25		450			20	
	65~74	50	60		400	18	22		450			20	
	75 이상	50	60		400	18	22		450			20	
임신부		+3	+4		400	+0	+0		500			+5	
수유부		+9	+10		400	+3	+3		500			+20	

부록 3

Z score

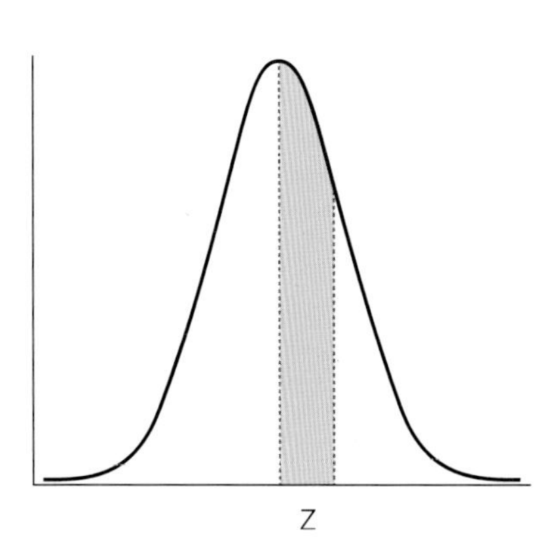

Z값에 따른 어두운 부분의 면적비율

TABLE A	Z	Area velow	Z	Area below	Z	Area below	Z	Area below
Area of the nomal curve	.00	.0000						
	.01	.0039	.41	.1591	.81	.2910	1.21	.3869
	.02	.0079	.42	.1627	.82	.2932	1.22	.3888
	.03	.0119	.43	.1664	.83	.2967	1.23	.3906
	.04	.0159	.44	.1700	.84	.2995	1.24	.3925
	.05	.0199	.45	.1736	.85	.3023	1.25	.3943
	.06	.0239	.46	.1772	.86	.3051	1.26	.3962
	.07	.0279	.47	.1808	.87	.3078	1.27	.3980
	.08	.0318	.48	.1844	.88	.3106	1.28	.3997
	.09	.0358	.49	.1879	.89	.3133	1.29	.4015
	.10	.0398	.50	.1914	.90	.3159	1.30	.4032
	.11	.0438	.51	.1950	.91	.3186	1.31	.4049
	.12	.0477	.52	.1985	.92	.3212	1.32	.4066
	.13	.0517	.53	.2019	.93	.3238	1.33	.4082
	.14	.0556	.54	.2054	.94	.3264	1.34	.4099
	.15	.0596	.55	.2088	.95	.3289	1.35	.4115
	.16	.0635	.56	.2122	.96	.3315	1.36	.4131
	.17	.0675	.57	.2156	.97	.3340	1.37	.4147
	.18	.0714	.58	.2190	.98	.3365	1.38	.4162
	.19	.0753	.59	.2224	.99	.3389	1.39	.4177
	.20	.0792	.60	.2257	1.00	.3413	1.40	.4192
	.21	.0831	.61	.2291	1.01	.3437	1.41	.4207
	.22	.0870	.62	.2324	1.02	.3461	1.42	.4222
	.23	.0909	.63	.2356	1.03	.3485	1.43	.4236
	.24	.0948	.64	.2389	1.04	.3508	1.44	.4251
	.25	.0987	.65	.2421	1.05	.3531	1.45	.4265
	.26	.1025	.66	.2454	1.06	.3554	1.46	.4279
	.27	.1064	.67	.2486	1.07	.3577	1.47	.4292
	.28	.1102	.68	.2517	1.08	.3599	1.48	.4306
	.29	.1141	.69	.2549	1.09	.3621	1.49	.4319
	.30	.1179	.70	.2580	1.10	.3643	1.50	.4332
	.31	.1217	.71	.2611	1.11	.3665	1.51	.4345
	.32	.1255	.72	.2642	1.12	.3686	1.52	.4357
	.33	.1293	.73	.2673	1.13	.3708	1.53	.4370
	.34	.1330	.74	.2703	1.14	.3729	1.54	.4382
	.35	.1368	.75	.2734	1.15	.3749	1.55	.4394
	.36	.1406	.76	.2764	1.16	.3770	1.56	.4406
	.37	.1443	.77	.2793	1.17	.3790	1.57	.4418
	.38	.1480	.78	.2823	1.18	.3810	1.58	.4429
	.39	.1517	.79	.2852	1.19	.3830	1.59	.4441
	.40	.1554	.80	.2881	1.20	.3849	1.60	.4452

주) Z값 -1.72일 때 섭취량이 부족할 확률 구하는법:

Z값 1.72에서의 검은부분이 0.4573 이므로 대칭되는 -1.72 부분에서도 0.4573이다. 따라서 섭취량이 부족할 확률은 0.5+0.4573=0.9573, 즉 95.7%가 된다.

TABLE A

Area of the nomal curve, cont' d

Z	Area below	Z	Area below	Z	Area below	Z	Area below
1.61	.4463	2.21	.4864	2.81	.4975	3.41	.4997
1.62	.4474	2.22	.4868	2.82	.4976	3.42	.4997
1.63	.4484	2.23	.4871	2.83	.4977	3.43	.4997
1.64	.4495	2.24	.4875	2.84	.4977	3.44	.4997
1.65	.4505	2.25	.4878	2.85	.4978	3.45	.4997
1.66	.4515	2.26	.4881	2.86	.4979	3.46	.4997
1.67	.4525	2.27	.4884	2.87	.4979	3.47	.4997
1.68	.4535	2.28	.4887	2.88	.4980	3.48	.4977
1.69	.4545	2.29	.4890	2.89	.4981	3.49	.4998
1.70	.4554	2.30	.4893	2.90	.4981	3.50	.4998
1.71	.4564	2.31	.4896	2.91	.4982	3.51	.4998
1.72	.4573	2.32	.4898	2.92	.4982	3.52	.4998
1.73	.4582	2.33	.4901	2.93	.4983	3.53	.4998
1.74	.4591	2.34	.4904	2.94	.4984	3.54	.4998
1.75	.4599	2.35	.4906	2.95	.4984	3.55	.4998
1.76	.4608	2.36	.4909	2.96	.4985	3.56	.4998
1.77	.4616	2.37	.4911	2.97	.4985	3.57	.4998
1.78	.4625	2.38	.4913	2.98	.4985	3.58	.4998
1.79	.4633	2.39	.4916	2.99	.4986	3.59	.4998
1.80	.4641	2.40	.4918	3.00	.4987	3.60	.4998
1.81	.4649	2.41	.4920	3.01	.4987	3.61	.4998
1.82	.4656	2.42	.4922	3.02	.4987	3.62	.4999
1.83	.4664	2.43	.4925	3.03	.4988	3.63	.4999
1.84	.4671	2.44	.4927	3.04	.4988	3.64	.4999
1.85	.4678	2.45	.4929	3.05	.4989	3.65	.4999
1.86	.4686	2.46	.4931	3.06	.4989	3.66	.4999
1.87	.4693	2.47	.4932	3.07	.4989	3.67	.4999
1.88	.4699	2.48	.4932	3.08	.4990	3.68	.4999
1.89	.4706	2.49	.4936	3.09	.4990	3.69	.4999
1.90	.4713	2.50	.4938	3.10	.4990	3.70	.4999
1.91	.4719	2.51	.4940	3.11	.4991	3.71	.4999
1.92	.4726	2.52	.4941	3.12	.4991	3.72	.4999
1.93	.4732	2.53	.4943	3.13	.4991	3.73	.4999
1.94	.4738	2.54	.4945	3.14	.4992	3.74	.4999
1.95	.4744	2.55	.4946	3.15	.4992	3.75	.4999
1.96	.4750	2.56	.4948	3.16	.4992	3.76	.4999
1.97	.4756	2.57	.4949	3.17	.4992	3.77	.4999
1.98	.4761	2.58	.4951	3.18	.4993	3.78	.4999
1.99	.4767	2.59	.4952	3.19	.4993	3.79	.4999
2.00	.4772	2.60	.4953	3.20	.4993	3.80	.4999
2.01	.4778	2.61	.4955	3.21	.4993	3.81	.4999
2.02	.4783	2.62	.4956	3.22	.4994	3.82	.4999
2.03	.4788	2.63	.4957	3.23	.4994	3.83	.4999
2.04	.4793	2.64	.4959	3.24	.4994	3.84	.4999
2.05	.4798	2.65	.4960	3.25	.4994	3.85	.4999
2.06	.4803	2.66	.4961	3.26	.4994	3.86	.4999
2.07	.4808	2.67	.4962	3.27	.4995	3.87	.4999
2.08	.4812	2.68	.4963	3.28	.4995	3.88	.4999
2.09	.4817	2.69	.4964	3.29	.4995	3.89	.4999
2.10	.4821	2.70	.4965	3.30	.4995	3.90	.5000
2.11	.4826	2.71	.4966	3.31	.4995	3.91	.5000
2.12	.4830	2.72	.4967	3.32	.4995	3.92	.5000
2.13	.4834	2.73	.4968	3.33	.4996	3.93	.5000
2.14	.4838	2.74	.4969	3.34	.4994	3.94	.5000
2.15	.4842	2.75	.4970	3.35	.4996	3.95	.5000
2.16	.4846	2.76	.4971	3.36	.4996	3.96	.5000
2.17	.4850	2.77	.4972	3.37	.4996	3.97	.5000
2.18	.4854	2.78	.4973	3.38	.4996	3.98	.5000
2.19	.4857	2.79	.4975	3.39	.4997	3.99	.5000
2.20	.4861	2.80	.4974	3.40	.4997	4.00	.5000

국민건강영양조사-식품섭취조사표

국민건강영양조사 제7기

– 식품섭취조사표 Ⅰ (가구별 조리기록지) –

이 조사표에 기재된 내용은 통계법 제33조에 의하여 비밀이 보장됩니다.

조사표 종류	조사연도		
식품섭취조사표 Ⅰ	16	17	18
조사일		조사원	
월 일 요일			

대상자	조사구	거처	가구	가구원	성명	성별	만나이	응답자	거처	가구	가구원	성명	비고

■ 어제 하루 동안 조리하신 음식의 내용과 분량을 말씀해 주십시오.

식사구분	음식명	조리총량			식품재료명 (상품명)	가공여부	식품상태	식품재료량			음식코드	식품코드	비고		
		눈대중분량	부피	중량				눈대중분량	부피	중량			참고사항	제품명	제조회사명

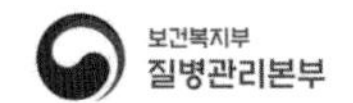

국민건강영양조사 제7기
– 식품섭취조사표 II (개인별 24시간 회상법) –
(만 1세 이상)

이 조사표에 기재된 내용은 통계법 제33조에 의하여 비밀이 보장됩니다.

조사표 종류	조사연도		
식품섭취조사표 II	16	17	18
조사일	조사원		
월 일 요일			

대상자	조사구	거처	가구	가구원	성명	성별	만나이	응답자	거처	가구	가구원	성명	비고

1. 어제 하루 동안 섭취하신 식사 내용과 분량을 말씀해 주십시오.

식사 구분	식사 시간	식사 장소	매식 여부	타인 동반 여부	음식명	조리총량			음식섭취량			식품재료명 (상품명)	가공 여부	식품재료량			음식 코드	식품 코드	비고		
						눈대중 분량	부피	중량	눈대중 분량	부피	중량			눈대중 분량	부피	중량			참고 사항	제품명	제조 회사명

2. 특별한 이유로 인해 식사조절을 하고 계십니까? ▫ ① 예 ▫ ② 아니오

2-1. (2번 문항에 '①예'로 답한 경우) 그 이유는 무엇입니까?
▫ ① 질환이 있어서 (질환명 :) ▫ ② 체중을 조절하기 위해서 ▫ ③ 기타 ( )

3. 어제 섭취하신 식사 분량은 평소의 식사에 비해서 어떻습니까?
▫ ① 평소에 비해서 많이 섭취하였다. ▫ ② 평소와 비슷하였다. ▫ ③ 평소에 비해 적게 섭취하였다.

4. 하루에 물(생수, 보리차, 결명자차, 옥수수차 등)을 얼마나 섭취하십니까? ( )컵(200 ㎖)

5. (가임기 여성의 경우) 임신 또는 수유 중이십니까? ▫ ① 임신 중 ▫ ② 수유 중 ▫ ③ 비해당

6. (영유아의 경우) 모유를 수유하고 있습니까? ▫ ① 예 ▫ ② 아니오

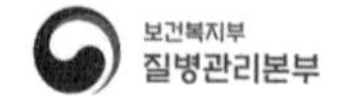

국민건강영양조사 제7기 식품섭취빈도조사표[만 19-64세]

※ 이 조사표에 기재된 내용은 통계법 제33조에 의하여 비밀이 보장됩니다.

	조사구	거처	가구	가구원	조사일 ____ 년 월 일	조사원 성명 ____		
대상자					성명		성별 남 / 여	만나이 만 세
응답자					성명		대상자와의 관계	

■ 기초조사

1. 최근 1년 동안 식사의 종류와 양에 변화가 있었습니까? [식사 속도나 시간의 변화는 해당되지 않음]

① 예 ( )달 전부터 식습관이 바뀌었다. ② 아니오

2. 최근 1년 동안 평균적으로 하루에 몇 끼 식사를 하셨습니까?

① 1끼 ② 2끼 ③ 3끼 ④ 4끼 ⑤ 기타(________________)

■ 식품섭취빈도조사

다음 각 항목의 음식을 최근 1년 동안 얼마나 자주 섭취했는지 응답해주시고, 1회 평균 섭취량도 답해주십시오.

섭취빈도(회) / 음식명	거의 안 먹음	1개월 1	1개월 2~3	1주 1	1주 2~4	1주 5~6	1일 1	1일 2	1일 3	기준분량	1회 평균 섭취량			
1. 쌀밥	①	②	③	④	⑤	⑥	⑦	⑧	⑨	1공기 (300ml, B1T)	① ½	② 1	③ 1½	④ 2
2. 잡곡밥(콩밥 포함)	①	②	③	④	⑤	⑥	⑦	⑧	⑨	1공기 (300ml, B1T)	① ½	② 1	③ 1½	④ 2
3. 비빔밥, 볶음밥	①	②	③	④	⑤	⑥	⑦	⑧	⑨	1인분 (외식제공량=500ml)	① ½	② 1	③ 1½	
4. 김밥	①	②	③	④	⑤	⑥	⑦	⑧	⑨	1줄 (=삼각김밥 2개)	① ½	② 1	③ 1½	④ 2
5. 카레라이스	①	②	③	④	⑤	⑥	⑦	⑧	⑨	1인분 (외식제공량=500ml)	① ½	② 1	③ 1½	
6. 라면, 컵라면	①	②	③	④	⑤	⑥	⑦	⑧	⑨	1개	① ½	② 1	③ 1½	
7. 국수, 칼국수, 우동	①	②	③	④	⑤	⑥	⑦	⑧	⑨	1인분 (외식제공량=1000ml)	① ½	② 1	③ 1½	
8. 짜장면, 짬뽕	①	②	③	④	⑤	⑥	⑦	⑧	⑨	1인분 (외식제공량=1000ml)	① ½	② 1	③ 1½	
9. 냉면	①	②	③	④	⑤	⑥	⑦	⑧	⑨	1인분 (외식제공량=1000ml)	① ½	② 1	③ 1½	
10. 떡국	①	②	③	④	⑤	⑥	⑦	⑧	⑨	1인분 (외식제공량=1000ml)	① ½	② 1	③ 1½	
11. 만두(찐만두, 군만두)	①	②	③	④	⑤	⑥	⑦	⑧	⑨	1인분 (외식제공량=만두6개)	① ½	② 1	③ 1½	
12. 식빵	①	②	③	④	⑤	⑥	⑦	⑧	⑨	2장	① 1	② 2	③ 3	
12-1. 버터, 마아가린	①	②	③	④	⑤	⑥	⑦	⑧	⑨	2ts (10ml)	① 1	② 2	③ 3	
12-2. 잼	①	②	③	④	⑤	⑥	⑦	⑧	⑨	2ts (10ml)	① 1	② 2	③ 3	
13. 단팥빵, 호빵, 크림빵	①	②	③	④	⑤	⑥	⑦	⑧	⑨	1개	① ½	② 1	③ 2	
14. 카스테라, 케이크, 초코파이	①	②	③	④	⑤	⑥	⑦	⑧	⑨	1개 (조각)	① ½	② 1	③ 2	
15. 피자	①	②	③	④	⑤	⑥	⑦	⑧	⑨	2조각 (½F3 × 2)	① 1	② 2	③ 3	
16. 햄버거, 샌드위치	①	②	③	④	⑤	⑥	⑦	⑧	⑨	1인분 (외식제공량)	① ½	② 1	③ 1½	
17. 백설기, 시루떡, 인절미, 절편	①	②	③	④	⑤	⑥	⑦	⑧	⑨	백설기½개 (=시루떡 ¾개 =인절미, 절편 3조각)	① ¼	② ½	③ 1	
18. 떡볶이	①	②	③	④	⑤	⑥	⑦	⑧	⑨	1컵 (200ml)	① ½	② 1	③ 1½	
19. 시리얼	①	②	③	④	⑤	⑥	⑦	⑧	⑨	1대접 (250ml, D1B, 우유포함)	① ½	② 1	③ 1½	

섭취빈도(회) / 음식명	거의 안 먹음	1개월		1주			1일			기준분량	1회 평균 섭취량		
		1	2~3	1	2~4	5~6	1	2	3				
20. 설렁탕, 곰탕, 사골국	①	②	③	④	⑤	⑥	⑦	⑧	⑨	1대접 (250ml, D1B)	① ½	② 1	③ 1½
21. 감자탕	①	②	③	④	⑤	⑥	⑦	⑧	⑨	1대접 (250ml, D1B)	① ½	② 1	③ 1½
22. 추어탕	①	②	③	④	⑤	⑥	⑦	⑧	⑨	1대접 (250ml, D1B)	① ½	② 1	③ 1½
23. 동태찌개, 해물매운탕	①	②	③	④	⑤	⑥	⑦	⑧	⑨	1대접 (250ml, D1B)	① ½	② 1	③ 1½
24. 미역국	①	②	③	④	⑤	⑥	⑦	⑧	⑨	1대접 (250ml, D1B)	① ½	② 1	③ 1½
25. 쇠고기국, 육개장, 무국	①	②	③	④	⑤	⑥	⑦	⑧	⑨	1대접 (250ml, D1B)	① ½	② 1	③ 1½
26. 북어국	①	②	③	④	⑤	⑥	⑦	⑧	⑨	1대접 (250ml, D1B)	① ½	② 1	③ 1½
27. 된장국	①	②	③	④	⑤	⑥	⑦	⑧	⑨	1대접 (250ml, D1B)	① ½	② 1	③ 1½
28. 된장찌개, 청국장찌개	①	②	③	④	⑤	⑥	⑦	⑧	⑨	1컵 (200ml)	① ½	② 1	③ 1½
29. 김치찌개, 김치볶음	①	②	③	④	⑤	⑥	⑦	⑧	⑨	1컵 (200ml)	① ½	② 1	③ 1½
30. 부대찌개	①	②	③	④	⑤	⑥	⑦	⑧	⑨	1컵 (200ml)	① ½	② 1	③ 1½
31. 두부찌개, 순두부찌개	①	②	③	④	⑤	⑥	⑦	⑧	⑨	1컵 (200ml)	① ½	② 1	③ 1½
32. 두부, 두부조림, 두부부침	①	②	③	④	⑤	⑥	⑦	⑧	⑨	½컵 (100ml)	① ¼	② ½	③ 1
33. 콩조림	①	②	③	④	⑤	⑥	⑦	⑧	⑨	1TS (15ml)	① ½	② 1	③ 1½
34. 달걀후라이, 달걀말이	①	②	③	④	⑤	⑥	⑦	⑧	⑨	1개 (=달걀말이 4조각)	① ½	② 1	③ 2
35. 삶은 달걀, 달걀찜	①	②	③	④	⑤	⑥	⑦	⑧	⑨	1개 (=달걀찜 ½컵)	① ½	② 1	③ 2
36. 돼지고기 삼겹살구이	①	②	③	④	⑤	⑥	⑦	⑧	⑨	1인분 (150g=1컵)	① ½	② 1	③ 2
37. 돼지고기 삶은고기 (수육, 보쌈)	①	②	③	④	⑤	⑥	⑦	⑧	⑨	1컵 (200ml)	① ½	② 1	③ 1½
38. 제육볶음, 돼지 불고기, 돼지 갈비구이, 돼지 갈비찜	①	②	③	④	⑤	⑥	⑦	⑧	⑨	1컵 (200ml)	① ½	② 1	③ 1½
39. 돼지고기 탕수육, 돈까스	①	②	③	④	⑤	⑥	⑦	⑧	⑨	1컵 (200ml)	① ½	② 1	③ 1½
40. 쇠고기 생고기구이	①	②	③	④	⑤	⑥	⑦	⑧	⑨	1인분 (150g=1컵)	① ½	② 1	③ 2
41. 쇠고기 불고기	①	②	③	④	⑤	⑥	⑦	⑧	⑨	1컵 (200ml)	① ½	② 1	③ 1½
42. 햄	①	②	③	④	⑤	⑥	⑦	⑧	⑨	¼컵 (50ml)	① ⅛	② ¼	③ ½
43. 순대	①	②	③	④	⑤	⑥	⑦	⑧	⑨	½컵 (100ml)	① ¼	② ½	③ 1
44. 삼계탕(닭백숙)	①	②	③	④	⑤	⑥	⑦	⑧	⑨	1인분 (외식제공량=800ml)	① ½	② 1	③ 1½
45. 닭볶음(닭갈비), 닭조림(닭도리탕)	①	②	③	④	⑤	⑥	⑦	⑧	⑨	2컵 (400ml)	① 1	② 2	③ 3
46. 치킨(닭튀김)	①	②	③	④	⑤	⑥	⑦	⑧	⑨	닭다리2개 (400ml=가식부200ml)	① 1	② 2	③ 3
47. 오리고기 로스구이	①	②	③	④	⑤	⑥	⑦	⑧	⑨	1인분 (150g=1컵)	① ½	② 1	③ 1½
48. 고등어, 꽁치(구이, 조림)	①	②	③	④	⑤	⑥	⑦	⑧	⑨	¼컵 (50ml, 가식부만)	① ⅛	② ¼	③ ½
49. 갈치, 조기(구이, 조림)	①	②	③	④	⑤	⑥	⑦	⑧	⑨	¼컵 (50ml, 가식부만)	① ⅛	② ¼	③ ½
50. 멸치, 멸치볶음	①	②	③	④	⑤	⑥	⑦	⑧	⑨	1TS (15ml)	① 1ts	② 1TS	③ ¼C
51. 오징어(생것, 삶은것, 볶음), 오징어채(볶음, 무침), 마른 오징어	①	②	③	④	⑤	⑥	⑦	⑧	⑨	¼마리 (=½컵, 100ml)	① ⅛	② ¼	③ ½
52. 게장	①	②	③	④	⑤	⑥	⑦	⑧	⑨	1TS (15ml, 가식부만)	① 1ts	② 1TS	③ ¼C
53. 새우젓, 오징어젓, 조개젓	①	②	③	④	⑤	⑥	⑦	⑧	⑨	1ts (5ml)	① ½	② 1	③ 3
54. 어묵(볶음, 국)	①	②	③	④	⑤	⑥	⑦	⑧	⑨	볶음½컵 (100ml=국250ml,D1B)	① ¼	② ½	③ 1

섭취빈도(회) / 음식명	거의 안 먹음	1개월		1주			1일			기준분량	1회 평균 섭취량		
		1	2~3	1	2~4	5~6	1	2	3				
55. 콩나물(무침, 국), 숙주나물	①	②	③	④	⑤	⑥	⑦	⑧	⑨	나물¼컵 (50ml=국250ml,D1B)	① ⅛	② ¼	③ ½
56. 시금치나물	①	②	③	④	⑤	⑥	⑦	⑧	⑨	¼컵 (50ml)	① ⅛	② ¼	③ ½
57. 도라지(생채, 나물)	①	②	③	④	⑤	⑥	⑦	⑧	⑨	¼컵 (50ml)	① ⅛	② ¼	③ ½
58. 호박(나물, 전)	①	②	③	④	⑤	⑥	⑦	⑧	⑨	¼컵 (50ml)	① ⅛	② ¼	③ ½
59. 고사리나물, 취나물, 가지나물 등 기타 나물 ※55-58항목을 제외한 나물	①	②	③	④	⑤	⑥	⑦	⑧	⑨	¼컵 (50ml)	① ⅛	② ¼	③ ½
60. 오이(생채, 생오이)	①	②	③	④	⑤	⑥	⑦	⑧	⑨	¼컵 (50ml)	① ⅛	② ¼	③ ½
61. 무(생채, 단무지, 무말랭이)	①	②	③	④	⑤	⑥	⑦	⑧	⑨	¼컵 (50ml)	① ⅛	② ¼	③ ½
62. 채소샐러드	①	②	③	④	⑤	⑥	⑦	⑧	⑨	½컵 (100ml)	① ¼	② ½	③ 1
63. 파무침, 부추무침 ※파무침: 고기 먹을 때 함께 먹는 파채무침	①	②	③	④	⑤	⑥	⑦	⑧	⑨	¼컵 (50ml)	① ⅛	② ¼	③ ½
64. 쌈채소(상추, 깻잎, 배추, 호박잎), 풋고추	①	②	③	④	⑤	⑥	⑦	⑧	⑨	상추10장 (=깻잎30장=배추3장 =호박잎(삶은 것)5장=풋고추3개)	① 5	② 10	③ 15
65. 삶은 브로콜리, 삶은 양배추	①	②	③	④	⑤	⑥	⑦	⑧	⑨	¼컵 (50ml)	① ⅛	② ¼	③ ½
66. 마늘 ※양념류 제외	①	②	③	④	⑤	⑥	⑦	⑧	⑨	2알 (=⅓뿌리)	① 1	② 2	③ 3
67. 쌈장(고추장, 된장, 혼합장), 초고추장	①	②	③	④	⑤	⑥	⑦	⑧	⑨	2ts (10ml)	① 1	② 2	③ 3
68. 배추김치	①	②	③	④	⑤	⑥	⑦	⑧	⑨	¼컵 (50ml)	① ⅛	② ¼	③ ½
69. 기타 김치, 겉절이 ※배추김치를 제외한 모든 종류의 김치	①	②	③	④	⑤	⑥	⑦	⑧	⑨	¼컵 (50ml)	① ⅛	② ¼	③ ½
70. 장아찌(고추, 마늘, 깻잎, 양파, 무), 오이피클	①	②	③	④	⑤	⑥	⑦	⑧	⑨	1TS (15ml)	① ½	② 1	③ 1½
71. 연근조림, 우엉조림	①	②	③	④	⑤	⑥	⑦	⑧	⑨	¼컵 (50ml)	① ⅛	② ¼	③ ½
72. 부침개류 (부추전, 김치전 등)	①	②	③	④	⑤	⑥	⑦	⑧	⑨	½장 (C11 × ½)	① ¼	② ½	③ 1
73. 잡채	①	②	③	④	⑤	⑥	⑦	⑧	⑨	½컵 (100ml)	① ¼	② ½	③ 1
74. 버섯볶음	①	②	③	④	⑤	⑥	⑦	⑧	⑨	¼컵 (50ml)	① ⅛	② ¼	③ ½
75. 김구이, 생김, 김무침	①	②	③	④	⑤	⑥	⑦	⑧	⑨	1장 (=자른김 8장)	① ½	② 1	③ 2
76. 파래무침, 미역초무침	①	②	③	④	⑤	⑥	⑦	⑧	⑨	¼컵 (50ml)	① ⅛	② ¼	③ ½
77. 미역줄기볶음	①	②	③	④	⑤	⑥	⑦	⑧	⑨	¼컵 (50ml)	① ⅛	② ¼	③ ½
78. 감자볶음, 감자조림	①	②	③	④	⑤	⑥	⑦	⑧	⑨	¼컵 (50ml)	① ⅛	② ¼	③ ½
79. 찐감자, 군감자	①	②	③	④	⑤	⑥	⑦	⑧	⑨	1개	① ½	② 1	③ 2
80. 찐고구마, 군고구마	①	②	③	④	⑤	⑥	⑦	⑧	⑨	1개	① ½	② 1	③ 2
81. 찐옥수수, 군옥수수	①	②	③	④	⑤	⑥	⑦	⑧	⑨	1개	① ½	② 1	③ 1½
82. 우유(일반, 저지방)	①	②	③	④	⑤	⑥	⑦	⑧	⑨	1컵 (200ml)	① ½	② 1	③ 1½
82-1. 일반우유와 저지방우유 중 주로 어느 것을 드셨습니까?					① 일반우유					② 저지방우유		③ 두 가지를 비슷하게 먹었다	
83. 액상요구르트	①	②	③	④	⑤	⑥	⑦	⑧	⑨	중1개 (80ml)	① 소1 (65ml)	② 중1 (80ml)	③ 대1 (150ml)
84. 호상요구르트 (떠먹는 요구르트)	①	②	③	④	⑤	⑥	⑦	⑧	⑨	1개 (100g)	① ½	② 1	③ 2
85. 두유	①	②	③	④	⑤	⑥	⑦	⑧	⑨	1컵 (200ml)	① ½	② 1	③ 1½

음식명 \ 섭취빈도(회)			거의 안 먹음	1개월		1주			1일			기준분량	1회 평균 섭취량		
				1	2~3	1	2~4	5~6	1	2	3				
※다음은 과일에 대한 문항으로, 해당 과일을 주로 제철에 드시는지, 계절과 무관하게 드시는지 응답하신 후 이 때의 평균적인 섭취빈도를 답해 주시기 바랍니다. 과일을 직접 갈아서 주스로 섭취한 경우 과일 섭취빈도에 포함됩니다.															
○ 과일 전체 ※종류 상관없이 평균 과일 섭취빈도			①	②	③	④	⑤	⑥	⑦	⑧	⑨				
86. 딸기	① 제철	② 무관	①	②	③	④	⑤	⑥	⑦	⑧	⑨	10개 (=주스⅔컵)	① 5	② 10	③ 15
87. 토마토, 방울토마토	① 제철	② 무관	①	②	③	④	⑤	⑥	⑦	⑧	⑨	1개 (C7=방울토마토30개 =주스1컵)	① ½	② 1	③ 2
88. 참외	① 제철	② 무관	①	②	③	④	⑤	⑥	⑦	⑧	⑨	1개 (O2)	① ⅓	② 1	③ 2
89. 수박	① 제철	② 무관	①	②	③	④	⑤	⑥	⑦	⑧	⑨	2조각 (F2 ×2)	① 1	② 2	③ 3
90. 복숭아	① 제철	② 무관	①	②	③	④	⑤	⑥	⑦	⑧	⑨	1개 (C7)	① ½	② 1	③ 2
91. 포도	① 제철	② 무관	①	②	③	④	⑤	⑥	⑦	⑧	⑨	1컵 (200ml, 포도알 컵에 담아서)	① ½	② 1	③ 2
92. 사과	① 제철	② 무관	①	②	③	④	⑤	⑥	⑦	⑧	⑨	1개 (C7=주스1컵)	① ½	② 1	③ 2
93. 배	① 제철	② 무관	①	②	③	④	⑤	⑥	⑦	⑧	⑨	½개 (C9 × ½)	① ¼	② ½	③ 1
94. 감, 곶감	① 제철	② 무관	①	②	③	④	⑤	⑥	⑦	⑧	⑨	1개 (C7)	① ½	② 1	③ 2
95. 귤	① 제철	② 무관	①	②	③	④	⑤	⑥	⑦	⑧	⑨	2개 (C4 × 2)	① 1	② 2	③ 3
96. 바나나	① 제철	② 무관	①	②	③	④	⑤	⑥	⑦	⑧	⑨	1개 (=몽키바나나3개=주스1컵)	① ½	② 1	③ 2
97. 오렌지	① 제철	② 무관	①	②	③	④	⑤	⑥	⑦	⑧	⑨	1개 (C7=주스1컵)	① ½	② 1	③ 2
98. 키위	① 제철	② 무관	①	②	③	④	⑤	⑥	⑦	⑧	⑨	2개 (C4 × 2)	① 1	② 2	③ 3
99. 커피			①	②	③	④	⑤	⑥	⑦	⑧	⑨	2ts (10ml, 믹스 1/1/1ts)	① 1	② 2	③ 3
99-1. 커피를 하루 3회 보다 자주 드셨다면, 평균 몇 회 드셨습니까? 하루 ______ 회															
99-2. 프림			①	②	③	④	⑤	⑥	⑦	⑧	⑨	2ts (10ml)	① 1	② 2	③ 3
99-3. 설탕			①	②	③	④	⑤	⑥	⑦	⑧	⑨	2ts (10ml)	① 1	② 2	③ 3
100. 녹차			①	②	③	④	⑤	⑥	⑦	⑧	⑨	1컵 (200ml)	① ½	② 1	③ 1½
101. 탄산음료(콜라, 사이다, 과일탄산음료)			①	②	③	④	⑤	⑥	⑦	⑧	⑨	1컵 (200ml)	① ½	② 1	③ 1½
102. 과일주스			①	②	③	④	⑤	⑥	⑦	⑧	⑨	1컵 (200ml)	① ½	② 1	③ 1½
103. 미숫가루음료, 식혜			①	②	③	④	⑤	⑥	⑦	⑧	⑨	1컵 (200ml)	① ½	② 1	③ 1½
104. 스낵과자			①	②	③	④	⑤	⑥	⑦	⑧	⑨	1컵 (200ml)	① ½	② 1	③ 1½
105. 쿠키, 크래커			①	②	③	④	⑤	⑥	⑦	⑧	⑨	6조각	① 3	② 6	③ 9
106. 초콜릿			①	②	③	④	⑤	⑥	⑦	⑧	⑨	판초콜릿½개 (=초코바½개, =ABC초콜릿, 초코볼 4개)	① ¼	② ½	③ 1
107. 아이스크림, 빙과류			①	②	③	④	⑤	⑥	⑦	⑧	⑨	1개 (100ml)	① ½	② 1	③ 2
108. 땅콩			①	②	③	④	⑤	⑥	⑦	⑧	⑨	¼컵 (50ml)	① ⅛	② ¼	③ ½
109. 밤			①	②	③	④	⑤	⑥	⑦	⑧	⑨	3알	① 1	② 3	③ 5
110. 소주			①	②	③	④	⑤	⑥	⑦	⑧	⑨	½병 (180ml)	① ¼	② ½	③ 1
110-1. 소주 1회 섭취량이 1병 이상인 경우 섭취량 기입													④ ______		
111. 맥주			①	②	③	④	⑤	⑥	⑦	⑧	⑨	1컵 (200ml)	① ½	② 1	③ 2
111-1. 맥주 1회 섭취량이 2컵 이상인 경우 섭취량 기입													④ ______		
112. 막걸리			①	②	③	④	⑤	⑥	⑦	⑧	⑨	1사발 (210ml, B4B)	① ½	② 1	③ 2
112-1. 막걸리 1회 섭취량이 2사발 이상인 경우 섭취량 기입													④ ______		

국민건강영양조사 제7기 3차년도(2018) 식생활, 식품안정성 조사표

※ 이 조사표에 기재된 내용은 통계법 제33조에 의하여 비밀이 보장됩니다.

	조사구				거처		가구		가구원		조사일 ______ 년 월 일	조사원 성명 ______		
대상자											성명		성별	남 / 여	만나이	만 세
응답자											성명		대상자와의 관계			

식생활조사

■ 식습관 조사

1. 다음은 최근 1년 동안의 식사 빈도에 관한 질문입니다.

1-1. 최근 1년 동안 아침식사를 1주일에 몇 회 하셨습니까?

① 주 5~7회 ② 주 3~4회 ③ 주 1~2회 ④ 거의 안한다(주0회)

1-2. 최근 1년 동안 점심식사를 1주일에 몇 회 하셨습니까?

① 주 5~7회 ② 주 3~4회 ③ 주 1~2회 ④ 거의 안한다(주0회)

1-3. 최근 1년 동안 저녁식사를 1주일에 몇 회 하셨습니까?

① 주 5~7회 ② 주 3~4회 ③ 주 1~2회 ④ 거의 안한다(주0회)

2. 최근 1년 동안 평균적으로, 가정에서 조리한 음식 이외의 외식(매식(배달음식, 포장음식 포함), 급식, 종교단체 제공음식 등)을 얼마나 자주 하셨습니까?

① 하루 2회 이상 ② 하루 1회 ③ 주 5~6회 ④ 주 3~4회
⑤ 주 1~2회 ⑥ 월 1~3회 ⑦ 거의 안한다(월 1회 미만)

3. 다음은 식사 시 다른 사람과 함께 식사하는지를 묻는 내용입니다.

3-1. 최근 1년 동안 아침식사를 할 때, 대체로 다른 사람과 함께 식사를 하셨습니까?

① 예 (⇒ 3-1-1번으로 이동) ② 아니오 (⇒ 3-2번으로 이동) ③ 비해당

3-1-1. 대체로 누구와 함께 식사하셨습니까? ① 가족 ② 가족 외

3-2. 최근 1년 동안 점심식사를 할 때, 대체로 다른 사람과 함께 식사를 하셨습니까?

① 예 (⇒ 3-2-1번으로 이동) ② 아니오 (⇒ 3-3번으로 이동) ③ 비해당

3-2-1. 대체로 누구와 함께 식사하셨습니까? ① 가족 ② 가족 외

3-3. 최근 1년 동안 저녁식사를 할 때, 대체로 다른 사람과 함께 식사를 하셨습니까?

① 예 (⇒ 3-3-1번으로 이동) ② 아니오 (⇒ 4번으로 이동) ③ 비해당

3-3-1. 대체로 누구와 함께 식사하셨습니까? ① 가족 ② 가족 외

■ 식이보충제

4. 최근 1년 동안 2주 이상 지속적으로 식이보충제를 복용한 적이 있습니까? ① 예 ② 아니오

5. 현재 복용 중인 식이보충제에 대한 질문입니다. ①해당없음 □(⇒ 6번으로 이동)

5-1. 제품의 종류

① 종합비타민·무기질	①	①	①
② 비타민C	②	②	②
③ 오메가3 지방산	③	③	③
④ 프로바이오틱스	④	④	④
⑤ 홍삼	⑤	⑤	⑤
⑥ 칼슘	⑥	⑥	⑥
⑦ 비타민A & 루테인	⑦	⑦	⑦
⑧ 프로폴리스	⑧	⑧	⑧
⑨ 비타민D	⑨	⑨	⑨
⑩ 철분	⑩	⑩	⑩
⑪ 기타 비타민·무기질	⑪	⑪	⑪
⑫ 기타	⑫	⑫	⑫

5-2. 제품명

5-3. 제조회사(유통회사)

5-4. 복용기간

① 1개월 미만	①	①	①
② 1~3개월	②	②	②
③ 4~6개월	③	③	③
④ 7~11개월	④	④	④
⑤ 1년 이상	⑤	⑤	⑤

5-5. 복용빈도

□ 회	□ 회	□ 회	□ 회
① 일	①	①	①
② 주	②	②	②
③ 개월	③	③	③

5-6. 조사 1일전 복용여부

① 예	①	①	①
② 아니오	②	②	②

5-7. 1회 복용 분량

□	□	□	□
① 정제(Tab)	①	①	①
② 캡슐(Cap)	②	②	②
③ 환(Pil)	③	③	③
④ 포(Bag)	④	④	④
⑤ 병(Bot)	⑤	⑤	⑤
⑥ 기타	⑥	⑥	⑥

■ 영양지식(초등학생 이상만 응답하십시오.)

6. 최근 1년간 보건소, 구청, 주민센터, 복지시설, 학교, 병원 등에서 실시된 영양교육 및 상담을 받은 적이 있습니까?

① 예 ② 아니오 ③ 비해당

7. 다음은 '영양표시'에 관한 내용입니다. '영양표시'를 알고 계십니까?

① 예 (⇒ 6-1번으로 이동) ② 아니오 (⇒ 7번으로 이동) ③ 비해당

7-1. 가공식품을 사거나 고를 때 '영양표시'를 읽으십니까?

① 예 (⇒ 6-1-1번으로 이동) ② 아니오 (⇒ 7번으로 이동)

7-1-1. 영양표시 항목에서 가장 관심 있게 보는 영양소는 무엇입니까?

① 열량 ② 탄수화물 ③ 당류 ④ 단백질 ⑤ 지방

⑥ 포화지방 ⑦ 트랜스지방 ⑧ 콜레스테롤 ⑨ 나트륨 ⑩ 기타

7-1-2. 영양표시내용이 식품을 고르는 데 영향을 미칩니까? ① 예 ② 아니오

■ 영유아기 식생활조사(만 12개월 이상 48개월 미만만 응답하십시오.)

8. 출생 시 아기의 체중은 몇 kg이었습니까? □.□□ kg

9. 아기의 수유방법 및 수유기간에 관한 내용입니다.

9-1-1. 모유 수유 여부	9-1-2. 모유 수유 시작 시기	9-1-3. 모유 수유 기간
① 예	□□ 주	□□ 개월
② 아니오	□□ 주	□□ 개월
9-2-1. 조제분유 수유 여부	**9-2-2. 조제분유 수유 시작 시기**	**9-2-3. 조제분유 수유 기간**
① 예	□□ 주	□□ 개월
② 아니오	□□ 주	□□ 개월

10. 일반우유(생우유)를 먹이기 시작한 시기는 생후 몇 개월경입니까? 개월

11. 모유나 조제분유 외의 이유보충식을 먹이기 시작한 시기는 생후 몇 개월경입니까? □□ 개월

12. 출생 이후 만 12개월 이전까지 영양제를 복용한 경험이 있습니까? ① 예 ② 아니오

12-1. 아기가 복용한 영양제의 종류는 무엇이었습니까? (복수응답가능)

① 비타민/무기질제(종합비타민 포함) ③ 초유영양제

② 유산균영양제/정장제 ④ 기타____________

(프로바이오틱스,비피더스 등)

식품안정성조사

식품구매자 여부	① 예 / ② 아니오

■ 다음은 식생활 형편에 대한 문항입니다. 귀하의 가구 전체 상황을 고려하여 응답해 주십시오.

1. 다음 중 최근 1년 동안 귀댁의 식생활 형편을 가장 잘 나타낸 것은 어느 것입니까?

① 우리 가족 모두가 원하는 만큼의 충분한 양과 다양한 종류의 음식을 먹을 수 있었다.

② 우리 가족 모두가 충분한 양의 음식을 먹을 수 있었으나, 다양한 종류의 음식은 먹지 못했다.

③ 경제적으로 어려워서 가끔 먹을 것이 부족했다.

④ 경제적으로 어려워서 자주 먹을 것이 부족했다.

2017 소아청소년 성장도표

신체발육 표준치

남자					여자			
신장 (cm)	체중 (kg)	체질량지수 (kg/m²)	머리둘레 (cm)	만나이 (개월/세)	신장 (cm)	체중 (kg)	체질량지수 (kg/m²)	머리둘레 (cm)
49.9	3.3		34.5	0개월	49.1	3.2		33.9
54.7	4.5		37.3	1개월	53.7	4.2		36.5
58.4	5.6		39.1	2개월	57.1	5.1		38.3
61.4	6.4		40.5	3개월	59.8	5.8		39.5
63.9	7.0		41.6	4개월	62.1	6.4		40.6
65.9	7.5		42.6	5개월	64.0	6.9		41.5
67.6	7.9		43.3	6개월	65.7	7.3		42.2
69.2	8.3		44.0	7개월	67.3	7.6		42.8
70.6	8.6		44.5	8개월	68.7	7.9		43.4
72.0	8.9		45.0	9개월	70.1	8.2		43.8
73.3	9.2		45.4	10개월	71.5	8.5		44.2
74.5	9.4		45.8	11개월	72.8	8.7		44.6
75.7	9.6		46.1	12개월	74.0	8.9		44.9
76.9	9.9		46.3	13개월	75.2	9.2		45.2
78.0	10.1		46.6	14개월	76.4	9.4		45.4
79.1	10.3		46.8	15개월	77.5	9.6		45.7
80.2	10.5		47.0	16개월	78.6	9.8		45.9
81.2	10.7		47.2	17개월	79.7	10.0		46.1
82.3	10.9		47.4	18개월	80.7	10.2		46.2
83.2	11.1		47.5	19개월	81.7	10.4		46.4
84.2	11.3		47.7	20개월	82.7	10.6		46.6
85.1	11.5		47.8	21개월	83.7	10.9		46.7
86.0	11.8		48.0	22개월	84.6	11.1		46.9
86.9	12.0		48.1	23개월	85.5	11.3		47.0
87.1	12.2	16.0	48.3	2세	85.7	11.5	15.7	47.2
91.9	13.3	15.8	48.9	2세 6개월	90.7	12.7	15.5	47.9
96.5	14.7	15.9	49.8	3세	95.4	14.2	15.8	48.8
99.8	15.8	15.9	50.2	3세 6개월	98.6	15.2	15.7	49.3
103.1	16.8	15.9	50.5	4세	101.9	16.3	15.7	49.6
106.3	17.9	15.9	50.8	4세 6개월	105.1	17.3	15.7	49.9
109.6	19.0	15.9	51.1	5세	108.4	18.4	15.7	50.2
112.8	20.1	16.0	51.4	5세 6개월	111.6	19.5	15.8	50.6
115.9	21.3	16.0	51.7	6세	114.7	20.7	15.8	50.9
119.0	22.7	16.2		6세 6개월	117.8	22.0	15.9	
122.1	24.2	16.4		7세	120.8	23.4	16.1	
127.9	27.5	16.9		8세	126.7	26.6	16.6	
133.4	31.3	17.6		9세	132,6	30.2	17.2	
138.8	35.5	18.4		10세	139.1	34.4	17.8	
144.7	40.2	19.1		11세	145.8	39.1	18.5	
151.4	45.4	19.8		12세	151.7	43.7	19.1	
158.6	50.9	20.3		13세	155.9	47.7	19.7	
165.0	56.0	20.8		14세	158.3	50.5	20.3	
169.2	60.1	21.2		15세	159.5	52.6	20.8	
171.4	63.1	21.6		16세	160.0	53.7	21.0	
172.6	65.0	21.9		17세	160.2	54.1	21.1	
173.6	66.7	22.3		18세	160.6	54.0	21.0	

[주] · 표준치는 2017 소아청소년성장도표 50백분위수 값을 의미 · 2세미만(0-23개월)의 신장은 누운 키, 이상의 신장은 선 키로 측정

보건복지부 질병관리본부 대한소아청소년과학회

부록 5-1

소아청소년 표준성장도표(2017)

자료: 질병관리본부·대한소아과학회, 2017

부록 5-2
2017 소아청소년 성장발육도표
(신장, 남자 0~35개월)

자료: 질병관리본부·대한소아과학회, 2017

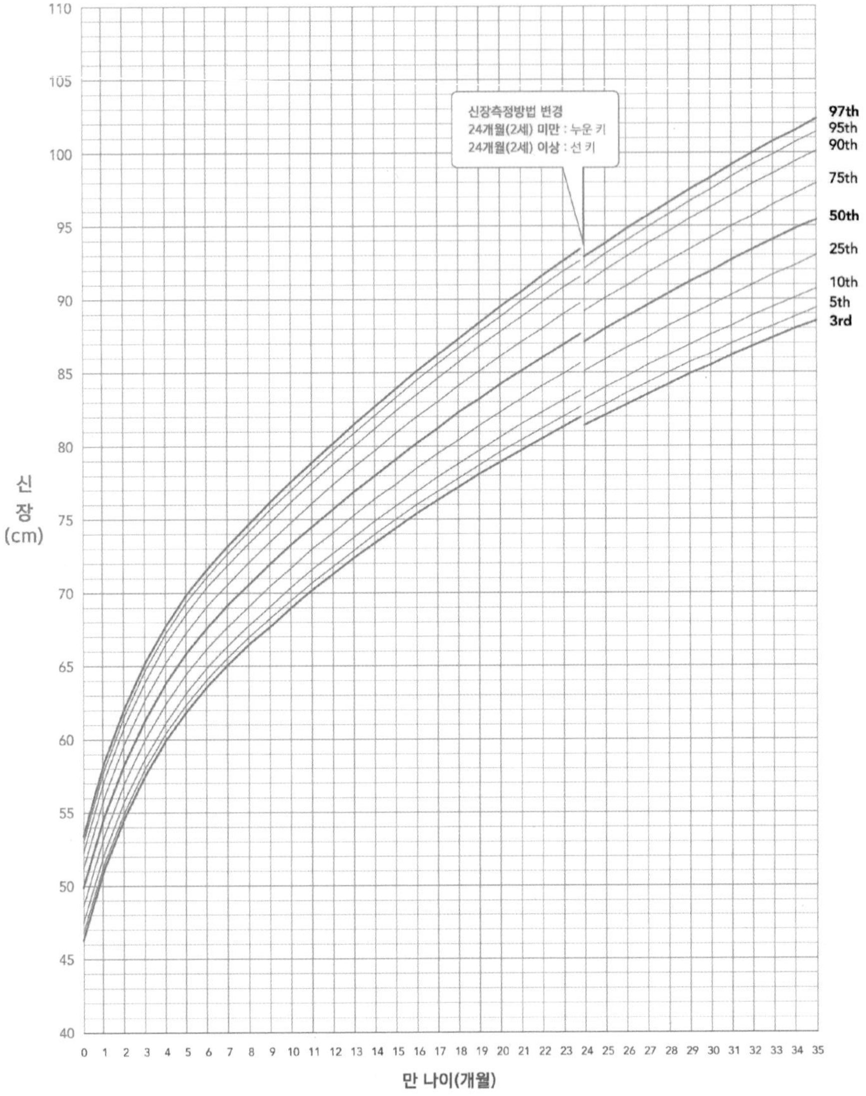

신장측정방법 변경
24개월(2세) 미만 : 누운 키
24개월(2세) 이상 : 선 키

97th
95th
90th
75th
50th
25th
10th
5th
3rd

신장 (cm)

110
105
100
95
90
85
80
75
70
65
60
55
50
45
40

0 1 2 3 4 5 6 7 8 9 10 11 12 13 14 15 16 17 18 19 20 21 22 23 24 25 26 27 28 29 30 31 32 33 34 35

만 나이(개월)

부록 5-3
2017 소아청소년 성장발육도표
(신장, 남자 3~18세)

자료: 질병관리본부·대한소아과학회, 2017

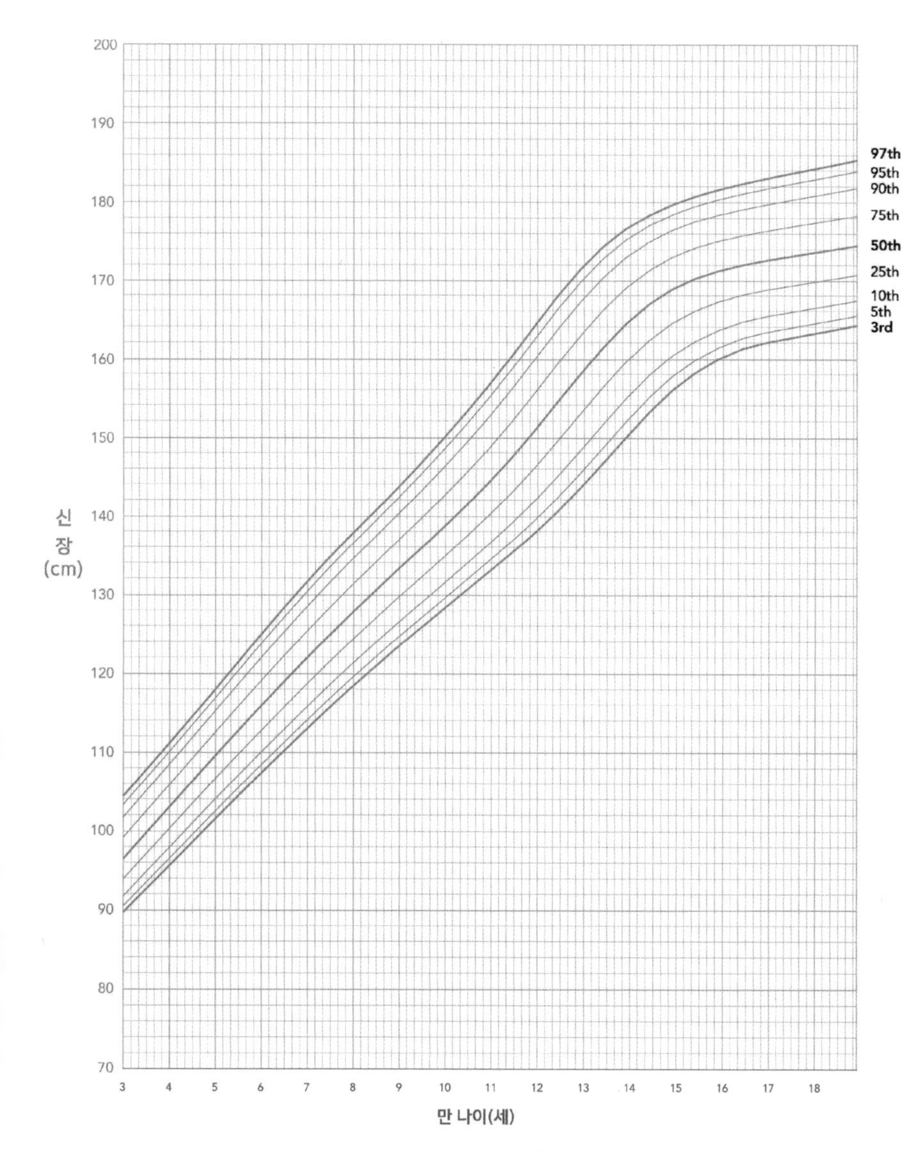

부록 5-4
2017 소아청소년 성장발육도표
(신장, 여자 0~35개월)

자료: 질병관리본부·대한소아과학회, 2017

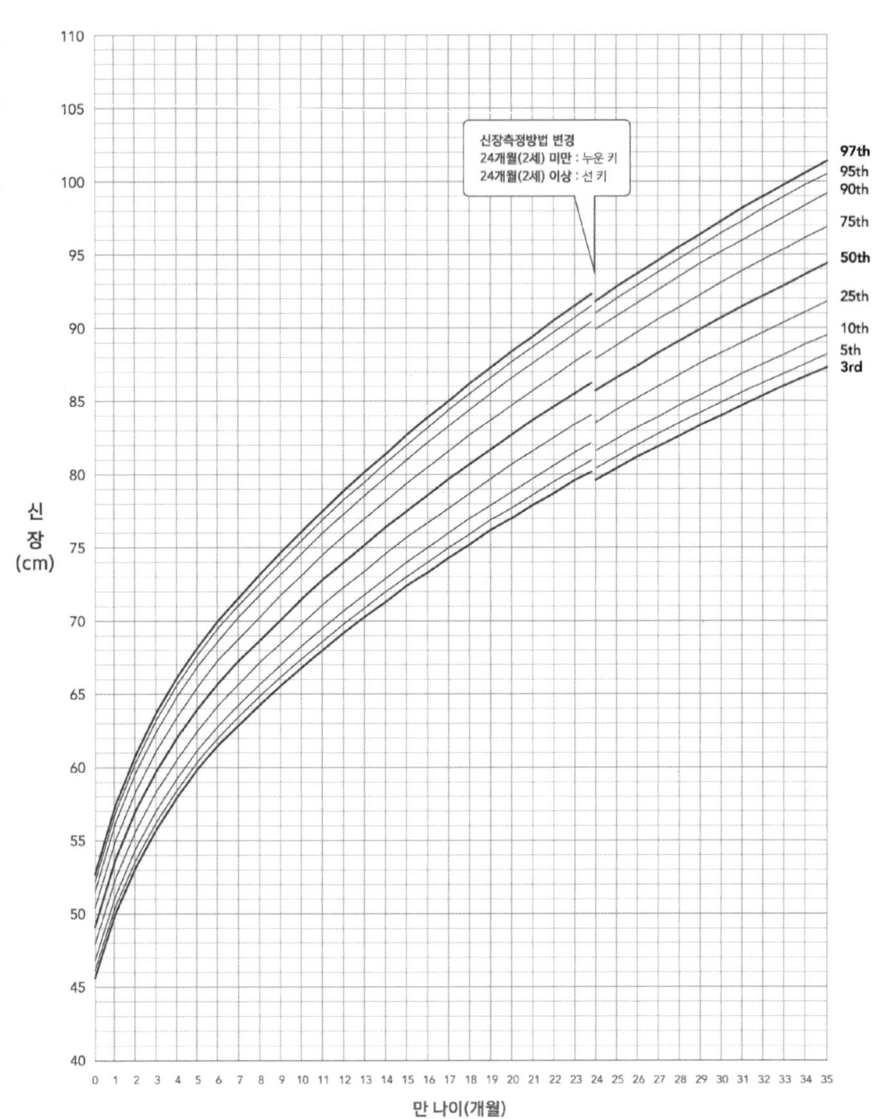

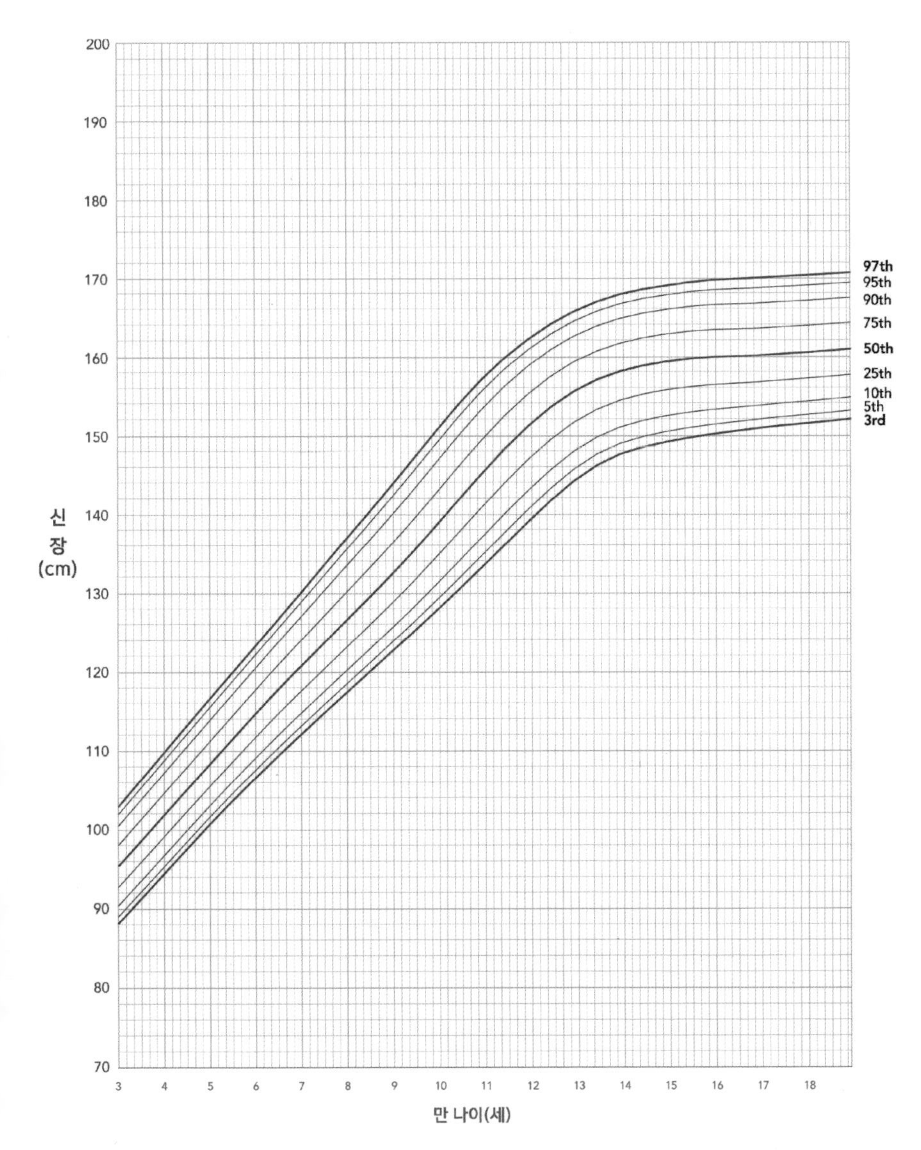

부록 5-5
2017 소아청소년 성장발육도표
(신장, 여자 3~18세)

자료: 질병관리본부·대한소아과학회, 2017

부록 5-6
2017 소아청소년 성장발육도표
(체중, 남자 0~35개월)

자료: 질병관리본부·대한소아과학회, 2017

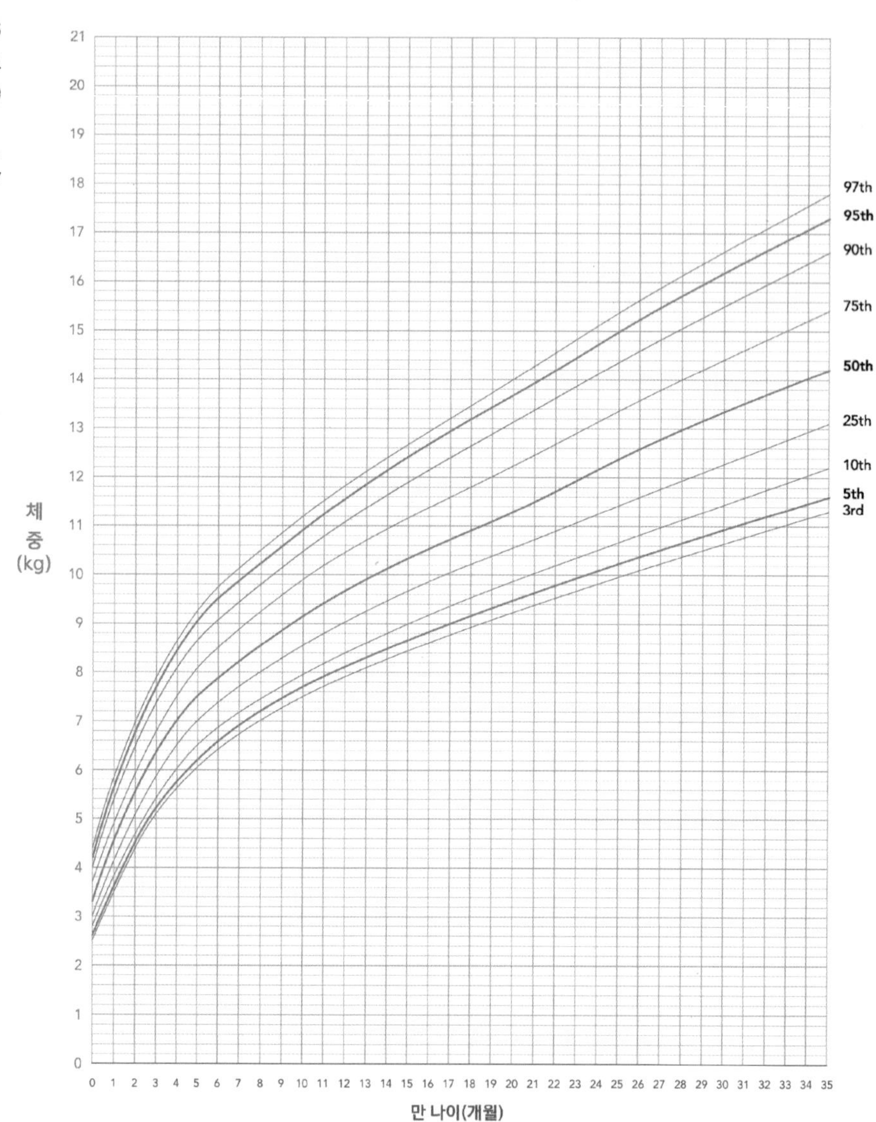

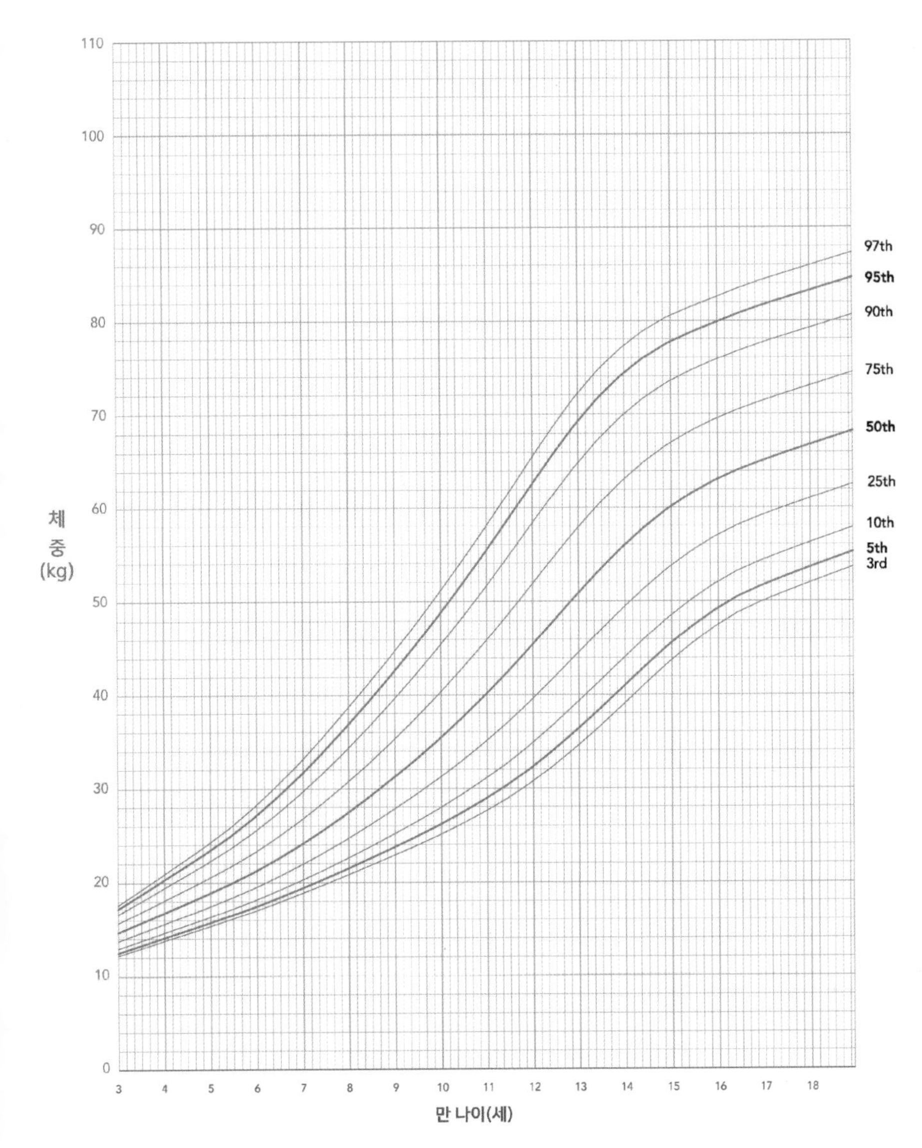

부록 5-7
2017 소아청소년 성장발육도표
(체중, 남자 3~18세)

자료: 질병관리본부·대한소아과학회, 2017

부록 5-8

2017 소아청소년 성장발육도표

(체중, 여자 0~35개월)

자료: 질병관리본부 · 대한소아과학회, 2017

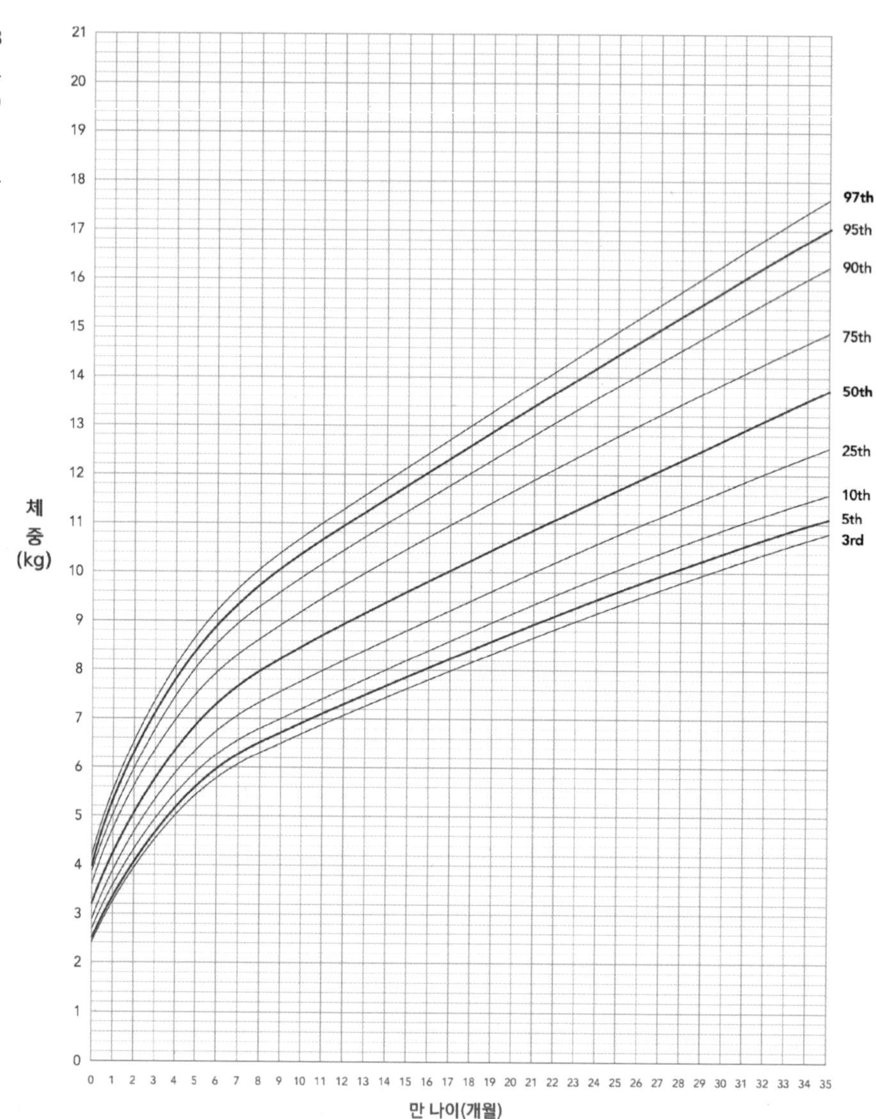

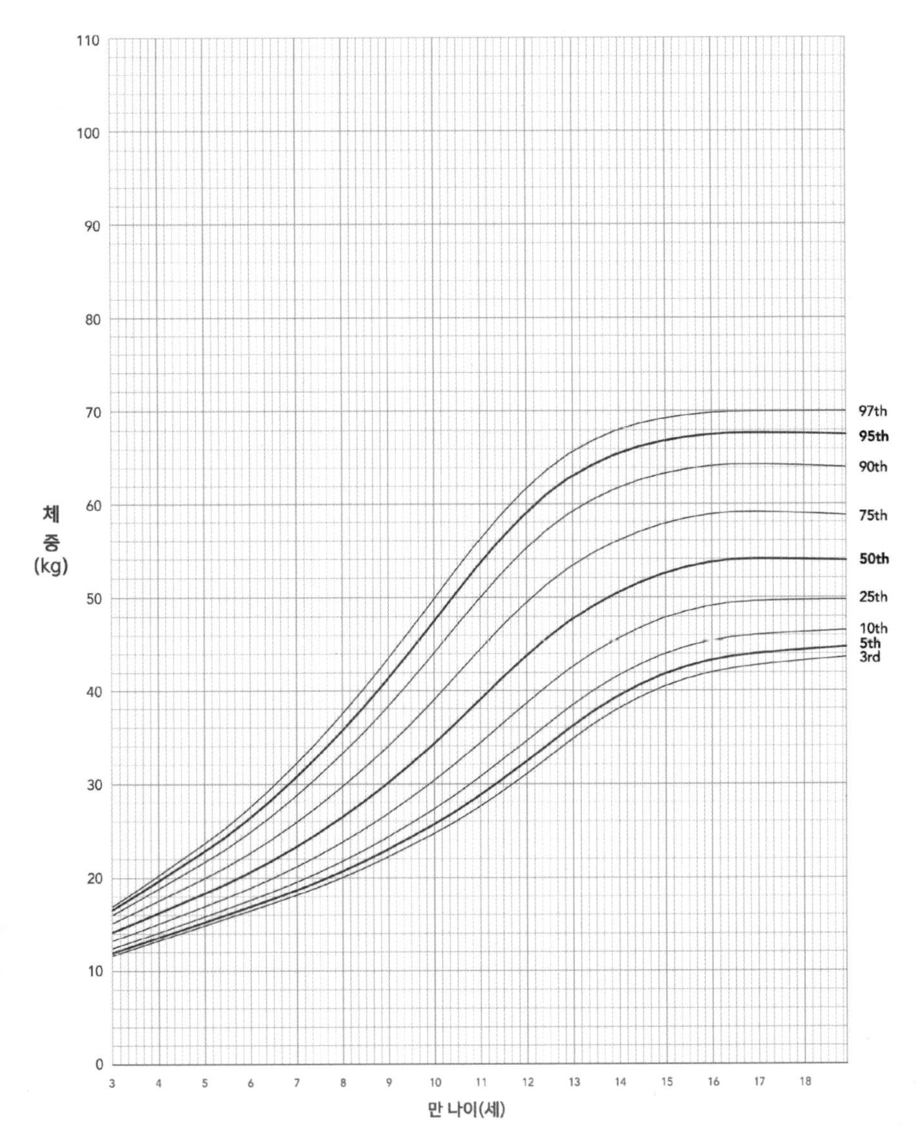

부록 5-9

2017 소아청소년 성장발육도표 (체중, 여자 3~18세)

자료: 질병관리본부·대한소아과학회, 2017

부록 5-10
2017 소아청소년 성장발육도표
(체질량지수, 남자 2~18세)

자료: 질병관리본부·대한소아과학회, 2017

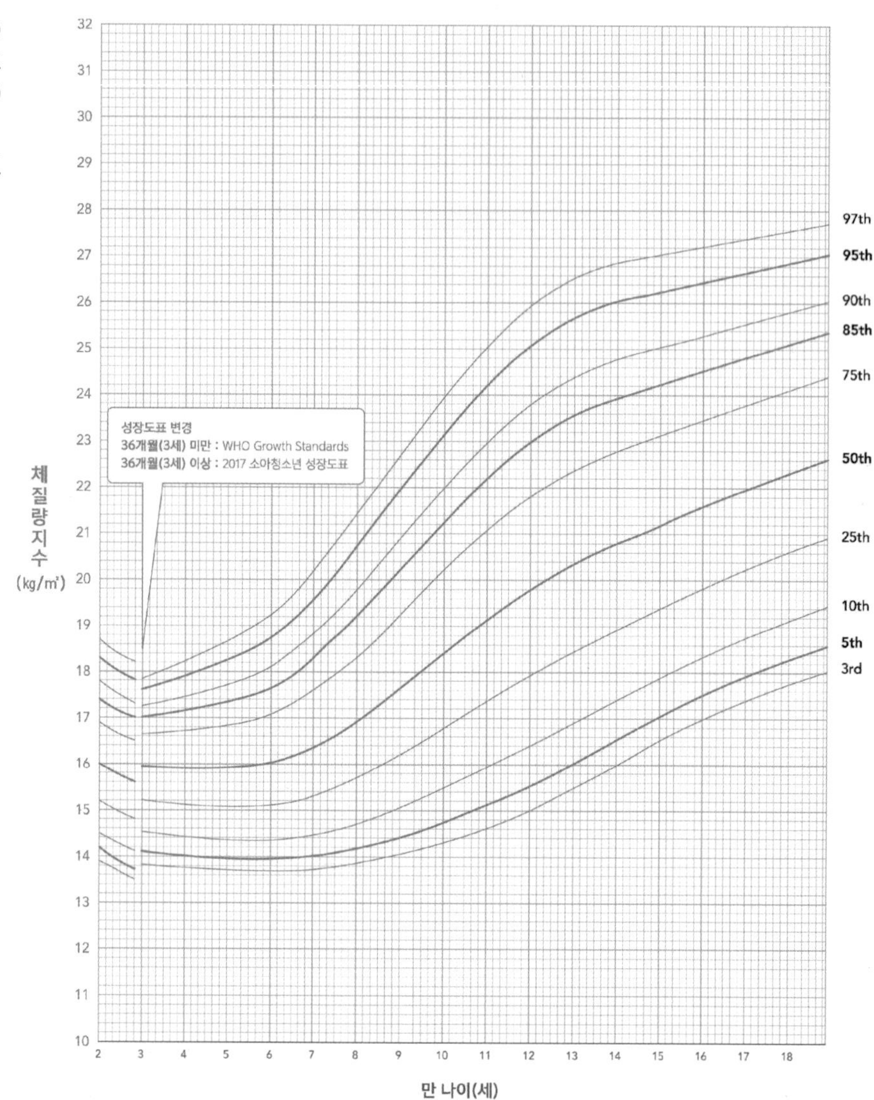

부록 5-11
2017 소아청소년 성장발육도표
(체질량지수, 여자 2~18세)

자료: 질병관리본부·대한소아과학회, 2017

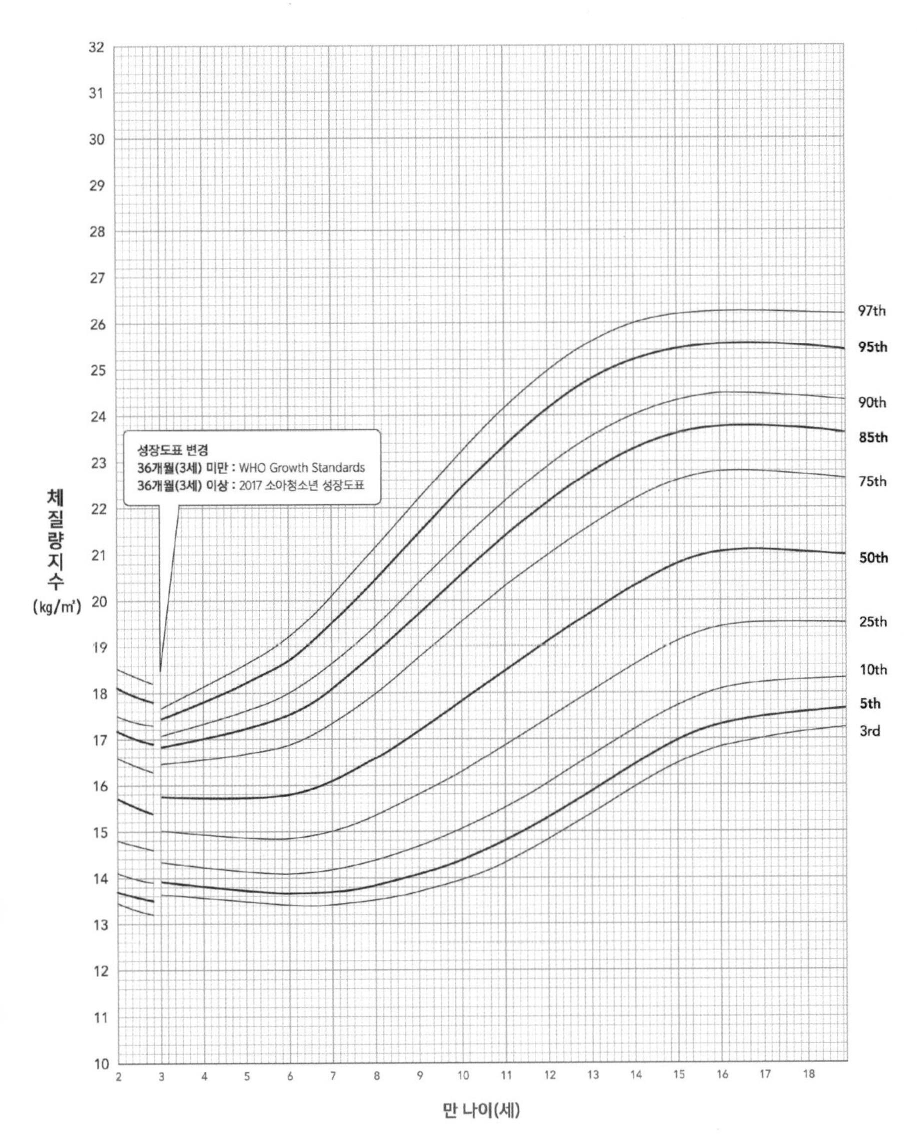

부록 5-12
2017 소아청소년 성장발육도표
(신장별 체중, 남자 0~23개월)

자료: 질병관리본부 · 대한소아과학회,
2017

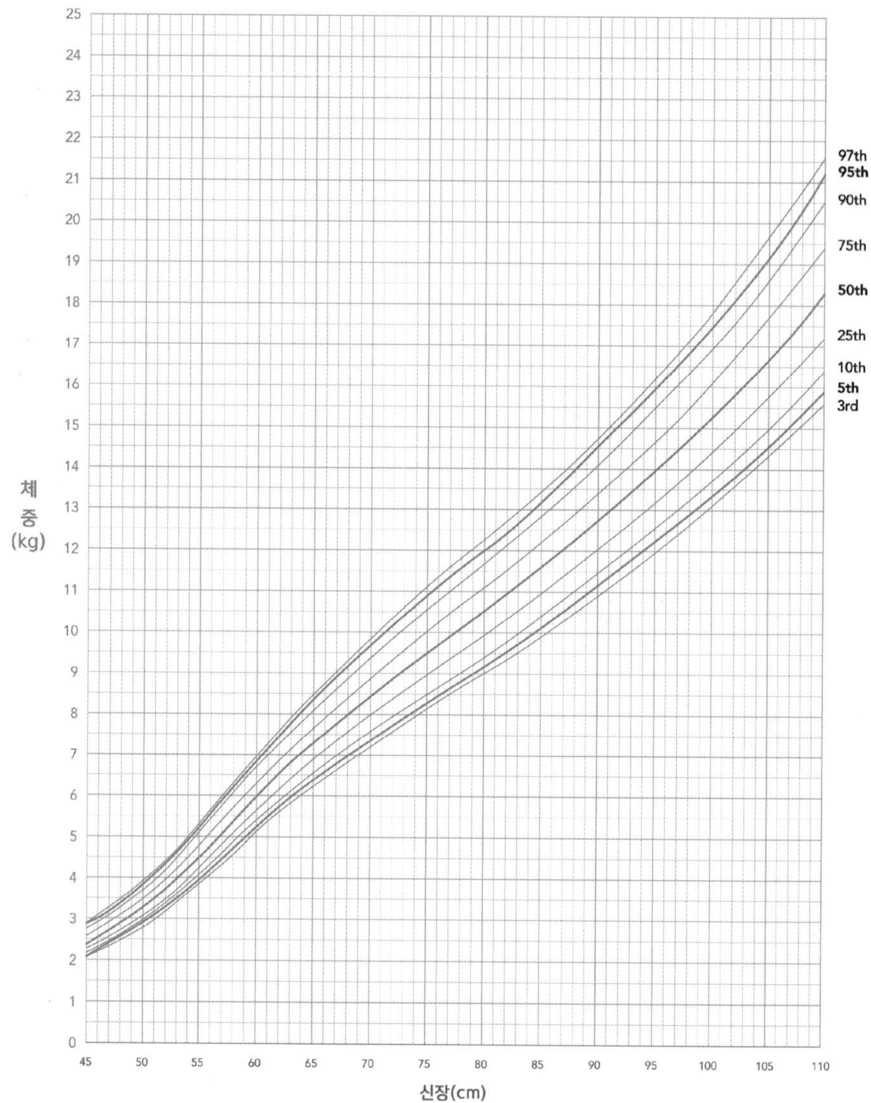

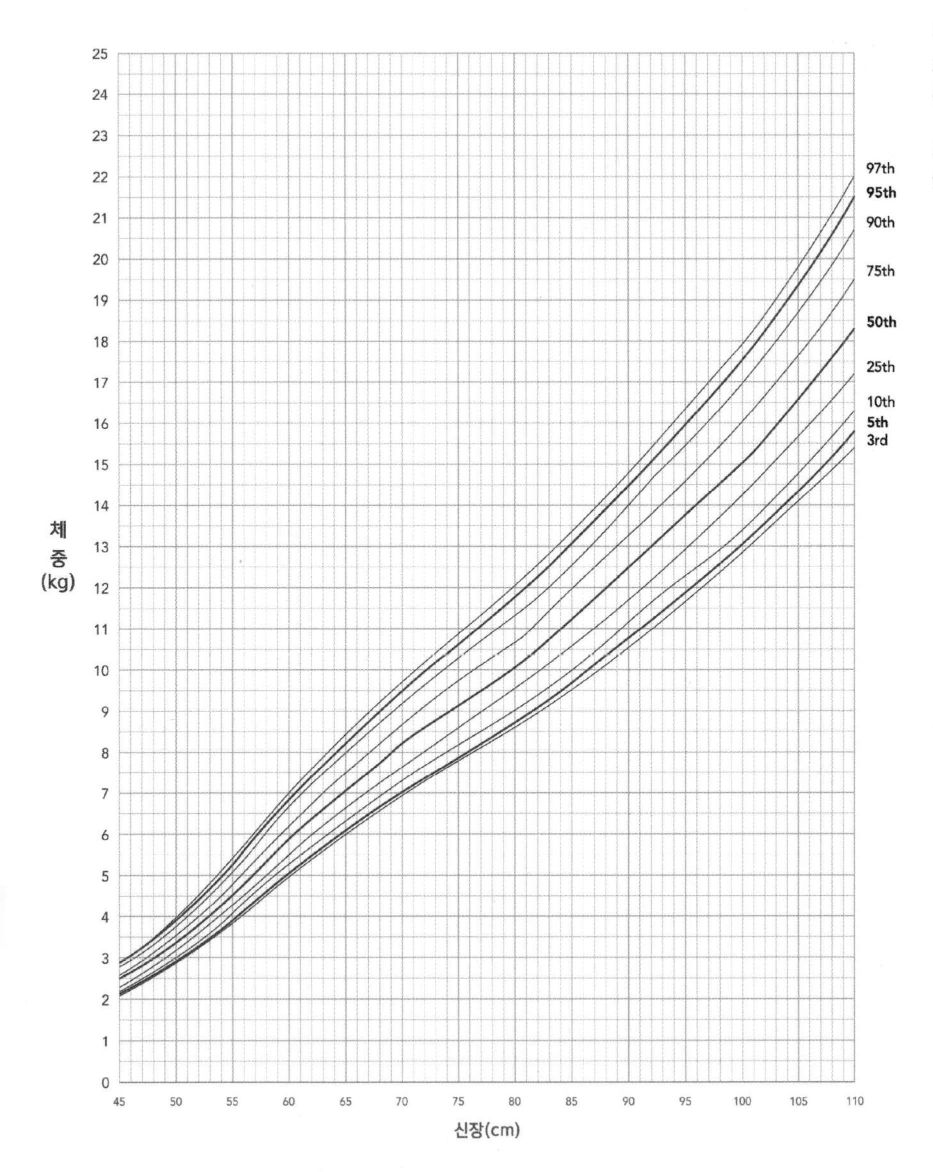

부록 5-13
2017 소아청소년 성장발육도표
(신장별 체중, 여자 0~23개월)

자료: 질병관리본부·대한소아과학회, 2017

부록 5-14
2017 소아청소년 성장발육도표
(머리둘레, 남자 0~35개월)

자료: 질병관리본부 · 대한소아과학회, 2017

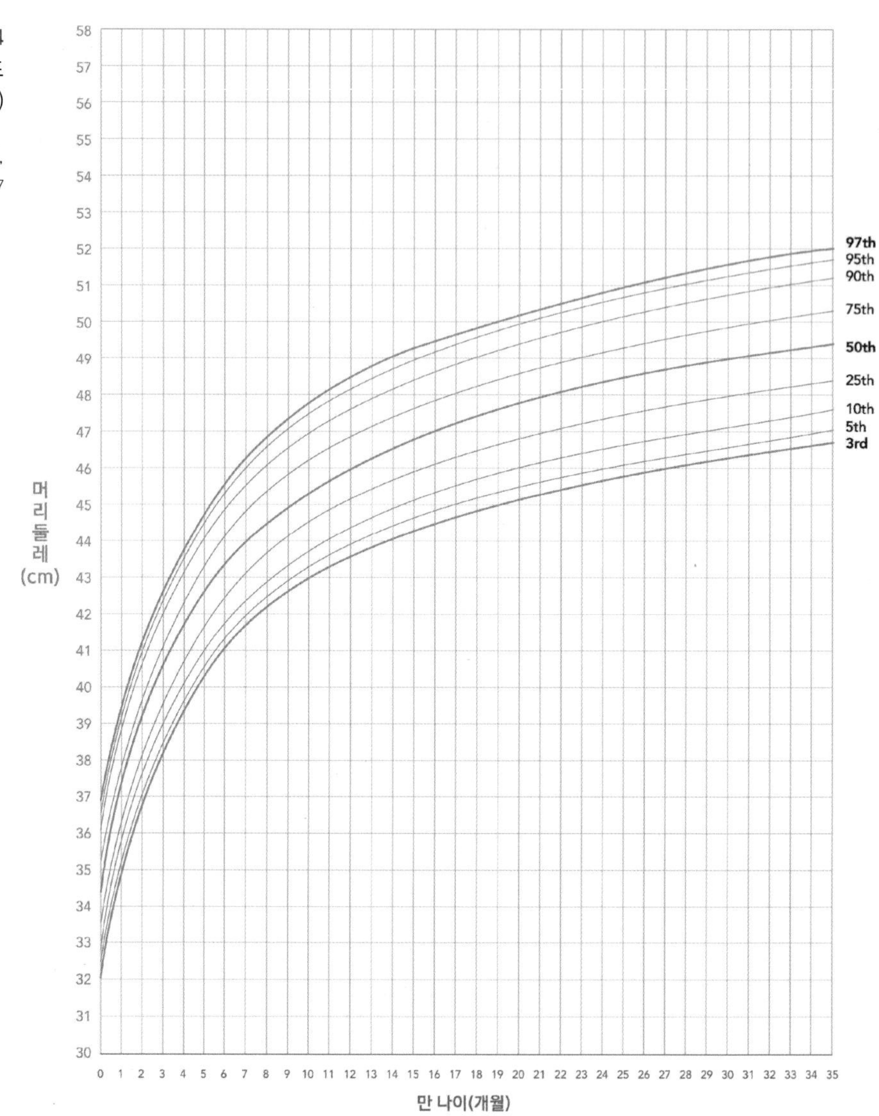

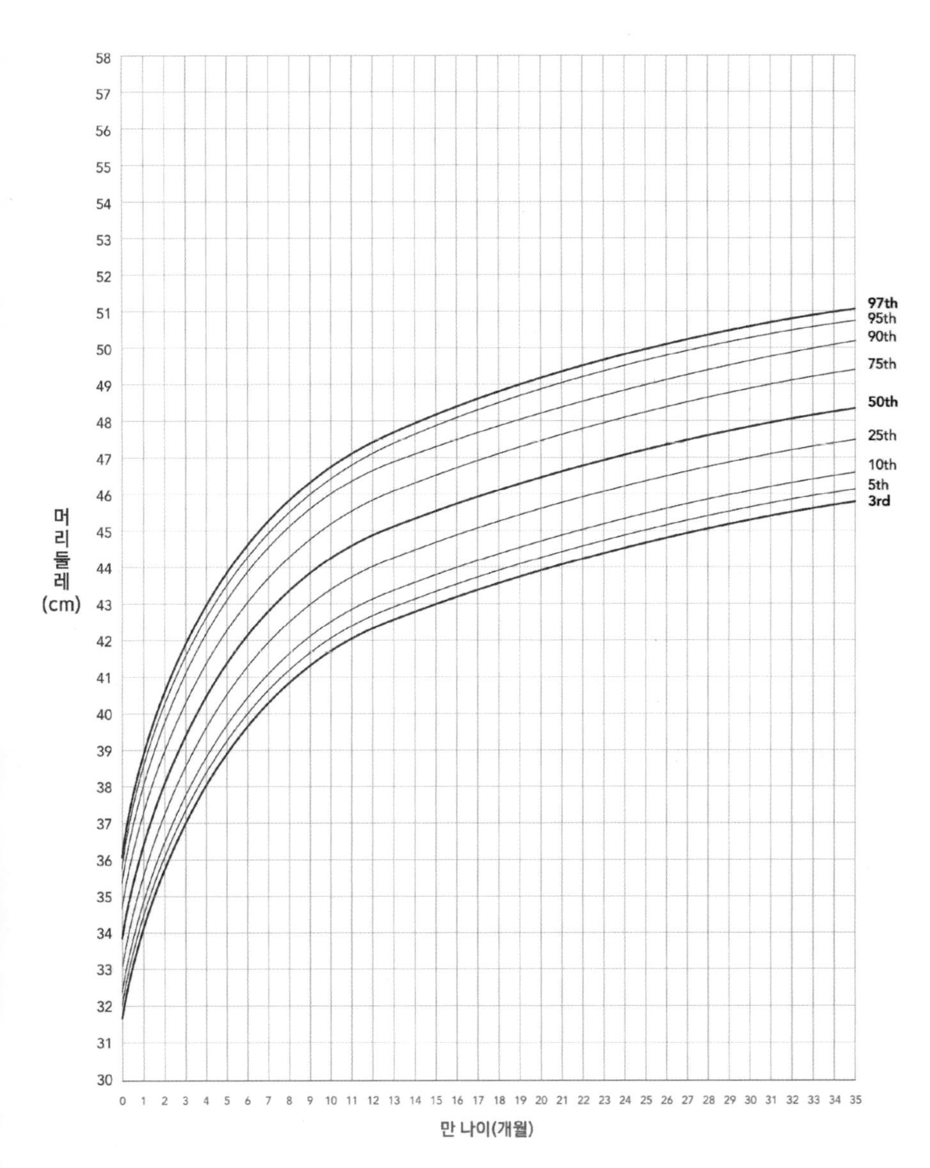

부록 5-15
2017 소아청소년 성장발육도표
(머리둘레, 여자 0~35개월)

자료: 질병관리본부·대한소아과학회, 2017

부록 6

19세 이상 성인의 허리둘레 분포

자료: 질병관리본부. 2014 국민건강통계 I. 국민건강영양조사 제6기 2차년도(2014), 2015

(단위: cm)

	연령(세)	n	평균	평균 오차	백분위수						
					5	10	25	50	75	90	95
남자	19세 이상	2,377	84.6	0.22	70.0	73.4	78.5	84.3	90.2	95.9	99.4
	30세 이상	2,118	85.4	0.22	72.0	74.5	79.7	85.0	90.8	96.3	99.8
	65세 이상	656	84.9	0.41	69.9	74.0	79.5	85.1	90.6	95.5	98.4
	연령(세)										
	19~29	259	81.1	0.60	67.4	69.9	74.2	80.1	87.0	93.6	97.8
	30~39	409	85.8	0.49	72.5	74.5	79.4	84.6	90.9	98.5	102.7
	40~49	411	85.2	0.48	72.3	74.0	79.4	85.0	91.0	96.6	99.4
	50~59	445	85.4	0.42	72.5	75.7	80.0	85.1	90.6	95.2	98.0
	60~69	434	85.7	0.49	70.0	74.9	80.1	86.1	91.2	96.2	99.5
	70+	419	84.5	0.50	69.8	73.0	79.4	84.8	90.1	95.2	98.3
여자	19세 이상	3,251	77.3	0.28	63.2	65.7	70.4	76.5	83.2	89.7	93.8
	30세 이상	2,880	78.5	0.28	64.8	67.2	72.1	77.7	84.2	90.4	94.6
	65세 이상	869	82.4	0.42	68.0	70.2	76.7	82.0	88.5	93.8	97.1
	연령(세)										
	19~29	371	72.0	0.59	60.6	62.0	66.0	70.4	76.5	83.9	87.3
	30~39	526	75.3	0.50	62.9	65.5	69.0	74.1	80.4	87.2	91.0
	40~49	566	76.5	0.40	64.1	65.7	70.8	75.9	81.9	88.0	92.3
	50~59	632	78.7	0.42	65.7	68.5	73.0	78.1	83.2	88.6	94.9
	60~69	540	81.9	0.51	68.0	71.0	76.5	81.5	87.3	92.8	96.6
	70+	616	82.3	0.49	67.9	69.8	76.4	81.8	89.0	94.0	97.3

부록 7

신체밀도 및 체지방 비율의 일반화된 추정 계산식

자료: Jackson AS and Pollock ML. Physicial and sports medicine 13(5): 76–90. 1985: Golding LA, et al. The way to physical fitness, 3rd ed. Champaign, Ill. Human Kinetics Books, 1989

구분	체지방률 추정식
남자	신체 밀도 = 1.1120000–0.00043499(X1)+0.00000055(X1)2–0.00028826(A)
	신체 밀도 = 1.1093800–0.0008267(X3)+0.0000016(X3)2+0.0002574(A)
	신체 밀도 = 1.1125025–0.0013125(X4)+0.00000055(X4)2+0.0002440(A)
	체지방 비율 = 0.29288(X2)–0.00050(X2)2+0.15845(A)–5.76377
	체지방 비율 = .039287(X5)–0.00105(X5)2+0.15772(A)–5.18845
여자	신체 밀도 = 1.0970–0.00046971(X1)+0.00000056(X1)2–0.00012828(A)
	신체 밀도 = 1.0994921–0.0009929(X6)+0.0000023(X6)2–0.0001392(A)
	체지방 비율 = 0.29699(X2)–0.00043(X2)2+0.02963(A)+1.4072
	체지방 비율 = 0.41563(X5)–0.00112(X5)2+0.03661(A)–4.03653

A : 나이
X1 : 가슴, 겨드랑이 중간, 삼두근, 견갑골 하부, 복부, 장골 상부, 허벅지 피부두겹두께 측정치의 합
X2 : 삼두근, 복부, 장골 상부, 허벅지 피부두겹두께 측정치의 합
X3 : 가슴, 견갑골 하부, 복부 피부두겹두께 측정치의 합
X4 : 가슴, 삼두근, 견갑골 하부 피부두겹두께 측정치의 합
X5 : 삼두근, 복부, 장골 상부, 피부두겹두께 측정치의 합
X6 : 삼두근, 장골 상부, 허벅지 피부두겹두께 측정치의 합

부록 8

나이와 성별에 따른 신체밀도 추정 계산식

자료: Durnin JVGA, Womersley J. British Journal of Nutrition 32: 77–97, 1974

나이(세)		계산식
남자	17~19	신체 밀도 = 1.1620–0.0630×(log Σ)*
	20~29	신체 밀도 = 1.1631–0.0632×(log Σ)
	30~39	신체 밀도 = 1.1422–0.0544×(log Σ)
	40~49	신체 밀도 = 1.1620–0.0700×(log Σ)
	50 이상	신체 밀도 = 1.1715–0.0779×(log Σ)
여자	17~19	신체 밀도 = 1.1549–0.0678×(log Σ)
	20~29	신체 밀도 = 1.1599–0.0717×(log Σ)
	30~39	신체 밀도 = 1.1423–0.0632×(log Σ)
	40~49	신체 밀도 = 1.1333–0.0612×(log Σ)
	50 이상	신체 밀도 = 1.1339–0.0645×(log Σ)

*Σ = 삼두근, 견갑골 하부, 장골 상부, 이두근(bicept) 피부두겹두께 측정치의 합

부록 9

다중 피부두겹두께 합을 이용한 체지방 비율 계산도표

자료: Research Quarterly for Exercise and Sport 52(3). 1981

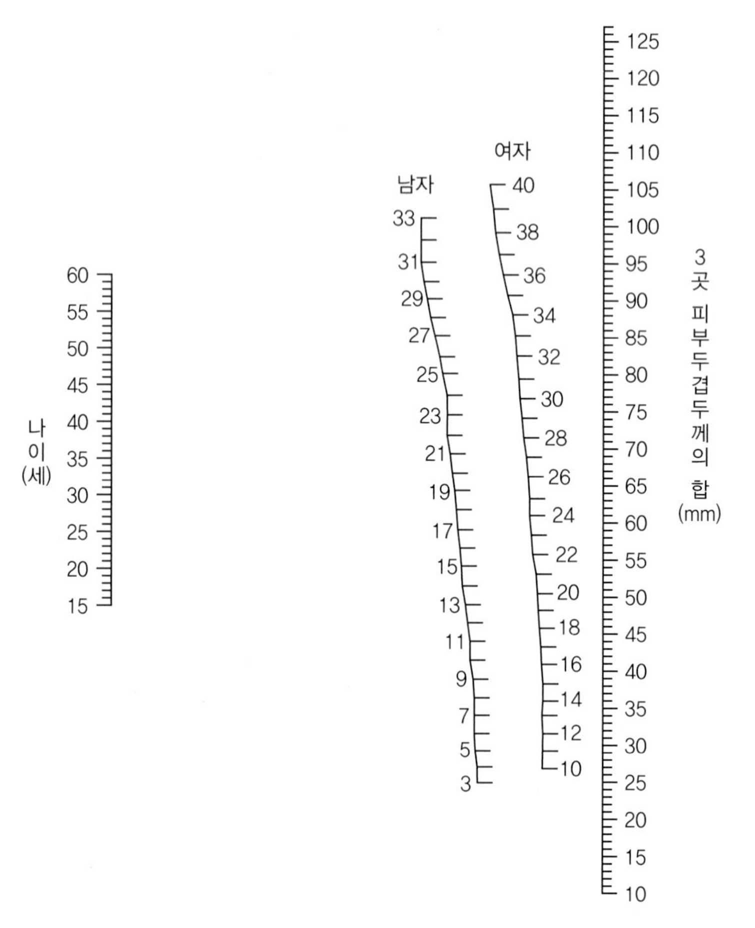

남자	가슴, 복부, 허벅지
여자	삼두근, 허벅지, 장골 상부

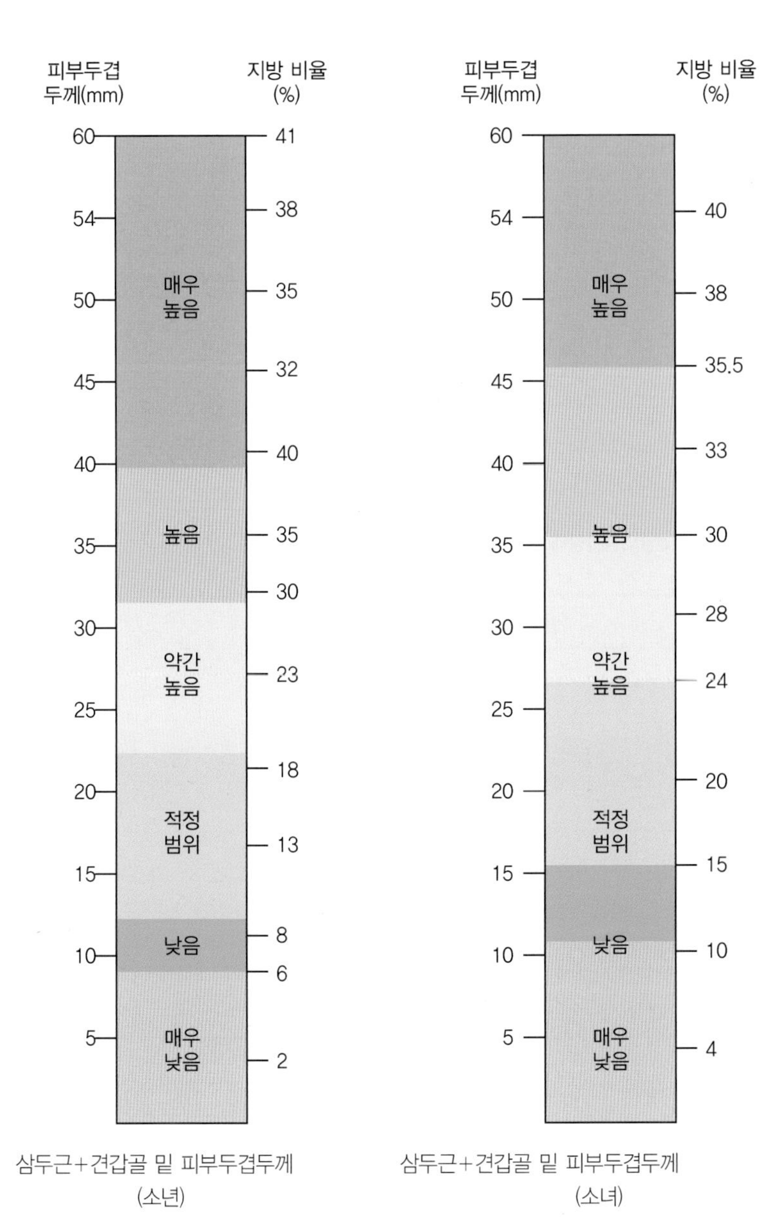

부록 10
피부두겹두께 측정에 기초한 체지방 표준치

자료: Journal of Physical Education, Recreation & Dance, November–December, pp 98–102, 1987

부록 11
우리나라 성인과 아동을 위해 개발된 체지방률 계산식

[1]김은경, 이기열, 손태열. 한국영양학회지 23(2): 93, 1990
[2]김기학, 이동수, 박정화. 한국체육학회지 34: 436, 1995

구분	체지방률 추정식
성인[1]	남자 성인의 체지방률(%) = −3.8488 + 0.1687 × (견갑골하부, 복부, 삼두근 및 허벅지 피하지방 두께의 합) + 0.6728 × BMI
	여자 성인의 체지방률(%) = 4.8385 + 0.1928 × (견갑골하부, 복부, 삼두근 및 허벅지 피하지방 두께의 합)
아동[2]	남자 아동의 체지방률(%) = 0.57 × (삼두근 + 견갑골하부 피하지방 두께) + 1.487
	여자 아동의 체지방률(%) = 0.764 × BMI + 0.194 × (삼두근 + 견갑골하부 피하지방 두께) + 1.419

부록 12
엽산결핍의 단계

엽산 결핍 단계	양의평형상태		정상수준	음의평형상태			
				고갈상태		결핍상태	
	2단계	1단계		1단계	2단계	3단계	4단계
체내의 엽산상태	과잉	최기의 양적 평형	정상수준	초기의 음의평형	엽산고갈	대사의 손상, 엽산결핍성 조혈작용	임상적 손상, 엽산결핍증, 빈혈
간의 엽산	과잉상태	약간 증가	정상상태	감소하지 않음	약간 감소	감소	고갈상태
혈청의 엽산 (ng/mL)	>10	>10	>10	<3	<3	<3	<3
적혈구의 엽산 (ng/mL)	>400	>300	>200	>200	<160	<120	<100
간의 엽산 (μg/g)	>5	>400	>3	>3	<1.6	<1.2	<1
적혈구 형태	정상	정상	정상	정상	정상	정상	거대난원형
MCV	정상	정상	정상	정상	정상	정상	정상
헤모글로빈(g/dL)	>12	>12	>12	>12	>12	>12	<12

Worksheets for PG-SGA Scoring

부록 13
PG-SGA 조사 서식의 예

자료: Ottery, 2001

Boxes 1-4 of the PG-SGA are designed to be completed by the patient. The PG-SGA numerical score is determined using 1) the parenthetical points noted in boxes 1-4 and 2) the worksheets below for items not marked with parenthetical points. Scores for boxes 1 and 3 are additive within each box and scores for boxes 2 and 4 are based on the highest scored item checked off by the patient.

Worksheet 1 - Scoring Weight (Wt) Loss

To determine score, use 1 month weight data if available. Use 6 month data only if there is no 1 month weight data. Use points below to score weight change and add one extra point if patient has lost weight during the past 2 weeks. Enter total point score in Box 1 of the PG-SGA.

Wt loss in 1 month	Points	Wt loss in 6 months
10% or greater	4	20% or greater
5-9.9%	3	10 -19.9%
3-4.9%	2	6 - 9.9%
2-2.9%	1	2 - 5.9%
0-1.9%	0	0 - 1.9%

Score for Worksheet 1 ☐
Record in Box 1

Worksheet 2 - Scoring Criteria for Condition

Score is derived by adding 1 point for each of the conditions listed below that pertain to the patient.

Category	Points
Cancer	1
AIDS	1
Pulmonary or cardiac cachexia	1
Presence of decubitus, open wound, or fistula	1
Presence of trauma	1
Age greater than 65 years	1

Score for Worksheet 2 = ☐
Record in Box B

Worksheet 3 - Scoring Metabolic Stress

Score for metabolic stress is determined by a number of variables known to increase protein & calorie needs. The score is additive so that a patient who has a fever of > 102 degrees (3 points) and is on 10 mg of prednisone chronically (2 points) would have an additive score for this section of 5 points.

Stress	none (0)	low (1)	moderate (2)	high (3)
Fever	no fever	>99 and <101	≥101 and <102	≥102
Fever duration	no fever	<72 hrs	72 hrs	> 72 hrs
Corticoteroids	no corticosteroids	low dose (<10mg prednisone equivalents/day)	moderate dose (≥10 and <30mg prednisone equivalents/day)	high dose steroids (≥30mg prednisone equivalents/day)

Score for Worksheet 3 = ☐
Record in Box C

Worksheet 4 - Physical Examination

Physical exam includes a subjective evaluation of 3 aspects of body composition: fat, muscle, & fluid status. Since this is subjective, each aspect of the exam is rated for degree of deficit. Muscle deficit impacts point score more than fat deficit. Definition of categories: 0 = no deficit, 1+ = mild deficit, 2+ = moderate deficit, 3+ = severe deficit. Rating of deficit in these categories are *not* additive but are used to clinically assess the degree of deficit (or presence of excess fluid).

Fat Stores:				
orbital fat pads	0	1+	2+	3+
triceps skin fold	0	1+	2+	3+
fat overlying lower ribs	0	1+	2+	3+
Global fat deficit rating	**0**	**1+**	**2+**	**3+**
Muscle Status:				
temples (temporalis muscle)	0	1+	2+	3+
clavicles (pectoralis & deltoids)	0	1+	2+	3+
shoulders (deltoids)	0	1+	2+	3+
interosseous muscles	0	1+	2+	3+
scapula (latissimus dorsi, trapezius, deltoids)	0	1+	2+	3+
thigh (quadriceps)	0	1+	2+	3+
calf (gastrocnemius)	0	1+	2+	3+
Global muscle status rating	**0**	**1+**	**2+**	**3+**

Fluid Status:				
ankle edema	0	1+	2+	3+
sacral edema	0	1+	2+	3+
ascites	0	1+	2+	3+
Global fluid status rating	**0**	**1+**	**2+**	**3+**

Point score for the physical exam is determined by the overall subjective rating of total body deficit.

No deficit	score = 0 points
Mild deficit	score = 1 point
Moderate deficit	score = 2 points
Severe deficit	score = 3 points

Score for Worksheet 4 = ☐
Record in Box D

Worksheet 5 - PG-SGA Global Assessment Categories

	Stage A	Stage B	Stage C
Category	Well-nourished	Moderately malnourished or suspected malnutrition	Severely malnourished
Weight	No wt loss **OR** Recent non-fluid wt gain	~5% wt loss within 1 month (or 10% in 6 months) **OR** No wt stabilization or wt gain (i.e., continued wt loss)	> 5% wt loss in 1 month (or >10% in 6 months) **OR** No wt stabilization or wt gain (i.e., continued wt loss)
Nutrient Intake	No deficit **OR** Significant recent improvement	Definite decrease in intake	Severe deficit in intake
Nutrition Impact Symptoms	None **OR** Significant recent improvement allowing adequate intake	Presence of nutrition impact symptoms (Box 3 of PG-SGA)	Presence of nutrition impact symptoms (Box 3 of PG-SGA)
Functioning	No deficit **OR** Significant recent improvement	Moderate functional deficit **OR** Recent deterioration	Severe functional deficit **OR** recent significant deterioration
Physical Exam	No deficit **OR** Chronic deficit but with recent clinical improvement	Evidence of mild to moderate loss of SQ fat &/or muscle mass &/or muscle tone on palpation	Obvious signs of malnutrition (e.g., severe loss of SQ tissues, possible edema)

Global PG-SGA rating (A, B, or C) = ☐

찾아보기
INDEX

ㄱ

가슴(남자) 피부두겹두께 161
가슴-머리둘레 비율 256
간상세포 208
간이식사조사 55
간이식생활진단표 110
간이영양평가 288
간이영양평가표 267, 268
간질환 296
개인 간 변이 62
개인 내 변이 62
개인 내 편차 44
거대적아구성 빈혈 216
거대혈구성 빈혈 194
견갑골 하부 피부두겹두께 159
결막세포 조사 206
경구 내당능 검사 316
경장영양 276
고칼슘혈증 204
고혈압 258, 311, 314, 323
고혈압 유병률 311
골다공증 169, 318, 319, 321
골밀도 169, 321
골연화증 252
과립구 182
관급식 295
관측값 27
구각염 252, 266
구내염 236
구순구각염 236
구조적 오차 22
국민건강영양조사 113
권장섭취량 79
귀무가설 32
균형성 109
글루타싸이온 환원효소 220
기각 32
기능검사 179
기술통계 24

ㄴ

나이-대비-머리둘레 139, 256
나이-대비-신장 139, 256
나이-대비-체중 139, 256
나트륨 313
난수표 26
내당능장애 323
내장단백 284
내장단백질 185
내장지방형 153
내재면역 182, 192
내재인자 219
노년기 262
노년기 골다공증 319
노인 262
뇌졸중 323
누운 키 134
니아신 220, 236
니코틴산 214
니코틴아마이드 220

ㄷ

다양성 110
단구 182, 183
단백질 236
단백질-에너지 영양불량 239, 240
단순(비정량적) 식품섭취빈도조사법 52
단순임의표집법 26
당뇨 261
당뇨병 296, 314, 318
당화 헤모글로빈 317
대립가설 32
대사영양프로필 292
대사증후군 322, 323
대식세포 182, 183
데옥시유리딘 억제시험 218
독립변수 24
동맥경화 323
두 독립표본 t검증 34
두위 133
두 종속표본 t검증 34

ㄹ

레티놀 결합 단백질 188
로돕신 208
뢰러지수 145, 152
리보플라빈 220, 236

ㅁ

마그네슘 237
마라스무스 240
마라스무스성 콰시오커 239
만성질환 302, 324
만성질환위험감소섭취량 82
말단골 정량적 전산화단층촬영 321
머리둘레 133
메싸이오닌 부하검사 213
메싸이오닌 부하시험 215
메탈로싸이오닌 205
면역글로불린 194
면역기능 284
면역능 192
면역세포 183
모발 184
모세혈관취약성시험 212
모유 254
모유영양아 254
모집단 25
무기질 282
무릎길이 136, 264
무작위 오차 22, 60
미니 정신상태 조사방법 267
밀도측정법 166

ㅂ

반정량 식품섭취빈도조사법 52
발톱 184
방사선흡수법 321
백분위 141
백분위수 27
백혈구 180, 181
범주형 자료 34
변이계수 21
병력 조사 229, 277, 278
보체 194
복부비만 261, 265, 323
복부 피부두겹두께 160
분산 28
분산도 28
분산분석 35
분포 27
분할표 34
불확실성 62
비만 261
비만도 145
비만세포 182, 183
비만지표 168
비서열 질적변수 25
비연속변수 25
비오틴 236
비타민 A 206, 236
비타민 B_6 212
비타민 B_{12} 218, 237, 251
비타민 C 211, 236
비타민 C 포화도 조사 212
비타민 D 209, 237
비타민 E 210
비특이성 심한 PEM 239
비특이성 PEM 239
빈혈 251, 261
빔 체중계 137

4변수 모델 202
사분위수 27
사이토카인 193
사이토크롬 199
4-피리독신산 배설량 214
사회력 조사 277
산점도 30
삼두근 피부두겹두께 158
3-메틸 히스티딘 191
3-메틸히스티딘 배설량 185

삼분위수 27
상관 30
상관계수 30
상대체중 146
상완근육둘레 164
상완 근육면적(AMA) 164
상완둘레 163, 265
상체 비만 155
상한섭취량 81
상호관계 30
생체전기저항분석법 265
생화학적 조사 15, 178, 251, 257, 259, 261, 265, 277, 282
생활습관병 259
서열 질적변수 25
섭식장애 260
섭취빈도 52
성분검사 179
성인기 260
성장발육도표 141
성장부진 134, 139, 140
세포매개성 면역 192
소변 182
소혈구성 빈혈 194
손목둘레 138
손톱 184
쇠약 140
수중체중법 166
수지상세포 182, 183
순 식용공급량 57
스프링 저울 136
시스타싸이오닌 215
시스테인설폰산 215
식단플랫폼 57
식사계획 84
식사기록법 47
식사기록조사 278
식사력 조사 231
식사력 조사법 49
식사섭취조사 15, 40, 249, 258, 260, 263, 278
식사조사 기간 97
식사평가 96
식용공급량 57
식품계정조사 58
식품군 섭취패턴 109
식품목록 51
식품섭취빈도법 278
식품섭취빈도조사법 51
식품성분표 74
식품수급표 57
식품재고조사 58
신뢰도 21, 62
신장 134, 281
신장-대비-체중 140, 256
신장 질환 297
신체계측조사 16, 130, 250, 256, 259, 261, 263, 278
신체밀도 162
신체 총 칼륨 166
신체활동 313
실측량 기록법 47
심근경색증 323
심순환 및 폐질환 296
심장병 예측도표 307
심혈관계 질환 261, 302, 323

아동기 253
아르키메데스 원리 166
아스파트산 아미노기 전이효소 215
아연 204, 205, 206, 236
악성빈혈 219
알라닌 아미노기 전이효소 215
알레르기 255
알칼리 포스파테이스 210
알코올 313
암과 후천성면역 결핍증 297
암적응검사 208
야맹증 265
양적변수 25
에너지적정비율 82
에너지 필요추정량 79

에스트로젠 319
연속변수 25
연하곤란 295
엽산 216, 217, 236, 251
영아기 253
영양감시·감독 14
영양검색 286, 287, 288
영양결핍증 238
영양과잉 18
영양권장량 77, 79
영양밀도 지수 108
영양부족 18
영양불균형 19
영양선별·검색 14
영양섭취기준 77
영양성 마라스무스 239
영양소 결핍증 19
영양소 적정섭취비율 108
영양위험검색 288
영양위험지표 288
영양조사 13
영양중재 14
영양지수 110
영양지원 143
영양표시 85
예민도 20, 131
오분위수 27
요단백 261
요 요소 배설량 191
요 칼슘 배설량 204
요 크레아티닌 배설량 185
용량반응조사 206, 207
우유병 증후군 255
우유빈혈 255
위질환 295
유아 254
유의성 31
유의수준 32
유의확률 33
이상점 27
이상지질혈증 258, 305, 323
이상지질혈증 식사지침 310
이상체중 146
24시간 회상법 42, 278
25-하이드록시 비타민 D 209
이원분산분석 35
이유식 255
이중에너지방사선흡수계측법 143, 169
이중에너지 방사선흡수법 321
인 237
인공영양아 254
인슐린 314, 317
인슐린 유사 성장요인-1 189
인슐린 저항성 323
인지능력 266
인터루킨 193
인터페론-감마 193
일상생활의 도구적인 활동 266
일상생활활동 266
일원분산분석 35
1인 1회 분량 65, 66, 67
1회 섭취분량 52
임상조사 16, 228, 229, 257, 259, 262, 265, 277, 282
임상징후 조사 235
임신부 247
임신성 고혈압 252
임파구 183

ㅈ

자극지수 215
자기공명영상법 143, 171
자반병 265
자연살해세포 181, 183
장골 상부 피부두겹두께 160
장질환 295
재현성 21, 62
재흡수 20
저장량 58
저칼슘뇨증 204
저칼슘혈증 204
저항 167
저혈당증 296

저혈색소성 빈혈 194
적응면역 182, 192
적혈구 180, 181
적혈구 용혈검사 211
적혈구 지수 197
적혈구 프로토포피린 201
적혈구 활성 측정 213
전기저항측정법 143
전기전도법(생체전기저항측정법) 167
전염증성 사이토카인 193
전해질 282
정규분포 32
정량적 식품섭취빈도 조사법 52
정량적 자기공명영상법 321
정량적 전산화단층촬영 321
정량적 초음파법 321
정맥영양 276, 296
정확도 21
제1형 당뇨병 315, 316
제2형 당뇨병 315, 316
제지방 신체질량 163
제지방조직 143
제I형 골다공증 319
제II형 골다공증 319
조사자 내에 내재하는 오차 22
조사자 사이에 존재하는 오차 22
조직검사 182
종속변수 24
종양괴사인자-알파 193
주관적 종합평가 232, 288
중등도와 경도 PEM 239
중성지방 304
중심경향 값 27
중앙값 27
지연형 피부과민반응 193
질소균형 191
질적변수 25
집락표집법 26

ㅊ

채택 32
철 194, 236, 251
철 결핍성 빈혈 201
체격크기 138
체계적·구조적 오차 60
체단백 284
체단백질 185
체성분 분석 168
체액성 면역 192
체중 278, 313
체중/신장지표 145
체질량지수 145, 264
초기 영양판정 286, 289, 290
초음파 진단법 171
총 식품공급량 57
총 임파구 수 192, 282
총 철결합능 196
총 체수분량 166
최대골질량 319
최빈값 27
추리통계 24
추정량 기록법 47
충분섭취량 80
측정오차 22, 62, 132
층화임의표집법 26

ㅋ

카우프지수 145, 152
카탈레이스 199
칼슘 203, 237
캘리퍼 158
컴퓨터 단층촬영법 143, 171
코딩 오차 61
콰시오커 239, 240
퀘틀렛지수 146
크레아티닌 189
크레아티닌-신장지표 190
크레아틴 인산 189
크산튜렌산 214

ㅌ

타당도 20, 63

태아 250
토코페롤 210
통계 24
트랜스케톨레이스 219, 220
트랜스페린 188, 196
트랜스페린 포화도 196, 201
트립토판 214
트립토판 부하검사 213
트립토판 부하시험 214
특이성 21, 131
티아민 219, 237

ㅍ

판단기준 14
판정기준치 146
팔꿈치 넓이 138
퍼옥시데이스 199
퍼짐성 28
페리틴 198, 201
페리틴 모델 202
평균 27
평균 영양소 적정섭취비율 108
평균필요량 79
평균혈구용적 197, 201
평균혈구혈색소 197
평균혈구혈색소농도 197, 201
평상시 식사섭취 44
폐경기 골다공증 319
포미미노 글루탐산 217
포미미노 트랜스퍼레이스 217
폰더랄지수 145, 151
표본 25
표본 크기 25
표준오차 28
표준점수 29
표준정규분포표 29
표준치 23
표준편차 28
표집 26
프랑크포르트 평면 133
프로토포피린 199
프리알부민 188
피리독살 5-인산 212
피리독신 236
피부두겹두께 156, 265
피브로넥틴 189
피하지방형 153
필수지방산 236

ㅎ

한국영양학회 77
한국인 영양소 섭취기준 77
허리둘레 155, 265
허리/엉덩이둘레 비 265
허리-엉덩이둘레 비율 153
허벅지 피부두겹두께 160
헤마토크릿 196, 201, 282
헤마토크릿치 216, 259
헤모글로빈 195, 216, 251, 259, 282
헤모글로빈 백분위수 전이모델 202
혈구 180
혈당 316
혈압 261, 312
혈액 180
혈액 요소질소 282
혈장 180, 181
혈중 포도당 316
혈청 180
혈청 단백질 282
혈청 알부민 187
혈청 지질 282
혈청 총 단백질 187
혈청 총 콜레스테롤 304, 305
혈청 콜레스테롤 259
호산구 182, 183
호염기구 182, 183
호중구 182, 183
확률적 접근방법 104
환자용 주관적 종합평가 288
환자의 영양상태 판정 276
회귀모형 31
회귀분석 31

횡단적 조사 13
히스티딘 217
히스티딘 부하시험 217

a

abdomen skinfold thickness 160
accept 32
accuracy 21
adequate intake, AI 80
ALT 215
alternative hypothesis 32
analysis of variance, ANOVA 35
anthropometric assessment 130
anthropometric method 16
AST 215

b

B-세포 181
B세포 183
between- or inter-examiner error 22
biochemical method 15
bioelectrical impedance, BIA 167
BMI 146
body mass index 146
Broca 변형식 146
Brozek의 계산식 166

c

CAN 프로그램 85
categorical data 34
chest or pectoral skinfold thickness 161
clinical method 16
cluster sampling 26
coding 61
coding error 61
coefficient Variation 21
Computer Aided Nutritional analysis program 85
computerized tomography, CT 171
contingency table 34
continuous variables 25
correlation 30
correlation coefficient 30
cross-sectional 13
cut-off point 14, 23, 103
cut-point 104

d

densitometry 166
dependent variables 24
DERTEMINE 110
descriptive statistics 24
DEXA 143
dietary diversity score, DDS 109
dietary method 15
dietary variety score, DVS 110
diet history 49
Dual-energy x-ray absorptiometry, DEXA 169

e

EER 79
elbow breadth 138
estimated average requirement, EAR 79
estimated food records 47

f

F검증 35
F분포 35
fat free mass, FFM 143, 163
fat screener 55
flat slope syndrome 61
food account method 58
food balance sheet 57
food frequency questionnaire, FFQ 51
food group intake pattern 109
food inventory method 58
food record 47
frame size 138
frankfort horizontal plane 133

HDL-콜레스테롤 304
head circumference 133
head circumference for age 139
height for age 139
height, stature 134

impedance 167
independent variables 24
index of nutritional quality, INQ 108
inference statistics 24
interaction 30
interindividual variation 62
intra- individual variation 44
intraindividual variation 62
inventory 58

Kaup index 145, 152
knee height 136

LDL-콜레스테롤 304
LOAEL 81

m

magnetic resonance imaging, MRI 171
MCV 모델 202
mean 27
mean adequacy ratio, MAR 108
measurement errors 22, 62
median 27
mid-upper arm circumference, MAC 163
mid-upper-arm muscle circumference, MAMC 164
mini-dietary assessment, MDA 110
Mini-Mental-State Examination 267
mode 27

NOAEL 81
normal distribution 32
null hypothesis 32
nutrient adequacy ratio, NAR 108
nutritional imbalance 19
nutritional support 143
nutritional surveys 13
nutrition intervention 14
nutrition screening 14
nutrition surveillance 14

one-way analysis of variance, one-way ANOVA 35
ordered-qualitative variables 25
outlier 27
overnutrition 18

PEM에 따른 성장지체 239
percentile 141
percentiles,
percent rank 27
percent of ideal body weight, relative weight 146
PG-SGA 288
PLP 213
Ponderal index 145, 151
population 25
probability approach 104

qualitative variables 25
quantitative FFQ 52
quantitative variables 25
quartiles 27
Quetelet's index, BMI 145

Quetlet' s index 146
quintiles 27

random error 60
random measurement errors 22
random number table 26
RDA 79
recommended nutrient intake, RNI 79
recumbent length 134
reference value 23
regression analysis 31
regression model 31
reject 32
reliability 21, 62
reproducibility 21, 62
resorption 20
Röhrer index 145
Röhrer index, RI 152

sample 25
sample size 25
sampling 26
scatter plot 30
Scheffe 36
semi-quantitative FFQ 52
sensitivity 20, 131
SGA 232
significance level 32
significance probability, p value 33
simple, non-quantitative FFQ 52
simple random sampling 26
Siri의 계산식 166
skinfold thickness 156
specificity 21, 131
specific nutrient deficiency 19
standard deviation, SD 28
standard error, SE 29
standard score 29
statistics 24
stratified random sampling 26
stunted 134, 139, 140
subjective global assessnment, SGA 232
subscapular skinfold thickness 159
suprailiac skinfold thickness 160
systematic measurement errors 22
systemic error 60

t검증 34
t분포 34
T-세포 181
T세포 183
T점수 29
tertiles 27
the food supply 57
the gross national food supply 57
the net food supply 57
thigh skinfold thickness 160
tolerable upper intake level, UL 81
total body potassium, TBP 166
total body water, TBW 166
triceps skinfold thickness, TSF 158
T-score 169
t-test 34
Turkey의 Honestly Significant DifferencesHSD 36
two dependent samples t-test 34
two independent samples t-test 34
two-way analysis of variance 35

u

UF 81
ultrasound 171
uncertainty 62
uncontinuous variables 25
undernutrition 18
underwater weighing 166
unordered-qualitative variables 25

usual nutrient intake 44

validity 20

waist-hip circumference ratio, WHR 153

wasted 140

weighed food records 47

weight for age 139

weight for height 140

within- or intra-examiner error 22

wrist circumference 138

X^2검증 34

Z검증 33

Z분포 33

Z점수 29

Z score 102

저자 소개

김화영 전 이화여자대학교 생활환경대학 식품영양학과 교수

강명희 전 한남대학교 생명나노과학대학 식품영양학과 교수

양은주 호남대학교 보건과학대학 식품영양학과 교수

이현숙 동서대학교 이공대학 식품영양학과 교수

3판
영양판정

2013년 9월 24일 초판 발행 | 2017년 1월 23일 2판 2쇄 발행 | 2021년 3월 5일 3판 발행

지은이 김화영 외 | **펴낸이** 류원식 | **펴낸곳** **교문사**

편집팀장 모은영 | **책임편집** 성혜진 | **디자인** 신나리

주소 (10881)경기도 파주시 문발로 116 | **전화** 031-955-6111 | **팩스** 031-955-0955
홈페이지 www.gyomoon.com | **E-mail** genie@gyomoon.com
등록 1960. 10. 28. 제406-2006-000035호
ISBN 978-89-363-2162-8(93590) | 값 25,000원